普通高等教育系列教材

UG NX 11.0 基础教程

第5版

祁晨宇　柳亚子　江　洪　等编著

机械工业出版社

本书系统地介绍了西门子公司研制与开发的三维计算机辅助设计软件——Unigraphics的UG NX 11.0的基本功能、使用方法及使用技巧。UG NX 11.0是一套功能强大的CAD/CAE/CAM应用软件，广泛应用于工程设计领域。

本书通过典型实例详细介绍了UG NX 11.0中CAD部分的主要功能及使用方法，包括UG NX 11.0基础知识、草图、实体建模、曲线、曲面造型、装配、工程图和综合实例等。学习本书能使读者迅速掌握该软件最新版本的使用方法及技巧，从而极大地提高工作效率。

本书可作为高等院校机械工程专业的CAD/CAM课程教材，也可作为广大工程技术人员的自学用书和参考书。

本书配有电子教案和素材文件，需要的教师可登录www.cmpedu.com免费注册，审核通过后下载，或联系编辑索取（微信：15910938545，电话：010-88379739）。

图书在版编目（CIP）数据

UG NX 11.0基础教程/祁晨宇等编著．—5版．—北京：机械工业出版社，2018.2（2021.8重印）
普通高等教育系列教材
ISBN 978-7-111-58764-4

Ⅰ.①U… Ⅱ.①祁… Ⅲ.①计算机辅助设计-应用软件-高等学校-教材 Ⅳ.①TP391.72

中国版本图书馆CIP数据核字（2017）第312770号

机械工业出版社（北京市百万庄大街22号　邮政编码100037）
策划编辑：和庆娣　　责任编辑：和庆娣　胡　静
责任校对：张艳霞　　责任印制：单爱军
北京虎彩文化传播有限公司印刷

2021年8月第5版·第5次印刷
184mm×260mm·16印张·387千字
标准书号：ISBN 978-7-111-58764-4
定价：49.00元

电话服务
客服电话：010-88361066
010-88379833
010-68326294

网络服务
机　工　官　网：www.cmpbook.com
机　工　官　博：weibo.com/cmp1952
金　　书　　网：www.golden-book.com
机工教育服务网：www.cmpedu.com

前　言

西门子公司是全球发展最快、最成功的软件开发和服务公司之一，它的首要目标就是为制造商优化产品开发过程。主要为通用机械，汽车、航空航天、电子等制造业领域里的用户提供多级化的、集成的、企业级的，包括软件产品与服务在内的，完整的数字化产品工程解决方案。

UG NX 11.0 软件起源于美国麦道飞机公司，是一种 CAD/CAE/CAM 一体化的机械工程计算机软件，能使工程设计人员在第一时间设计并制造出完美的产品，从而缩短开发时间、降低成本。

本书以 UG NX 11.0 各模块的基本功能和使用方法为主线，内容简洁、丰富，通过对大量实例操作的详细讲解，从最基本的绘图开始，逐步完成实体轮廓，最终完成实体建构，力图使读者在循序渐进的操作过程中体会到各命令的功能及使用方法。通过阅读本书，能使初学者在较短的时间内掌握软件的使用方法，并能运用于实际工作中。

本书继承了前 4 版的特点，根据难易程度，调整了章节的顺序。限于篇幅，删除了部分内容，替换了书中的绝大多数实例，增加了实例的难度和练习题。

本书配套资源丰富，有练习中用到的全部素材文件，读者可登录 www.cmpedu.com 获取。

如无特别说明，本书所有尺寸单位均为毫米（mm）。

本书是机械工业出版社组织出版的“21 世纪高等院校计算机辅助设计规划教材”之一。

参加本书编写的人员有祁晨宇、柳亚子、江洪、于文浩、陆颖、郦祥林、薛红涛、黄建宇、王子豪、唐建、王满、王鹏程、张潇、周庄、殷苏群、管晓星、陈震宇、陆天悦、石贞洪、宋鑫炎、沈安诚、周宇、陈灵卿、王储希男、孙阿潭、曹威、王玉杰、苏俊杰、何亚明、钟鸣镝、童浩。

由于时间仓促，本书的编写难免存在一定的不足之处，欢迎读者批评指正。

编　者

目　　录

第 1 章　UG NX 11.0 基础知识

UG NX 11.0 软件是一个集成化的 CAD/CAM/CAE 系统软件，为工程设计人员提供了非常强大的应用工具。这些工具能实现设计产品、分析工程、绘制工程图以及数控编程等操作。随着版本的不断更新和功能的不断扩展，UG NX 11.0 软件更是扩展了软件应用的范围，面向专业化和智能化发展。

本书将全方位向读者介绍 UG NX 11.0 的基本功能和操作方法。读者只有熟练地掌握这些基础知识，才能正确快速地掌握和应用 UG NX 11.0。

本章的主要内容是 UG NX 11.0 的一些基本操作：如何进入和退出 UG NX 11.0；如何新建文件、打开文件和保存文件；如何使用菜单栏、工具栏、组合键和鼠标；如何显示模型的各种效果等。

本章的重点是如何调出各种工具栏。

本章的难点是鼠标的各种功能。

1.1　UG NX 11.0 简介

万丈高楼平地起，UG NX 11.0 最常用的使用方法就好像是高楼的基础。本节的宗旨是把基础打牢，结合实例介绍 UG NX 11.0 的应用经验和一些技巧性的内容。

1.1.1　进入 UG NX 11.0

当正确地安装 UG NX 11.0 后，在 Windows 环境下双击桌面上的"NX 11.0"快捷图标，如图 1-1 中①所示，系统开始启动 UG NX 11.0。如果桌面上没有"NX 11.0"快捷图标，可单击 Windows 桌面左下角的"开始"按钮，找到"NX 11.0"程序，如图 1-1 中②~⑤所示，系统也开始启动 UG NX 11.0。

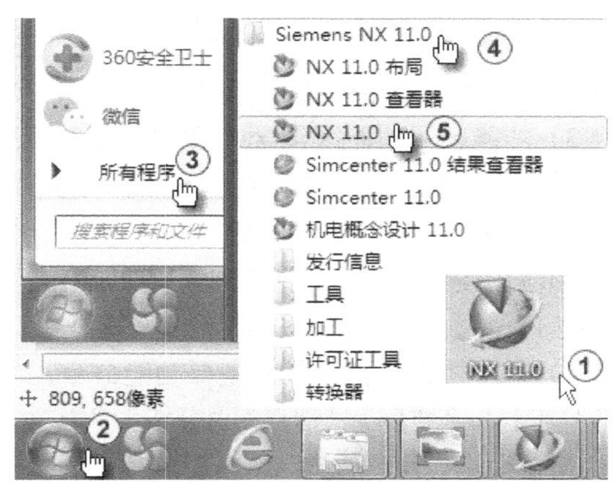

图 1-1　启动 UG NX 11.0

双击一个已有的 UG NX 11.0 文件（*.prt），也可以启动 UG NX 11.0。

启动结束后系统进入默认的"轻量级"界面，单击"主页"选项卡中的"新建"按钮，如图 1-2 中①所示。系统弹出"新建"对话框，在"新建"对话框的"模型"列表框中选择模板类型为默认的"模型"，单位为默认的"毫米"，在"新文件名"中的"名称"文本框中选择默认的文件名称"_model1.prt"，在"文件夹"文本框中指定文件路径"C:\"，单击"确定"按钮，如图 1–2 中②～⑥所示。

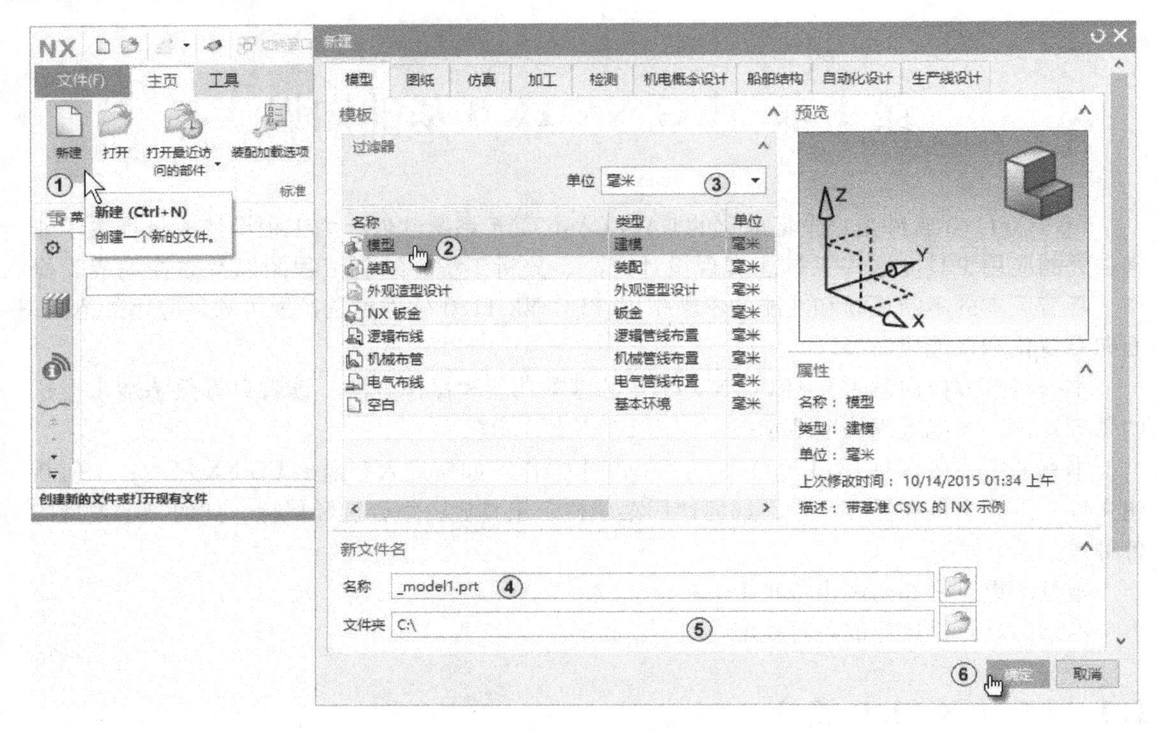

图 1–2　创建新文件

1.1.2　UG NX 11.0 界面

本节将介绍标题栏、菜单栏、提示栏、工具栏、资源栏和工作区等。

新建一个文件或者打开一个文件后，进入建模状态后的 UG NX 11.0 的工作界面如图 1–3 所示，各部分的功能如下。

1）快速访问工具栏：位于工作界面的左上方，包含了“保存”“撤销”“重做”“剪切”“复制”“粘贴”等按钮。

2）标题栏 NX 11 - 建模 - [_model1.prt（修改的）]：位于工作界面的右上方，主要用于显示软件版本（NX 11）、当前模块（建模）、文件名（_model1. prt）和当前部件修改状态等信息。

3）功能区：功能区包含“文件”下拉菜单、“主页”选项卡、“装配”选项卡、“曲线”选项卡、“分析”选项卡、“视图”选项卡、“渲染”选项卡、“工具”选项卡和“应用模块”选项卡。功能区是按钮工具的集合，主要用来形象化地显示各种常用操作的命令。单击相应的按钮即可方便地完成相应的操作。可以添加或隐藏工具栏，也可以将其移动到窗口的任何位置。

4）菜单栏：包括软件的主要功能命令，主要有“文件”“编辑”“视图”“插入”“格式”“工具”“装配”“信息”“分析”“首选项”“窗口”和“帮助”等菜单。通过选择相应的菜单命令，可以实现 UG NX 11.0 的一些基本操作，如选择“文件”菜单命令，可以在打开的下拉菜单中实现文件管理操作。在不同的模块环境中主菜单命令可能会有所不同。

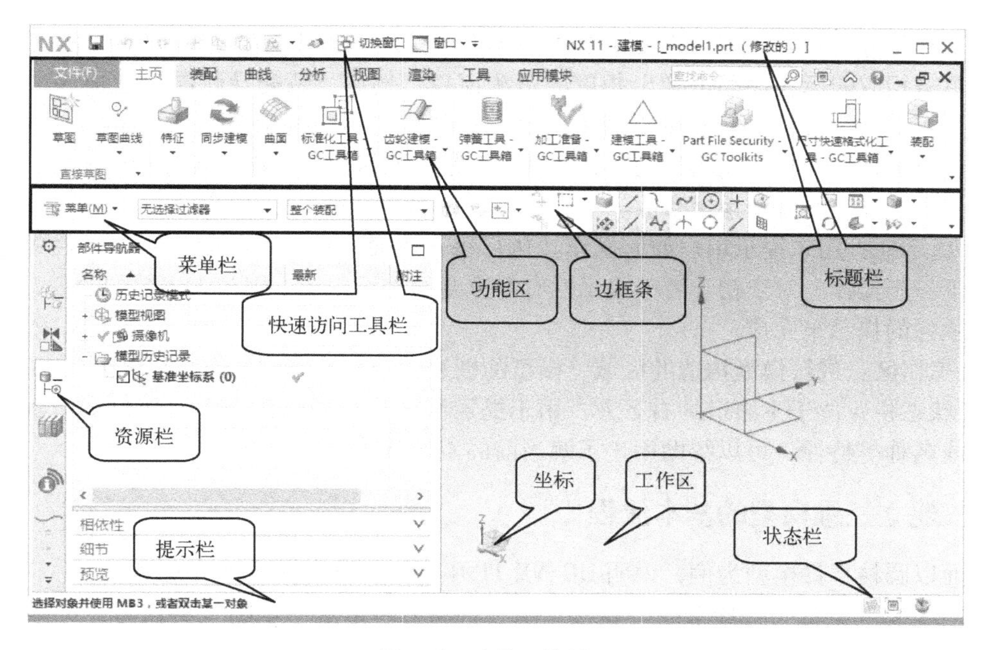

图 1-3　建模工作界面

每个主菜单选项后都带有▶符号，表示该菜单还包括下拉菜单，而下拉菜单中的命令选项有可能还包含更深层次的下拉菜单，如图 1-4 中①所示。若菜单选项后带有组合键，则表示直接按组合键也可以执行该菜单命令，如图 1-4 中②所示。

图 1-4　菜单

5）边框条：边框条位于功能区的下方，其中集合了菜单以及一系列的快捷命令。

6）资源栏：资源栏可以显示装配、约束、部件、重用库、HD3D 工具、Web 浏览器、历史记录和系统材料等信息。通过资源栏，可以方便地获得相关的信息。将鼠标移动到资源栏中并单击相应的标签，即可弹出相应的资源窗口，例如，装配导航器显示顶层“显示部件”的装配结构。部件导航器主要用来显示用户建模过程中的历史记录，可以使用户清晰地了解建模的顺序和特征之间的关系，并且可以在特征树上直接进行各种特征的编辑，大大方便了用户查找、修改和编辑参数。

7）提示栏：用来提示用户如何操作。执行每一步命令时，系统都会在提示栏中显示如何进行下一步操作。对于初学者，提示栏有着重要的提示作用。因为大多数的命令，都可以根据提示栏的提示来完成。

8）工作区：进行模型构造的区域，模型的创建、装配及修改工作都在该区域内完成。

9）状态栏：位于主窗口的右下方，用于提示当前执行操作的结果、鼠标的位置、图形的类型或名称等特性，可以帮助用户了解当前的工作状态。

1.1.3 建立三维模型的基本流程

下面以圆柱零件模型为例，说明 UG NX 11.0 建立三维模型的基本流程。

在功能区“主页”选项卡的“直接草图”选项板中单击“草图”按钮，如图 1-5 中①②所示。系统弹出“创建草图”对话框，如图 1-5 中③所示采用系统默认的坐标平面 XY 作为绘制草图平面（该坐标平面在绘图区高亮度显示，同时高亮度显示 3 个坐标轴的方向。如果用户需要修改坐标轴的方向，只要双击 3 个坐标轴中的一个即可），单击“确定”按钮，进入草图绘制界面。此时系统在特征树上增加了 草图 (1) "SKETCH_000"，所绘制的草图轮廓都放置在其中。

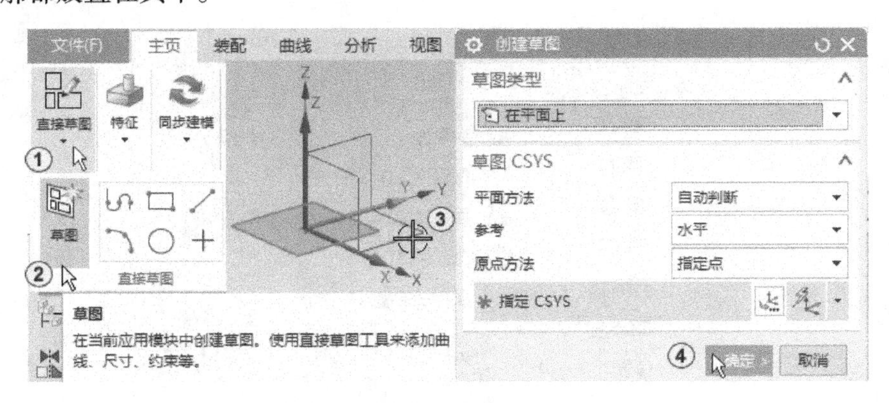

图 1-5 选择绘制草图平面

在功能区“主页”选项卡的“直接草图”选项板中单击“圆”按钮○，如图 1-6 中①②所示，其余均保持默认值，在工作区移动鼠标捕捉坐标原点，确定圆心，在“直径”文本框中输入 32，如图 1-6 中③～⑤所示，按〈Enter〉键。单击鼠标中键结束圆的绘制。

单击“特征”工具条中的“拉伸”按钮，如图 1-7 中①～③所示。系统弹出“拉伸”对话框，在“限制”选项组中选择“结束”为“值”，并在“距离”文本框中输入 30，其他采用默认设置（拉伸的默认方向为选定截面的法向），单击“确定”按钮，如图 1-7 中④⑤所示。

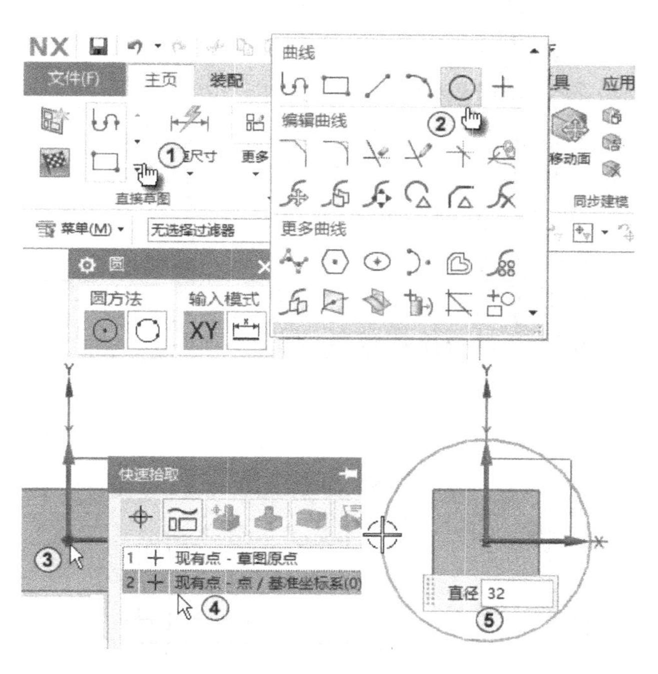

图 1-6　绘制圆

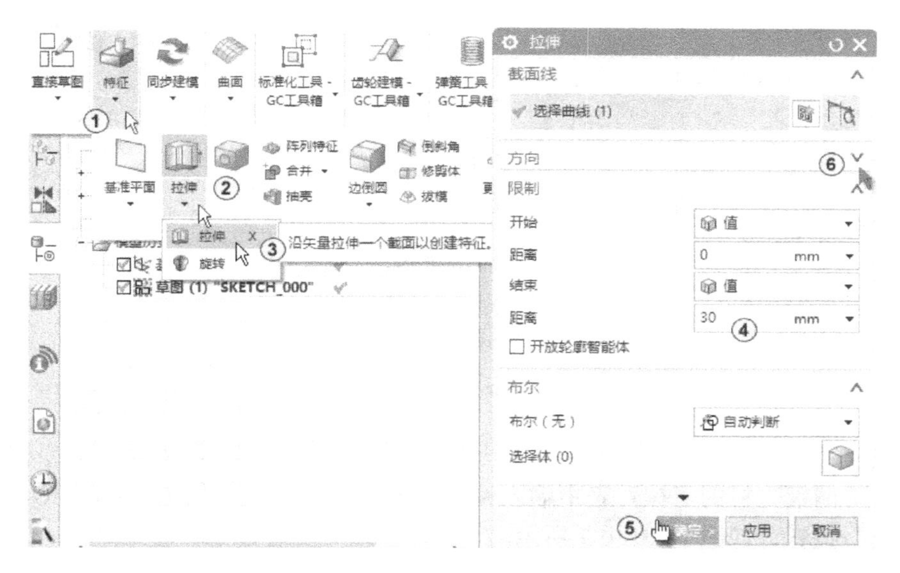

图 1-7　生成圆柱模型

在工作区空白的地方单击鼠标右键，在弹出的快捷菜单中选择“定向视图”→“正三轴测图”命令，即可看到三维立体效果，如图 1-8 中①~③所示。

单击“保存”按钮（如图 1-8 中④所示）或者按组合键〈Ctrl + S〉保存圆柱模型。

在“部件导航器”中右击“拉伸（2）”，从弹出的快捷菜单中选择“可回滚编辑”命令，如图 1-9 中①②所示，系统弹出“拉伸”对话框。单击“方向”后的符号∨，如

图1-7中⑥所示。单击“反向”按钮，如图1-9中③所示，拉伸方向与默认的相反。如果要自定义拉伸方向，可在“拉伸”对话框中的“自动判别的矢量”按钮旁的“指定矢量”下拉列表中设置拉伸方向，如图1-9中④⑤所示。在生成预览后用鼠标左键按住指示拉伸方向的箭头拖动，如图1-9中⑥所示。此时的光标变为十字形，实体的高度会随光标的移动而动态变化，最后在合适的位置松开鼠标左键。如果拉伸体需要拔模，可单击“布尔”下拉列表框，如图1-9中⑦所示。

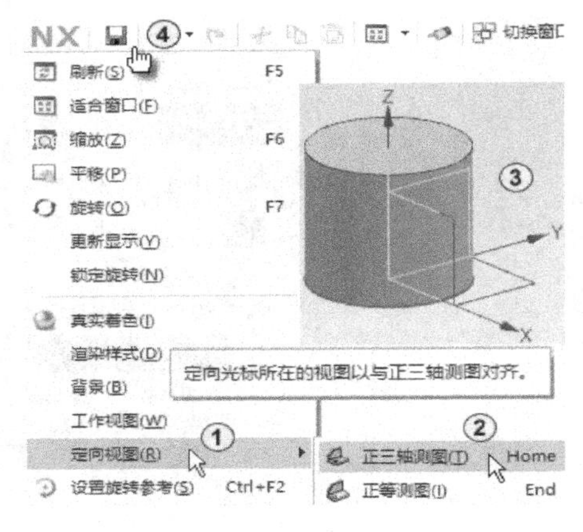

图1-8　快捷菜单

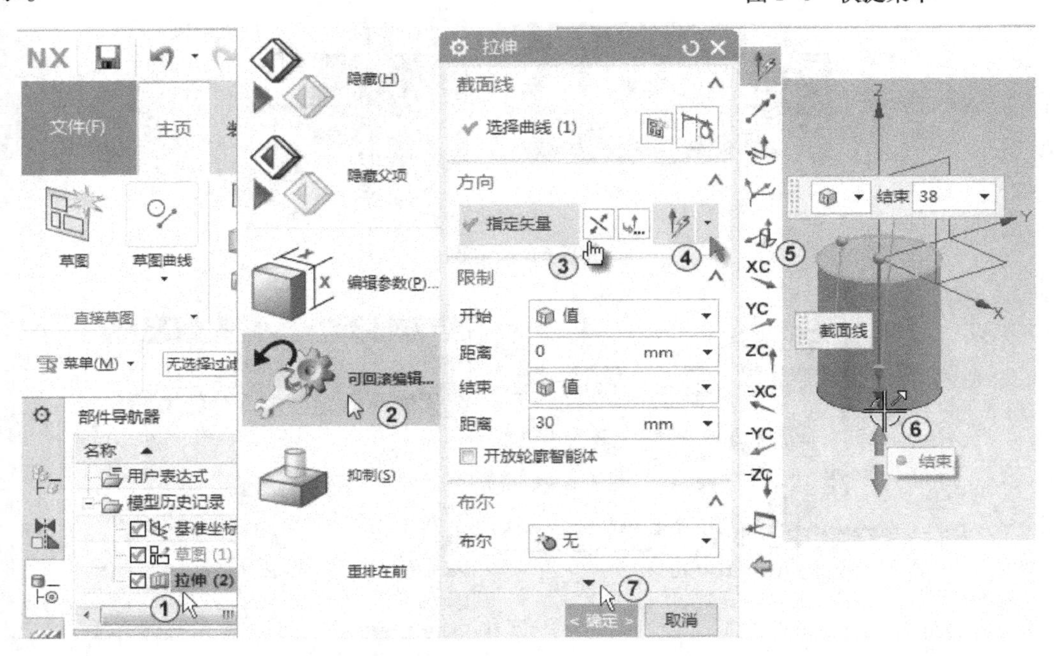

图1-9　编辑拉伸1

在“拔模”选项组中输入拔模方式和角度，如图1-10中①~③所示。如果拉伸体需要偏置，可在“偏置”栏的下拉列表中输入偏置方式和偏置距离，如图1-10中④~⑥所示。单击“取消”按钮，如图1-10中⑦所示。

注意

在选择拉伸曲线后，系统会在工作区显示系统的默认拉伸方向箭头，该方向的确定规则如下。

（1）若选择的拉伸对象是实体或片体表面，则矢量方向是沿该表面中心的法向。

（2）若选择的拉伸对象是封闭的实体边缘或平面曲线，则矢量方向显示在封闭曲线的中心。

（3）若选择的拉伸对象是不封闭的平面实体边，则矢量方向显示在第一条或最后一条

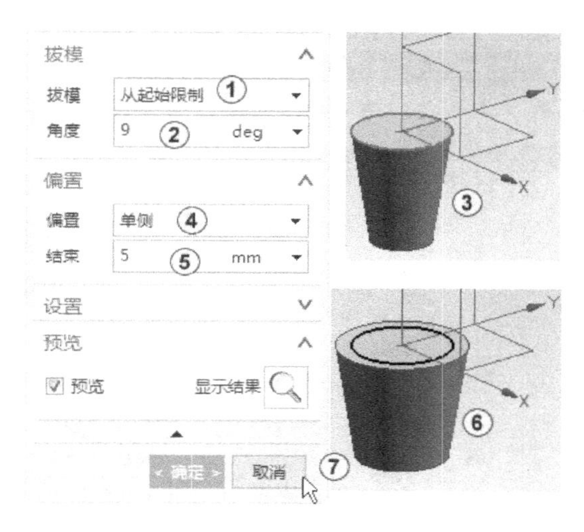

图 1-10　编辑拉伸 2

边的中点。

(4) 若选择的拉伸对象是空间曲线、空间实体或空间实体边与曲线组合集，则系统不能推断其拉伸方向，绘图区也不出现矢量方向箭头。

1.1.4　定制选项卡

初次使用时，选项卡中的按钮都是系统默认的，可以根据需要定制适合自己的个性化工具条，具体操作方法如下。

1）选择“工具”→“定制”命令，或者在工具条或者工具条空白区右击并在弹出的快捷菜单中选择“定制”命令，或者按组合键〈Ctrl +1〉，系统均弹出“定制”对话框；“定制”对话框包含 4 个选项卡，分别是“命令”“选项卡/条”“快捷方式”和“图标/工具提示”。

2）单击“选项卡/条”选项卡，如图 1-11 中①所示。该选项卡主要用来显示或隐藏指定的工具条。在“工具条”列表框中，将工具条名前复选框中的“√”取消，则该工具条将被隐藏；而复选框中有“√”，则表明该工具条将显示在功能区。单击右方的“重置”按钮，系统将按照工具条定义文件中的默认设置重新设置工具条。或者在已经存在的工具条上右击，在弹出的快捷菜单中选择要显示或隐藏的工具条。

3）单击“命令”选项卡，如图 1-11 中②所示，该选项卡主要用来显示或隐藏指定工具条中所包含的命令，因为每个工具条可能包括多个工具按钮，对于那些在建模过程中不常用的命令没有必要将它显示在桌面上。在“经典工具条”中选择“特征”，如图 1-11 中③所示，就可以看到这个工具条中所包含的命令都列在右面的列表框内。选中一个“螺纹”命令，如图 1-11 中④所示，按住鼠标不放将其拖拉到屏幕左上方的工具条中，如图 1-11 中⑤所示，这时工具条中将显示此项命令，结果如图 1-11 中⑥所示。若将某命令从工具条中拖回“定制”对话框中，此命令即从工具条中消失。

4）单击“图标/工具提示”选项卡，如图 1-12 所示，该选项卡主要用来设定工具条中图标的大小、菜单中图标的大小。系统提供了 5 种尺寸规格，可以根据习惯选择。

注意

更改工具设置后，必须重新启动 UG NX 11.0 设置才能生效。

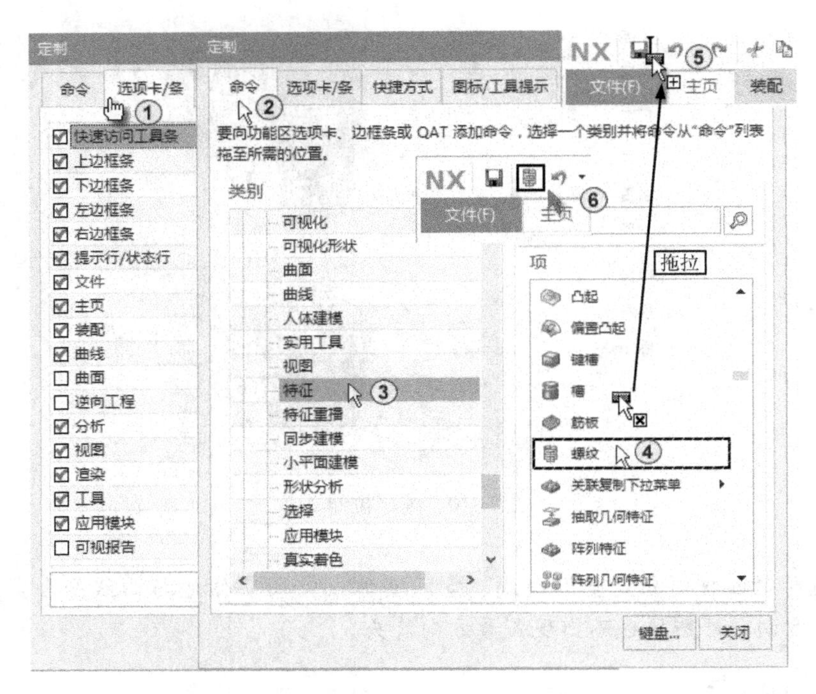

图 1-11　增加“螺纹”工具条

定制

命令 | 选项卡/条 | 快捷方式 | 图标/工具提示

图标大小

功能区	正常
窄功能区	小
上/下边框条	特别小
左/右边框条	小
快捷工具条/圆盘工具条	小
菜单	特别小
资源条选项卡	小
对话框	正常

☐ 库中始终使用大图标

工具提示

☑ 在功能区和菜单上显示符号标注工具提示

☑ 在功能区上显示工具提示

☑ 在功能区上显示快捷键

☑ 在对话框选项上显示圆形符号工具提示

键盘...　关闭

图 1-12　“图标/工具提示”选项卡

1.1.5　关闭文件

当完成建模工作后，可以将其关闭，具体的操作方法有 4 种。

1）按组合键〈Ctrl + F4〉。

2）直接关闭工作桌面，即单击标题栏右上角的“关闭”按钮✕。

3）在“功能区”中，选择“文件”→“关闭”命令后再选择一种方式来关闭。如图 1-13 中①～③所示。

4）在“边框条”中，选择“菜单”→“文件”→“关闭”命令后再选择一种方式来关闭。如图 1-13 中④～⑦所示。

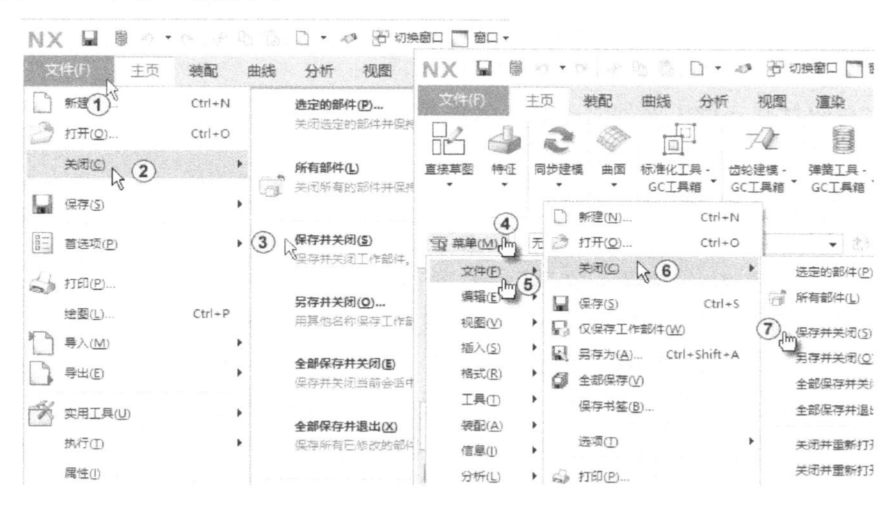

图 1-13　关闭

不管采用哪种退出方式，在修改或进行新的操作后退出 UG NX 11.0 系统时，若没有将所做的工作保存，系统将弹出“退出”对话框提示是否真的要退出系统，单击“是 - 保存并退出”按钮，如图 1-14 中①所示。

系统又弹出“保存”对话框，单击“是”按钮，如图 1-14 中②所示。退出系统，文件被保存。保存文件后若选择退出系统，则不会出现对话框。

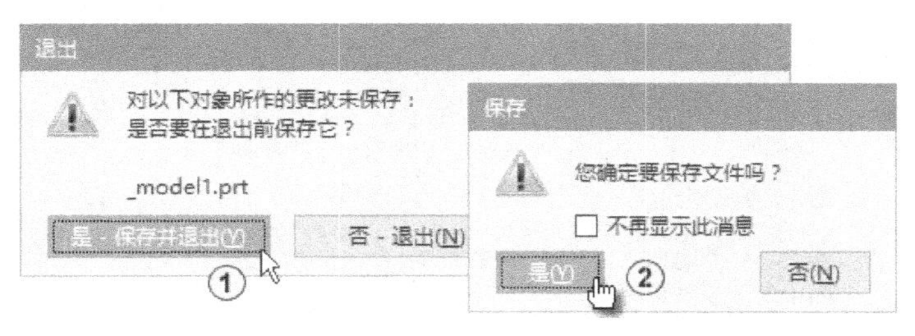

图 1-14　退出系统

1.2　文件管理

文件管理包括新建文件、打开文件、保存文件和导出文件。

1.2.1 新建文件

当以正常启动方式进入 UG NX 11.0 后，新建模型文件的方式有 4 种。

1）按组合键〈Ctrl + N〉。

2）单击快速访问工具栏中的“新建”按钮。

3）在“功能区”中，选择“文件”→“新建”。

4）在“边框条”中，选择“菜单”→“文件”→“新建”。

在建模过程中需要创建多个部件文件时，可以将已经完成的文件保存，然后再次新建模型文件，系统重新进入建模工作界面，即新建部件文件的建模状态。

1.2.2 打开文件

本节将介绍打开和导入部件文件的具体操作过程及注意事项。

打开一个已经存在的部件文件，系统提供了 4 种方式。

1）按组合键〈Ctrl + O〉。

2）单击快速访问工具栏中的“打开”按钮。

3）在“功能区”中，选择“文件”→“打开”。

4）在“边框条”中，选择“菜单”→“文件”→“打开”。

使用以上任意一种方法后系统弹出“打开”对话框，在“查找范围”下拉列表框中选择正确的文件存放路径，在“文件名”文本框内选择所要打开的文件，如图 1-15 中①②所示，或者在列表中直接双击该文件，或者右击文件，在弹出的快捷菜单中选择“打开”命令，可以看到对话框右侧的预览窗口。单击预览窗口下“预览”复选框内的“√”，取消此复选框的选中状态，如图 1-15 中③所示，则将不显示预览图像。最后单击“OK”按钮。

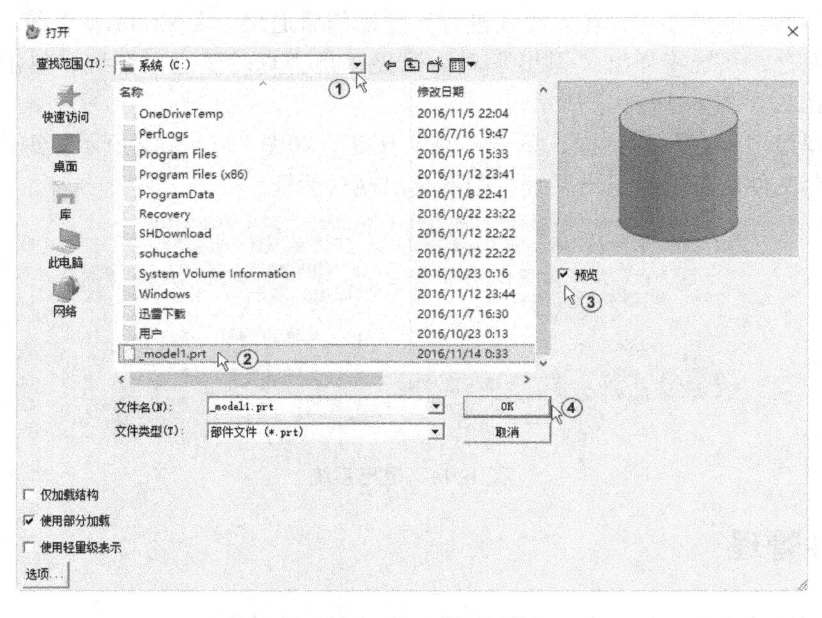

图 1-15 “打开”对话框

注意

1）“打开”对话框内没有单位下拉列表，因为部件的单位是在部件建立时决定的，以后不可以改变。

2）如果选择一个已经载入的文件，系统将弹出“打开部件”对话框，如图 1-16 所示，可根据对话框内的提示信息进行操作。

3）载入的部件文件仅仅是硬盘内文件的副本，在再次保存到硬盘之前，用户所做的工作都不是永久保存的。

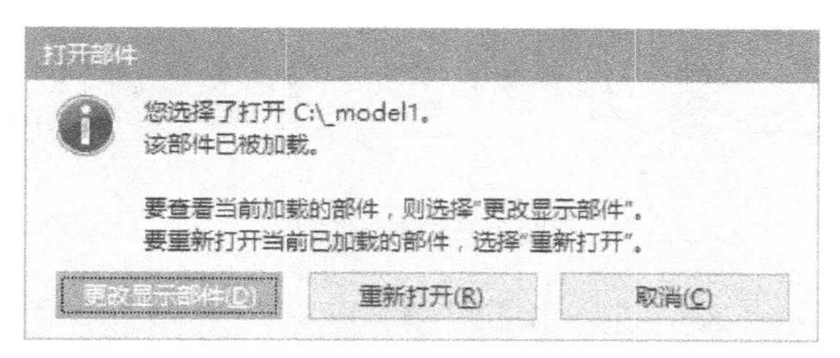

图 1-16 “打开部件”对话框

单击“主页”选项卡中的“草图”按钮，如图 1-17 中①②所示。系统弹出“创建草图”对话框（取默认值，即在该对话框中不进行任何操作），在工作区移动鼠标选择如图 1-17 中③所示的 XZ 基准面为绘制草图平面，单击“确定”按钮，进入草图绘制界面。

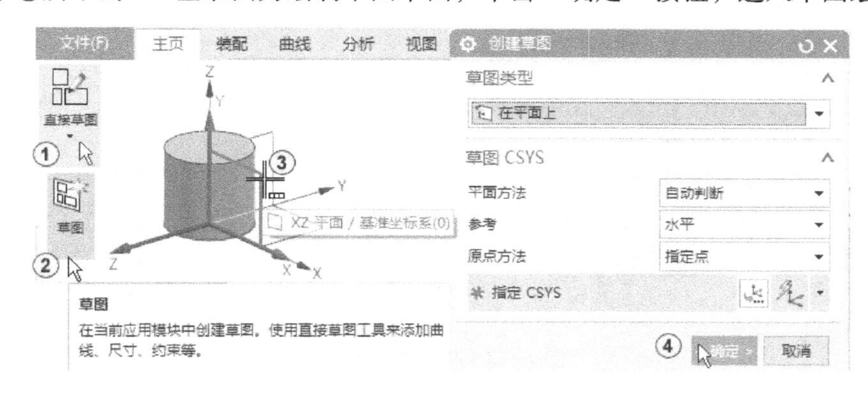

图 1-17 选择绘制草图平面

在功能区“主页”选项卡中的“直接草图”选项板中单击“圆”按钮○，其余均保持默认值，在工作区中确定圆心，即在 XC 文本框中从键盘上输入 0，按〈Enter〉键，在 YC 文本框中输入 15，按〈Enter〉键。在“直径”文本框中输入 20，按〈Enter〉键。如图 1-18 中①～⑤所示，单击鼠标中键结束圆的绘制。

单击“特征”工具条中的“拉伸”按钮，如图 1-19 中①～③所示。系统弹出“拉伸”对话框，在“限制”选项组的“结束”中选择“值”，并在其下的“距离”文本框中输入 20，其他采用默认设置，单击“确定”按钮，如图 1-19 中④～⑥所示。

单击“特征”工具条中的“孔”按钮，如图 1-20 中①②所示。系统弹出“孔”对话框（取默认值，即在该对话框中不进行任何操作），在工作区移动鼠标选择如图 1-20 中③所示的 XY 基准面作为绘制草图平面，系统弹出“草图点”对话框，单击“点对话框”按钮，如图 1-20 中④所示。

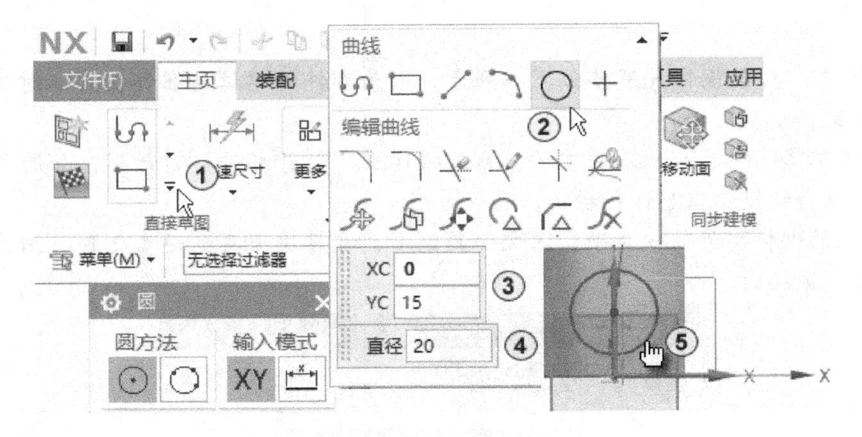

图 1-18　绘制圆

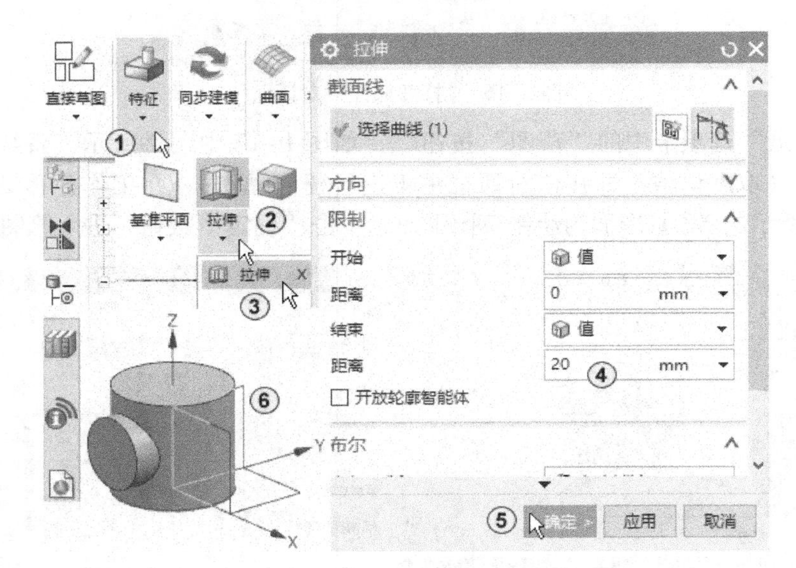

图 1-19　生成圆柱模型

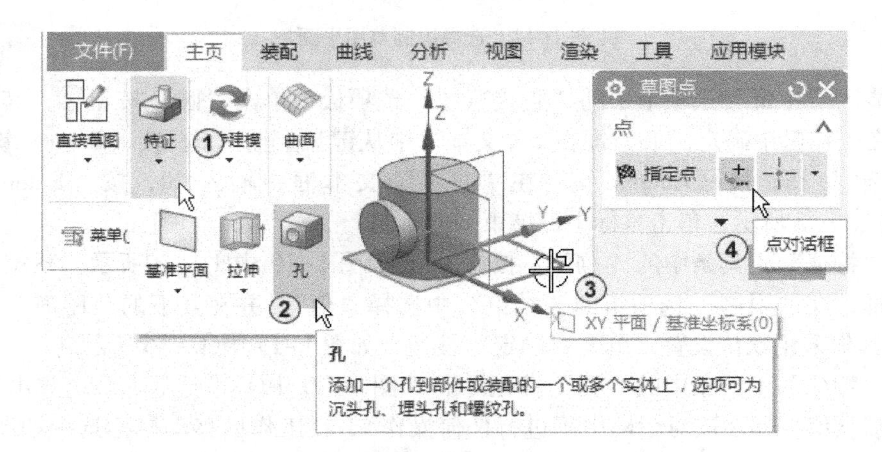

图 1-20　调出孔命令

系统弹出“点”对话框（坐标 XYZ 取默认值，即在该对话框中不进行任何操作），单击“确定”按钮，如图 1-21 中①②所示。系统返回“草图点”对话框，单击“关闭”按钮，单击“完成”按钮，如图 1-21 中③④所示，退出草图绘制。

系统返回“孔”对话框，设定孔参数，其他采用默认设置，如图 1-22 中①②所示单击“确定”按钮，结果如图 1-22 中④所示。

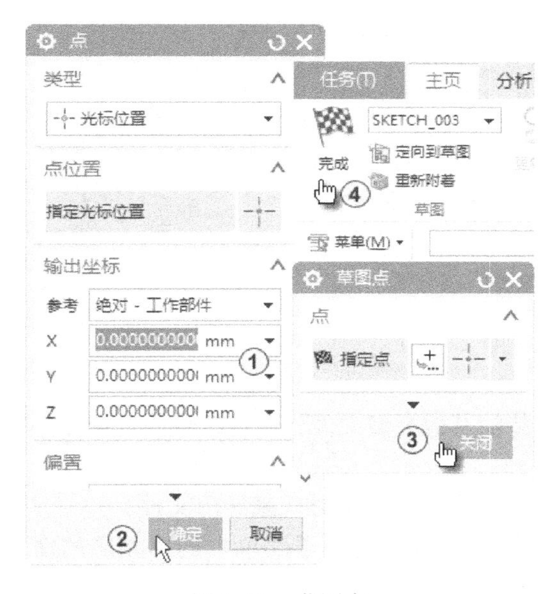

图 1-21　草图点

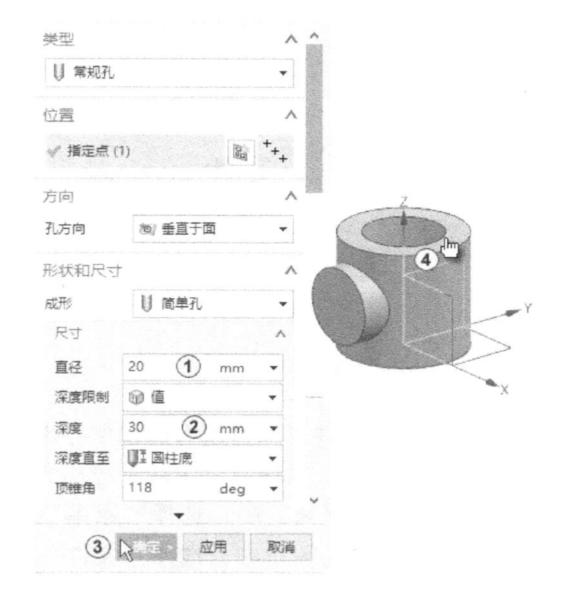

图 1-22　创建孔

注意

选择基准面作为孔的放置平面或通孔平面时，必须确保按孔的生成方向创建的孔能与某实体相接触。

1.2.3　保存文件

保存部件文件，系统提供了 5 种方式。

1）按组合键〈Ctrl + S〉（将文件保存到当前路径下）。

2）按组合键〈Ctrl + Shift + A〉。

3）单击快速访问工具栏中的单击“保存”按钮。

4）在“边框条”中，选择“菜单”→“文件”命令，在弹出的子菜单中选择相应的命令。若选择“文件”→“保存”→“全部保存”命令，可将当前载入的所有部件文件保存到各自的路径下。

5）在“功能区”中，选择“文件”→“保存”，在弹出的子菜单中选择相应的“另保存”命令，如图 1-23 中①～③所示。将当前部件文件保存到另外指定的路径文件下，此时系统弹出“另存为”对话框，选择保存路径，输入新的文件名称“_model2. prt”后单击“OK”按钮加以保存，如图 1-23 中④～⑥所示。

一定要在退出 UG 集成环境时对已经修改的模型文件进行保存，因为一旦选择退出关闭文件，系统将不会自动地保存用户所做的修改。

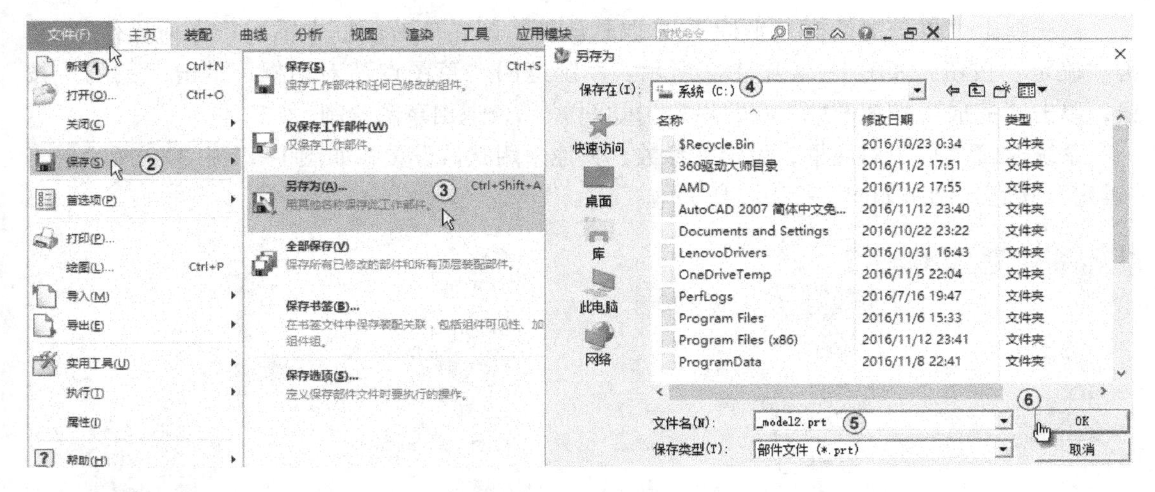

图 1-23　保存文件

1.2.4　导出文件

导出部件文件可以将现有的模型导出为系统支持的其他类型文件，还可以将其直接导出为图片格式文件。系统提供了两种导出方式。

1）在“边框条”中，选择“菜单”→“导出”后再选择一种方式来导出文件。

2）在“功能区”中，选择“文件”→“导出”，在弹出的子菜单中选择相应的命令，如图 1-24 中①～③所示。系统弹出“导出 PDF”对话框，单击“浏览”按钮，选择保存路径，输入文件名称“_model2. pdf”后单击“OK”按钮，系统返回“导出 PDF”对话框，单击“确定”按钮即可导出文件，如图 1-24 中④～⑧所示。

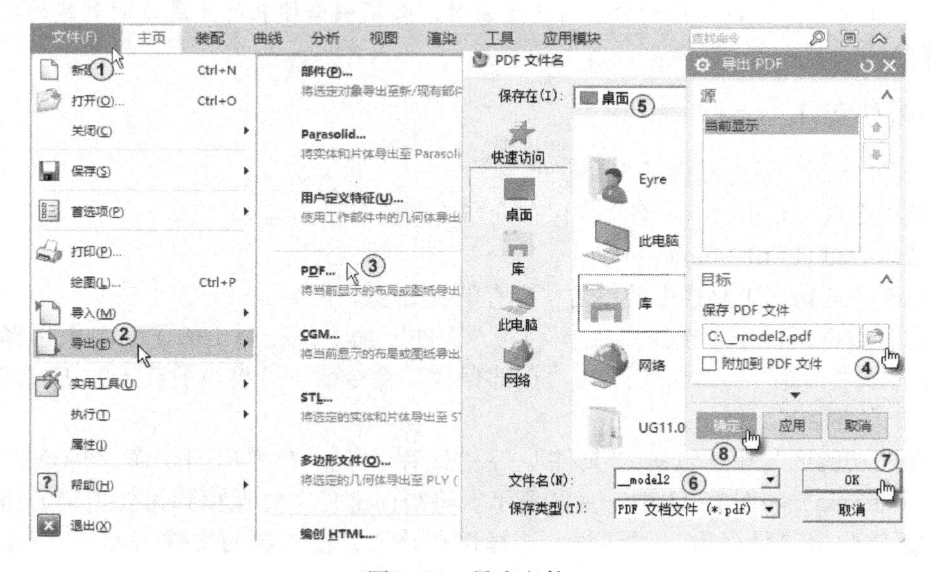

图 1-24　导出文件

1.3　UG NX 11.0 的操作

本节主要介绍用户在建模过程中的一些基本操作和设置，包括键盘和鼠标的应用、用户界面、视图控制、坐标系变换和可视化的设置等。

1.3.1　键盘和鼠标操作

键盘主要用于输入参数，鼠标则用来选择命令和对象，有时对于同一功能可分别用键盘或鼠标完成，有时则需要两者结合使用。

〈Tab〉：在对话框的不同域内进行向前切换。

〈Shift + Tab〉：在对话框的不同域内进行向后切换。

UG NX 11.0 系统还具有各种功能键，如按〈F5〉键则进行刷新操作。鼠标在 UG NX 11.0 中的使用频率非常高，应用功能比较多，可以实现平移、旋转、缩放以及快捷菜单等操作。最好使用三键滚轮鼠标，鼠标按键中的左、中、右键分别对应 MB1、MB2 和 MB3，如图 1-25 所示。其功能如表 1-1 所示。

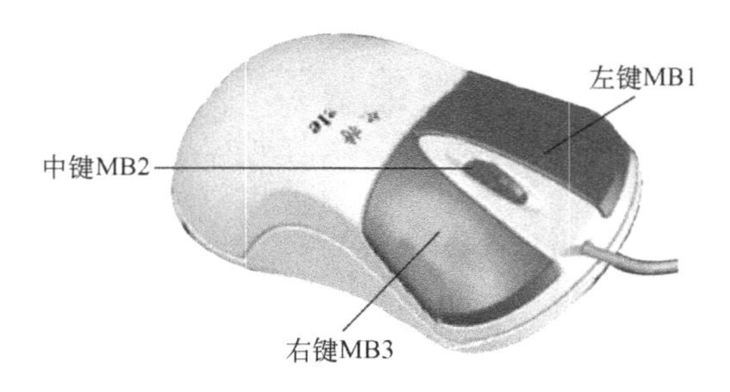

图 1-25　鼠标的左、中、右键

表 1-1　三键滚轮鼠标的功能

鼠标按键	功　能	操作说明
左键（MB1）	选择菜单、选取物体、选择相应的功能、拖动鼠标	单击 MB1
中键（MB2）	在对话框内相当于“OK”按钮或“确定”按钮	单击鼠标中键 MB2
	放大或缩小	按下〈Ctrl + MB2〉组合键或者按下〈MB1 + MB2〉组合键并移动光标，或者滚动鼠标滚轮，可以将模型放大或缩小
	平移	按下〈Shift + MB2〉组合键或者按下〈MB2 + MB3〉组合键并移动光标，模型可随鼠标平移
	旋转	按下鼠标中键保持不放并移动光标，可旋转模型
右键（MB3）	弹出快捷菜单	右击 MB3
	弹出推断菜单	选中一个特征后右击 MB3 并保持
	弹出悬浮菜单	在工作区空白处右击 MB3 并保持

1.3.2 视图操作

在设计过程中，需要不断地改变视角来观察模型，调整模型以线框视图或着色视图来显示模型，有时也需要多幅视图结合起来分析，因此观察模型不仅与视图有关，还和模型的位置、大小有关。观察模型常用的方法有平移、放大、缩小、旋转、适合窗口等。多幅视图的显示是通过“布局”选项来实现的。

1. 视图样式

调出视图样式的方法有4种。

1）单击快速访问工具栏中的“重复命令下拉菜单”按钮，在弹出的子菜单中选择相应的命令，如图1–26中①②所示。

2）在“功能区”中，单击“视图”选项卡中的“样式”选项区中的相应按钮，如图1–26中③④所示。

3）在“边框条”中，单击“渲染样式”下拉菜单按钮，在弹出的下拉菜单中选择相应的命令，如图1–26中⑤⑥所示。

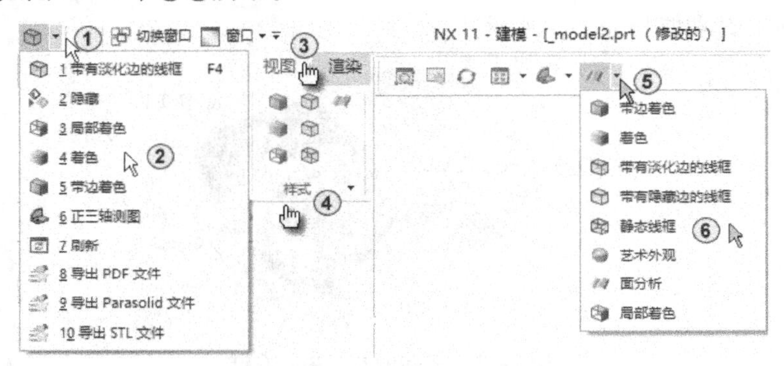

图1–26　调用视图命令

4）在工作区空白处右击，在弹出的快捷菜单中选择“渲染样式”下拉菜单中相应的命令，如图1–27中①②所示。

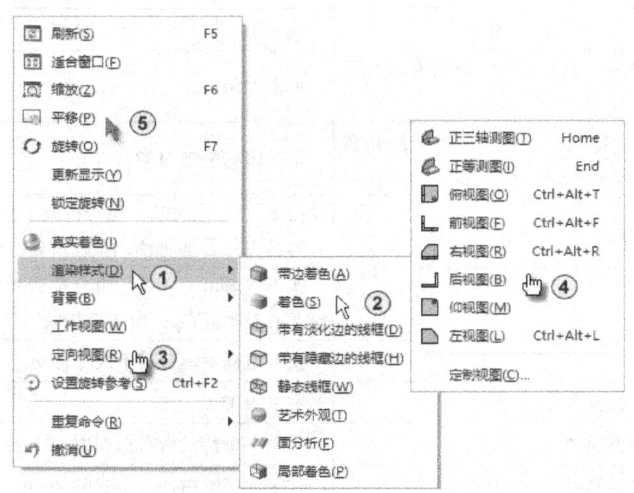

图1–27　调用“边框条”中的视图命令

视图样式显示的效果如表 1-2 所示。

表 1-2　视图样式显示的效果

图　　标	名　　称	功　　能	示　　例
	带边着色	用光顺着色渲染工作区中的模型，并显示模型边线	
	着色	用光顺着色和打光渲染工作视图中的模型，不显示模型边线	
	局部着色	用光顺着色和打光渲染光标指向的视图中的局部着色面	
	带有隐藏边的线框	旋转视图时，用边缘几何体渲染光标指向的视图中的面，使隐藏边变暗并动态更新面	
	带有淡化边的线框	旋转视图时，用边缘几何体、不可见隐藏边渲染光标指向的视图中的面，并动态更新面	
	静态线框	用边缘几何体渲染光标指向的视图中的面	
	艺术外观	根据指派的基本材料、纹理和光源，实际渲染光标指向的视图中的面	
	面分析	用曲面分析数据渲染选中的面	

2. 定向视图

在设计三维零件或装配件时，常常需要观察模型的各个方向的投影。视角方向通常都正视于三维零件设计时的草绘平面，因此对于视角方向的判定必须有清楚的认识。

调出定向视图的方法有 3 种。

1）在工作区空白处右击，在弹出的快捷菜单中选择“定向视图”下拉菜单中相应的命令，如图 1-27 中③④所示。

2）在“功能区”中，单击“视图”选项卡中的“方位”选项区中的相应按钮，如图 1-28 中①②所示。

3）在“边框条”中，单击“定向视图”下拉菜单按钮，在弹出的下拉菜单中选择相应的命令，如图 1-28 中③④所示。

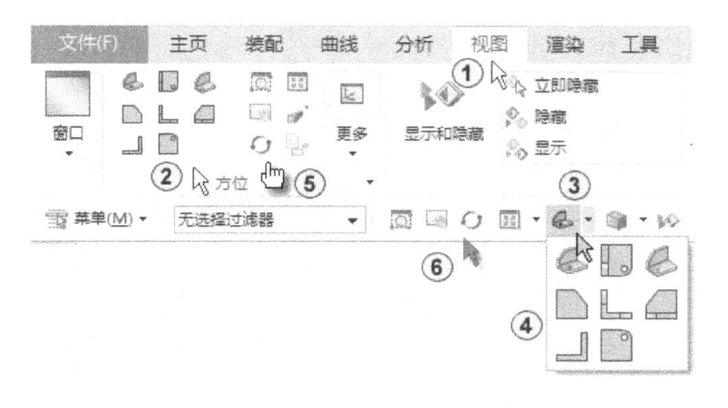

图 1-28　调用“定向视图”命令

“定向视图”下拉菜单中各个命令的功能如表 1-3 所示。

表 1-3 定向视图下拉菜单中的各个命令功能

图　标	名　称	功　能	示　例
	正三测视图	定位工作视图与正三测视图对齐	
	俯视图	定位工作视图与俯视图对齐	
	正等测视图	定位工作视图与正等测视图对齐	
	左视图	定位工作视图与左视图对齐	
	前视图	定位工作视图与前视图对齐	
	右视图	定位工作视图与右视图对齐	
	后视图	定位工作视图与后视图对齐	
	仰视图	定位工作视图与仰视图对齐	

3. 视图操作

调出视图操作的方法有 3 种。

1）在工作区空白处右击，在弹出的快捷菜单中选择“定向视图”下拉菜单中相应的命令，如图 1-27 中⑤所示。

2）在“功能区”中，单击“视图”选项卡中的“方位”选项区中的相应按钮，如图 1-28 中 ⑤所示。

3）在“边框条”中，单击“定向视图”下拉菜单按钮，在弹出的下拉菜单中选择相应的命令，如图 1-28 中⑥所示。

视图操作的功能如表 1-4 所示。

表 1-4 视图功能

图　标	名　称		功　能
	适合窗口	〈Ctrl + MB2〉	显示工作区的所有对象
	缩放	〈F6〉	按住鼠标左键 MB1，画一个矩形并松开，放大视图中的选择区域
	旋转	〈F7〉	按住鼠标左键 MB1 拖动鼠标旋转视图
	平移		按住鼠标左键 MB1 拖动鼠标平移视图
	透视		将工作视图由平行投影改为透视投影

1.3.3　对象的操作

常用的对象操作包括执行命令的方式、对象的隐藏与释放、对象的删除、对象的显示、操作撤销等功能。熟练掌握常用的操作对简化操作步骤、提高绘图速度有很大的帮助。

1. 选择对象

选择对象的方式有 4 种。

1）用鼠标直接选取对象。

2）在导航器中选取对象。

3）在“边框条”中选取对象。

4）在“选择条”中选取对象。在工作区的空白界面上右击，系统弹出“选择条”工具栏，单击“选择条”上的相应按钮从而执行相应的命令，例如，单击“类型过滤器”下拉列表框无选择过滤器，在该下拉列表框中可以选择过滤的条件，如图 1-29 中①所示。单击“选择范围”下拉列表框整个装配，在该下拉列表框中可以指定在特定模型内选择，如图 1-29 中②所示。单击“常规选择过滤器”按钮后可以设置选择类型过滤器和选择范围，如图 1-29 中③所示。单击“矩形”按钮后可以通过拖出矩形区域来选择对象，如图 1-29 中④所示。单击“曲线上的点”按钮后可以选择曲线上最接近光标中心的点，如图 1-29 中⑤所示。

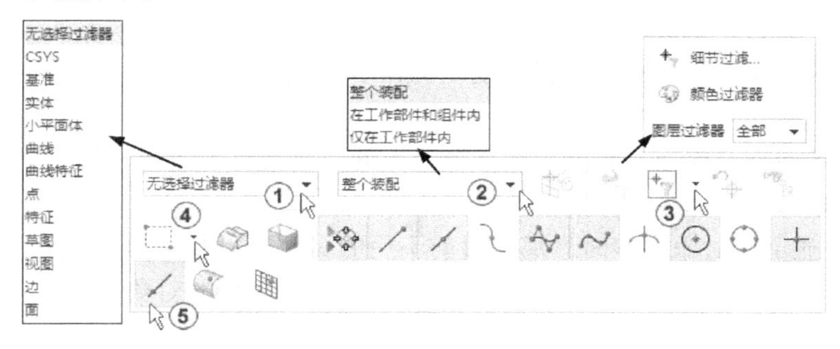

图 1-29“选择条”工具栏

2. 对象的删除

删除对象的方法有 4 种。

1）直接选取对象，然后按〈Delete〉键（或〈Del〉键）。

2）直接选取对象，然后单击“删除”按钮✕，如图 1-30 中①②所示。结果如图 1-30 中③所示。单击快速访问工具栏中的“撤销上次操作”按钮或者按下〈Ctrl + Z〉组合键，如图 1-30 中④所示，返回上一步操作。

3）按〈Ctrl + D〉组合键，系统弹出“类选择”对话框，选择要删除的对象，单击两次“确定”按钮完成删除操作，如图 1-31 中①～④所示。

4）在“边框条”中，选择“菜单”→“编辑”→“删除”命令，系统弹出“类选择”对话框，选择要删除的对象，单击两次“确定”按钮完成删除操作。

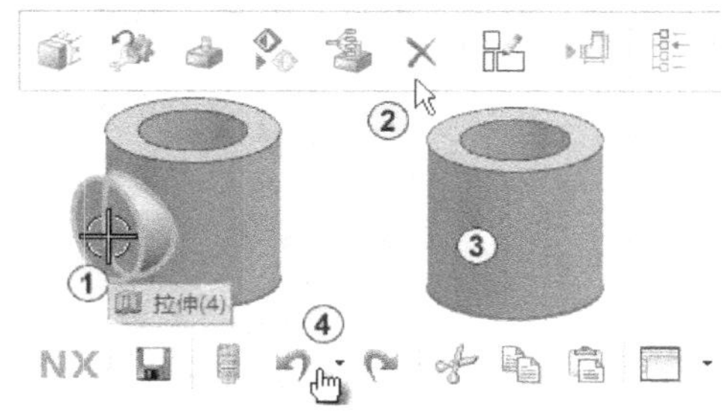

图 1-30　删除对象 1

图 1-31　删除对象 2

注意

用类选择方式删除对象时，所选对象必须是独立的，可以删除点、曲线、实体等，但是不能删除实体的棱、表面以及键槽、沟槽等成型特征。

如果将对象删除后进行了保存操作，则删除的对象不能恢复。

3. 恢复对象

删除对象的方法有 4 种。

1）按〈Ctrl + Z〉组合键。

2）单击快速访问工具栏中的“撤销上次操作”按钮。

3）在“边框条”中，选择“菜单”→“编辑”→“撤销列表”命令。

4）在工作区的空白界面上右击，在系统弹出的快捷菜单中选择“撤消”。

4. 隐藏和显示对象

当工作区中显示的对象太多时，那些目前不用的对象可以暂时隐藏起来，当需要时再显示出来，这样既提高了计算机的显示速度，又使工作区中显示的对象不过于杂乱。

在“边框条”中，选择“菜单”→“编辑”→“显示和隐藏”命令，系统展开子菜单，选择相应的命令，可以控制对象的不同隐藏方式，如图 1-32 中①～④所示。

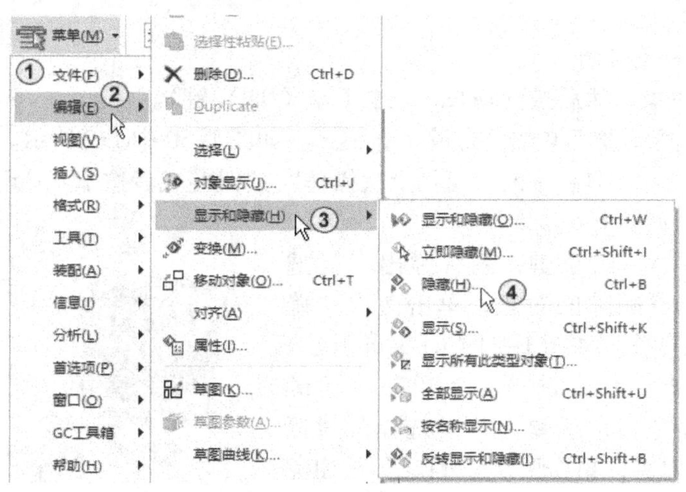

图 1-32　隐藏命令

1.4 信息查询和帮助系统

1. 信息查询

信息查询主要是查询几何图形和零件的信息。它可以对对象的点、样条曲线、曲面、特征、表达式几何公差、部件、装配、其他和自定义菜单进行查询，从而获得查询对象的各种信息，以便检查对象的尺寸是否符合设计要求。

对象信息查询主要是对其属性进行查询，包括日期、名称、图层、颜色、线形、组名单位等。对象可以是实体、曲线、曲面，也可以是基准面和坐标系等。

在“边框条”中，选择“菜单”→“信息”→“对象”命令，或者按〈Ctrl + I〉组合键，系统弹出“类选择”对话框，选择要查询的对象“拉伸(4)”，单击“确定”按钮，系统将显示“信息”窗口，如图 1-33 中①～⑥所示。

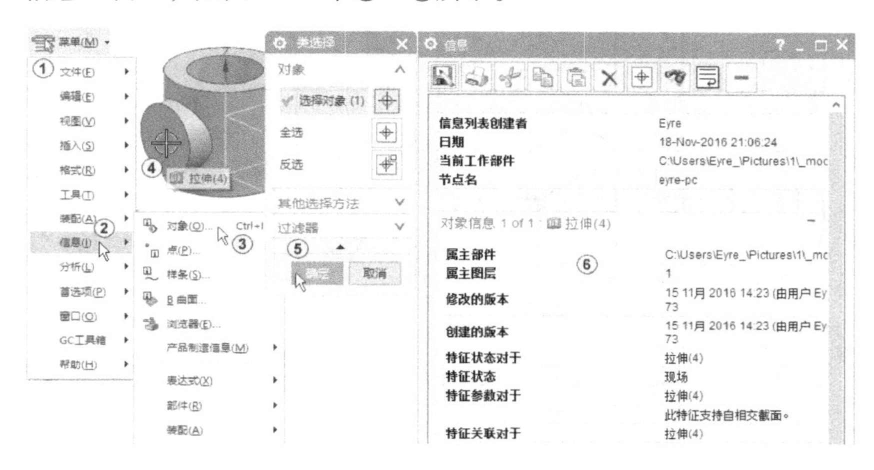

图 1-33 “信息”窗口

2. 帮助系统

帮助系统主要是为用户提供一些在线帮助功能，并介绍 UG NX 11.0 系统的版本信息。在使用过程中，如果需要帮助，在“边框条”，选择“菜单”→“帮助”命令，或者直接按〈F1〉键，进入系统在线帮助，并且显示当前功能的使用说明。

1.5 习题

1. 问答题

（1）如何将多边形的图标添加到工具条中？

（2）三键鼠标的中键在 UG NX 中有哪些用途？

（3）如何查询一条圆弧的圆心点坐标和半径值？

2. 建模题

（1）启动 UG NX 11.0，熟悉系统操作界面及各部分的功能，建立“低速滑轮装置”要用到的垫圈 A10 模型（GB/T 97.1-2002），如图 1-34 所示。

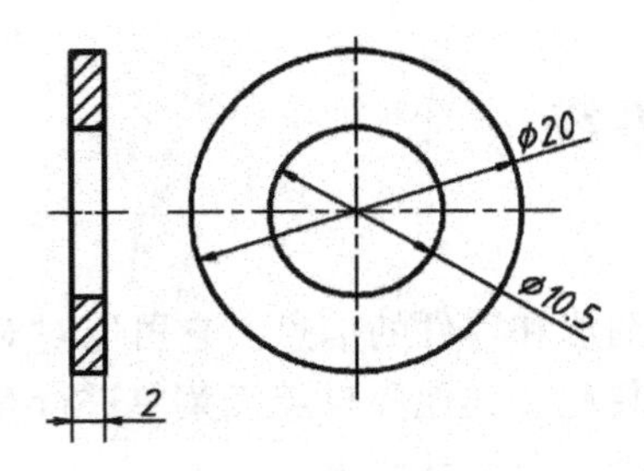

图 1-34　垫圈 A10 模型

（2）按尺寸建立如图 1-35 所示的模型。

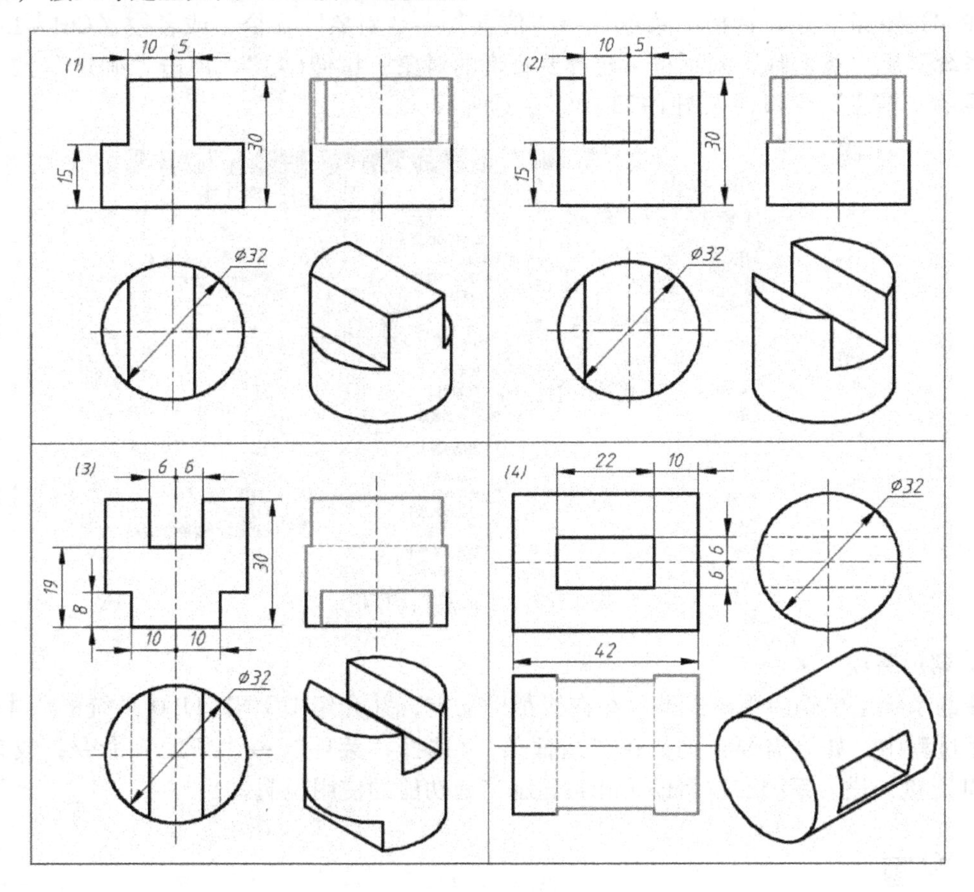

图 1-35　圆柱截交模型

3. 操作题

（1）对照表 1-1，练习鼠标和各项功能。

（2）对照表 1-2 ~ 表 1-4，练习各项功能。

（3）保存、打开、关闭所建立的模型。

第2章　草　　图

本章的主要内容是UG NX 11.0中的背景设置、草图环境设置、草图的连续绘制、草图的尺寸、草图的约束、基准坐标系及其基准平面的创建，重点介绍对象的操作以及在操作中各种技巧的应用，为后续章节的学习做铺垫。

本章的重点是如何快速准确地绘制草图。

本章的难点是拆分草图及添加几何约束。

2.1　设置草图环境

草图是位于指定平面上的一个二维曲线和点的集合，在草图上创建的对象可以作为创建实体截面的轮廓线，对其进行拉伸、回转、扫描等操作后构造出各种复杂、丰富的三维实体，还可以创建复杂的曲面。草图绘图和曲线绘图最大的不同在于：草图中有“尺寸约束”和“几何形状约束”，运用各种约束条件，可以改变草图中曲线的图形。此外只有限定了合适的约束和标注了准确且足够的尺寸，才能真正驱动整个造型。这在一定程度上约束用户的建模操作，减少失误，使操作逐渐规范化、准确化。而曲线中则没有这些功能。

草图主要在需要对图形进行参数化驱动时使用。

1）使用草图创建用标准成型特征无法实现的形状。

2）如果特征形状可以用拉伸、旋转或沿导线扫描的方法创建，可将草图作为模型的基础特征。

3）将草图作为自由形状特征的控制线。

绘制草图的步骤如下。

1）绘制与实体建模近似的曲线轮廓，只需形状相似即可，不用按照尺寸精确绘制。

2）应用草图约束和定位功能精确定出草图尺寸。

3）完成草图。

2.1.1　设置背景

UG NX 11.0的背景经常根据用户需要进行更换设置，为便于使用“背景”命令，将该命令从“可视化”选项中独立到“首选项”菜单中。

为了方便阅读，将“着色视图”和“线框视图”全部设置为“纯色”且“普通颜色”设置为白色。

启动UG NX 11.0，单击“主页”选项卡中的“新建”按钮，系统弹出“新建”对话框，在“新建”对话框的“模型”列表框中选择模板类型为默认的“模型”，单位为默认的“毫米”，在“新文件名”文本框中选择默认的文件名称“_model1.prt”，指定文件路径“C:\”，单击“确定”按钮。

在“边框条”中选择“菜单”→“首选项”→“背景”命令，如图2-1中①~③所示。系统弹出“编辑背景”对话框，该对话框中包括“着色视图”和“线框视图”的颜色设置。“着色视图”是对着色视图工作区背景的设置；“线框视图”是对线框视图工作区背景的设置。背景有两种模式，分别为“纯色”和“渐变”。“纯色”模式用单颜色显示背景，“渐变”模式用两种颜色渐变显示背景。

在“着色视图”和“线框视图”均选中“纯色”单选按钮后，单击“普通颜色”选项组中最右端的“颜色”按钮▭，如图2-1中④~⑥所示。系统弹出“颜色”对话框，在其中选择“白色”，单击“确定”按钮，如图2-1中⑦⑧所示。系统返回“编辑背景”对话框，单击“确定”按钮。

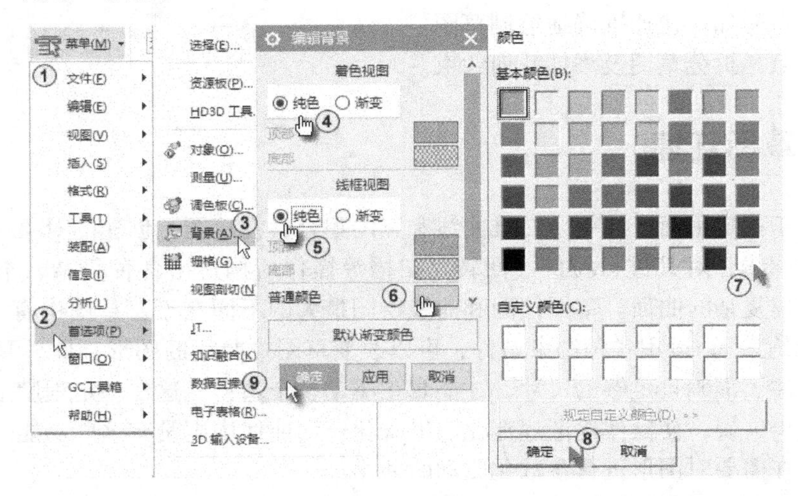

图2-1　背景设置

若选中“渐变”单选按钮后，“顶部”和“底部”选项会被激活，在其中单击“顶部”或“底部”后的“颜色”按钮▭，系统弹出“颜色”对话框，在其中选择颜色来设置顶部或底部的颜色。在“编辑背景”对话框最下端，单击“默认渐变颜色”，可以将背景的着色视图和线框视图设置为默认的渐变颜色，即在浅蓝色和白色间渐变的颜色。

2.1.2　设置用户界面

草图环境设置主要用于设置草图中的显示参数和草图对象的默认名称前缀等。在“用户界面”中可以设置小数点位数，取消光标追踪，导航器资源条的显示和退出时布局的保存等。

设置草图环境的方式有两种。

1）在“功能区”中选择“文件”→“首选项”命令。

2）在“边框条”中选择“菜单”→“首选项”→“用户界面”命令，如图2-2中①~③所示。系统弹出“用户界面首选项”对话框。选择“选项”选项卡，设置对话框的“小数位数”为0，取消选择对话框下方的“跟踪光标位置”复选框，如图2-2中④~⑥所示，然后单击“确定”按钮。这样的设置在绘制曲线时“跟踪条”中的数值不会随着鼠标位置的变化而变化，可以方便地在跟踪条中输入需要的数值。

在“边框条”中选择“菜单”→“首选项”→“草图”命令，如图 2-2 中①②⑦所示。系统弹出“草图首选项”对话框。选择“草图设置”选项卡，设置“尺寸标签”为值，如图 2-2 中⑧所示，单击“确定”按钮。

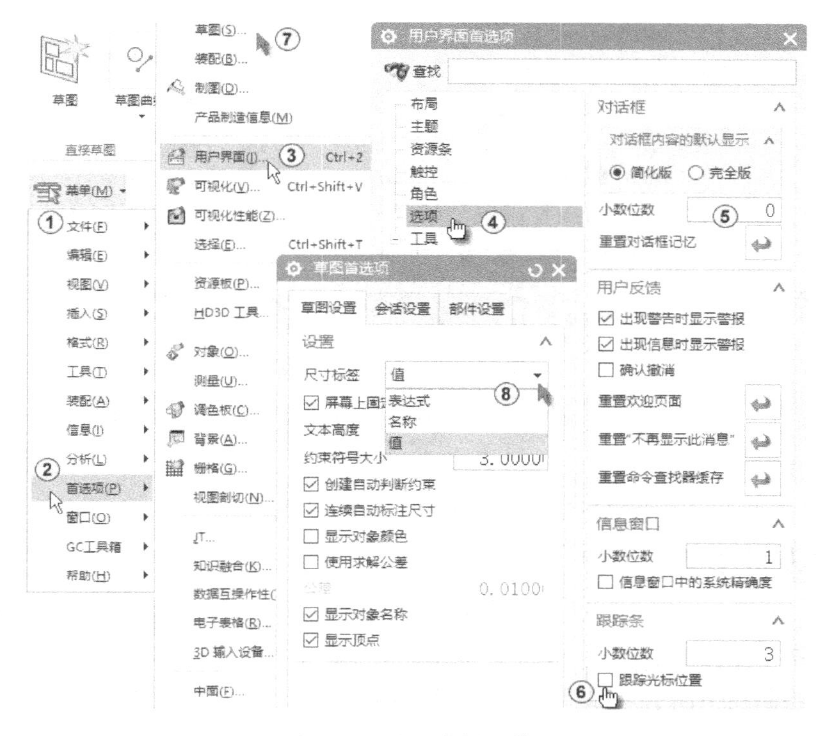

图 2-2　设置草图环境

UG NX 11.0 提供了两种用于定义环境控制参数的命令，分别是“用户默认设置”对话框和“首选项”菜单中的命令，不同的命令具有不同的优先权及控制范围，“用户默认设置”的设定对各部件文件均有效，但偏重于基本环境的设置。而“首选项”菜单中的命令，绝大多数只对当前进程有效，当退出软件后将恢复到默认设置。

在 UG NX 11.0 中绘制草图时，系统默认“连续自动标注尺寸”按钮是激活的，系统会自动为绘制的图形添加定形和定位尺寸，使其全约束。但系统自动标注的尺寸比较凌乱，而且当草图比较复杂时，有些标注可能不符合标注要求，所以在绘制草图时，最好不要激活“连续自动标注尺寸”按钮，使其弹起（即取消激活），这时绘制的草图，系统就不会自动添加尺寸标注了。本书均用此方式绘制草图。

选择“文件”→“实用工具”→“用户默认设置”命令，如图 2-3 中①~③所示。系统弹出“用户默认设置”对话框，其中包含子基本环境和各应用模块的参数设置。选择“草图”选项卡中的“自动判断约束和尺寸”，选择“尺寸”选项卡，取消选择“为键入的值创建尺寸”复选框。再取消选择“在设计应用程序中连续自动标注尺寸”复选框，如图 2-3 中④~⑧所示，单击“确定”按钮。系统弹出“用户默认设置”提示框，单击“确定”按钮，如图 2-3 中⑨所示。以后的实例都有类似的新建和设置背景等过程，这里不再赘述。

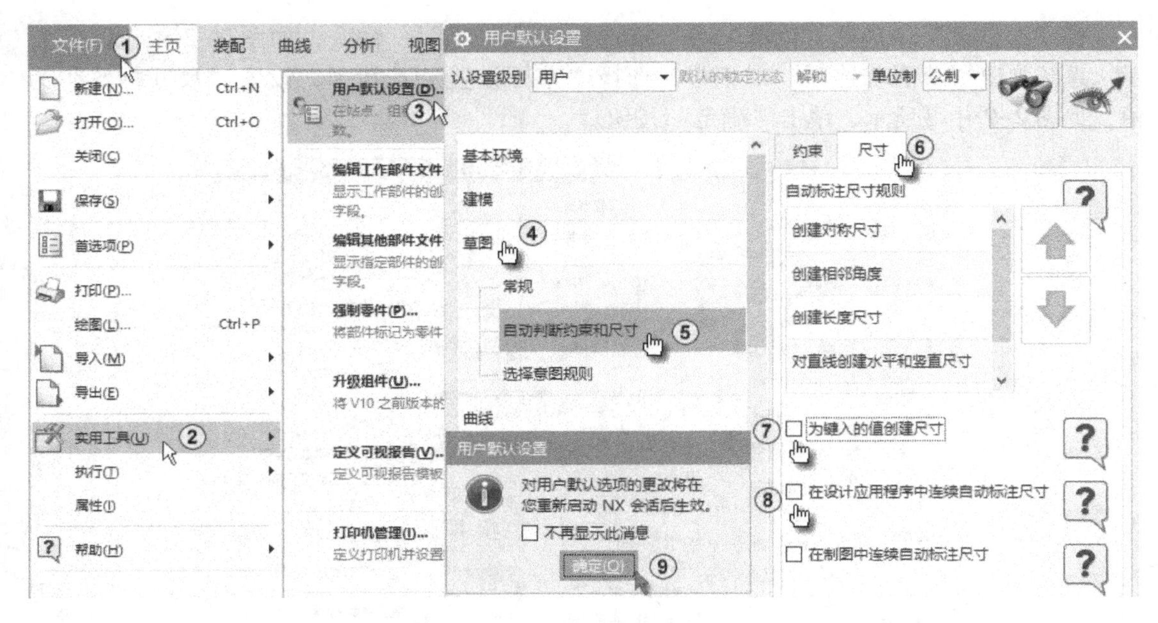

图 2-3　设置连续自动标注尺寸

2.1.3　创建基准平面

在 UG NX 11.0 的建模过程中，有许多功能都要求选择所需的参考平面，这就需要预先创建一个或多个平面以供选择。

草图必须绘制在平面上。如果是在坐标平面上设置草图工作面，则不必指定草图坐标系方向，系统自动将坐标轴的方向作为草图的坐标系方向；如果是在基准平面、实体表面或片体上设置草图工作平面，则在选择草图工作面后，还应设置草图坐标系的方向。系统自动显示的是草图工作平面的默认水平方向和垂直方向，如果默认方向和要求的方向不一致，还可以通过创建坐标系来指定草图的坐标系。

在“边框条”中选择“菜单”→“插入”→“基准/点”→“基准平面”命令，如图 2-4 中①～④所示。系统弹出“基准平面”对话框，在“类型”选项组中选择默认的“自动判断”（如图 2-4 中⑤所示，该方法根据选择的几何对象的不同，自动推荐一种方法

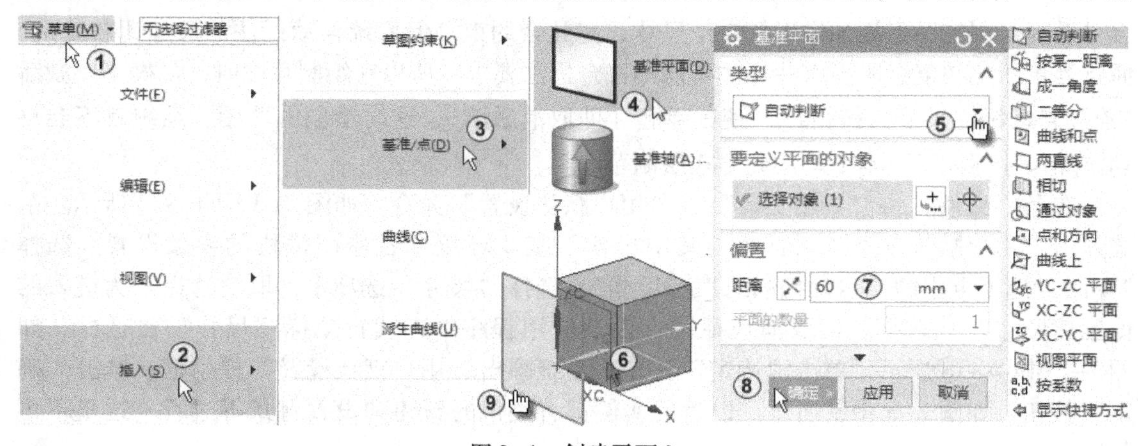

图 2-4　创建平面 2

来定义坐标基准平面）。在“工作区”选择实体表面（如图2–4中⑥所示），按住鼠标在实体表面上沿指示方向的箭头拖动，基准平面会动态显示，也可在“距离”文本框中输入具体数值确定位置（如图2–4中⑦所示），选择默认的“平面的数量”，单击“确定”按钮，如图2–4中⑧所示，完成的结果如图2–4中⑨所示。

其他平面的创建方法与此操作过程类似，只需按照系统提示设置参考点、参考线或参考平面即可。

在“边框条”中选择“菜单”→“插入”→“基准/点”→“基准平面”命令，系统弹出“基准平面”对话框，在“类型”选项组中选择“成一角度”，在“工作区”选择实体表面（如图2–5中①②所示）和垂直线（如图2–5中③所示），在“角度”文本框中输入数值（如图2–5中④所示），单击“确定”按钮，结果如图2–5中⑤⑥所示。

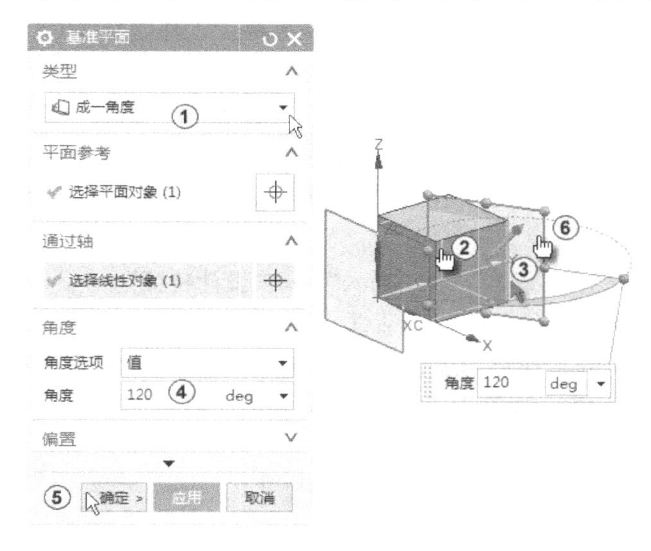

图2–5　创建平面3

在“边框条”中选择“菜单”→“插入”→“基准/点”→“基准平面”命令，系统弹出“基准平面”对话框，在“类型”选项组中选择默认的“自动判断”，在“工作区”用鼠标捕捉3个顶点（如图2–6中①~③所示），单击“确定”按钮，结果如图2–6中④⑤所示。

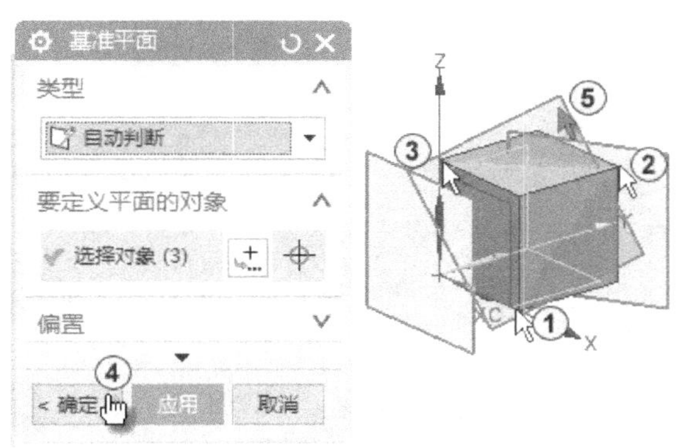

图2–6　创建平面4

2.1.4 创建基准坐标系

在绘制草图的过程中，如果要精确定位某个对象的位置，则应以某个坐标系作为参照。在 UG NX 11.0 中，默认的绘制草图的平面大部分都是 XC - YC 平面，因此熟练地变换坐标系是所有建模的基础。

UG NX 11.0 中常用的坐标系有两种形式，分别是绝对坐标 ACS 和工作坐标 WCS（即用户坐标），它们均符合右手法则。其中，绝对坐标是系统的默认坐标，用于定义实体的坐标参数，这种坐标系在文件创建时就已存在，而且在使用过程中不能更改，其原点永远不变；工作坐标是系统提供给用户的坐标系统，用户可以根据需要任意移动或旋转它的位置，也可以设置属于自己的工作坐标。

在任何时候，都可以选择一个坐标系为工作坐标。工作坐标 WCS 中的坐标轴是用 XC、YC、ZC 标记的。通常 UG NX 11.0 中水平就是指平行于 XC 轴，垂直是指平行于 YC 轴。

单击“主页”选项卡中的“新建”按钮，系统弹出“新建”对话框。在“新建”对话框的“模型”列表框中选择模板类型为默认的“模型”，单位为默认的“毫米”，在“新文件名”文本框中选择默认的文件名称“_model4.prt”，指定文件路径“C:\”，单击“确定”按钮。

在“边框条”中选择“菜单”→“插入”→“设计特征”→“长方体”，如图 2-7 中①～④所示。系统弹出“长方体”对话框，系统提供了 3 种长方体的绘制方式，在“类型”选项组中选择默认的“原点和边长”，在“原点”选项组中选择默认的系统坐标原点，长方体长宽高也取默认值，如图 2-7 中⑤～⑦所示，单击“确定”按钮生成长方体，如图 2-7 中⑧⑨所示。

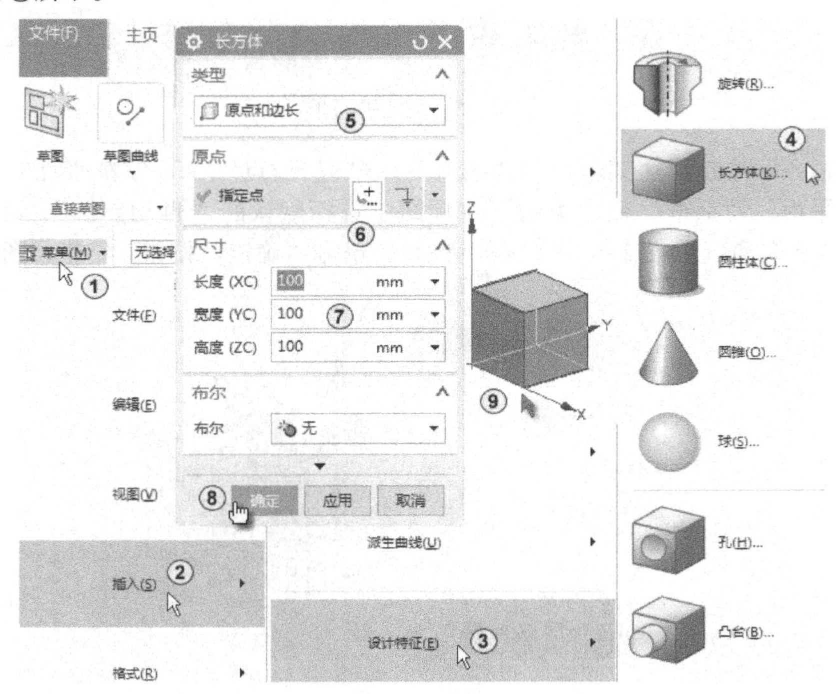

图 2-7　创建长方体

注意

系统提供的另外两种长方体的绘制方式如下。

两点和高度：输入长方体的高度，然后指定长方体底面的两个对角点，单击“确定”按钮生成长方体。

两个对角点：指定长方体两个对角点的位置，单击“确定”按钮生成长方体。

1. 工作坐标 WCS 的显示

在“边框条”中选择“菜单”→“格式”→“WCS”→“显示”，如图 2-8 中①②所示。

2. 工作坐标 WCS 的动态

在“边框条”中选择“菜单”→“格式”→“WCS”→“动态”，如图 2-8 中③所示。或者在“工作区”直接双击坐标系。进行上述操作后，系统会弹出坐标系图像，然后拖动平移柄或旋转柄即可动态地改变工作坐标系的方位。

3. 工作坐标 WCS 原点的移动

该命令的作用为将当前工作坐标系的原点改变到指定点位置，其方位保持不变。

将鼠标选择球放在原点手柄上并按下，将其拖动到如图 2-8 中④所示的位置后松开鼠标左键。

上述操作也可以用另一种方式完成，即在“边框条”中选择“菜单”→“格式”→“WCS”→“原点”，激活改变工作坐标系原点功能。在弹出的“点”对话框的“坐标”区域下的“XC”“YC”和“ZC”文本框中输入新的工作坐标系原点，或者从中可以选择任意一种定点方式指定新的工作坐标系原点位置，单击“确定”按钮结束操作。

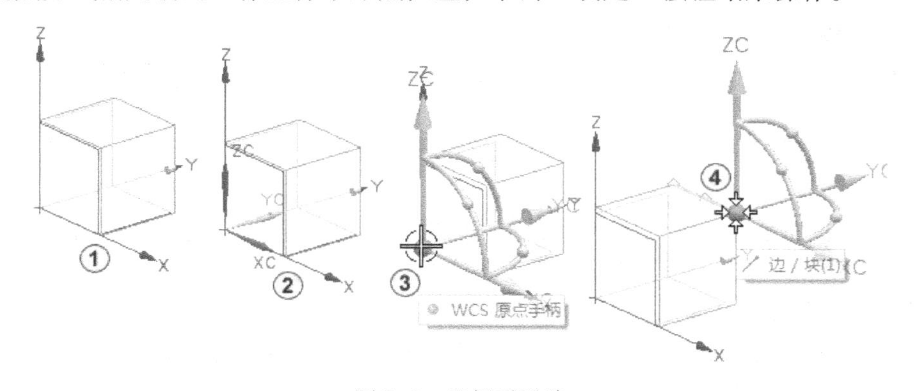

图 2-8　坐标系平移

4. 工作坐标 WCS 的沿轴移动

1）将鼠标选择球放在工作坐标 WCS 中 3 个箭头的任一个上（如图 2-9 中①所示）。

2）按下鼠标左键并拖动鼠标，将显示参数输入对话框，其中“距离”文本框中的数值表示工作坐标 WCS 相对原点位置沿指定坐标轴移动的距离，“对齐”文本框中的数值表示移动指定的距离增量。

3）沿轴方向拖曳工作坐标 WCS 或者直接在文本框中输入数值（如图 2-9 中②所示）。

4）释放鼠标左键。

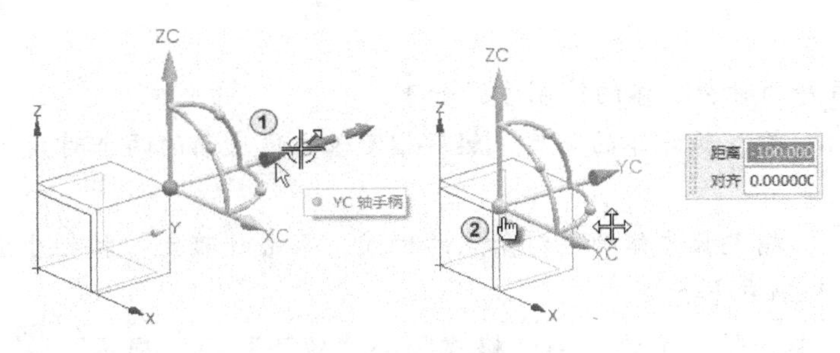

图 2-9　沿轴向移动坐标系

5. 工作坐标 WCS 方位的颠倒

双击工作坐标 WCS 的一个轴或轴手柄，如图 2-10 中①②所示。

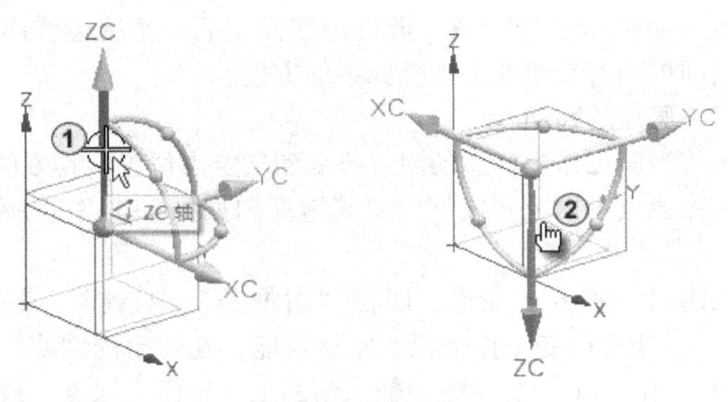

图 2-10　颠倒坐标系

6. 工作坐标 WCS 的旋转

该命令的作用是为工作坐标 WCS 绕指定坐标轴旋转指定角度。旋转工作坐标 WCS 原点不变。

1）将鼠标选择球移到工作坐标 WCS 上 3 个球形手柄的任一个上面（如图 2-11 中①所示）。

2）单击并拖曳鼠标，将显示参数输入对话框，其中“角度”文本框中的数值表示工作坐标 WCS 相对当前方向沿指定坐标轴旋转指定角度，“对齐”文本框中的数值表示旋转指定的距离增量。旋转方向的正向用右手定则来判断。

3）利用鼠标，绕轴旋转工作坐标 WCS，GWIF 指示当前角和捕捉增量。

4）按〈Enter〉键，如图 2-11 中②所示。

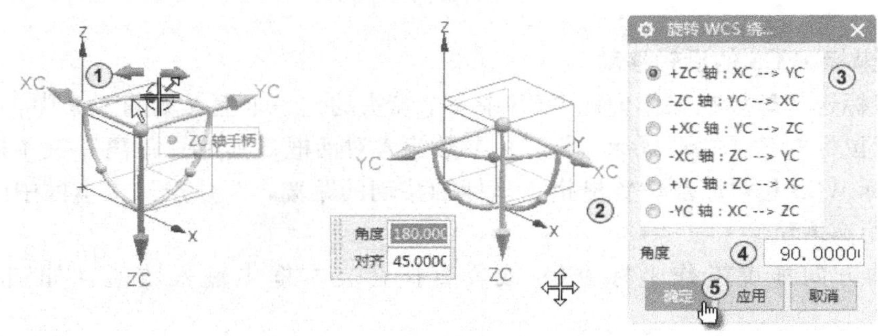

图 2-11　旋转坐标系

上述操作也可以用另一种方式完成，即在“边框条”中选择“菜单”→“格式”→“WCS”→“旋转”，系统弹出“旋转 WCS 绕…”对话框，在 6 个确定旋转方向的单选按钮中选择旋转方向，在“角度”文本框中输入旋转角度，单击“确定”按钮，如图 2-11 中③~⑤所示。

7. 工作坐标 WCS 的创建

在“边框条”中选择“菜单”→“格式”→“WCS”→“定向”，系统弹出“CSYS”对话框，其中“类型”选项组用来指定定义坐标系的方法，这里选择“原点，X 点，Y 点”（如图 2-12 中①②所示），单击“点对话框”按钮（如图 2-12 中③所示），在系统弹出的“点”对话框的“坐标”选项组的“XC”“YC”和“ZC”文本框中输入新的工作坐标点（25，200，0）来确定新原点（如图 2-12 中④所示），单击“确定”按钮，在“工作区”中单击确定 XC 点（如图 2-12 中⑤⑥所示），再单击确定 YC 点的位置，最后单击“CSYS”对话框中的“确定”按钮完成创建坐标系，如图 2-12 中⑦~⑨所示。

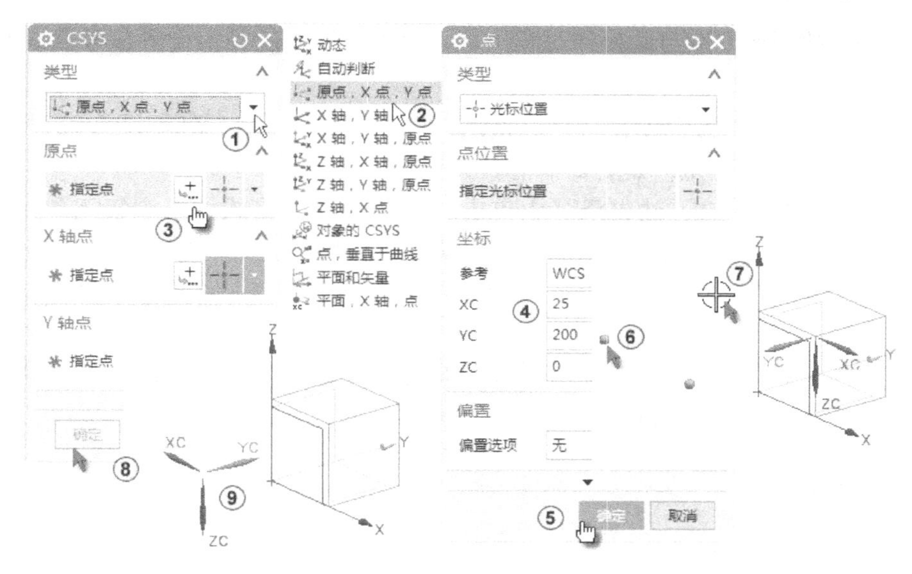

图 2-12　创建坐标系

在“点”对话框中的“类型”选项组中有 12 种在工作区中直接指定点的方法，如表 2-1 所示。

表 2-1　12 种在工作区中直接指定点的方法

图标及名称	含　义
自动判断的点	根据鼠标位置获得的点。系统将自动根据光标所在的位置，判断直线的端点、中点、圆弧或圆的圆心等特征点
光标位置	鼠标在工作平面上所定的任意位置
十现有点	通过点构造器构造的已经存在的、独立的点，可以用来捕捉或选定的点
端点	直线或曲线的端点，不是独立的点，因为它要依赖直线或曲线而存在
控制点	直线的端点和中点，曲线的端点等几何对象的特征点，在这样的点上构造点

（续）

图标及名称	含　义
交点	曲线与曲线以及曲线与曲面的交点。在这样的点上构造所需要的点
圆弧中心/椭圆中心/球中心	圆弧、椭圆、球中心的中心点，选择时直接选择圆弧、椭圆或球的轮廓线，系统将出现中心小图标
圆弧/椭圆上的角度	在已存在的圆或圆弧上且与 XC 轴有一夹角的位置创建点
象限点	绝对坐标系下，在已存在的圆弧或椭圆上的四分点位置创建点
曲线/边上的点	在曲线或者边界上创建点
曲面上的点	在曲面上设置点
两点之间	在两点之间设置点样条极点或者样条定义点

其他坐标系的创建方法与此操作过程类似，只需按照系统提示设置参考点或参考矢量即可。

在“边框条”中选择“菜单”→“格式”→“WCS”→“WCS 设为绝对”，将 WCS 还原到立方体的左下角，如图 2-8 中②所示。

在 UG NX 11.0 中，在“边框条”中单击“菜单”→“格式”→“WCS”→“保存”，可保存记录下每次操作时坐标系的位置。以后要改变坐标系位置并进行操作时，可以在边框条中选择“菜单”→“格式”→“WCS”→“原点”命令，将坐标系移动到相应的位置即可。

一旦工作坐标系被保存，只有在当前工作坐标系方位变化时才可以显示已存在的坐标系。已存在的坐标系可以被删除。但是工作坐标 WCS 不可被删除。

2.2　绘制草图

草图绘制功能为用户提供了两种方式绘制二维图，一种是利用基本画图工具，另一种就是利用直接草图绘制功能。两者都具有十分强大的曲线绘制功能。

与基本画图工具相比，直接草图绘制功能具有以下 3 个显著特点。

1）草图绘制环境中，修改曲线更加方便快捷。

2）直接草图绘制完成的轮廓曲线，与拉伸或旋转等扫描特征生成的实体造型相关联，当草图对象被编辑以后，实体造型也紧接着发生相应的变化，即具有参数设计的特点。

3）在直接草图绘制过程中，可以对曲线进行尺寸约束和几何约束，从而精确确定草图对象的尺寸、形状和相互位置。

本节将介绍直接草图中的绘制和编辑草图的调用命令和操作方法。

2.2.1　草图的自由度

在机械类产品中，基本构架支撑运动部件，运动部件完成产品功能。运动和固定的主要知识基础是约束度和自由度。约束度与自由度是相对的概念。一个物体的约束度与自由度之和等于6。完全自由的空间物体有6个方向的自由度，即3个坐标方向的移动自由度和围绕3个坐标轴的旋转自由度。

通常在平面上可绘制的对象有直线、矩形、圆弧等，一般将这些对象称为草图实体。平面上的草图实体只有3个自由度，即沿着X轴和Y轴的移动及图形的大小。图形具有的自由度与对图形所附加的控制条件有关。添加了控制条件的图形自由度会减少。通常在参数化软件中用以限制图形自由度的方法是标注尺寸和添加几何约束。

1. 点的自由度

点包括平面上任意的草图点、线段端点、圆心点或图形的控制点等。坐标原点（3个坐标平面的共有点）是系统默认的固定点，如图2–13中①所示。其他没有任何限制的点可以沿水平方向和垂直方向任意移动，如图2–13中②所示。若要限制点的移动，可以添加水平约束或标注垂直方向的尺寸（点只能沿水平方向移动），如图2–13中③④所示；若同时标注垂直和水平方向的尺寸，则点被固定，自由度为0，如图2–13中⑤所示。

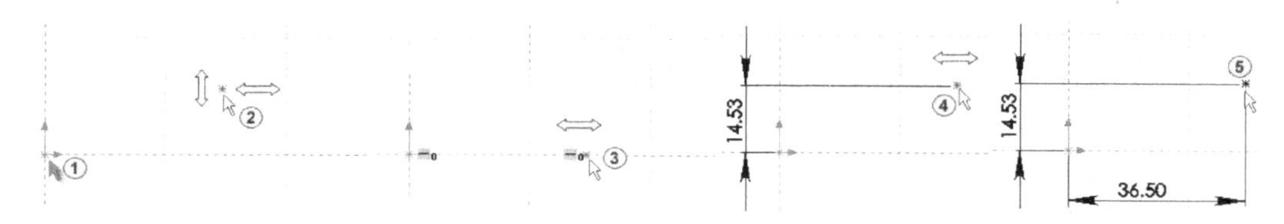

图2–13　点的自由度

2. 直线的自由度

没有任何限制的直线可以沿水平方向和垂直方向任意移动、旋转及沿长度方向伸缩，如图2–14中①所示。固定一个端点后，直线只能旋转和伸缩，如图2–14中②所示。若给定角度，直线只能伸缩，如图2–14中③所示；若给定长度，直线只能旋转，如图2–14中④所示；若给定长度和角度，直线被完全固定，自由度为0，如图2–14中⑤所示。若固定两端点，直线被完全固定，如图2–14中⑥所示。

3. 圆的自由度

没有任何限制的直线可以沿水平方向和垂直方向任意移动，也可以任意调整圆的大小，如图2–15中①所示。添加直径后，圆只能任意移动圆心，如图2–15中②所示。再固定圆心后，圆被完全固定，如图2–15中③所示。

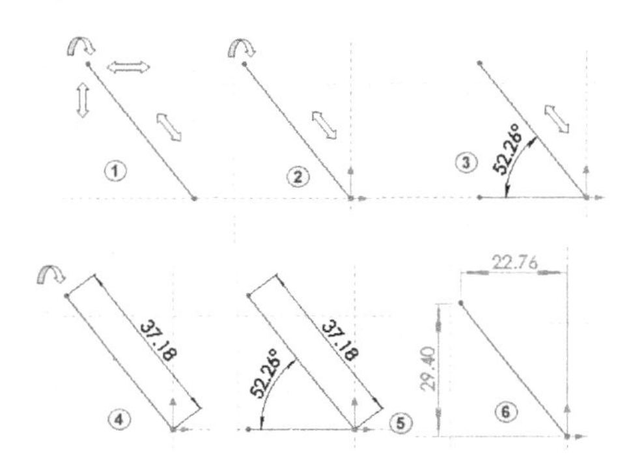

图2–14　直线的自由度

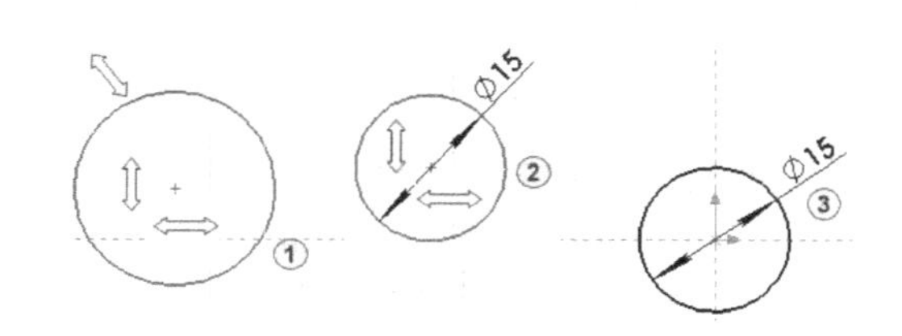

图2–15　圆的自由度

传统的参数化造型中的草图必须是完全定义的，即草图实体的平面位置和角度都必须完全确定。变量化技术解决了完全定义草图的难题。当然变量化技术并不是帮助人们自动地为草图添加尺寸和几何约束，而是将没有明确定义的草图尺寸当作变量存储起来，暂时按照当前的绘制尺寸赋值，这样不影响利用草图生成特征，以及其后的装配工作。

利用变量化设计可以有效地提高几何建模的速度，方便易用。绘制草图时，尽量将草图中的某点与固定不动的坐标原点重合，尽量将草图完全定义，以避免在后续的编辑操作中产生无法预知的结果或操作失败。

2.2.2 草图对象的编辑

1. 草图对象的选择

当鼠标指针接近被选择的对象时，该选择对象改变颜色，说明鼠标已拾取到对象，这种功能称为选择预览。此时单击就可以选中对象，选中后对象会变成另一种颜色，说明此对象已被选中。

选择多个操作对象时，按住鼠标左键不放，拖曳出一个矩形，矩形所包围的草图实体都将被选中。

2. 删除草图实体的方法

1）单击选取草图元素，从弹出的直接工具中选择“删除”✕，如图2-16中①所示。

2）右击选取草图元素，从弹出的快捷菜单中选择“剪切”或“删除”，如图2-16中②③所示。

3）按〈Delete〉键或按组合键〈Ctrl+D〉或按组合键〈Ctrl+X〉，可直接删除。

4）在“边框条”中选择“菜单”→“编辑”→“删除”命令后，再单击选取草图元素，最后单击“确定”按钮。

要恢复已删除的对象，可按组合键〈Ctrl+Z〉。

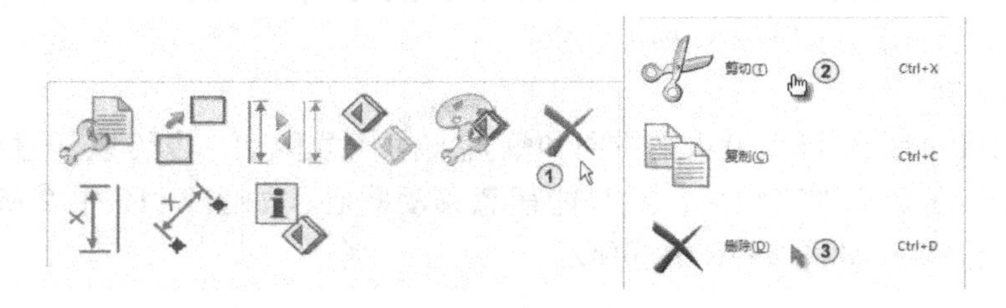

图2-16 删除草图实体

2.2.3 草图的绘制和编辑

本节将介绍绘制和编辑草图的工具的调用命令和操作方法。

新建文件。单击“主页”选项卡中的“新建”按钮，系统弹出“新建”对话框，在“新建”对话框的“模型”列表框中选择模板类型为默认的“模型”，单位为默认的“毫米”，在“新文件名”文本框中选择默认的文件名称“_model2.prt”，指定文件路径“C:\”，单击“确定”按钮。

选择绘制草图平面，在“边框条”中选择“菜单”→“插入”→“在任务环境中绘制草图”命令，选择系统默认的坐标平面 XY 为绘制草图平面，单击“确定”按钮，进入草图绘制界面。

用约束自动判断绘制矩形的 3 种方法。

1）在“边框条”中选择“菜单”→“插入”→“草图曲线”→“矩形”。

2）在“功能区”中选择“曲线”→“直接草图”→“矩形”。

3）在“功能区”中选择“主页”→“直接草图”→“矩形”，如图 2-17 中①所示。

在“工作区”左上角显示“矩形”工具条，绘制矩形的方法有 3 种，采用系统默认的“按 2 点”，如图 2-17 中②所示。

在“工作区”中单击基准坐标系的原点作为矩形的第 1 个角点，如图 2-17 中③所示；向右上方移动鼠标，输入 25，按〈Enter〉键；再输入 20，按〈Enter〉键，如图 2-17 中④所示；单击中键完成矩形的绘制。

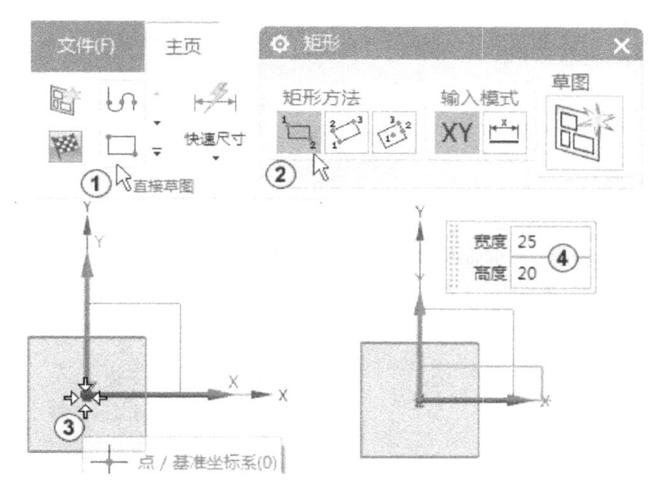

图 2-17　绘制矩形

绘制矩形的“按 3 点”方法：单击“矩形”工具条中的“按 3 点”按钮，在“工作区”单击确定矩形的第 1 个角点，再单击确定矩形的第 2 个角点，最后单击确定矩形上任意一点，如图 2-18 中①～④所示。

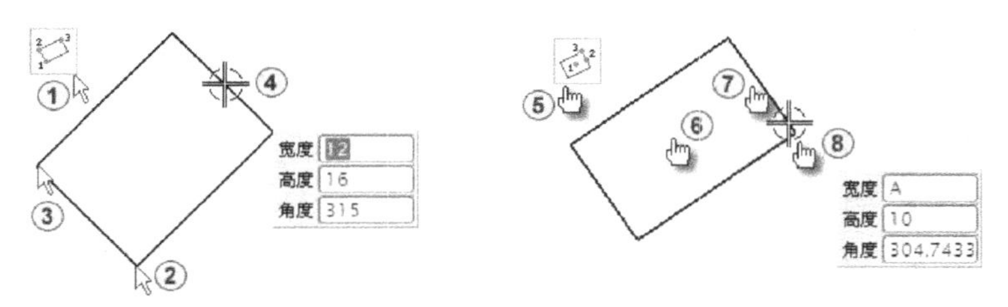

图 2-18　绘制矩形

绘制矩形的“从中心”方法：单击“矩形”工具条中的“从中心”按钮，单击确定矩形的中心点，再单击确定矩形的第 2 个点，最后单击确定矩形的第 3 个点，如图 2-18 中

⑤～⑧所示。

绘制和编辑草图的工具说明如表 2-2 所示。

表 2-2 绘制和编辑草图的工具说明

图 标	说 明	绘制方法
直线	用约束自动判断创建直线	在“边框条”中选择“菜单”→“插入”→“草图曲线”→“直线”，在“工作区”单击以确定直线的第 1 点，移动鼠标到适当的位置再单击以确定直线的第 2 点，系统便在两点之间创建一条直线。单击中键完成直线的绘制 
	通过三点或通过指定其中心和端点创建圆弧	三点定圆弧：在“边框条”中选择“菜单”→“插入”→“草图曲线”→“圆弧”，系统默认的“三点定圆弧”按钮已按下。单击圆弧的起点位置，再单击圆弧的结束位置，拖动鼠标到合适位置单击确定圆弧上的第 3 点 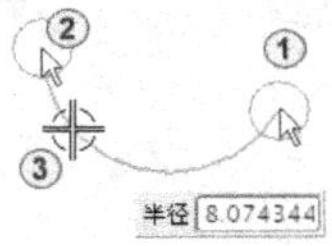 半径 8.074344
		中心和端点定圆弧：在“边框条”中选择“菜单”→“插入”→“草图曲线”→“圆弧”，再单击“中心和端点定圆弧”按钮。在“工作区”单击确定圆弧圆心，移动鼠标到圆弧开始点的位置单击，拖动鼠标至圆弧的终点单击 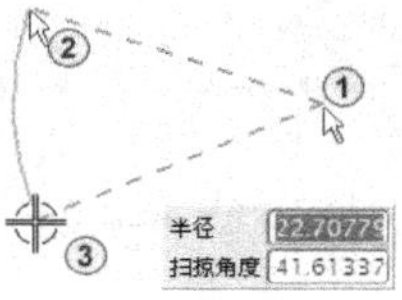 半径 22.70779 扫掠角度 41.61337
圆	通过三点或通过指定其中心和直径创建圆	圆心和直径定圆：在“边框条”中选择“菜单”→“插入”→“草图曲线”→“圆”，系统默认的“圆心和直径定圆”按钮已按下，在“工作区”单击确定圆心，拖动或移动指针来设定半径 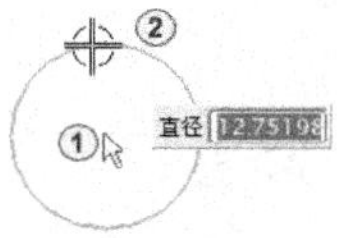 直径 12.75198
		三点定圆：在“边框条”中选择“菜单”→“插入”→“草图曲线”→“圆”→“三点圆”按钮。单击圆弧的起点位置，再单击确定圆的第 2 点和第 3 点 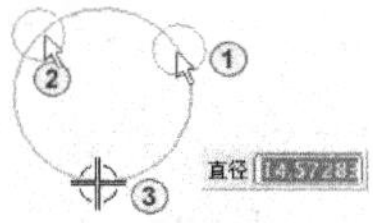 直径 14.57288

（续）

图　标	说　明	绘制方法
点	创建点	在“边框条”中选择“菜单”→“插入”→“草图曲线”→“点”。系统弹出“草图点”对话框，直接在“工作区”单击可绘制点。或者单击“点对话框”按钮，在系统弹出的“点”对话框中的“坐标”栏中输入坐标来确定点 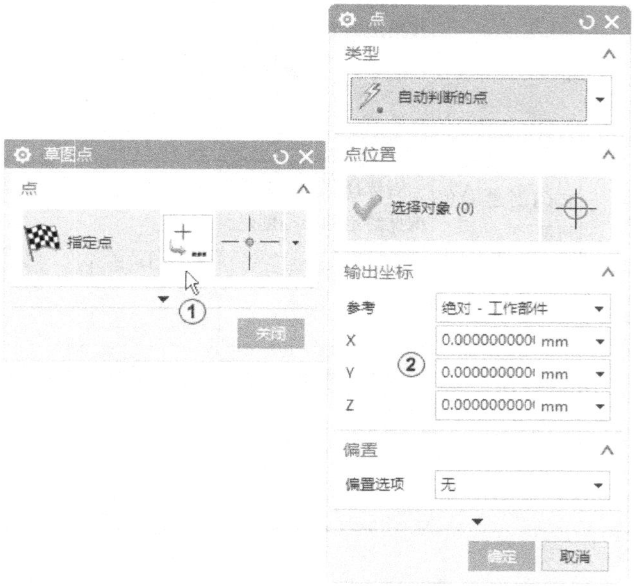
快速修剪	裁剪一条或多条曲线	在“边框条”中选择“菜单”→“编辑”→“草图曲线”→“快速裁剪”，鼠标直接选择多余的线素，修剪边界为离指定对象最近的曲线。按住鼠标左键并拖动，这时光标变成画笔，与画笔画出的曲线相交的线素都会被裁剪。 要撤销修剪，则可右击并在弹出的快捷菜单中选择“撤销”命令 
 快速延伸	延伸指定的对象与曲线边界相交	在“边框条”中选择“菜单”→“编辑”→“草图曲线→“快速延伸”，鼠标直接选择要延伸的线素，并单击确定，线素自动延伸到下一个边界。线素往哪边延伸取决于光标的位置。按住鼠标左键并拖动，这时光标变成画笔，与画笔画出的曲线相交的线素都会被延伸。 要撤销延伸，则可右击并在弹出的快捷菜单中选择“撤销”命令 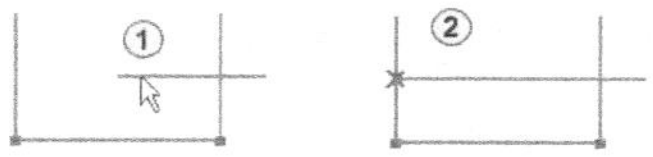
 制造拐角	延伸或修剪两条直线以制造拐角	在“边框条”中选择“菜单”→“编辑”→“草图曲线→“制造拐角”。单击确定第1条线，再单击确定第2条线 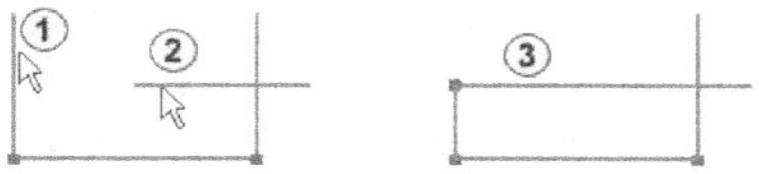

（续）

图　　标	说　　明	绘制方法
圆角	在两条曲线之间创建圆角过渡	在“功能区”中选择“主页”→“直接草图”→“圆角”，弹出输入“半径”对话框，从键盘上输入半径的数值。 系统默认“修剪”按钮呈按下状态，表示对原线素进行修剪；选择两条曲线或者按住鼠标左键并拖动，这时光标变成画笔，拖动画笔与两条曲线相交，松开鼠标，系统按给定的半径创建圆角 圆角 圆角方法 选项 ① ② ④ 半径 2 ③
		若选择“取消修剪”按钮，表示对原线素既不修剪也不延伸。选择两条曲线后系统按给定的半径创建圆角 ① ② ④ 半径 2 ③
		单击“创建备选圆角”按钮，选择两条曲线后系统按给定的半径创建圆角 ① ② ④ 半径 2 ③

2.3 轮廓

1. 草绘平面

草绘平面是指用来附着草图对象的平面，它可以是坐标平面，如 XC - YC 平面，也可以是实体上的某一平面，如长方体的某一个面，还可以是基准平面。因此草绘平面可以是任一平面，即草图可以附着在任意平面上。

在绘制草图对象时，首先要指定草绘平面，这是因为所有的草图对象都必须附着在某一指定平面上。制定草绘平面的方法有两种，一种是在创建草图对象之前就指定草图对象；另一种是在创建草图对象时使用默认的草绘平面，然后重新附着草绘平面。后一种方法也适用于需要重新指定草绘平面的情况。

在创建草图对象之前，需要指定草绘平面，具体有如下 3 种方法。

1）在“边框条”中选择“菜单”→“插入”→“草图”，如图 2-19 中①～③所示。

2）在“功能区”选择“曲线”→“直接草图”→“草图”按钮，如图 2-19 中④⑤所示。

3）在“功能区”选择“主页”→“直接草图”→“草图”按钮，如图 2-19 中⑥⑦所示。

系统弹出“创建草图”对话框，采用系统默认的坐标平面 XY 作为绘制草图平面，单击“确定”按钮，进入草图绘制界面。

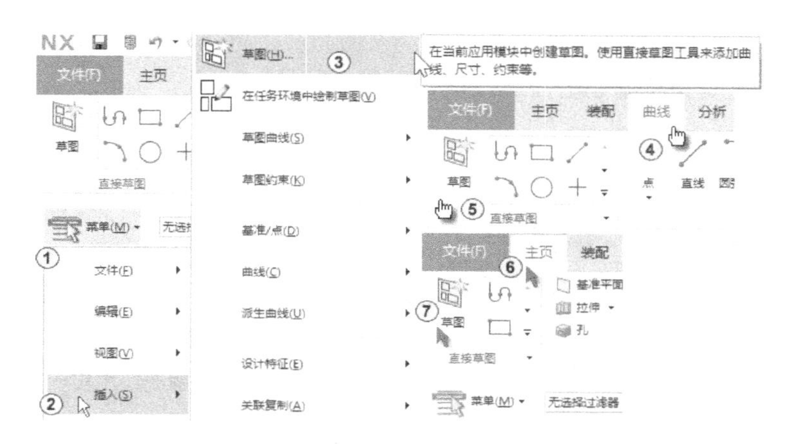

图 2-19　指定草图平面

2. 轮廓工具的功能

绘制单一或连续曲线。它既可以绘制直线，又可以绘制圆弧。“轮廓”是绘制连续曲线的命令，而“草图曲线”工具条中的“直线”按钮和“圆弧”按钮是绘制单条曲线。利用动态输入框可以绘制精确的轮廓线。

3. 轮廓工具的调用命令

1）在“边框条”中选择“菜单”→“插入”→“草图曲线”→“轮廓”。

2）在“功能区”选择“主页”→“直接草图”→“轮廓”，如图 2-20 中①～③所示。

3）在“功能区”选择“曲线”→“直接草图”→“轮廓”，如图 2-20 中④⑤所示。

注意

如果已在草图环境中，按〈Ctrl + N〉组合键，可以创建新草图。

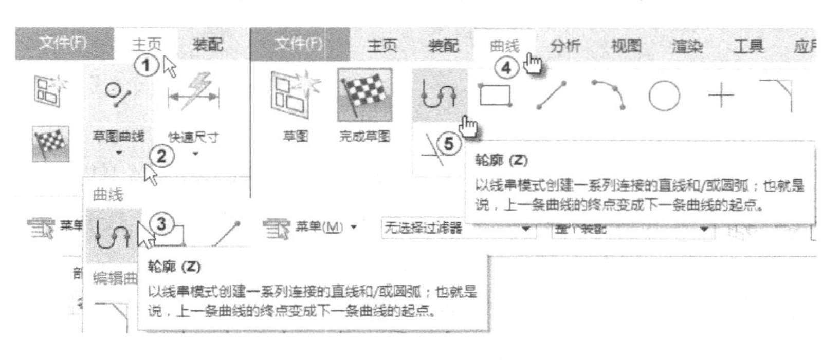

图 2-20　调用轮廓

在“工作区”左上角显示“轮廓”工具条，如图 2-21 所示。

4. 轮廓工具条

“轮廓”工具条共有 5 个按钮，分别是“直线”按钮、“圆弧”按钮、“坐标模式”按钮XY、“参数模式”按钮和“草图”按钮。此时鼠标光标的右下角显示目前光标所在的坐标值。系统处于默认的“坐标模式”XY状态，可以通过输入 XC 和 YC 的坐标值来精确绘制直线，坐标值以工作坐标系（WCS）为参考，要在动态输入框的选项之间切换，可按〈Tab〉键。

用“轮廓”工具条绘制如图2-22所示的平面图形。

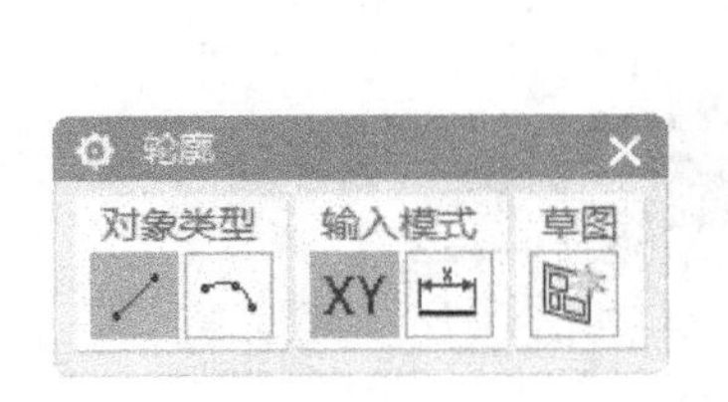

图2-21 “轮廓”工具条

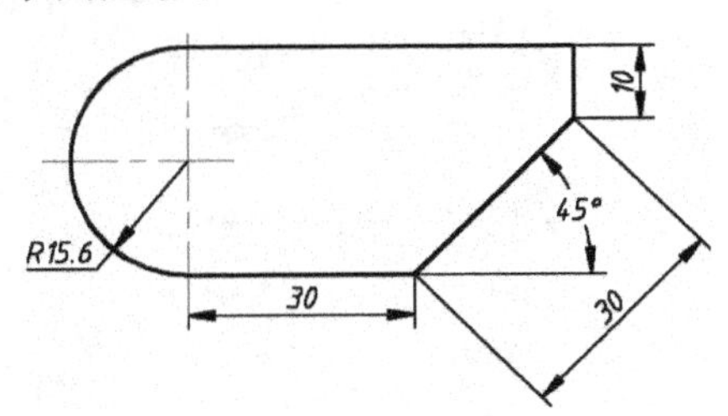

图2-22 轮廓线绘图实例

在“工作区”中单击基准坐标系的原点作为起点，向右移动鼠标，可以看到一条“橡皮筋”线（是指操作过程中的一条临时虚构的虚线，它始终是当前鼠标光标的中心点与前一个指定点的连线）附着在指针上，鼠标光标的右下角的显示由“坐标模式”XY自动转为“参数模式”，即由显示坐标值转变为显示目前光标所在位置与前一点的相对位置。输入30，按〈Enter〉键，再输入0，按〈Enter〉键，如图2-23中①所示。

向右上方移动鼠标，输入30，按〈Enter〉键，再输入45，按〈Enter〉键，如图2-23中②所示。向上方移动鼠标，输入10，按〈Enter〉键，再输入90，按〈Enter〉键，如图2-23中③所示。捕捉起点，如图2-23中④所示，按〈Enter〉键。

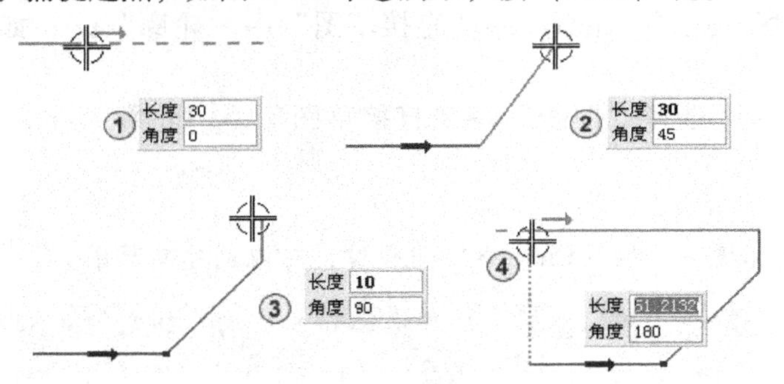

图2-23 输入相对尺寸

单击“轮廓”工具条中“圆弧”按钮，捕捉起点，如图2-24中①所示，按〈Enter〉键，单击中键完成轮廓线绘制。单击“主页”选项卡中的“完成”按钮或者按〈Ctrl + Q〉组合键退出草图环境，如图2-24中②所示。

单击快速访问工具栏中的“保存”按钮或者按组合键〈Ctrl + S〉保存文件。

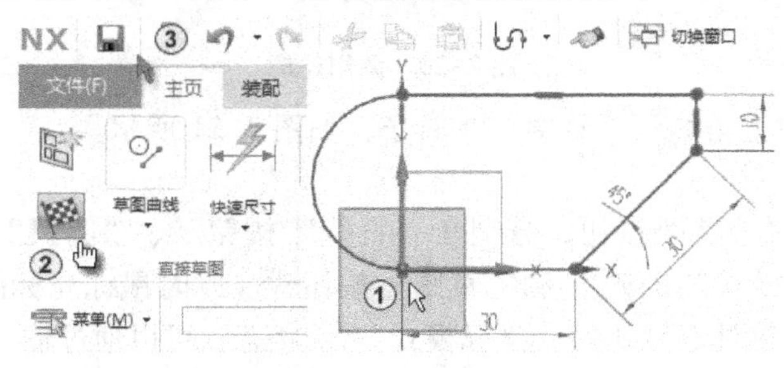

图2-24 捕捉起点

2.4　艺术样条

1. 功能

通过拖放定义点或极点并在定义点指派斜率或曲率约束来绘制和编辑样条。

2. 绘制艺术样条的方法

1）在“边框条”中选择“菜单”→“插入”→“草图曲线”→“艺术样条”。

2）在“功能区”中选择“曲线”→“直接草图”→“艺术样条”。

3）在“功能区”中选择“主页”→“直接草图”→“艺术样条”，如图2-25中①②所示。

系统弹出“艺术样条”对话框，选择系统默认的“通过点”方法和“次数”为3，如图2-25中③④所示。其他取默认值，在“工作区”单击确定各控制点，如图2-25中⑤~⑧所示，最后单击“确定”按钮完成创建。

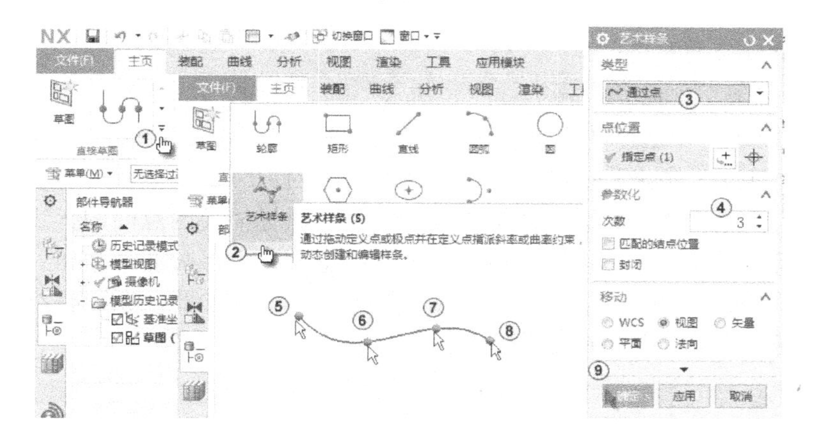

图2-25　用“通过点”绘制“艺术样条”

在“功能区”选择“主页”→“直接草图”→“艺术样条”，系统弹出“艺术样条”对话框，选择系统默认的“根据极点”方法和“次数”为3，如图2-26中①②所

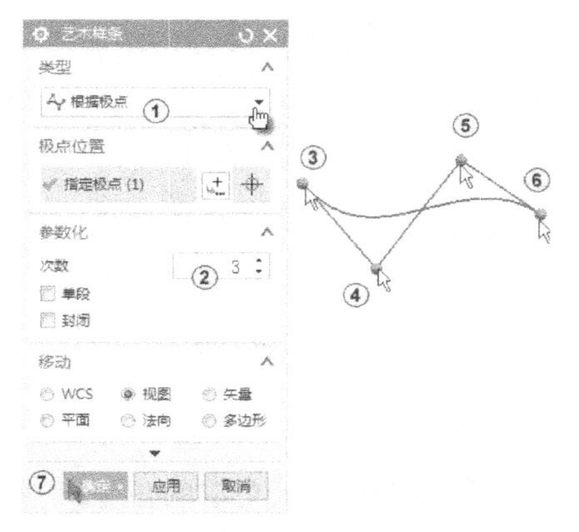

图2-26　用“根据极点”绘制“艺术样条”

示。其他取默认值，在“工作区”单击确定各控制点，如图 2-26 中③～⑥所示，最后单击“确定”按钮完成创建。

2.5 草图约束

草图约束分为尺寸约束和几何约束，分别控制图形的尺寸和几何形状。可以先勾画出近似的轮廓，然后添加尺寸和几何约束，使轮廓线达到设计要求。

2.5.1 尺寸约束

本节将介绍尺寸约束的功能、调用命令和操作过程（选择尺寸标注方式，再选择标注对象，输入尺寸值，完成尺寸约束）。

1. 功能

尺寸约束与标注尺寸相似，即对对象进行尺寸标注，然后输入正确的尺寸值，并设置尺寸标注的形式来驱动、限制和约束草图几何对象。

2. 调用尺寸约束的方法

1）在“边框条”中选择“菜单”→“插入”→“尺寸”→“快速”。

2）在“功能区”中选择“主页”→“约束”→“快速尺寸”（该选项包含各种尺寸标注方式，这里以“快速”为例），如图 2-27 中①所示。

系统弹出“快速尺寸”对话框，在“工作区”用鼠标捕捉两点间的直线（也可以捕捉直线的两个端点），如图 2-27 中②所示。向上移动鼠标到适当位置后单击，在文本框中输入 25，如图 2-27 中③所示，按〈Enter〉键，单击“关闭”按钮，如图 2-27 中④所示。

用同样的方法标注出矩形的宽度尺寸为 20，如图 2-27 中⑤所示。

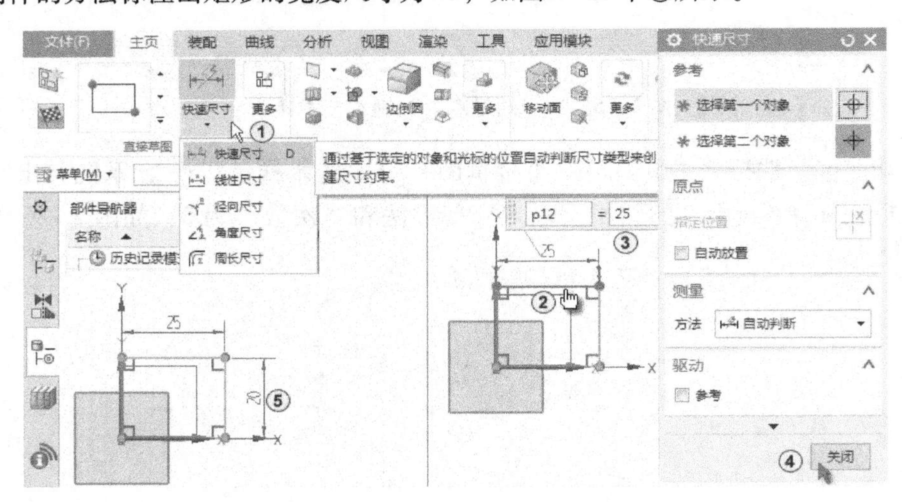

图 2-27　尺寸约束

3. 尺寸移动

为了使草图的布局更清楚，可以移动尺寸文本的位置，操作步骤为先选择要移动的尺寸，然后按住鼠标左键，左右或上下移动鼠标，可以移动尺寸箭头和文本框的位置。在合适的位置松开鼠标左键，完成尺寸位置的移动。

4. 尺寸修改

修改草图的标注尺寸有两种方法。

1）双击要修改的尺寸，系统弹出动态输入框，在动态输入框中输入新的尺寸值，单击中键，完成尺寸的修改。

2）将鼠标移至要修改的尺寸数字处并右击，在系统弹出的快捷菜单中选择“编辑”，在系统弹出的动态输入框中输入新的尺寸值，单击中键完成尺寸修改。

2.5.2 几何约束

本节将介绍尺寸约束的功能、调用命令和操作方法。

（1）功能

几何约束的功能是对对象的几何关系进行控制。在二维草图中，添加几何约束主要有两种方法：手动添加几何约束和自动产生几何约束。系统默认的是自动产生几何约束并显示草图约束。自动产生几何约束是指系统根据选择的几何约束类型以及草图对象间的关系，自动添加相应约束到草图对象上。这样在草图中画任意曲线，系统会自动添加相应的约束，而系统没有自动添加的约束需要手动添加约束的方法来完成。

（2）调用几何约束的 3 种方法

1）在“边框条”中选择“菜单”→“插入”→“几何约束”。

2）在“功能区”中选择“主页”→“约束”→“几何约束”。

3）选择要约束的对象线，从快捷工具条中选择要约束的类型。

表 2-3 所示为约束按钮的功能说明。

表 2-3　约束按钮的功能说明

图　标	含　义	图　标	含　义
	重合		同心
	点在曲线上		等长
	中点		等半径
	水平		完全固定
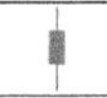	竖直		点在线串上
	相切		与线串相切
	平行		垂直于线串
	垂直		非均匀比例
	固定		均匀比例
	水平对齐		曲线的斜率
	竖直对齐		定角
	共线		定长

2.5.3 显示/移除约束

本节将介绍显示和移除约束的功能、调用命令和操作方法。

1. 显示所有约束

(1) 功能

显示所有约束的功能是显示草图中已存在的约束。

(2) 调用命令

在“功能区”中选择“主页”→“约束”→“显示草图”，草图中所有约束都显示出来。

2. 移除约束

(1) 功能

移除约束的功能是删除指定的约束。

(2) 调用命令

在“工作区”选择要删除的约束，从快捷菜单中选择“移除所列约束”，系统弹出“移除约束”对话框，单击“确定”按钮，将选中的约束删除，如图2-28中①②所示。

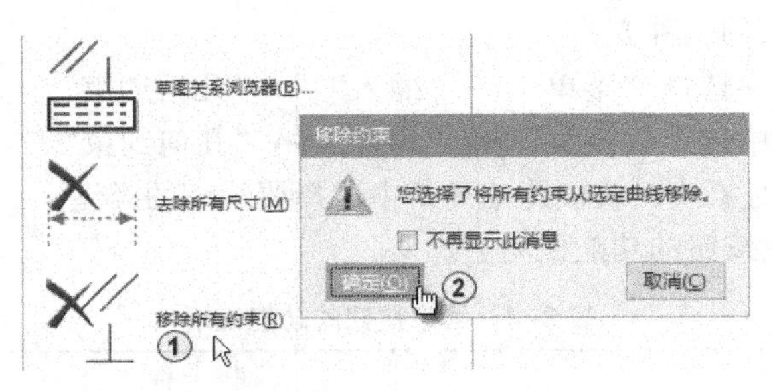

图2-28 移除约束

2.5.4 转换为参考线及智能约束设置

本节将介绍转换为参考及智能约束设置的功能、调用命令和操作方法。

1. 转换为参考线

(1) 功能

转换为参考线的功能是将轮廓线转换为参考线或逆向转换。

(2) 调用命令

在“功能区”选择“主页”→“约束”→“转换至/自参考对象”，如图2-29中①所示。系统弹出“转换至/自参考对象”对话框，在“工作区”中选择要转换的对象，再在对话框中选择相应的转换方式，这里取默认值，单击“确定”按钮，如图2-29中②③所示。结果将轮廓线转换为参考线，如图2-29中④所示。

注意

参考线不参与实体的建立。

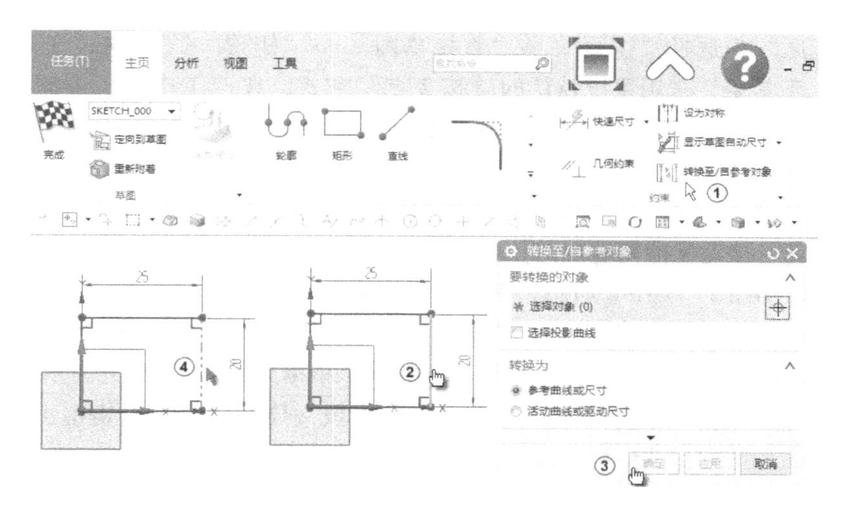

图 2-29　转换至/自参考对象

2. 智能约束设置

（1）功能

通过设置智能约束，可在绘图的过程中自动推断、建立约束。

（2）调用命令

在“功能区”中选择“主页”→“约束”→“自动约束”，如图 2-30 中①所示。系统弹出“自动约束”对话框，选择相应的约束控制按钮，如图 2-30 中②所示。最后单击“确定”按钮实现各操作，如图 2-30 中③所示。

图 2-30　“自动约束”对话框

在“功能区”中选择“主页”→“直接草图”→“矩形”，在“工作区”左上角显示“矩形”工具条，采用系统默认的“按2点”方式，在“工作区”中捕捉矩形的右上角点作为矩形的第1个角点，向左下方移动鼠标，输入20，按〈Enter〉键，再输入5，按〈Enter〉键，如图2-31中①所示，单击中键完成矩形的绘制。

在“功能区”中选择“主页”→“直接草图”→“直线”，在“工作区”单击以确定直线的第1点，移动鼠标到适当的位置单击以确定直线的第2点，系统便在两点之间创建一条水平直线，如图2-31中②所示，单击中键完成直线的绘制。

在“边框条”中选择“菜单”→“编辑”→“草图曲线”→“快速裁剪”，直接选择多余的线素，修剪边界为离指定对象最近的曲线，结果如图2-31中③所示。

单击“主页”选项卡中的“完成”按钮或者按〈Ctrl+Q〉组合键退出草图环境。

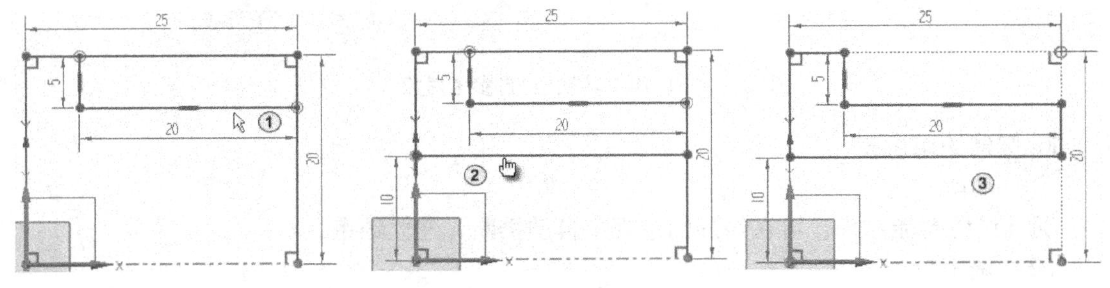

图2-31　绘制草图

选取“草图1”作为截面线，如图2-32中①所示，在“功能区”中选择“主页”→“直接草图”→“特征”→“旋转”按钮，如图2-32中②所示。系统弹出“旋转”对话框，选择“矢量对话框”按钮旁的黑色三角形按钮，从弹出的“矢量构成”中选择旋转轴，如图2-32中③④所示。单击“点对话框”按钮，在“点”对话框中设置坐标，单击“确定”按钮，如图2-32中⑤～⑦所示。再设定相应的旋转角度参数，如图2-32中

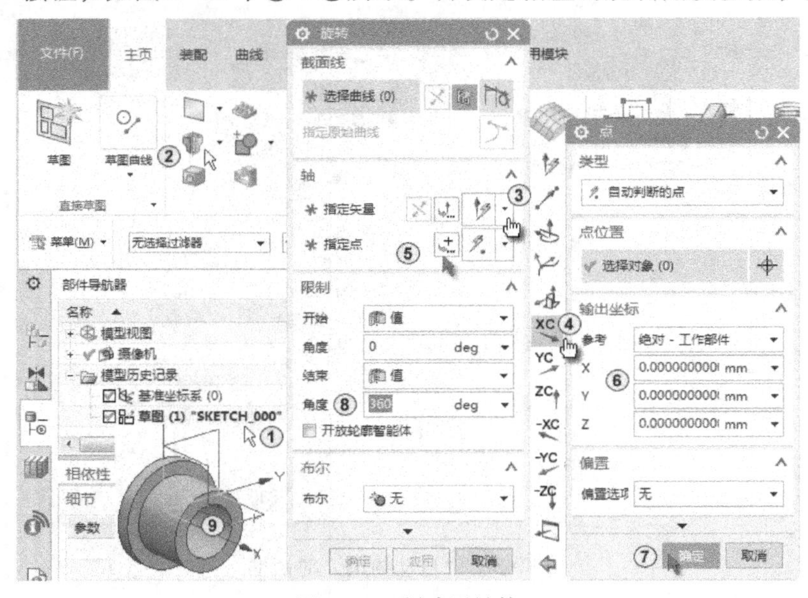

图2-32　创建回转体

⑧所示，其他采用默认设置，单击“确定”按钮生成回转体，按〈Home〉键后显示为正三轴测图，如图 2-32 中⑨所示。

单击“保存”按钮或者按组合键〈Ctrl + S〉保存模型。

2.6 草图实例

本节将通过一个实例详细介绍草图的绘制、编辑和标注的一般过程，通过本节的学习，可重点掌握参考线、相切约束和对称约束等的操作方法及技巧。

本节主要讲解一个比较复杂的草图的创建过程。在创建草图时，首先需要注意绘制草图大概轮廓时的顺序，其次要尽量避免系统自动捕捉到不必要的约束。如果初次绘制的轮廓与目标草图轮廓相差很多，则要拖动最初轮廓直到与目标轮廓较接近的形状。

一般而言，一个图形的绘制方法有多种，这里仅介绍其中的一种。读者可以尝试用适合自己习惯的其他方法，以提高图形绘制的速度。

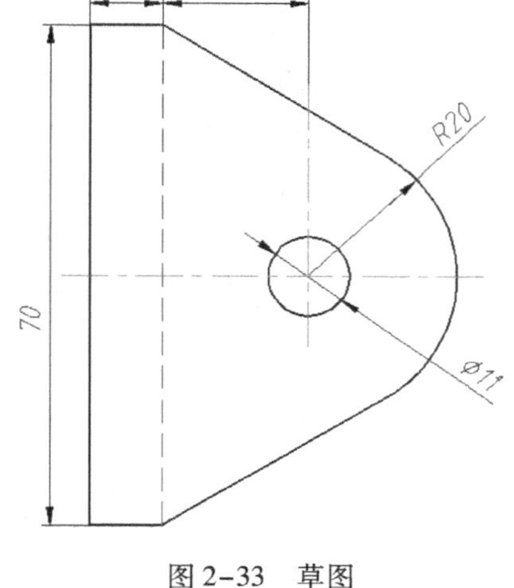

图 2-33　草图

绘制如图 2-33 所示的图形。在绘制一些较复杂的草图时，常绘制一条或多条参考线，以便更好、更快地调整草图。

绘制步骤如下。

1）新建文件。单击“主页”选项卡中的“新建”按钮，系统弹出“新建”对话框，在“新建”对话框的“模型”列表框中选择模板类型为默认的“模型”，单位为默认的“毫米”，在“新文件名”文本框中选择默认的文件名称“_model3. prt”，指定文件路径“C:\”，单击“确定”按钮。

2）选择绘制草图平面，在“边框条”中选择“菜单”→“插入”→“在任务环境中绘制草图”，采用系统默认的坐标平面 XY 作为绘制草图平面，单击“确定”按钮，进入草图绘制界面。

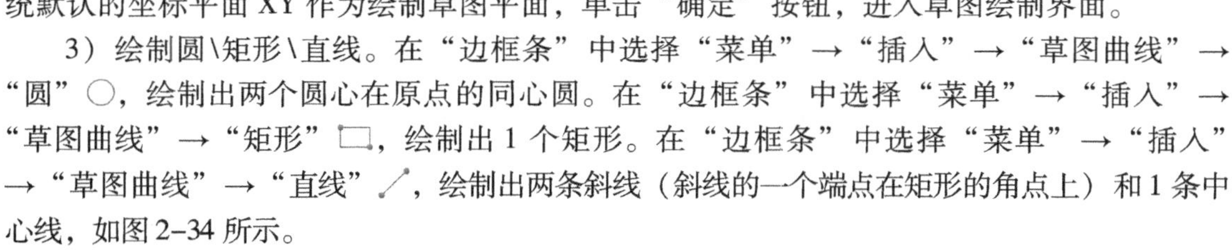

3）绘制圆\矩形\直线。在“边框条”中选择“菜单”→“插入”→“草图曲线”→“圆”○，绘制出两个圆心在原点的同心圆。在“边框条”中选择“菜单”→“插入”→“草图曲线”→“矩形”，绘制出 1 个矩形。在“边框条”中选择“菜单”→“插入”→“草图曲线”→“直线”，绘制出两条斜线（斜线的一个端点在矩形的角点上）和 1 条中心线，如图 2-34 所示。

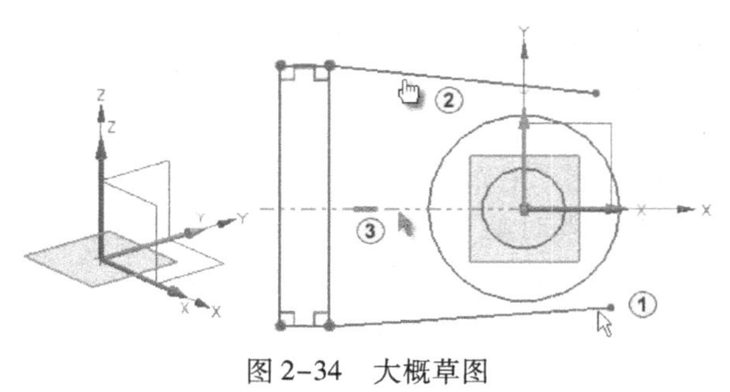

图 2-34　大概草图

4）添加对称约束。在“功能区”选择“主页”→“约束”→“设为对称”，系统弹出“设为对称”对话框，分别选择两条斜线和 1 条中心线，如图 2-34 中①～③所示，单击“关闭”按钮，结果如图 2-35 所示。

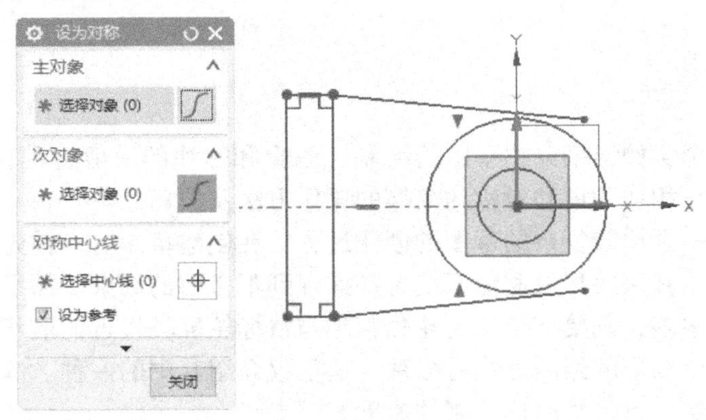

图 2-35　对称约束

5）添加相切约束。在“边框条”中选择“菜单”→“插入”→“几何约束”，系统弹出“几何约束”警告框，单击“确定”按钮，如图 2-36 中①所示。系统又弹出“几何约束”对话框，选择“相切”，如图 2-36 中②所示。选择最下方的斜线，单击中键后再选择圆，如图 2-36 中③④所示。最后单击“关闭”按钮，如图 2-36 中⑤所示。

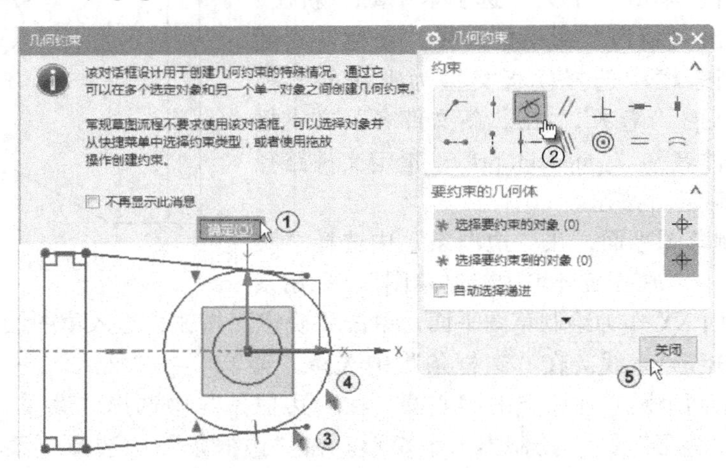

图 2-36　添加相切约束

6）标注尺寸。在“边框条”中选择“菜单”→“编辑”→“草图曲线”→“快速裁剪”，直接选择多余的线素，修剪边界为离指定对象最近的曲线，结果如图 2-37 中①所示。在“边框条”中选择“菜单”→“插入”→“尺寸”→“快速”，标注尺寸如图 2-37 中②所示。

7）转换至/自参考对象。在“工作区”中选择垂直线，如图 2-37 中②所示。右击，在快捷菜单中选择“转换至/自参考对象”，结果如图 2-38 所示。单击“主页”选项卡中的“完成”按钮或者按〈Ctrl + Q〉组合键退出草图环境。

在“工作区”空白的地方右击，在弹出的快捷菜单中选择“定向视图”→“正三轴测图”命令。

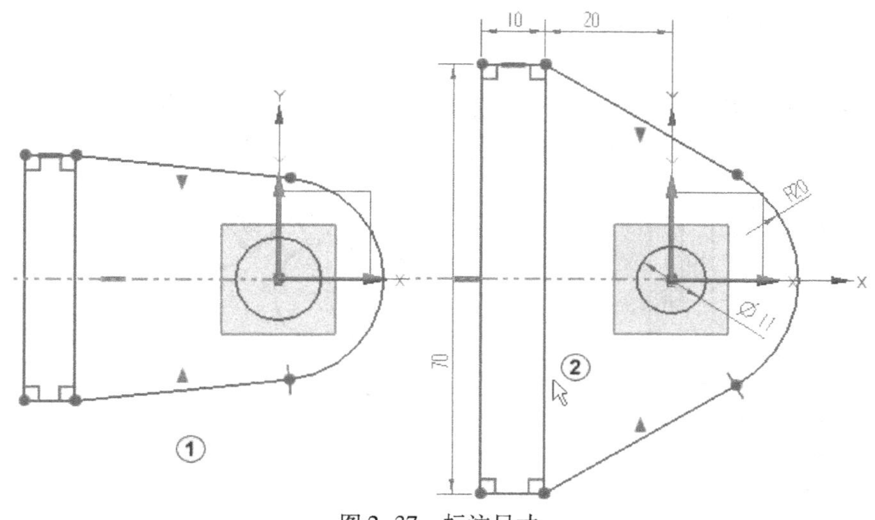

图 2-37　标注尺寸

8）拉伸。单击“特征”工具条中的“拉伸”按钮，系统弹出“拉伸”对话框，选择刚绘制的草图，在“限制”选项组中，选择“结束”为“值”，并在“距离”文本框中输入为15，其他采用默认设置，单击“确定”按钮，如图 2-39 中①～④所示。

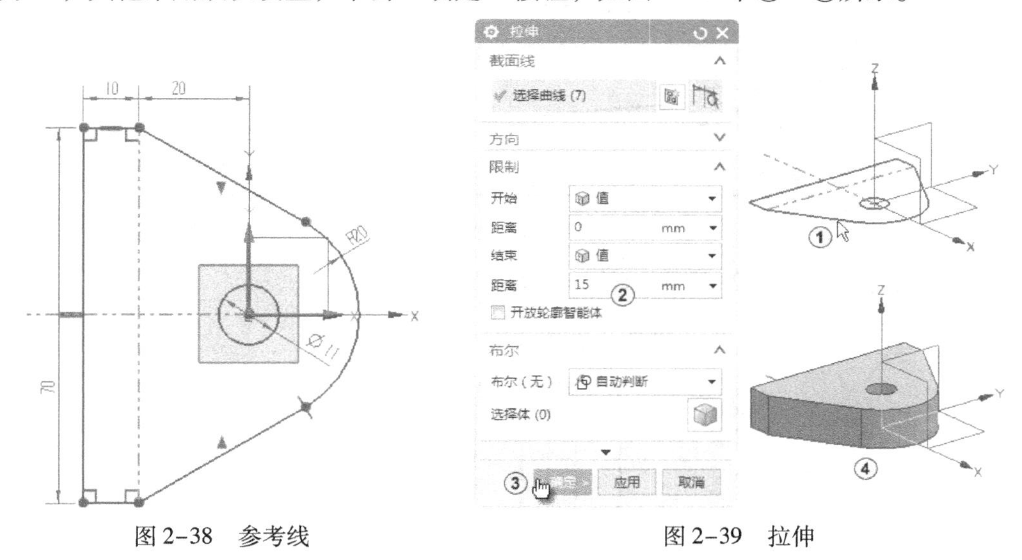

图 2-38　参考线　　　　图 2-39　拉伸

单击“保存”按钮或者按组合键〈Ctrl + S〉保存模型。

2.7　习题

1. 问答题

（1）直线命令是否可连续绘制多条直线？轮廓命令是否可连续绘制多条直线？

（2）草图绘图和曲线绘图有何差异？

（3）派生直线命令能否连续对一条直线做多次偏置？

（4）如何在绘制曲线的同时加入尺寸约束？

（5）什么是基准平面和基准轴？分别有什么功能？

2. 操作题

（1）创建“第 7 章工程图”中“低速滑轮装置”要用到的滑轮模型，如图 2-40 所示。

（2）按尺寸创建如图 2-41 所示的草图。

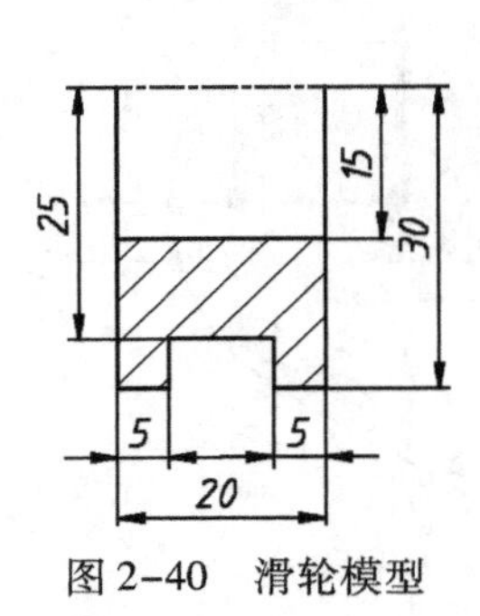

图 2-40　滑轮模型

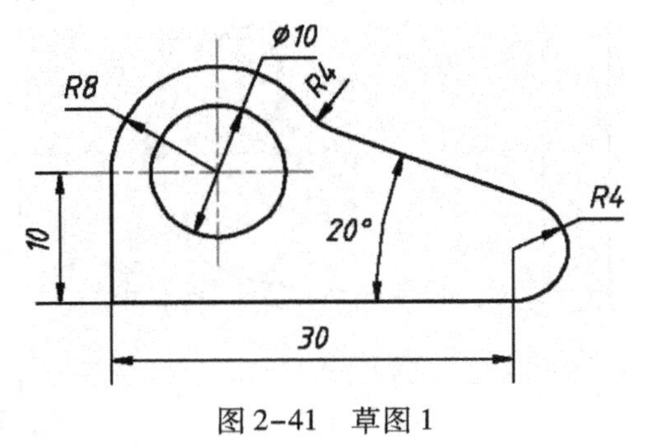

图 2-41　草图 1

（3）按尺寸创建如图 2-42 所示的草图。

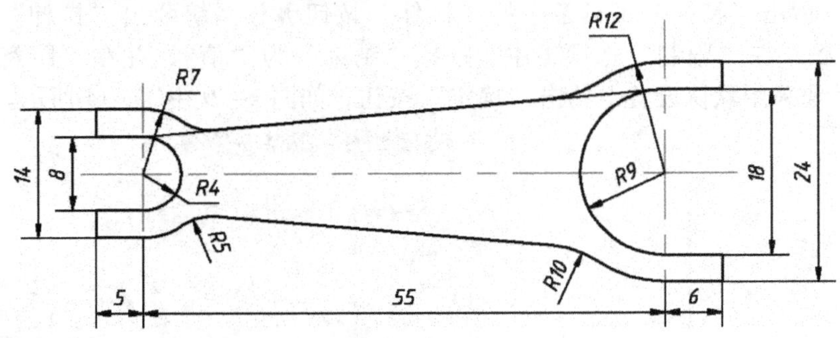

图 2-42　草图 2

（4）按尺寸创建如图 2-43 所示的凸轮盘轮廓。

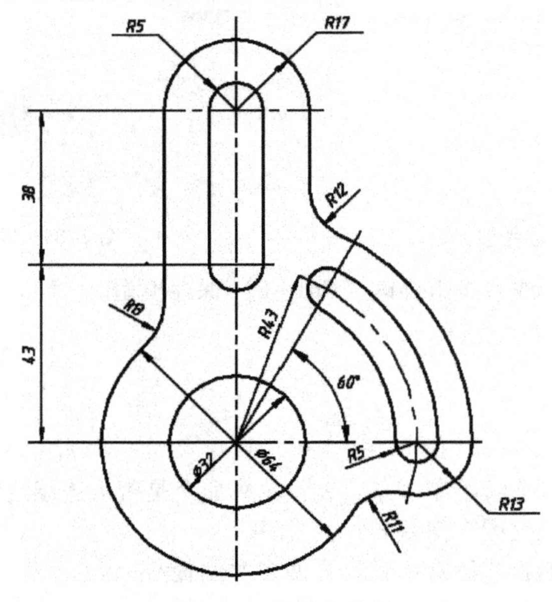

图 2-43　凸轮盘轮廓

第3章　实 体 建 模

本章内容是建模的基础，也是创建复杂精确模型的关键，本章所建的实体可以作为后续的分析、仿真和加工等操作的对象，是实现进一步功能的基础。

实体建模是 UG NX 11.0 中最重要的模块之一，是使图形由平面变为立体的关键步骤，实体建模是一种基于特征和约束的参数化建模技术，具有与用户交互建立和编辑复杂实体模型的功能。实体造型完全继承了传统意义上的线、面、体造型的特点和长处，可以方便快速地创建二维和三维实体模型，还可以通过其他特征操作和布尔操作及参数化进行更广范围的实体造型；能够保持原有的相关性，可以引用到二维工程图、装配、加工、机构分析和有限元分析中。在三维实体造型中可以对实体进一步修饰和渲染。

在 UG NX 11.0 系统中进行产品的实体特征设计，就是利用各种特征创建功能，逐步实现设计的过程。这个过程一般可以看作是产品加工的模拟过程，具体如下。

1）特征分解：分析零件的形状特点，并将其分割成几个主要的特征区域，接着对各个区域进行粗线条分解。

2）基础特征设计：一般应根据产品的结构特点，先创建基本特征和扫掠特征作为零部件的毛坯形状，把它作为后续操作应用的对象。

3）详细特征设计：参照零件的粗加工过程，先粗后细，即先设计出粗略的形状，然后逐步细化；先大后小，即先设计大尺寸形状，再完成局部细化；先外后里，即先设计外表面形状，再细化内部形状。在建模过程中，也可根据建模需要创建相关的参考基准特征来辅助操作。

4）孔槽设计：参照零件的精加工过程，逐步在零件基体上创建孔、键槽、型腔、凸台及定义特征等成形特征，构建出零件的设计形状。

5）细节设计：创建倒圆、倒角、螺纹、修剪和阵列等设计特征，创建零件的完整实体模型。

在进行操作时，请注意观察提示栏和状态栏的信息。初学者请注意多用工具栏或对话框中的直观图标按钮，以提高工作效率。

本章的主要内容是 UG NX 11.0 的一些基本三维成形特征、基准特征、成形特征编辑和特征操作等。

本章的重点是基本特征的创建与编辑。

本章的难点是建模前对零件特征的分析和设计思路的构建。

3.1　基本成形特征

在 UG NX 11.0 中，三维实体可通过对二维封闭曲线的拉伸、旋转、扫掠等方法生成，也可以由相应的实体命令直接创建。

在建模绘图环境中，成形特征命令包含在“插入”菜单的“设计特征”“细节特征”“扫掠”等子菜单中，也可以在“特征”工具条中找到相应的命令按钮。

单击“主页”选项卡中的“新建”按钮，系统弹出“新建”对话框，在“新建”对话框的“模型”列表框中选择模板类型为默认的“模型”，单位为默认的“毫米”，在“新文件名”文本框中选择默认的文件名称“_model1. prt”，指定文件路径“C:\”，单击“确定”按钮。

3.1.1 圆柱

（1）功能

通过指定的方向、大小及位置来生成圆柱。

（2）操作方法

在“边框条”中选择“菜单”→“插入”→“设计特征”→“圆柱”，系统弹出“圆柱”对话框，系统提供了两种圆柱的创建方式，具体如下。

1）轴、直径和高度：在“类型”选项组中选择默认的“轴、直径和高度”，如图3-1a中①所示。单击“自动判别的矢量”按钮旁的黑色三角形按钮，从弹出的“矢量构成”列表中选择“面/平面法向”来确定圆柱体的方向，如图3-1a中②③所示。单击“点对话框”按钮，通过“点”对话框定义圆柱底面的原点，单击“确定”按钮，如图3-1a中④~⑥所示。最后输入直径及高度值，单击“确定”按钮生成圆柱，如图3-1a中⑦~⑨所示。

2）圆弧和高度：在“类型”选项组中选择“圆弧和高度”，然后在“工作区”选择已有的圆或圆弧作为圆柱体的底面圆，输入高度值，确定圆柱高度及布尔操作，单击“确定”按钮生成圆柱体。

单击屏幕最左方的“部件导航器”按钮，按+展开“模型历史记录”，右击“圆柱”，从弹出的快捷菜单中选择“抑制”，如图3-1b中⑦⑧所示，圆柱体模型被隐藏。

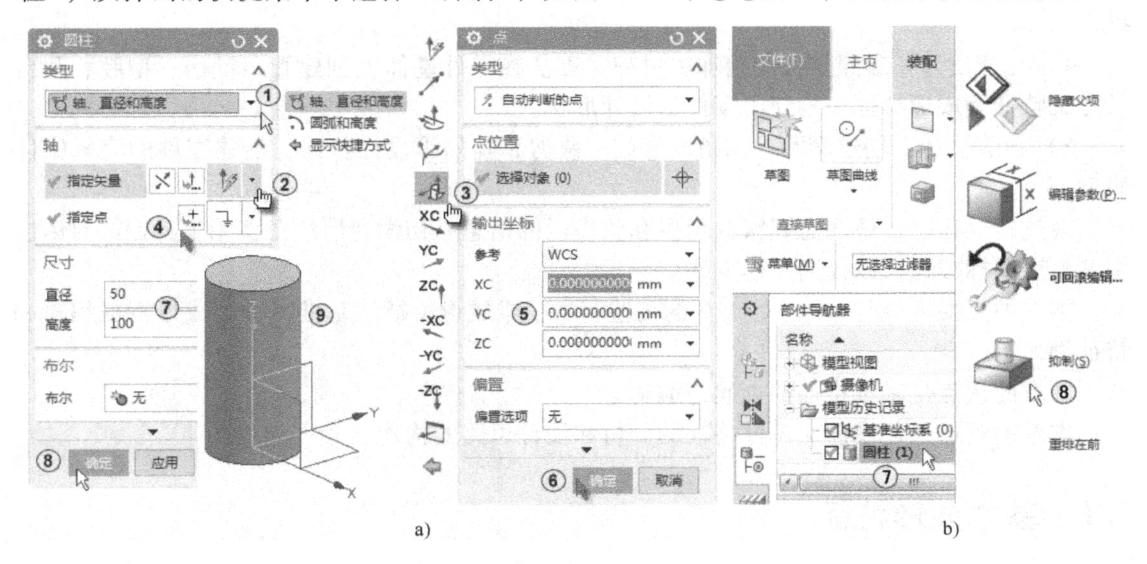

a) b)

图3-1 创建圆柱和隐藏圆柱

a）创建圆柱 b）隐藏圆柱

3.1.2 圆锥

（1）功能

通过指定底面圆心、直径、高度值及方向来产生圆锥。

（2）操作方法

在“边框条”中选择“菜单”→“插入”→“设计特征”→“圆锥”，系统弹出“圆锥”对话框，系统提供了5种圆锥的绘制方法，分别是“直径和高度”“直径和半角”“底部直径，高度和半角”“顶部直径，高度和半角”和“两个共轴的圆弧”。

选择一种操作方式，如图3-2中①所示。选择“自动判别的矢量”旁的黑色三角形按钮，如图3-2中②所示。其他均取默认值，在“底部直径”和“高度”文本框输入对应的值，如图3-2中③所示。单击“确定”按钮生成圆锥体，如图3-2中④⑤所示。

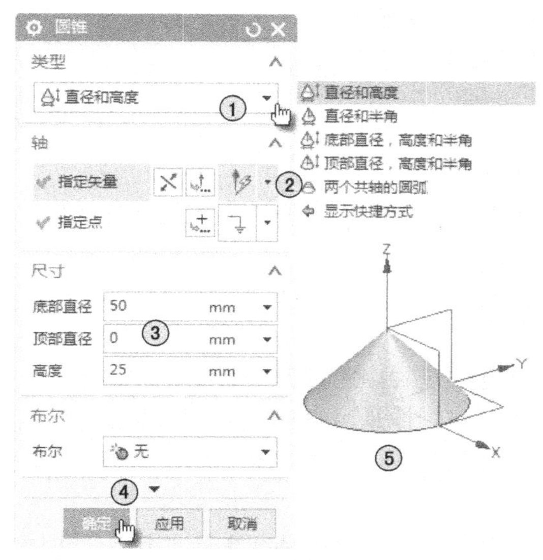

图3-2 创建圆锥

3.1.3 球

（1）功能

根据指定的原点、直径和位置生成球体。

（2）操作方法

在“边框条”中选择“菜单”→“插入”→“设计特征”→“球”，系统弹出“球”对话框，系统提供了两种球的绘制方法，“中心点和直径”“圆弧”。

选择一种操作方式，如图3-3中①所示。单击“点对话框”按钮，在弹出的“点”对话框中指定球的圆心位置，如图3-3中②～④所示。输入球的直径，保持布尔方式为“无”，单击“确定”按钮，如图3-3中⑤～⑧所示。单击“保存”按钮或者按组合键〈Ctrl+S〉保存模型。

注意

如果在创建圆球前没有创建其他实体特征，则经过前面几步的操作即可生成圆球；如果

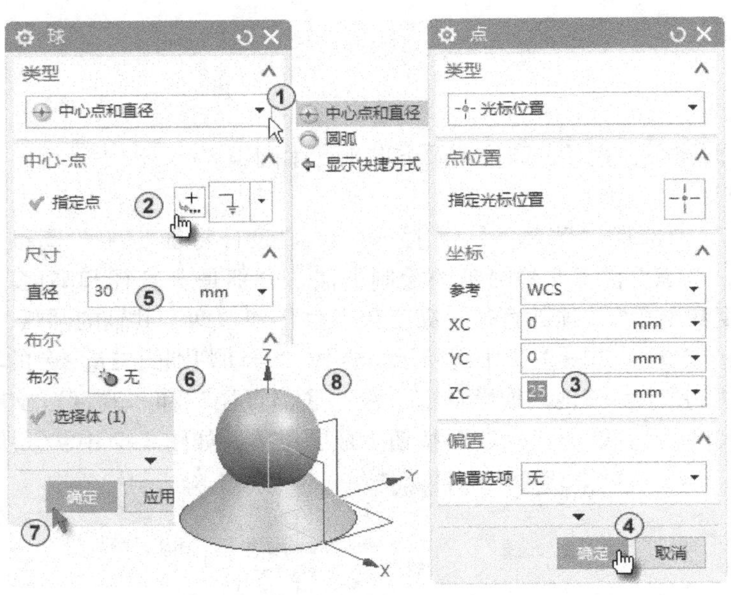

图 3-3　创建球

有其他特征就要进行布尔操作，后面的许多实例都有与此类似的情况。

3.2　特征的布尔运算

特征的布尔运算用于在建模过程中实现多个实体之间的布尔关系。布尔操作中的实体对象分别称为目标体和刀具体。目标体是用户首先选择的需要与其他实体合并的实体或片体对象；刀具体是用来修改目标体的实体或片体对象。在完成布尔运算操作后，刀具体将成为目标体的一部分。

布尔运算属于特征操作功能，但在许多特征创建的操作过程中都会涉及这个功能选项，因此在此特别介绍一下。

3.2.1　合并

合并是将两个或两个以上的不同实体结合起来，即求实体间的和集运算。

3.1 节创建的两个模型圆锥和球，如图 3-4 中①②所示。在“功能区”中选择“主页”→“特征”→“合并”按钮，系统弹出“合并”对话框，系统自动激活了“目标”栏中的“选择体”，选择圆锥为目标体，再选择球为刀具体，单击“确定”按钮，如图 3-4 中③～⑥所示，圆锥和球两个实体合为一个实体。最后关闭模型。

3.2.2　减去

减去是从目标体中减去一个或多个刀具体，即求实体间的差集运算。

重新打开刚创建的“_model1. prt”文件，在“功能区”中选择“主页”→“特征”→“减去”按钮，系统弹出“求差”对话框，选择圆锥为目标体，再选择球为刀具体，单击“确定”按钮，如图 3-5 中①～④所示，结果如图 3-5 中⑤所示。最后关闭模型。

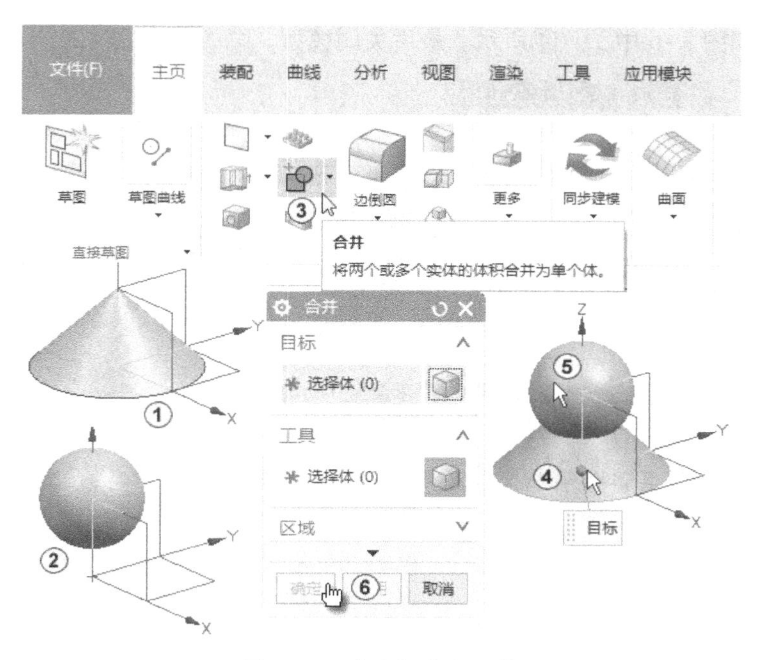

图 3-4 “求和”布尔运算

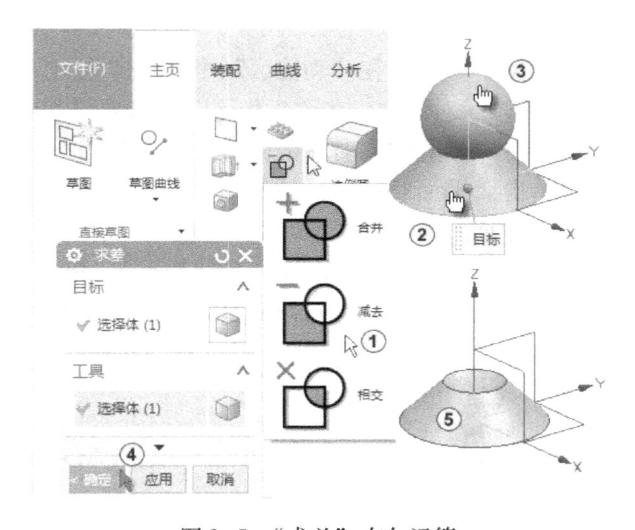

图 3-5 “求差”布尔运算

注意

所选的目标体和刀具体必须相交，否则在相减时会产生错误信息，而且它们之间的边缘也不能重合。此外，片体与片体之间不能相减。如果选择的刀具体将目标体分割成了两部分，则产生的实体将是非参数化实体类型。

3.2.3 相交

重新打开刚创建的“_model1. prt”文件，在“功能区”中选择“主页”→“特征”→“相交”按钮，系统弹出“相交”对话框，选择圆锥为目标体，再选择球为刀具体，单击

“确定”按钮，如图 3-6 中①~④所示。最后关闭模型。

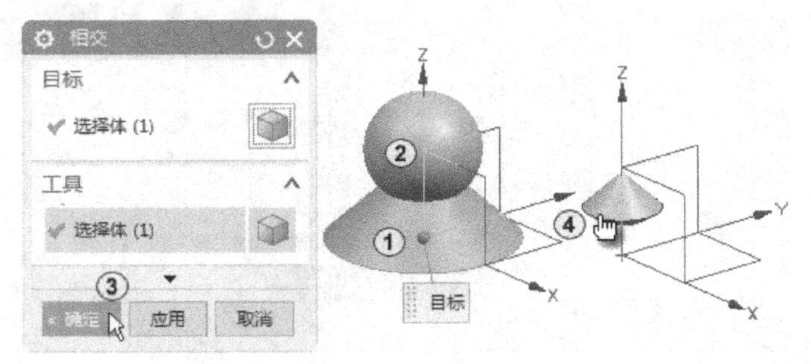

图 3-6 “求交”布尔运算

注意

所选的目标体和刀具体必须相交，否则在相交时会产生错误信息，此外，实体不能与片体相交。

3.2.4 修剪体

（1）功能

用一个面修剪一个或多个目标体。

（2）操作方法

打开刚创建的“_model1.prt”文件，在“功能区”中选择“主页”→“特征”→“修剪体”按钮，系统弹出“修剪体”对话框，在“工作区”选择要修剪的圆锥为目标体，如图 3-7 中①②所示，单击中键。在“修剪体”对话框的“工具选项”下拉列表中选择“新建平面”，如图 3-7 中③所示。单击“平面对话框”按钮，如图 3-7 中④所示。系统弹出“平面”对话框，选择对象以定义平面，即选择“XC-ZC 平面”，如图 3-7 中⑤⑥所示，选择默认的坐标为“WCS”，设置“距离”为“8”，如图 3-7 中⑦所示，单击“反向”按钮确定修剪方向，如图 3-7 中⑧所示，单击“确定”按钮修剪实体，如图 3-7 中⑨所示。

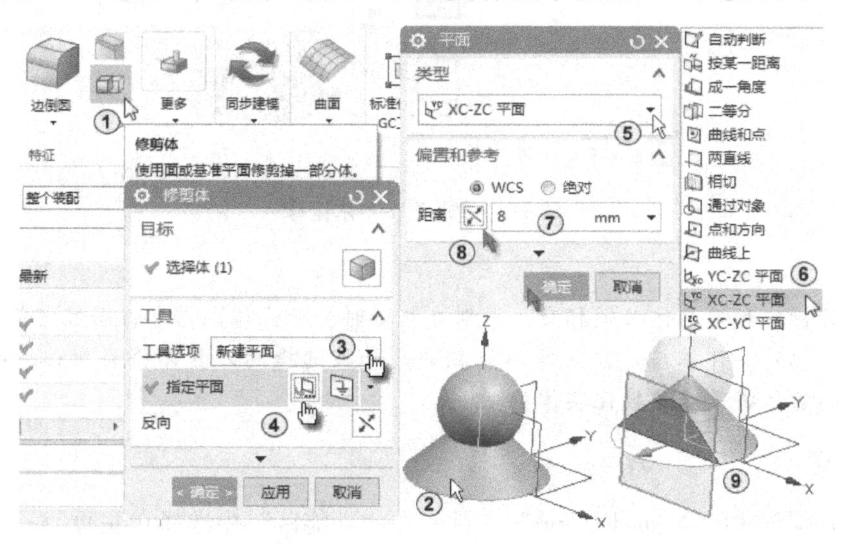

图 3-7 修剪体

3.3　编辑成形特征

通过对基础成形特征进行各种编辑和加工，可以生成复杂的实体模型。特征操作是对已经存在的实体或特征进行各种操作以便满足设计需要。特征操作包括许多操作命令，这里只介绍其中一些常用的操作命令。这些工具包括孔、槽、沟槽、腔体、圆台和凸台等。

本节将介绍泵盖的创建方法。内容涉及 UG NX 11.0 的管道、凸台、腔体、孔、倒斜角、螺纹孔、实例特征等方面的内容。

如图 3-8 所示的泵盖的主体为回转体，厚度方向尺寸一般比其他两个方向尺寸小，通常其毛坯由锻或铸而成，再由切削加工成为最终的零件。常见的工艺结构有凸台、凹坑、螺孔、销孔、键槽等。这类零件一般采用主、左或主、俯两个基本视图表达。该实例的主要目的是熟悉“特征”中的管道、凸台、腔体、孔的应用以及“特征操作”中的倒斜角、螺纹孔、实例特征等的应用。

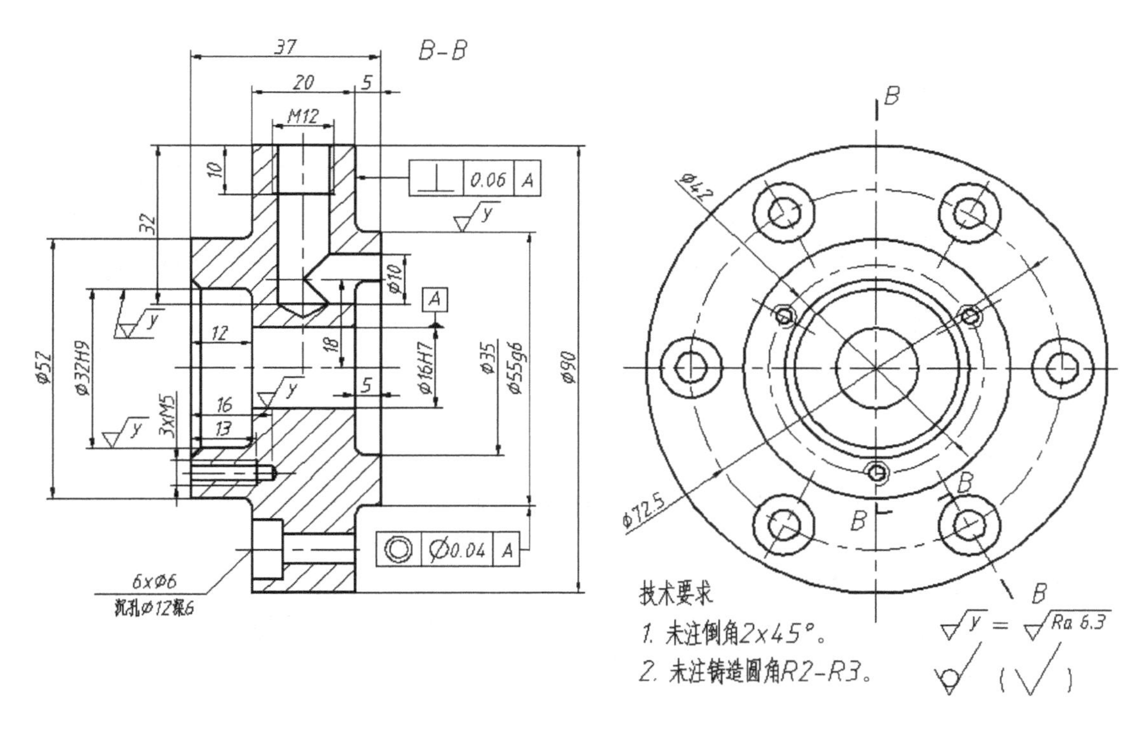

图 3-8　泵盖

建模思路：创建管道、创建左右两个凸台、创建左右两个圆柱形腔体并倒斜角、创建沉头孔，在上方创建一个 M12 的螺纹孔，创建一个简单孔，创建 3 个 M5 的螺纹孔。建模步骤如表 3-1 所示。

表 3-1　泵盖建模步骤

步　骤	说　明	模　型	步　骤	说　明	模　型
1	创建管道		6	倒斜角	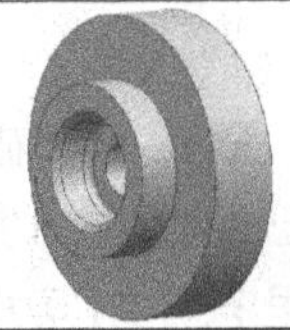
2	创建左凸台		7	创建简单孔	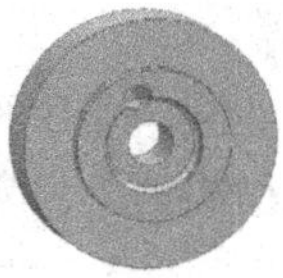
3	创建右凸台		8	创建沉头孔	
4	创建右圆柱形腔体		9	创建螺纹孔	
5	创建左圆柱形腔体		10	创建螺纹孔	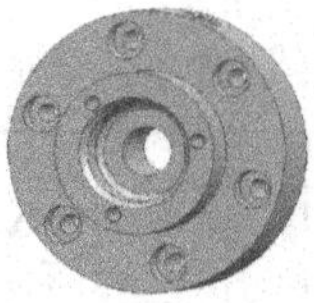

3.3.1　管道

（1）功能

通过沿一条或多条曲线扫掠，并按指定的圆形横截面来生成单个实体。

（2）操作方法

下面将详细介绍具体的建模方法。

1）单击“主页”选项卡中的“新建”按钮，系统弹出“新建”对话框，在“新建”对话框的“模型”列表框中选择模板类型为默认的“模型”，单位为默认的“毫米”，在“新文件名”文本框中选择默认的文件名称“_model2. prt”，指定文件路径“C:\”，单击“确定”按钮。

2）在“边框条”中选择“菜单”→“插入”→“曲线”→“直线”，弹出“直线”对话框，在“工作区”选择原点，如图 3-9 中①所示。在“终点”文本框中输入 20，如图 3-9中②所示，按〈Enter〉键。在“终点选项”的下拉列表中选择“YC 沿 YC”，如图 3-9中③④所示。单击“确定”按钮完成直线的创建，如图 3-9 中⑤⑥所示。

3）在“边框条”中选择“菜单”→“插入”→“扫掠”→“管道”按钮，系统弹出“管”对话框，选择如图 3-10 中①所示的直线作为路径，在“横截面”选项组中输入“外径”

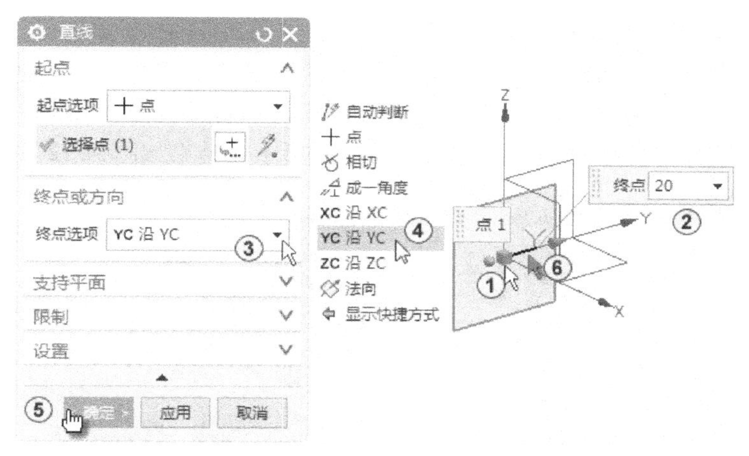

图 3-9　绘制直线

为 90，“内径”为 16，在“设置”选项组中选择输入方式为“单段”，如图 3-10 中②～⑤所示，其他采用默认设置，单击“确定”按钮完成管道创建，结果如图 3-10 中⑥⑦所示。

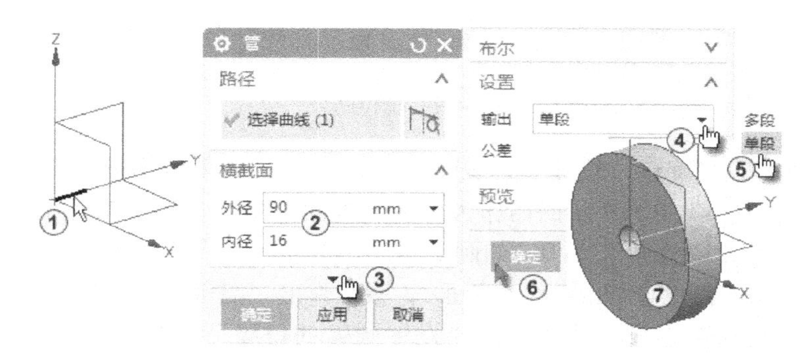

图 3-10　创建管道

3.3.2　凸台

（1）功能

在指定放置面上按设定的直径、高度及拔模角生成凸台。使用“凸台”命令可沿指定方向扫掠曲线、边、面、草图或曲线图特征的二维或三维部分的一段直线距离，由此来创建体。一个“凸台”特征可以包含多个片体和实体。

（2）操作方法

在“边框条”中选择“菜单”→“插入”→“设计特征”→“凸台”，弹出“支管”对话框，单击“选择步骤”中的“放置面”，选择如图 3-11 中①所示的面作为凸台放置面。输入“直径”为 52，

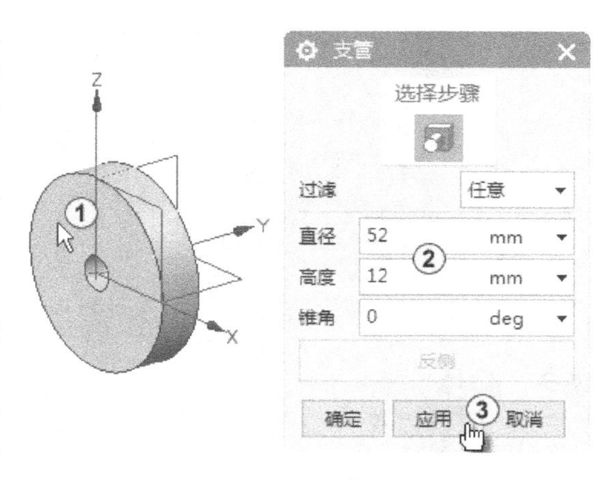

图 3-11　创建凸台

"高度"为12，"锥角"为0，单击"应用"按钮，如图3-11中②③所示。

系统弹出"定位"对话框，单击"点落在点上"按钮，如图3-12中①所示。系统弹出"点落在点上"对话框，选择如图3-12中②所示的大圆弧边线。系统弹出"设置圆弧的位置"对话框，选择"圆弧中心"，如图3-12中③所示。结果如图3-12中④所示。

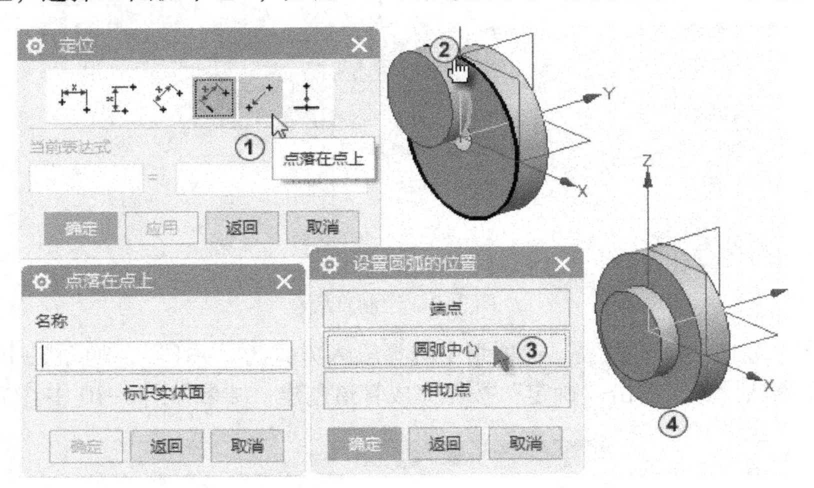

图3-12　定位凸台

单击主界面中的"旋转"按钮，旋转"工作区"中的模型到适当位置后单击中键结束命令。选择如图3-13中①所示的面作为凸台放置面。在"支管"对话框中输入"直径"为55，"高度"为5，"锥角"为0，如图3-13中②所示。单击"确定"按钮，系统弹出"定位"对话框，单击"点落在点上"按钮，系统弹出"点落在点上"对话框，选择如图3-13中④所示的大圆弧边线。系统弹出"设置圆弧的位置"对话框，选择"圆弧中心"，结果如图3-13中⑤所示。

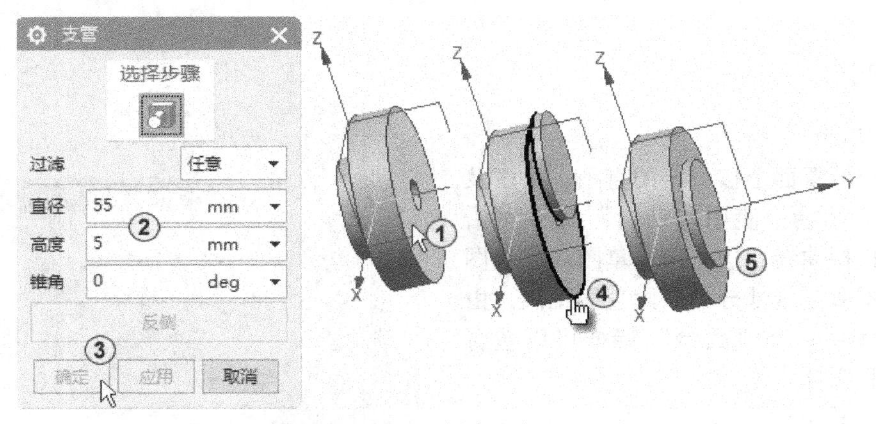

图3-13　创建凸台

3.3.3　腔体

（1）功能

从表面向内挖出一凹槽。系统提供了3种刀槽特征的类型："圆柱形"、"矩形"和"常规”。“圆柱形”和“矩形”比较规则，必须在平面上创建。“常规”形可以放置在非平面体上，且其轮廓形状可为任意曲线，操作比较复杂。“圆柱形”与“孔”特征类似，都是从实体上去除一个圆柱，但“圆柱形”有较好的控制底面半径的参数，且不需要指定贯穿平面。

（2）操作方法

在“边框条”中选择“菜单”→“插入”→“设计特征”→“腔”按钮，系统弹出“腔”对话框，要求选择腔体类型，单击“圆柱形”按钮，如图 3-14 中①所示。系统弹出“圆柱腔”对话框，要求选择放置面，移动鼠标选择如图 3-14 中②所示的面作为腔体放置面。输入圆柱形“腔直径”为 35，“深度”为 5，“底面半径”为 2，“锥角”为 0，如图 3-14中③所示。单击“确定”按钮。

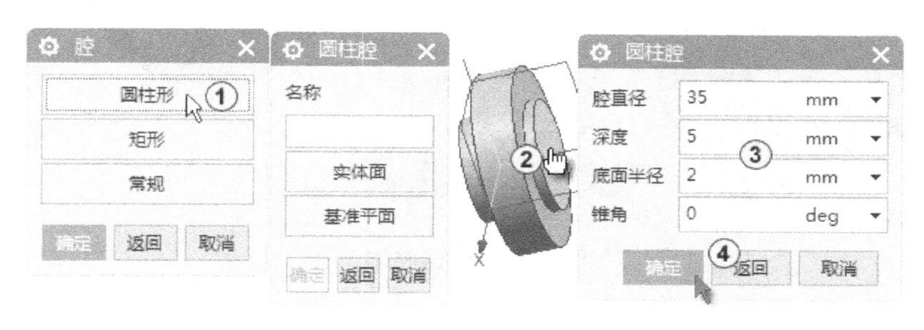

图 3-14　创建腔体 1

系统弹出“定位”对话框，单击“点落在点上”按钮，系统弹出“点落在点上”对话框，选择如图 3-15 中①所示的大圆弧边线（加粗的圆弧）。系统弹出“设置圆弧的位置”对话框，选择“圆弧中心”，如图 3-15 中②所示。选择如图 3-15 中③所示的小圆柱边作为刀具边（手指向的边）。系统再次弹出“设置圆弧的位置”对话框，选择“圆弧中心”，如图 3-15 中④所示。单击“确定”按钮，结果如图 3-15中⑤所示。

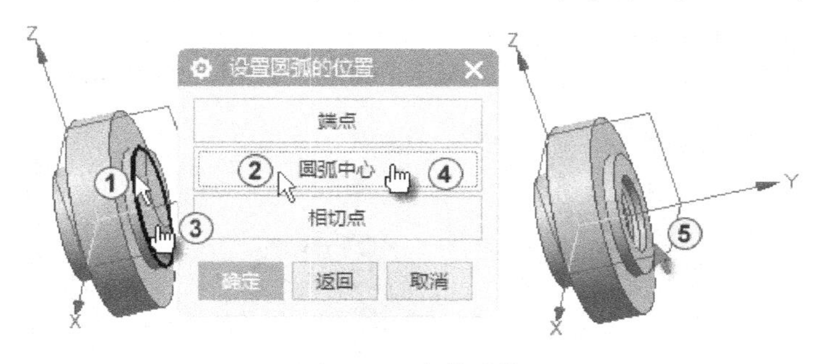

图 3-15　定位腔体

单击“旋转”按钮，旋转工作区中的模型到适当位置后单击中键结束命令。移动鼠标选择如图 3-16 中①所示的面作为腔体放置面。输入圆柱形“腔体直径”为 32，“深度”为 12，“底面半径”为 2，“锥角”为 0，如图 3-16 中②所示，单击“确定”按钮，如图 3-16中③所示。系统弹出“定位”对话框，单击“点落在点上”按钮，系统弹出“点落在点上”对话框，选择如图 3-16 中④所示的大圆弧边线。系统弹出“设置圆弧的位置”对话框，选择“圆弧中心”，如图 3-16 中⑤所示。选择如图 3-16 中⑥所示的小圆柱边作为刀具边。系统再次弹出“设置圆弧的位置”对话框，选择“圆弧中心”，如图 3-16 中⑦所示。单击“确定”按钮，结果如图3-16中⑧所示。

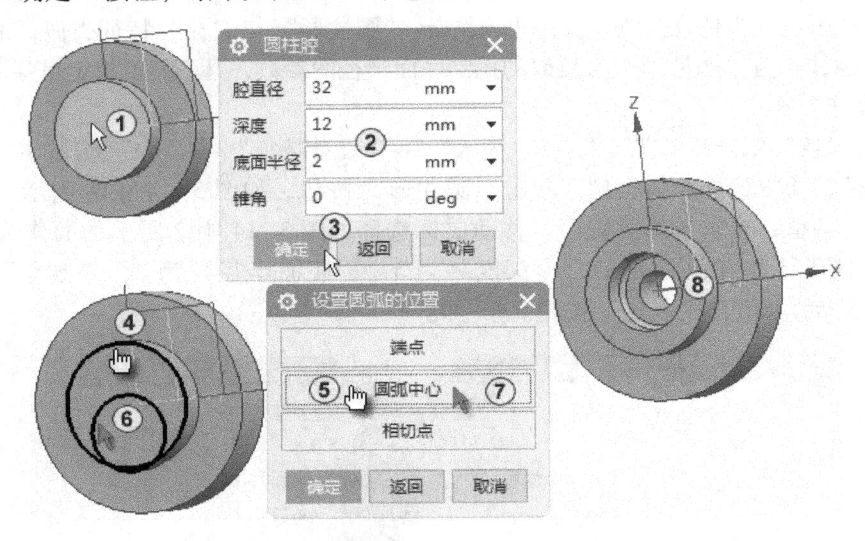

图3-16 创建腔体2

3.3.4 倒斜角

（1）功能

对指定的边进行倒角来修改一个实体。

（2）操作方法

在“边框条”中选择“菜单”→“插入”→“细节特征”→“倒斜角”按钮，弹出“倒斜角”对话框。在“边”选项组中单击“选择边”，如图3-17中①所示。移动鼠标选择如图3-17中②所示的圆弧边，在“偏置”选项组中选择“横截面”为“对称”，输入“距离”为2，如图3-17中③～⑤所示。单击“确定”按钮，结果如图3-17中⑥⑦所示。

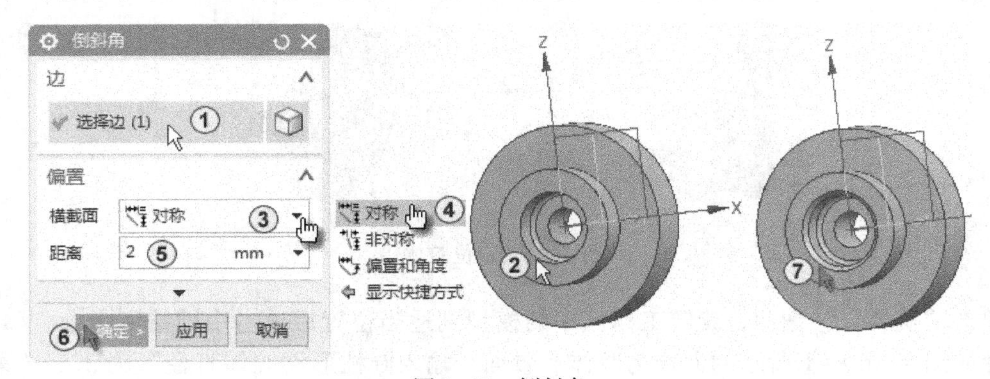

图3-17 倒斜角

- “对称”方式倒角：是按与倒角边邻接的两个面采用同一个偏置值的方式来创建简单的倒角。
- “非对称”方式倒角：是按与倒角边邻接的两个面分别采用不同偏置值的方式来创建简单的倒角。

●“偏置和角度”方式倒角：是由一个偏置值和一个角度来创建简单的倒角。

单击“旋转”按钮，旋转“工作区”中的模型到另一边的适当位置后单击中键结束命令。

3.3.5 孔

（1）功能

在实体上生成一个常规孔、钻形孔、螺钉间隙孔、螺纹孔和孔系统。对于所有的孔生成选项，深度值必须为正值。

（2）操作方法

在“边框条”中选择“菜单”→“插入”→“基准/点”→“点”按钮，系统弹出“点”对话框，在“类型”下拉列表中，选择“光标位置”，如图3-18中①②所示。单击“指定光标位置”按钮，移动鼠标在“工作区”中需要创建点的大概位置单击，修改点的“坐标”Y为25，Z为18，单击“确定”按钮，如图3-18中③~⑤所示，结果如图3-18中⑥所示。

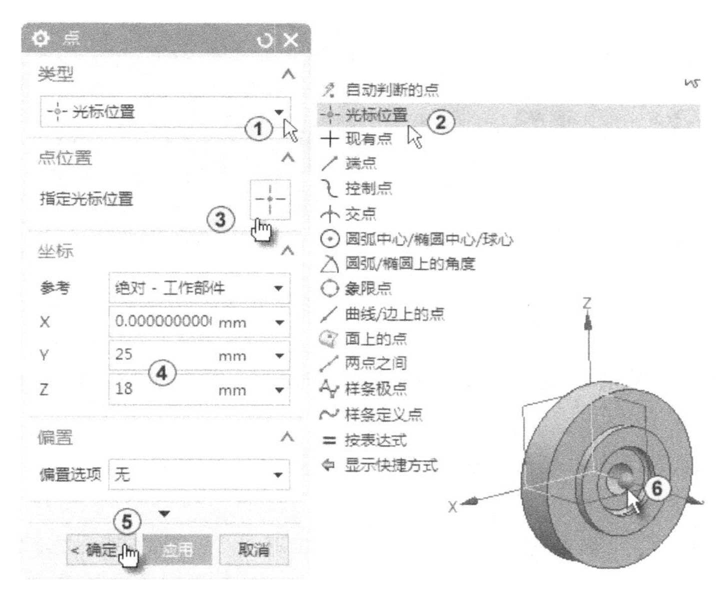

图3-18 创建点

在“边框条”中选择“菜单”→“插入”→“设计特征”→“孔”按钮，系统弹出“孔”对话框，在“类型”下拉列表中选择默认的“常规孔”，在“成形”下拉列表中选择“简单孔”，如图3-19中①②所示。在“尺寸”栏中输入“直径”为10，“深度”为15，如图3-19中③所示。单击“点”按钮，移动鼠标在“工作区”或者设计树中选择刚刚绘制的点，如图3-19中④⑤所示。单击“确定”按钮，单击“旋转”按钮，旋转模型，单击“缩放”按钮放大工作区中的模型，查看孔如图3-19中⑥⑦所示。

注意

1）“顶锥角”的值必须大于等于0°。“埋头角度”必须大于0°小于180°。顶锥角为0°时生成平头孔。

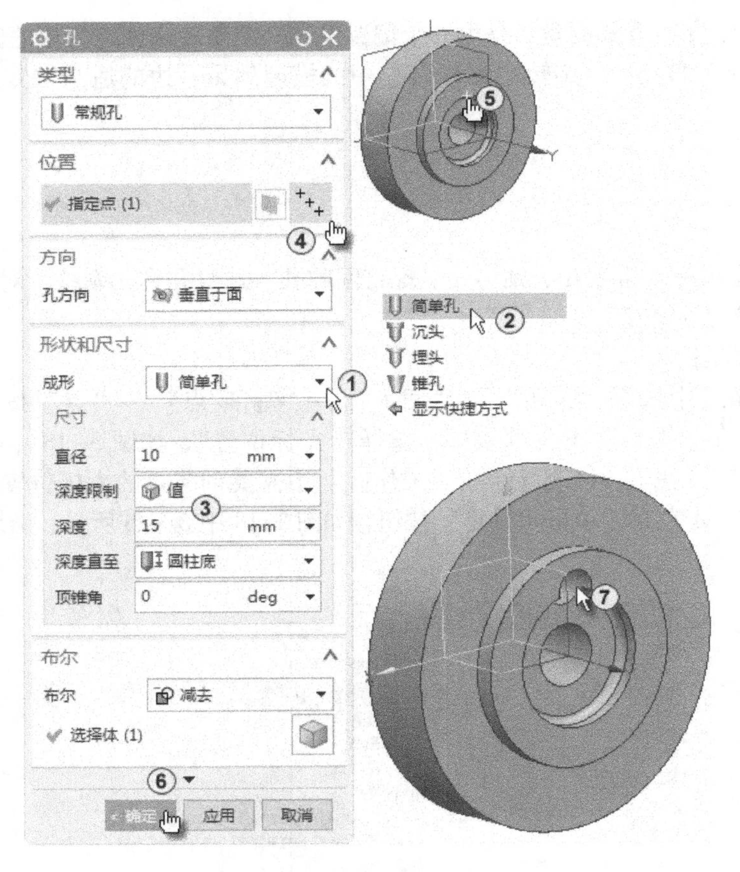

图 3-19　创建简单孔

2）选择基准面作为孔的放置平面或通孔平面时，必须确保按孔的生成方向创建的孔能与某实体相接触。

3）孔放置平面是指孔的起始平面，通孔平面是指孔的终止平面（它只在生成贯通孔的情况下才使用）。

4）创建沉头孔时，“沉头深度”必须小于“孔深度”。创建埋头孔时，“埋头直径”必须大于“孔直径”。

如果要在特殊位置创建孔特征，可以用“定位”对话框进行操作。

单击“旋转”按钮，旋转“工作区”中的模型到另一边的适当位置后单击中键结束命令。

3.3.6　沉头孔

在“边框条”中选择“菜单”→“插入”→“基准/点”→“点”按钮，系统弹出“点”对话框，在“类型”下拉列表中，选择“光标位置”，单击“指定光标位置”按钮，移动鼠标在“工作区”中需要创建点的大概位置单击，修改“输出坐标”选项组中“X”为36.25，单击“确定”按钮，如图3-20中①②所示。

在“边框条”中选择“菜单”→“插入”→“设计特征”→“孔”按钮，系统弹出

“孔”对话框，在“类型”中选择默认的“常规孔”，在“成形”下拉列表中选择“沉头”，如图3-20中③所示。在“尺寸”选项组中输入“沉头直径”为12，“沉头深度”为6，“直径”为6，“深度”为20，“顶锥角”为0，如图3-20中④所示。单击“点”按钮，移动鼠标在“工作区”或者设计树中选择刚刚绘制的点，单击“确定”按钮，如图3-20中⑤~⑦所示。单击“旋转”按钮，旋转模型，单击“缩放”按钮放大“工作区”中的模型，查看沉头孔。

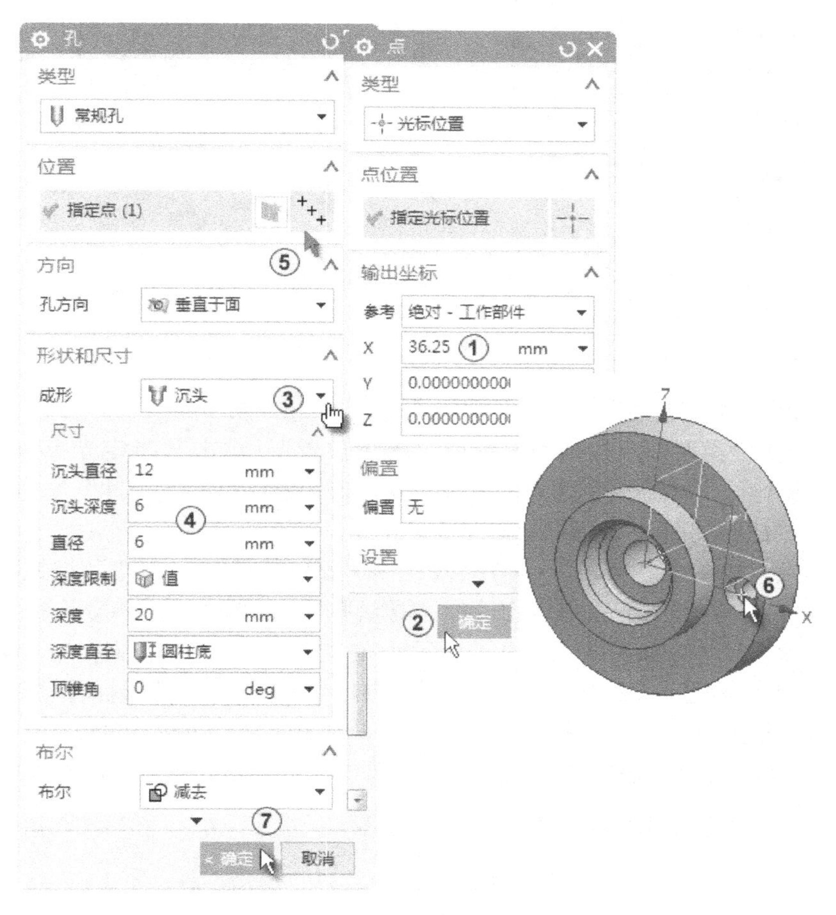

图3-20　创建沉头孔

3.3.7　阵列

在“边框条”中选择“菜单”→“插入”→“关联复制”→“阵列特征”按钮，系统弹出“阵列特征”对话框，移动鼠标在“工作区”或者设计树中选择刚刚生成的“沉头孔”特征作为圆形阵列对象。在“布局”下拉列表中选择“圆形”，如图3-21中①②所示。在“指定矢量”下拉列表中选择“YC”，如图3-21中③④所示。在“指定点”下拉列表中选择“现有点”，移动鼠标在“工作区”选择坐标原点，如图3-21中⑤~⑦所示。在“角度方向”选项组中输入“数量”为6，“节距角”为60，如图3-21中⑧所示。最后单击“确定”按钮，如图3-21中⑨所示。

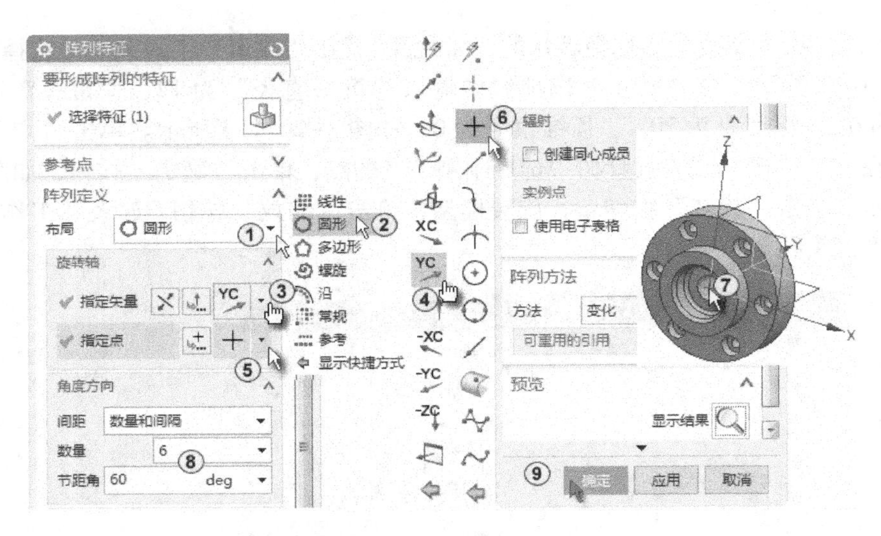

图 3-21　创建圆周阵列

3.3.8　螺纹孔

在“边框条”中选择“菜单”→“插入”→“基准/点”→“点”按钮，系统弹出“点”对话框，在“类型”下拉列表中选择“光标位置”，单击“指定光标位置”按钮，移动鼠标在“工作区”中需要创建点的大概位置单击，修改点的“坐标”Y 为 10，Z 为 45，单击“确定”按钮，如图 3-22 中①②所示。

在“边框条”中单击“菜单”→“插入”→“设计特征”→“孔”按钮，系统弹出“孔”对话框，在“类型”下拉列表中选择“螺纹孔”，如图 3-22 中③所示。在“螺纹尺寸”选项组中输入尺寸，如图 3-22 中④所示。在“尺寸”选项组中输入“深度”为 32，“顶锥角”为 120，如图 3-22 中⑤所示。单击“点”按钮，移动鼠标在“工作区”或者设计树中选择刚刚绘制的点，单击“确定”按钮，如图 3-22 中⑥～⑧所示。单击“旋转”按钮，旋转模型，单击“缩放”按钮放大工作区中的模型，查看螺纹孔。

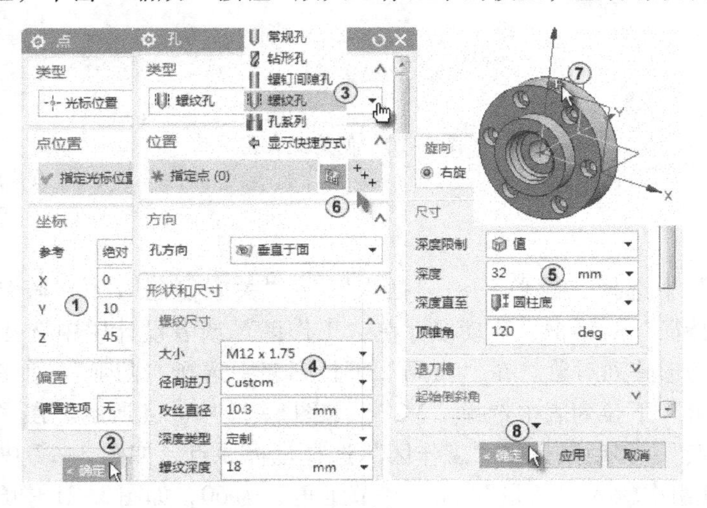

图 3-22　创建螺纹孔 1

单击“旋转”按钮，旋转“工作区”中的模型到另一边的适当位置后单击中键结束命令。

在“边框条”中选择“菜单”→“插入”→“基准/点”→“点”按钮，系统弹出“点”对话框，在“类型”下拉列表中选择“光标位置”，单击“指定光标位置”按钮，移动鼠标在“工作区”中需要创建点的大概位置单击，修改点的“坐标”Y 为 -12，Z 为 -21，单击“确定”按钮，如图 3-23 中①②所示。

在“边框条”中选择“菜单”→“插入”→“设计特征”→“孔”按钮，系统弹出“孔”对话框，在“类型”下拉列表中选择“螺纹孔”，在“螺纹尺寸”选项组中输入尺寸，如图 3-23 中③④所示。在“尺寸”选项组中输入“深度”为 16，“顶锥角”为 120，如图 3-23 中⑤所示。单击“点”按钮，移动鼠标在“工作区”或者设计树中选择刚刚绘制的点，单击“确定”按钮，如图 3-23 中⑥～⑧所示。单击“旋转”按钮，旋转模型，单击“缩放”按钮放大工作区中的模型，查看螺纹孔。

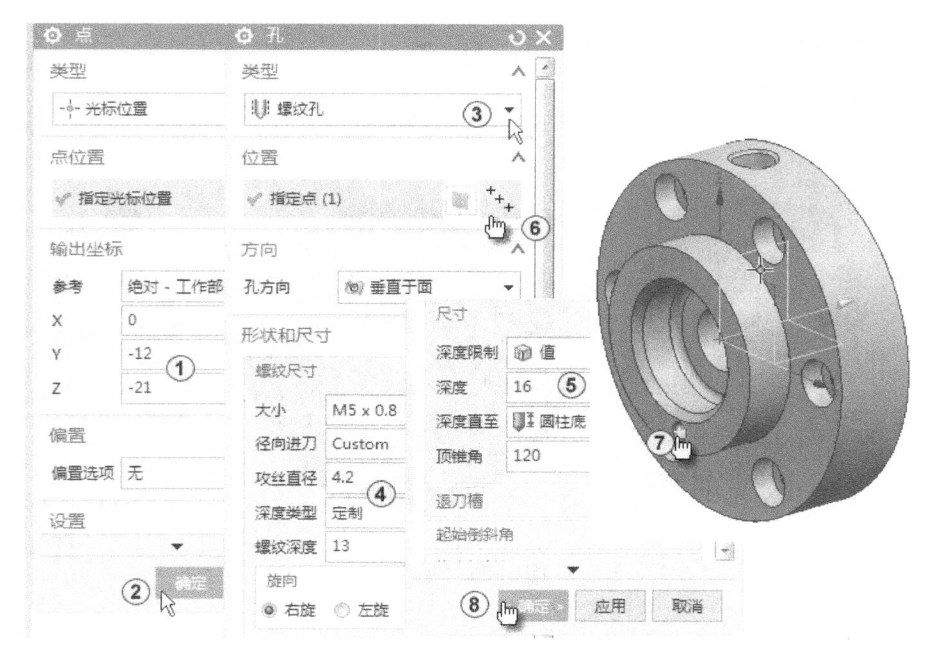

图 3-23　创建螺纹孔 2

在“边框条”中选择“菜单”→“插入”→“关联复制”→“阵列特征”按钮，系统弹出“阵列特征”对话框，移动鼠标在“工作区”或者设计树中选择刚刚生成的“螺纹孔”特征作为圆形阵列对象。在“布局”下拉列表中选择“圆形”，如图 3-24 中①所示。在“指定矢量”下拉列表中选择“YC”，如图 3-24 中②所示。在“指定点”下拉列表中选择“现有点”，移动鼠标在“工作区”选择坐标原点，如图 3-24 中③④所示。在“角度方向”选项组中输入“数量”为 3，“节距角”为 120，单击“确定”按钮，如图 3-24中⑤⑥所示。结果如图 3-25 所示。

单击快速访问工具栏中的“保存”按钮或者按组合键〈Ctrl + S〉保存文件。

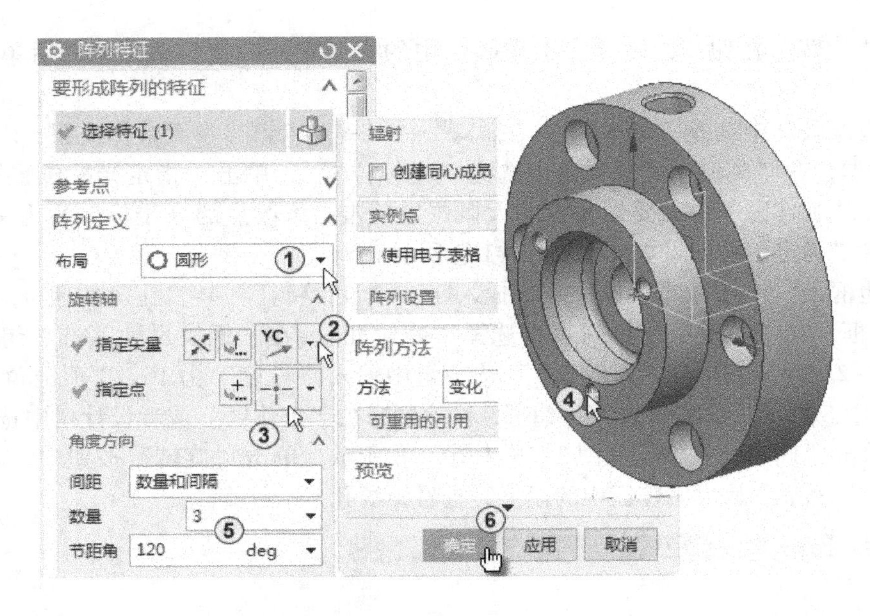

图 3-24　创建圆周阵列

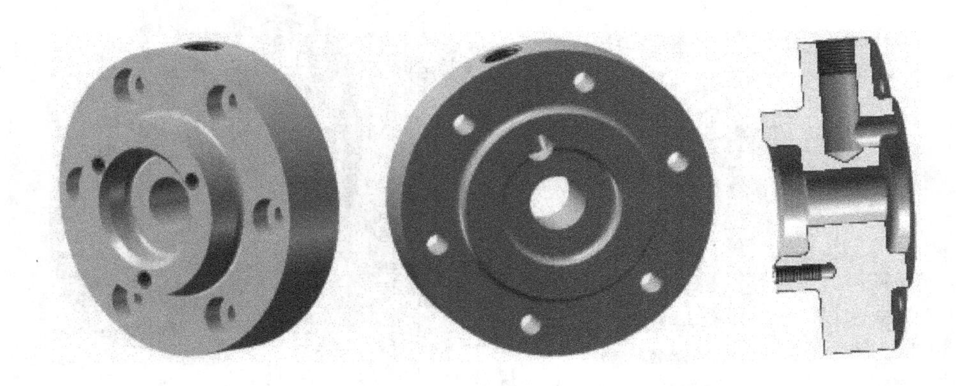

图 3-25　泵盖

3.3.9　矩形槽

本节将介绍丝杆的创建方法，涉及旋转、拉伸、矩形槽、倒斜角、固定基准面、V 形槽、螺纹等方面的内容。

如图 3-26 所示的丝杆由一系列同轴的回转体组合而成，其长度方向尺寸一般比回转体直径大。这类零件上常见的工艺结构有倒角、圆角、退刀槽、键槽等。该实例的主要目的是熟悉“特征”中的回转、拉伸、矩形槽、键槽的应用以及“特征操作”中的倒斜角、螺纹等特征的应用。

建模思路：先绘制主轴回转轮廓，用回转特征创建主轴回转体，再创建 V 形槽、退刀槽、键槽，然后倒斜角，最后创建螺纹。建模步骤如表 3-2 所示。

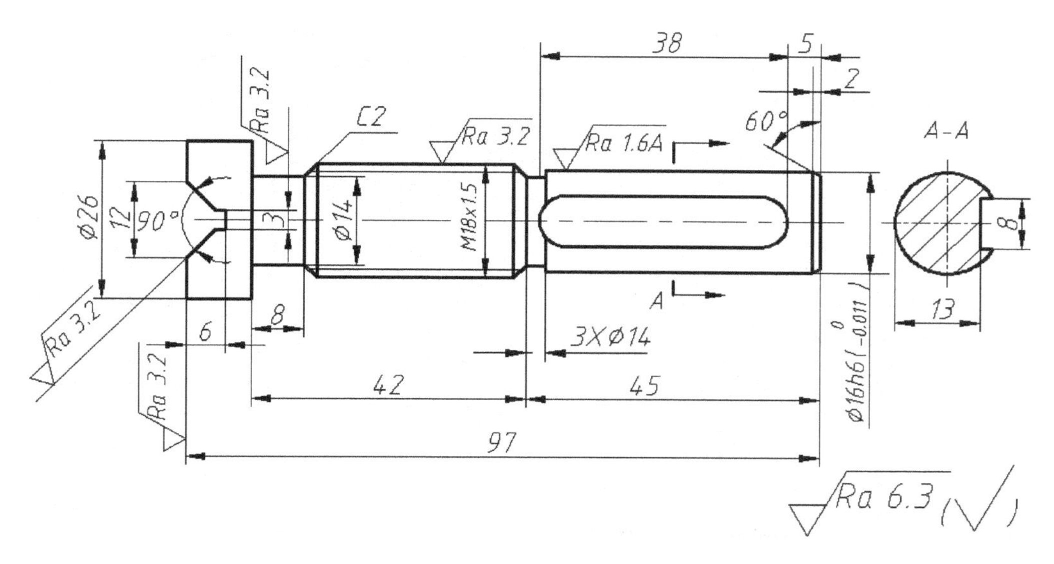

图 3–26　丝杆

表 3–2　丝杆建模步骤

步　骤	说　　明	模　　型	步　骤	说　　明	模　　型
1	创建草图		5	倒斜角	
2	创建回转轴		6	创建键槽	
3	创建 V 形槽		7	创建螺纹	
4	创建矩形槽				

单击“主页”选项卡中的“新建”按钮，系统弹出“新建”对话框，在“新建”对话框的“模型”列表框中选择模板类型为默认的“模型”，单位为默认的“毫米”，在“新文件名”文本框中选择默认的文件名称“_model3. prt”，指定文件路径“C：\”，单击“确定”按钮。

在“功能区”中选择“主页”→“直接草图”→“草图”按钮，系统弹出“创建草图”对话框，选择如图 3–27 中①所示的坐标平面 XZ 作为绘制草图平面，单击“确定”按钮，如图 3–27 中②所示，进入草图绘制界面。在“功能区”中选择“主页”→“直接草图”→“轮廓”，绘制草图后在“边框条”中选择“菜单”→“插入”→“草图约束”→“尺寸”→“快速”，标注尺寸，结果如图 3–27 中③所示。单击“主页”选项卡中的“完成”按钮或者按〈Ctrl + Q〉组合键退出草图环境。

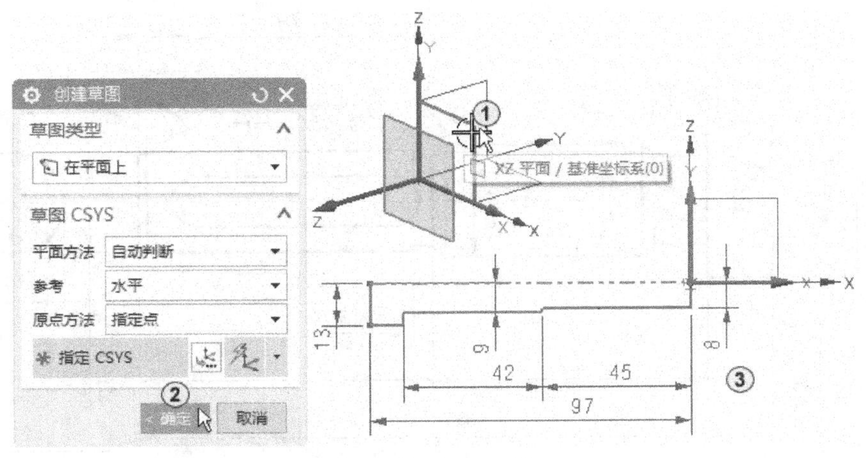

图 3-27　绘制直线

选取“草图 1”作为截面线，如图 3-28 中①所示，在“功能区”中选择“主页”→“直接草图”→“特征”→“旋转”按钮，系统弹出“旋转”对话框，单击“矢量对话框”按钮旁的下拉列表框，从弹出的“矢量构成”中选择 XC，如图 3-28 中②所示。单击“点对话框”按钮，在弹出的“点”对话框中设置坐标，单击“确定”按钮，如图 3-28 中③~⑤所示。在“限制”选项组中，设置“开始”下的“角度”为 0、“结束”下的“角度”为 360，如图 3-28 中⑥所示。其他采用默认设置，单击“确定”按钮生成回转体，按〈Home〉键后显示为正三轴测图，如图 3-28 中⑦⑧所示。

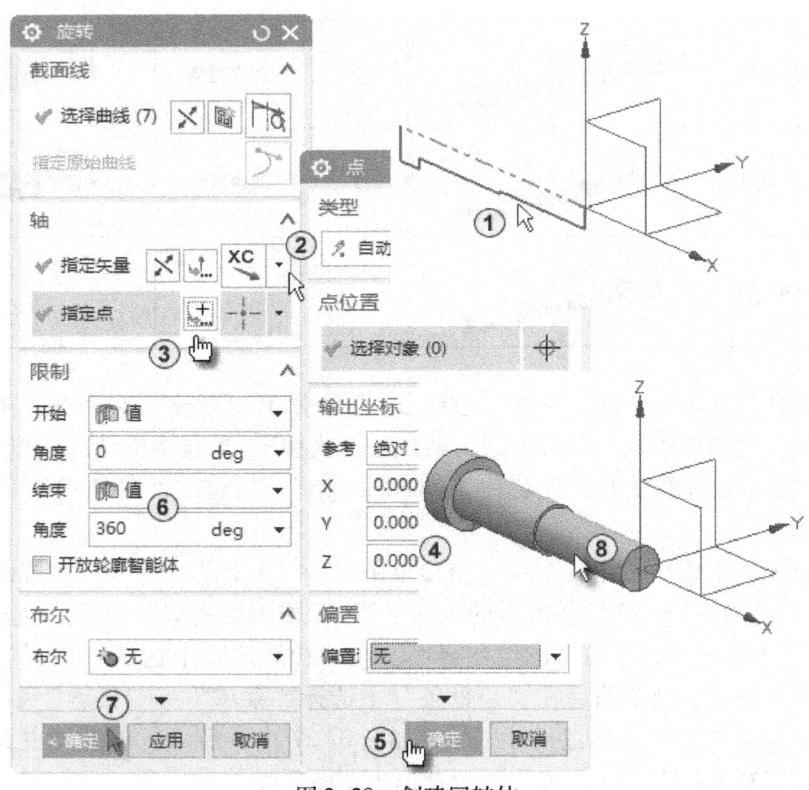

图 3-28　创建回转体

在“功能区”选择“主页”→“直接草图”→“草图”按钮，系统弹出“创建草图”对话框，选择坐标平面 XZ 作为绘制草图平面，单击“确定”按钮，进入草图绘制界面。在“功能区”选择“主页”→“直接草图”→“轮廓”，在最左端绘制草图后在“边框条”中选择“菜单”→“插入”→“尺寸”→“快速”，标注尺寸，如图 3-29 中①所示。单击“主页”选项卡中的“完成”按钮或者按〈Ctrl + Q〉组合键退出草图环境。

单击“特征”工具条中的“拉伸”按钮，系统弹出“拉伸”对话框，选择刚绘制的草图作为拉伸截面，在“限制”选项组中选择“结束”为“对称值”，“距离”为 13，如图 3-29中②③所示。在“布尔”选项组中，选择“减去”，如图 3-29 中④所示。单击“选择体”按钮，如图 3-29 中⑤所示，系统自动选择了回转轴作为求差对象，从预览中观察拉伸方向，如果需要修改方向，则单击“反向”按钮改变拉伸方向，如图 3-29 中⑥所示。其他采用默认设置，单击“确定”按钮，如图 3-29 中⑦所示。创建好的 V 形槽如图 3-29 中⑧所示。

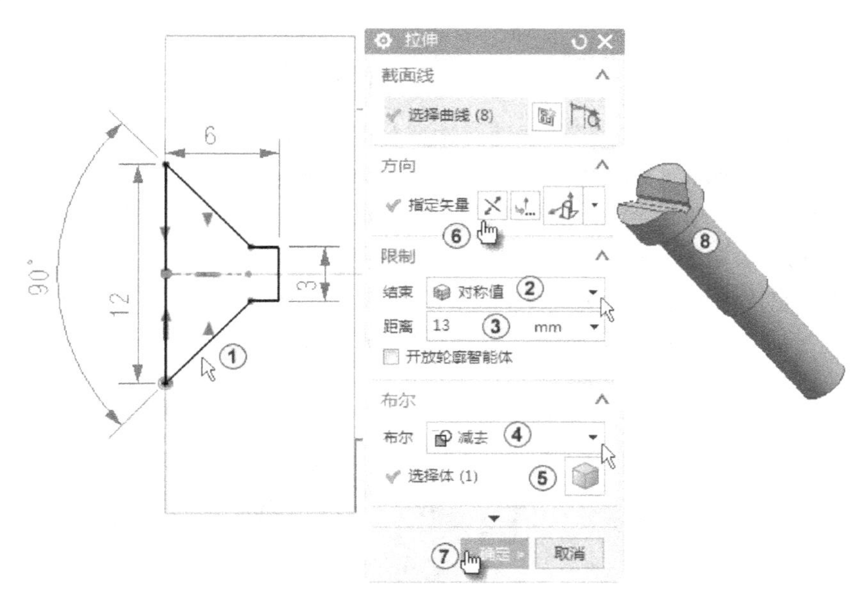

图 3-29　创建 V 形槽

在“边框条”中选择“菜单”→“插入”→“设计特征”→“槽”按钮，系统弹出“槽”对话框，要求选择创建沟槽的类型，单击“矩形”按钮，如图 3-30 中①所示。系统弹出“矩形槽”对话框，要求选择放置面，选择如图 3-30 中②所示的面作为槽放置面。系统弹出“矩形槽”对话框，要求输入沟槽参数，输入“槽直径”为 14，输入“宽度”为 8，单击“确定”按钮，如图 3-30 中③④所示。系统弹出“定位槽”对话框，选择如图 3-30 中⑤所示的边作为目标边，再选择如图 3-30 中⑥所示的边作为工具边。系统弹出“创建表达式”对话框，输入距离值“p31”为 0，单击“确定”按钮，如图 3-30 中⑦⑧所示。结果如图 3-30中⑨所示。单击“矩形槽”对话框中的“关闭”按钮。

在“边框条”中选择“菜单”→“插入”→“设计特征”→“槽”按钮，系统弹出“槽”对话框，要求选择创建沟槽的类型，单击“矩形”按钮，如图 3-31 中①所示。系统

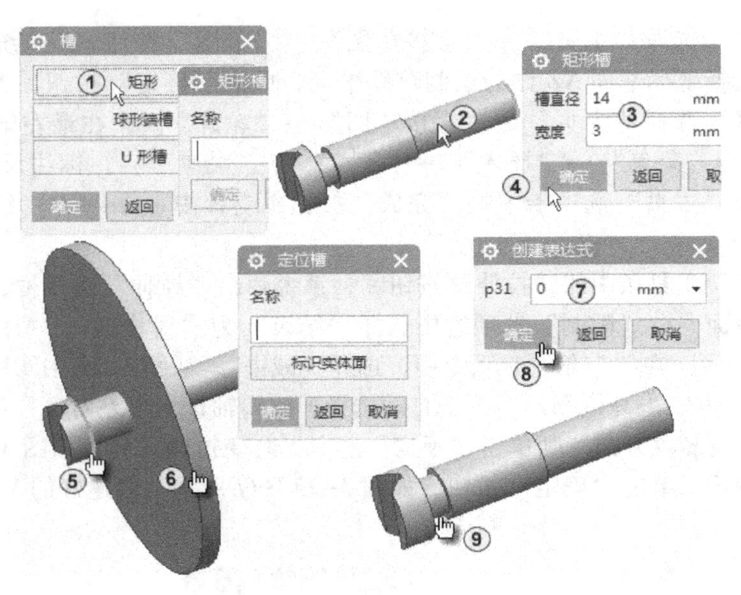

图 3-30　创建矩形槽 1

弹出“矩形槽”对话框，要求选择放置面，选择如图 3-31 中②所示的面作为槽放置面。系统弹出“矩形槽”对话框，要求输入沟槽参数，输入“槽直径”为 14，输入“宽度”为 3，单击“确定”按钮，如图 3-31 中③④所示。系统弹出“定位槽”对话框，选择如图 3-31 中⑤所示的边作为目标边，再选择如图 3-31 中⑥所示的边作为工具边。系统弹出“创建表达式”对话框，输入距离值“p34”为 0，单击“确定”按钮，如图 3-31 中⑦⑧所示。结果如图 3-31 中⑨所示。单击“矩形槽”对话框中的“关闭”按钮☒。

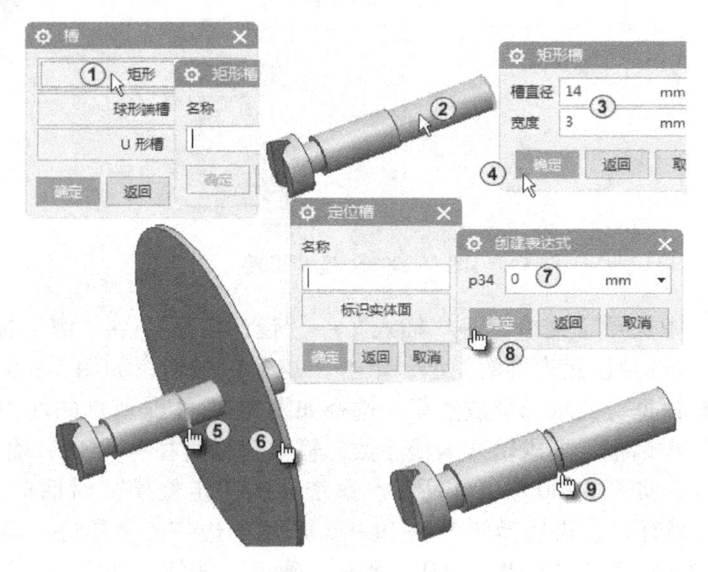

图 3-31　创建矩形槽 2

在“边框条”中选择“菜单”→“插入”→“细节特征”→“倒斜角”按钮，弹出“倒斜角”对话框。在“边”选项组中单击“选择边”，选择如图 3-32 中①所示的圆弧边，在“偏置”选项组中选择“横截面”为“偏置与角度”，输入“距离”为1，“角度”为60，如图3-32中②~④所示。单击“确定”按钮，结果如图3-32中⑤⑥所示。

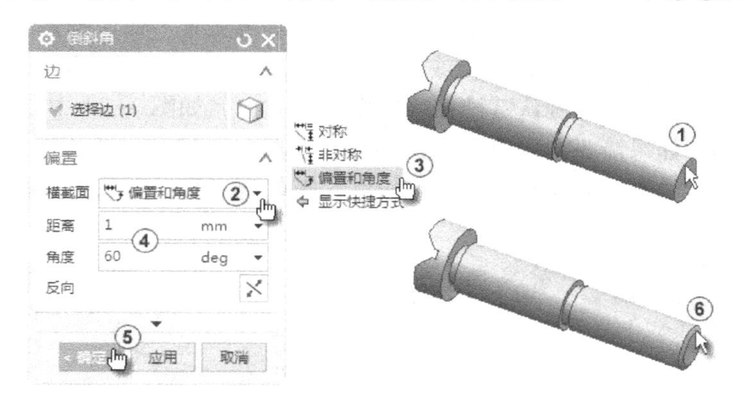

图3-32　倒斜角

3.3.10　键槽

矩形槽的截面形状是矩形；球形槽是指槽的底部形状为球形；U形键槽是指槽的底部为平面，该平面与槽的侧面有倒角；T形键槽的截面形状如T形，从加工的角度看，这种槽至少有一端是贯通的实体表面，否则无法加工。这4种键槽的生成过程与燕尾槽类似。

注意

键槽特征不能放置在旋转体的表面上，“通槽”是指在长度方向打穿两个指定的面，形成一个通槽。

设置的水平参考用于指定键槽的长度方向，可选择实体的边或基准轴作为键柄的水平参考方向。

所选通槽的起始平面和终止平面不能与水平方向平行，必须与放置平面相交。

在“边框条”中选择“菜单”→“插入”→“基准/点”→“基准平面”，系统弹出“基准平面”对话框，在“类型”下拉列表中选择“XC-ZC平面”，如图3-33中①②所示。输入“距离”为8，如图3-33中③所示。从预览中可以看到键槽方向的箭头，如果需要修改方向，则单击“反向”按钮来改变方向，单击“确定”按钮，如图3-33中④⑤所示。完成的结果如图3-33中⑥所示。

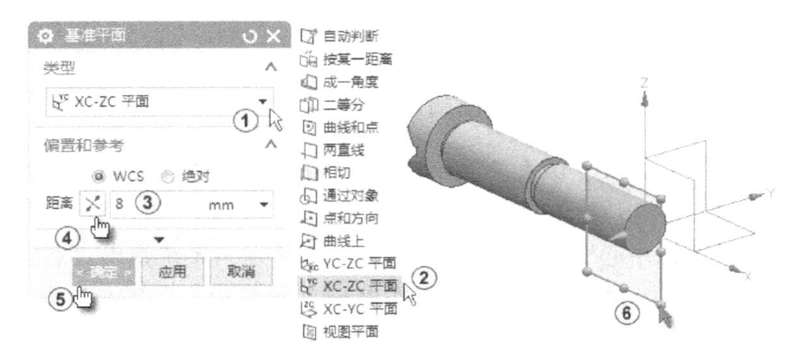

图3-33　创建基准平面

在“边框条”中选择“菜单”→“插入”→“设计特征”→“槽”按钮，系统弹出“槽”对话框，要求选择创建键槽类型，选择“U 形槽”，单击“确定”按钮，如图 3-34 中①②所示。系统弹出“U 形槽”对话框，要求选择键槽放置平面，选择“基准平面”，系统弹出“选择对象”对话框，在特征树或者“工作区”选择“基准平面”，如图 3-34 中③④所示。系统弹出对话框要求确认键槽在放置面上的方向，如图 3-34 中⑤所示的箭头是指向键槽放置方向的，如果箭头方向符合设计要求，则单击“接受默认边”按钮，如图 3-34 中⑥所示。如果显示的箭头方向与设计要求相反，则单击“翻转默认侧”按钮。

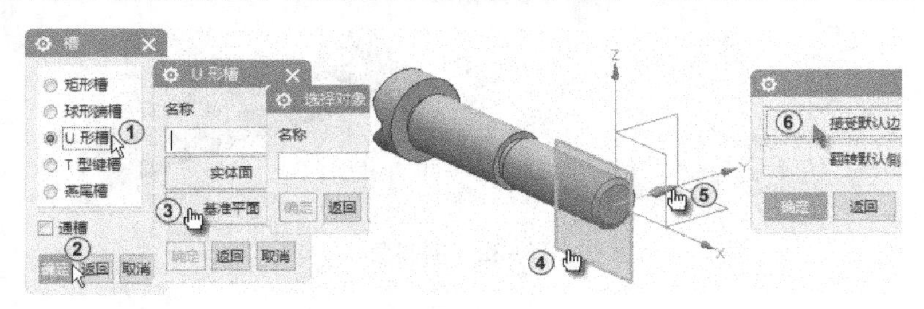

图 3-34　选择 U 形键槽的放置面

系统弹出对话框要求选择键槽旋转位置的参考，有水平参考和竖直参考两种选项，根据放置面和键槽的位置，选择“竖直参考”，如图 3-35 中①所示。“竖直参考”按钮是个切换开关，单击一次是“竖直参考”，再单击一次变成“水平参考”。选择如图 3-35 中②所示的端面作为竖直参考。选择竖直参考后系统显示出键槽长度方向的箭头如图 3-35 中③所示。系统弹出“U 形键槽”对话框并按要求输入键槽参数，输入“宽度”为 8，“深度”为 3，“角半径”为 0.001，“长度”为 38，如图 3-35 中④所示。单击“确定”按钮。

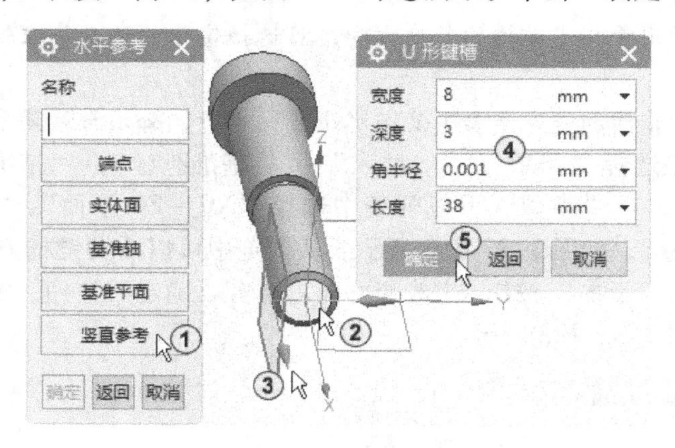

图 3-35　输入 U 形键槽参数

系统弹出“定位”对话框，单击“水平”按钮，如图 3-36 中①所示。系统要求选择水平定位对象，选择如图 3-36 中②所示的边定为水平定位对象，系统弹出“设置圆弧的位置”对话框，单击“圆弧中心”按钮，如图 3-36 中③所示。系统弹出对话框要求选择键槽工具边，选择如图 3-36 中④所示的圆弧，再次单击“圆弧中心”按钮，如图 3-36 中⑤所示。系统弹出“创建表达式”对话框并要求设置水平距离，输入距离值“p42”为 -9，如图 3-36中⑥所示。最后单击“确定”按钮完成键槽创建，如图 3-36 中⑦⑧所示。

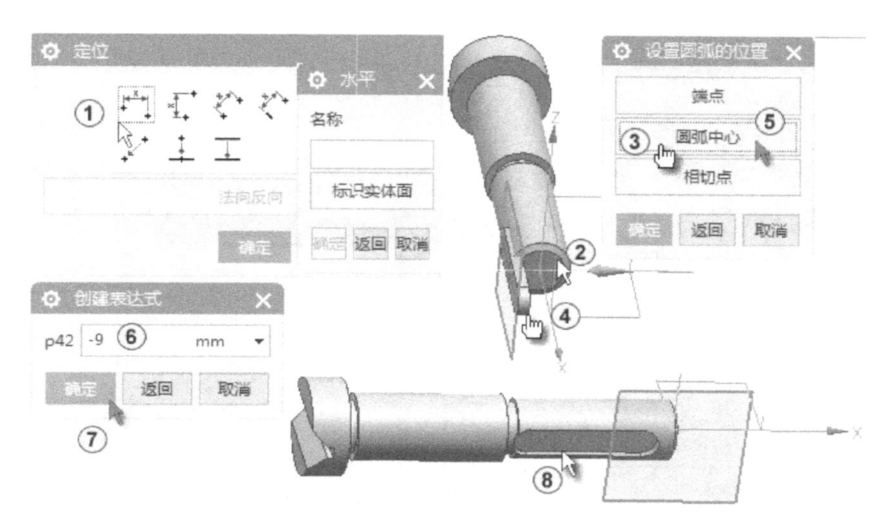

图 3-36　创建键槽

3.3.11　螺纹

（1）功能

在实体表面创建螺纹特征。

系统提供了两种螺纹类型：“符号”和“详细”。“符号”用于创建符号螺纹，符号螺纹用虚线表示，并不显示螺纹实体，在工程图中可用于表示螺纹和标注螺纹，其特点是生成速度快，但不能进行复制或引用操作，且与选择的圆柱面只是部分关联，即当修改符号螺纹时，圆柱面自动更新，而当修改圆柱面时，符号螺纹并不会更新；“详细”用于创建详细螺纹，其特点是显示很真实，但由于这种螺纹几何形状复杂，生成速度较慢，可以进行复制或引用操作，且与选择的圆柱面完全关联，无论详细螺纹或是圆柱面修改，另一对象都会自动更新。

在创建螺纹时，如果选择的圆柱面为外表面则产生外螺纹；如果选择的圆柱面为内表面则产生内螺纹。

（2）操作方法

在“边框条”中选择“菜单”→“插入”→“设计特征”→“螺纹”按钮，系统弹出“螺纹切削”对话框。选择“螺纹类型”为“详细”，如图 3-37 中①所示，然后选择如图 3-37 中②所示的圆柱面作为创建螺纹面。在“螺纹切削”对话框中设定螺纹参数，单击“确定”按钮，如图 3-37 中③④所示。添加螺纹后的模型如图 3-37 中⑤所示。

“螺纹切削”对话框下方的“选择起始”按钮用于指定一个实体平面或基准平面作为创建螺纹的起始位置，系统默认值为圆柱面的端面。当系统不能自动推测螺纹的起始位置时，必须单击此按钮以指定螺纹的起始位置。

单击窗口最左方的“部件导航器”按钮，展开“模型历史记录”，按〈Ctrl〉键的同时选择“基准坐标系”“草图（1）”“草图（3）”和“固定基准面”，右击并从弹出的快捷菜单中选择“抑制”。结果所选择的“基准坐标系”等都变成了灰色，模型中相应的选项也被隐藏了，最终完成的丝杠模型如图 3-38 所示。

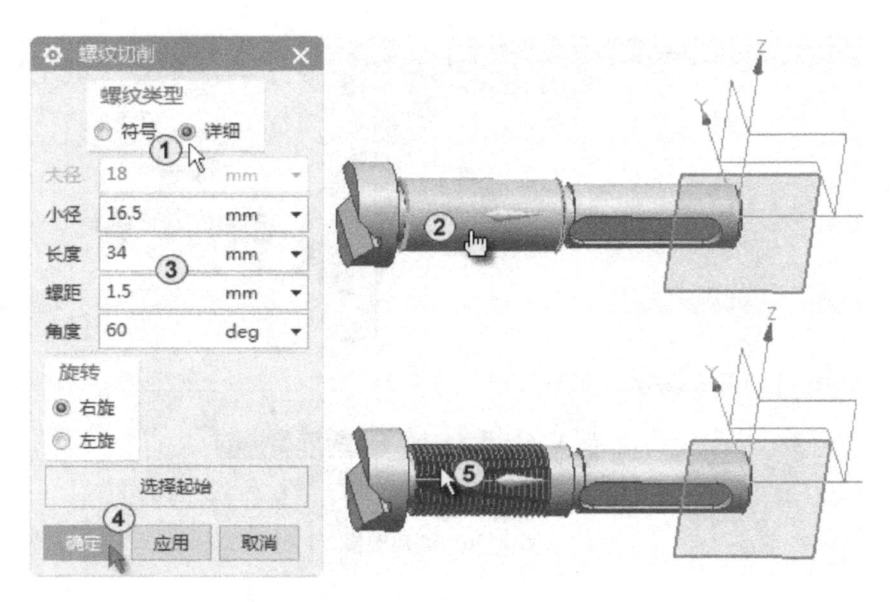

图 3-37　创建螺纹

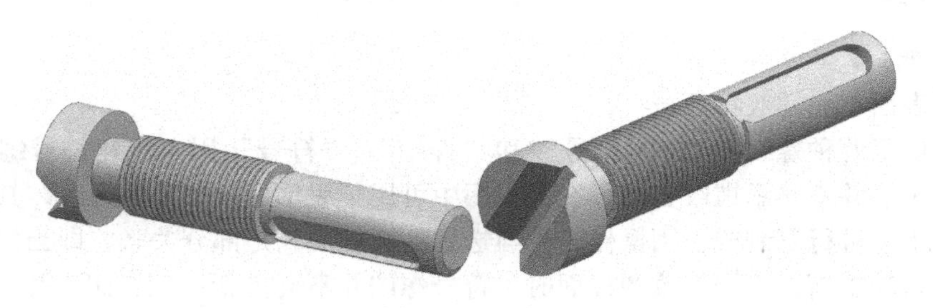

图 3-38　丝杆

单击快速访问工具栏中的“保存”按钮或者按组合键〈Ctrl + S〉保存文件。

3.4　叉架实例

内容提要：本节将通过叉架实例，介绍建模的一般过程。内容涉及 UG NX 11.0 的草图、约束、尺寸、拉伸、凸台、螺纹孔、简单孔、沉头孔、镜像特征、求和等方面的内容。

如图 3-39 所示的是叉架的主视图及其工作位置。通常包括轴座、拔叉等主体部分，同时还包括不同截面形状的筋板或实心杆作为支撑连接的结构。毛坯由铸或锻而成，再由切削加工后成为最终的零件。该类零件常见的工艺结构包括：加强筋、凹坑、凸台、铸造圆角、拔模斜度等。

建模思路：本例的主要目的是学会将较复杂零件按形状特征进行分解，找出每个特征所在的基准面，分别绘制各特征的草图并进行位置和尺寸的约束，最后用特征或特征操作完成每个特征的三维建模。若在做的过程中发现问题，可用编辑参数进行修改。本例将其分解成了 4 部分，先创建轴和 L 形板，然后再创建支撑板，这是从尺寸标注和定位方便等来考虑的，否则按顺序创建的话，会涉及尺寸换算等问题，反而复杂了。此例所选择的原点也是一般建立模型常用的方法。最后再创建凸台，螺纹孔沉头孔等，建模步骤如表 3-3 所示。

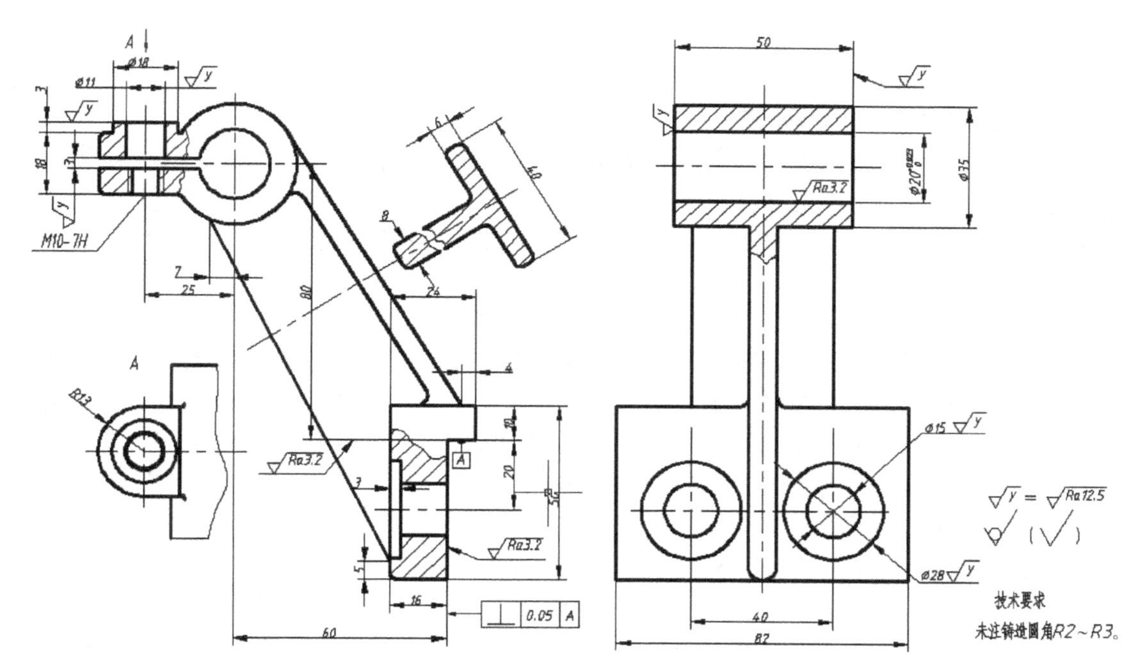

图 3-39　叉架

表 3-3　叉架建模步骤

步　　骤	说　　明	模　　型	步　　骤	说　　明	模　　型
1	创建轴		4	创建凸台	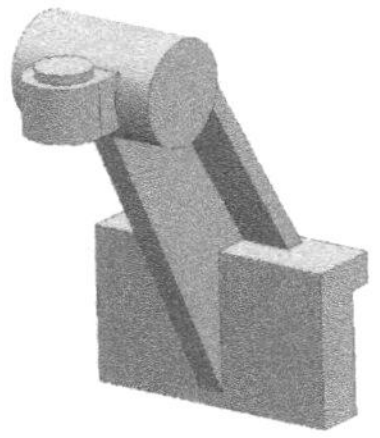
2	创建 L 形板	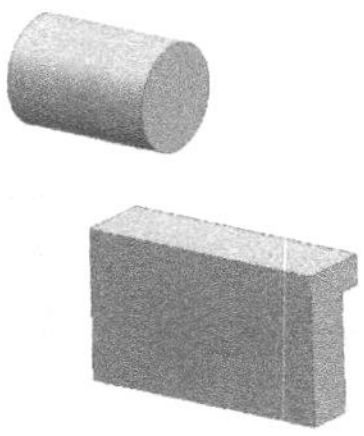	5	创建螺纹孔	
3	创建支撑板	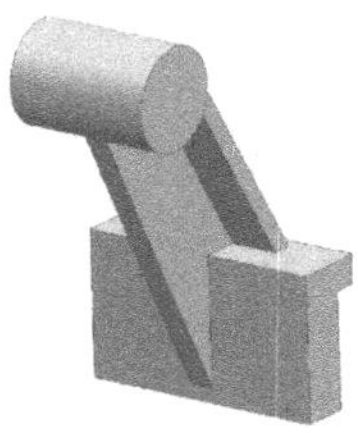	6	创建沉头孔等	

3.4.1 创建轴

下面将详细介绍具体的建模方法。

单击“主页”选项卡中的“新建”按钮，系统弹出“新建”对话框，在“新建”对话框的“模型”列表框中选择模板类型为默认的“模型”，单位为默认的“毫米”，在“新文件名”文本框中选择默认的文件名称“_model4. prt”，指定文件路径“C:\”，单击“确定”按钮。

选择绘制草图平面，在“边框条”中选择“菜单”→“插入”→“在任务环境中绘制草图”，采用系统默认的坐标平面 XZ 作为绘制草图平面，单击“确定”按钮，进入草图绘制界面。在“功能区”中选择“主页”→“直接草图”→“圆”○，绘制草图后在“边框条”中选择“菜单”→“插入”→“尺寸”→“快速”，标注尺寸，如图 3-40 中①所示。单击“主页”选项卡中的“完成”按钮或者按〈Ctrl + Q〉组合键退出草图环境。

单击“特征”工具条中的“拉伸”按钮，系统弹出“拉伸”对话框，选择刚绘制的草图作为拉伸截面，单击“指定矢量”旁的下拉列表，从弹出的“矢量构成”中选择“面/平面法线”，如图 3-40 中②③所示。在“限制”选项组中选择“结束”为“对称值”，“距离”为 25，如图 3-40 中④～⑥所示。其他采用默认设置，单击“确定”按钮，如图 3-40中⑦⑧所示。

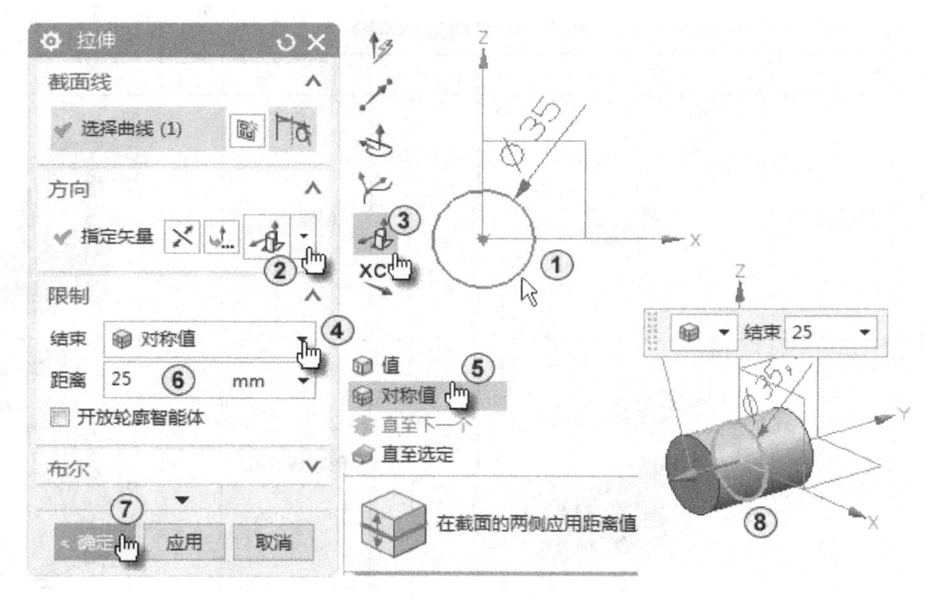

图 3-40　创建轴

3.4.2 创建 L 形板

选择绘制草图平面，在“边框条”中选择“菜单”→“插入”→“在任务环境中绘制草图”，采用系统默认的坐标平面 XZ 作为绘制草图平面，单击“确定”按钮，进入草图绘制界面。

在“功能区”中选择“主页”→“直接草图”→“矩形”按钮□，系统自动激活矩形方法为“用2点”，输入模式为“坐标模式”，在“工作区”单击确定矩形的第一个角点，再移动鼠标在矩形的对角点位置上单击，完成矩形的创建，如图3-41中①所示。用类似的方法绘制出另一个矩形，如图3-41中②所示。在“边框条”中选择“菜单”→“编辑”→“草图曲线”→“快速裁剪”，将草图修剪成如图3-41中③所示的草图，单击“快速修剪”对话框中的“关闭”按钮。单击“菜单”→“插入”→“尺寸”→“快速”，标注尺寸。单击“主页”选项卡中的“完成”按钮或者按〈Ctrl+Q〉组合键退出草图环境。

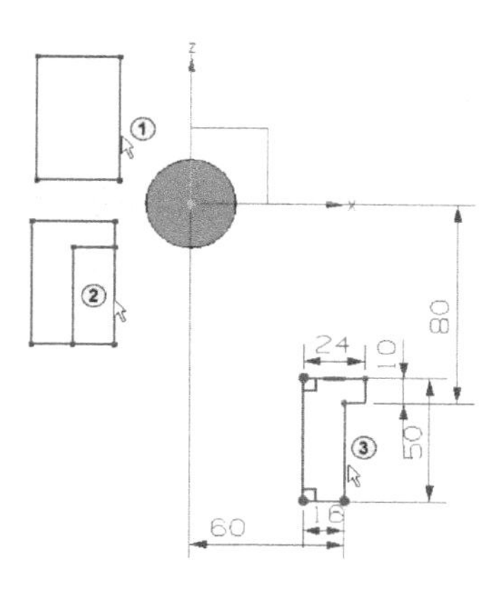

图3-41　绘制拉伸草图

单击“特征”工具条中的“拉伸”按钮，系统弹出“拉伸”对话框，选择刚绘制的草图作为拉伸截面，如图3-42中①所示。单击“指定矢量”旁的下拉列表，从弹出的“矢量构成”中选择“面/平面法线”，在“限制”选项组中选择“结束”为“对称值”，“距离”为41，如图3-42中②～④所示。其他采用默认设置，单击“确定”按钮。

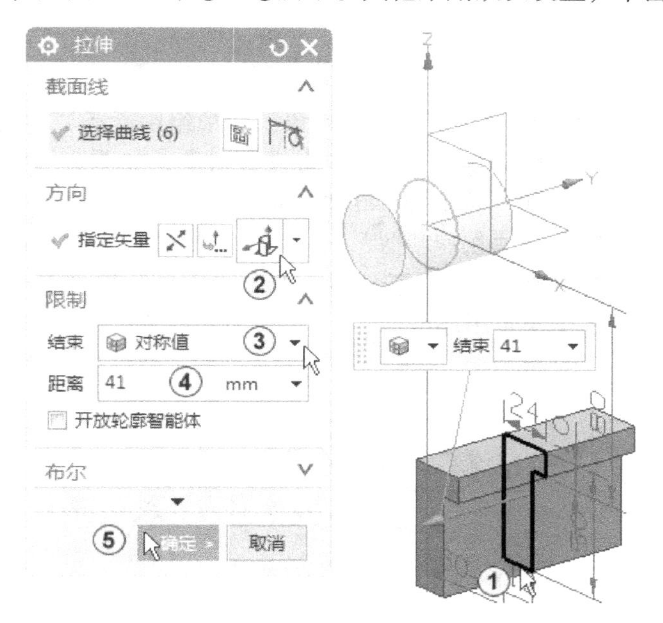

图3-42　创建L形板

3.4.3　创建支撑板

选择绘制草图平面，在“边框条”中选择“菜单”→“插入”→“在任务环境中绘制草图”，采用系统默认的坐标平面XZ作为绘制草图平面，单击“确定”按钮，进入草图绘制界面。

在“边框条”中选择“菜单”→“插入”→“草图曲线”→“直线”，在直线起点位置上单击，再在直线的终点位置上单击，如图3-43中①②所示。注意在单击终点时，必须看到自动约束所添加的相切符号才能单击，如图3-43中③所示。类似地生成另一条直线，注意这时不要添加任何自动约束。在“边框条”中选择“菜单”→“插入”→“几何约束”⫽⊥，选择如图3-43中④⑤所示的两条直线，作“平行”约束。

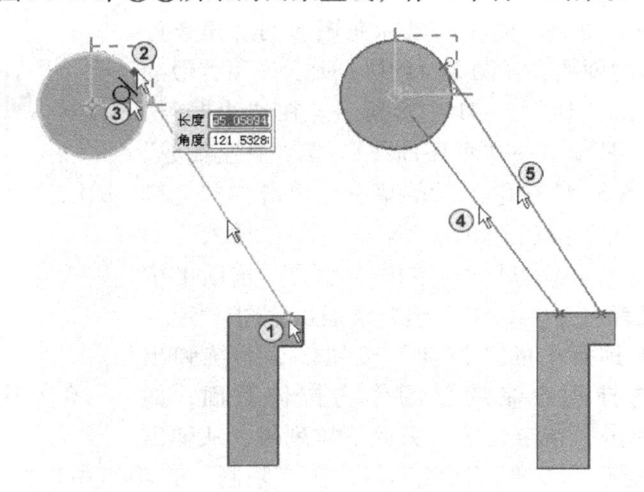

图3-43 绘制两条平行线

选择“菜单”→“插入”→“尺寸”→“快速”，标注尺寸“4”和“6”，如图3-44中①所示。选择“菜单”→“插入”→“草图曲线”→“投影曲线”，系统弹出“投影曲线”对话框。系统自动在“要投影的对象”选项组中激活了“选择曲线或点”，在“工作区”选择模型的一条圆弧和一条直线作为投影对象，如图3-44中②③所示，单击“确定”按钮完成投影曲线操作，如图3-44中④所示。在“边框条”中“选择”“菜单”→“编辑”→“草图曲线”→“快速裁剪”，将草图修剪成如图3-44中⑤所示的草图，单击“快速修剪”对话框中的“完成”按钮。单击“主页”选项卡中的“完成”按钮或者按〈Ctrl+Q〉组合键退出草图环境。

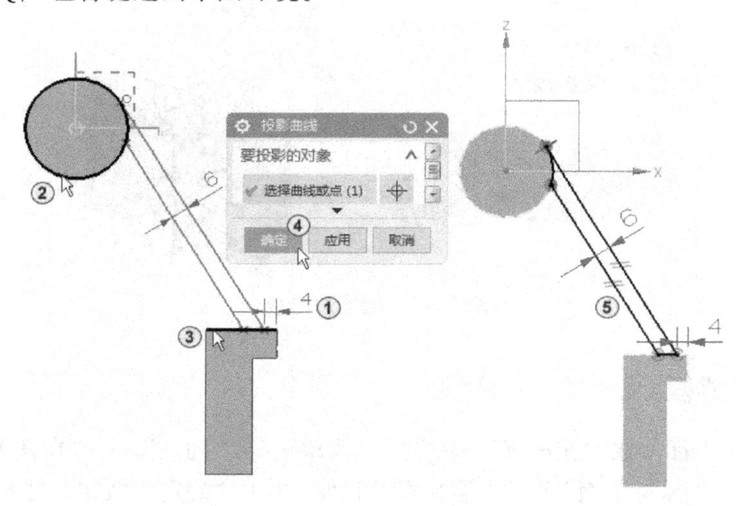

图3-44 绘制拉伸草图

单击“特征”工具条中的“拉伸”按钮，系统弹出“拉伸”对话框，选择刚绘制的草图作为拉伸截面，如图3-45中①所示。单击“指定矢量”旁的下拉列表，从弹出的“矢量构成”中选择“面/平面法线”，在“限制”选项组中选择“结束”为“对称值”，

“距离”为20，如图3-45中②～④所示。在“布尔”选项组的“布尔”下拉列表中选择“合并”，单击“选择体”，如图3-45中⑤⑥所示。在“工作区”选择L形板作为合并对象，其他采用默认设置，单击“确定”按钮，如图3-45中⑦⑧所示。

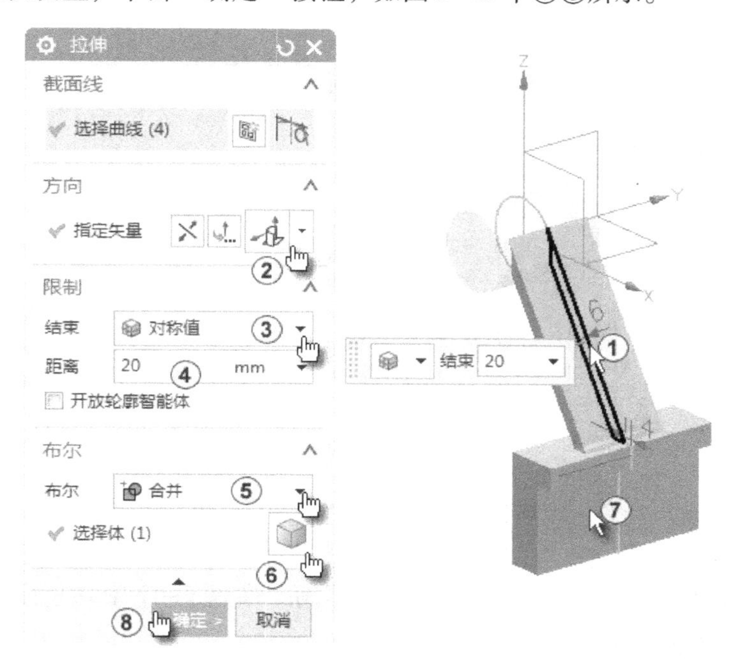

图3-45 创建支撑板1

选择绘制草图平面，在“边框条”中选择“菜单”→“插入”→“在任务环境中绘制草图”，采用系统默认的坐标平面XZ作为绘制草图平面，单击“确定”按钮，进入草图绘制界面。

在“边框条”中选择“菜单”→“插入”→“草图曲线”→“直线”，在直线起点位置上单击，再在直线的终点位置上单击，生成一条直线，注意这时不要添加任何自动约束，如图3-46中①②所示。

选择“菜单”→“插入”→“配方曲线”→“投影曲线”，系统弹出“投影曲线”对话框。系统自动在“要投影的对象”栏中激活了“选择曲线或点”，在“工作区”选择模型的1条圆弧和3条直线作为投影对象，如图3-46中③～⑥所示，单击“确定”按钮完成投影曲线操作，如图3-46中⑦所示。

在“边框条”中选择“菜单”→“编辑”→“草图曲线”→“快速裁剪”，修剪草图完成后单击“快速修剪”对话框中的“关闭”按钮。

选择“菜单”→“插入”→“尺寸”→“快速”，标注尺寸“5”和“7”，如图3-46中⑧所示。单击“主页”选项卡中的“完成”按钮或者按〈Ctrl+Q〉组合键退出草图环境。

单击“特征”工具条中的“拉伸”按钮，系统弹出“拉伸”对话框，选择刚绘制的草图作为拉伸截面，如图3-47中①所示。单击“指定矢量”旁的下拉列表，从弹出的“矢量构成”中选择“面/平面法线”，在“限制”选项组中选择“结束”为“对称值”，“距

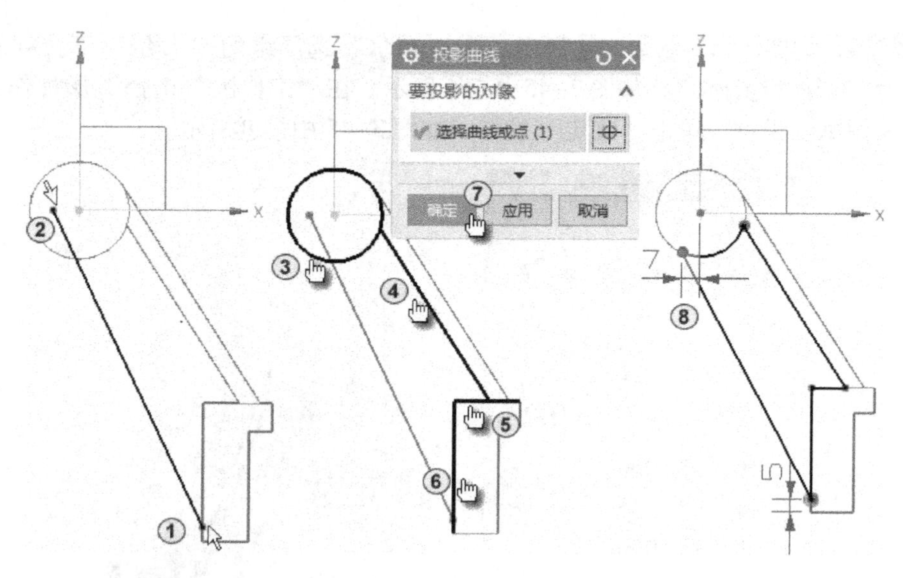

图 3-46　绘制拉伸草图

离”为4，如图3-47中②~④所示。在“布尔”选项组的“布尔”下拉列表中选择“合并”，单击“选择体”，在“工作区”移动鼠标选择L形板作为合并对象，其他采用默认设置，如图3-47中⑤~⑦所示。单击“确定”按钮，如图3-47中⑧⑨所示。

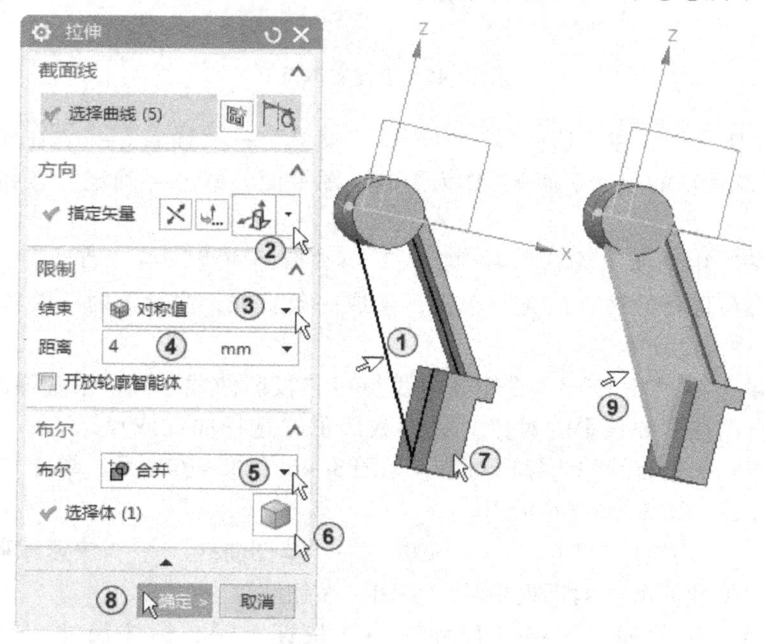

图 3-47　创建支撑板 2

3.4.4　创建凸台

选择绘制草图平面，在“边框条”中选择“菜单”→“插入”→“在任务环境中绘制草图”，采用系统默认的坐标平面 XY 作为绘制草图平面，单击“确定”按钮，进入草图绘制界面。

在“边框条”中选择“菜单”→“插入”→“草图曲线”，用“圆”“直线”、“快速裁剪”和“快速”，绘制如图3-48中①所示草图，注意直线与圆弧是相切的。单击“主页”选项卡中的“完成”按钮或者按〈Ctrl + Q〉组合键退出草图环境。

单击“特征”工具条中的“拉伸”按钮，系统弹出“拉伸”对话框，选择刚绘制的草图作为拉伸截面，单击“指定矢量”旁的下拉列表，从弹出的“矢量构成”中选择“面/平面法线”，在“限制”选项组中选择“结束”为“对称值”，“距离”为9，如图3-48中②~④所示。在“布尔”选项组的“布尔”下拉列表中选择“合并”，单击“选择体”，在“工作区”选择上方圆柱作为合并对象，如图3-48中⑤~⑦所示。其他采用默认设置，单击“确定”按钮完成拉伸操作。

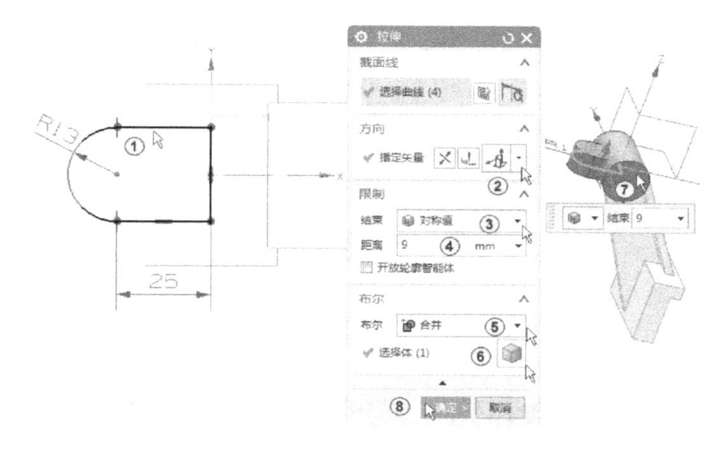

图3-48　创建凸台1

在“边框条”中选择“菜单”→“插入”→“设计特征”→“凸台”按钮，弹出“支管”对话框，单击“选择步骤”选项组中的“放置面”，移动鼠标选择如图3-49中①所示的面作为凸台放置面。输入“直径”为18，“高度”为3，“锥角”为0，如图3-49中②所示。单击“确定”按钮。

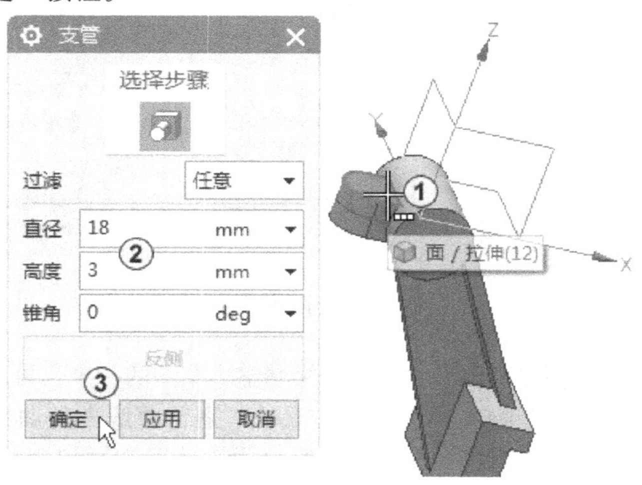

图3-49　创建凸台

系统弹出“定位”对话框，单击“点落在点上”按钮，如图3-50中①所示。系统弹出“点落在点上”对话框，选择如图3-50中②所示的圆弧边线。系统弹出“设置圆弧的位置”对话框，选择“圆弧中心”，如图3-50中③所示。

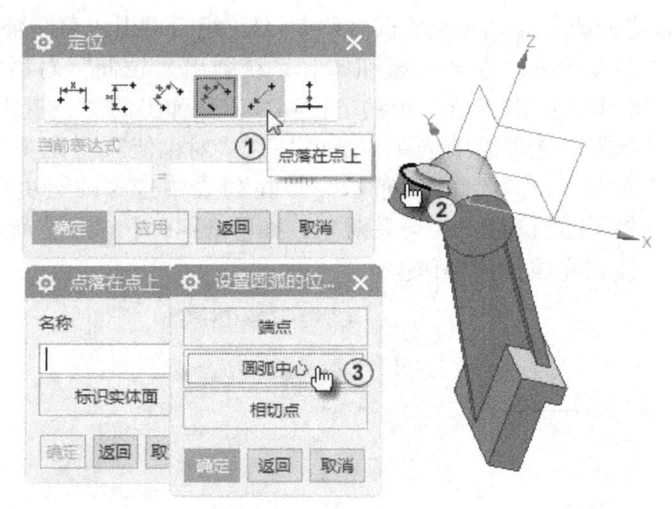

图3-50　定位凸台

3.4.5　创建螺孔

在“边框条”中选择“菜单”→“插入”→“在任务环境中绘制草图”命令，采用系统默认的坐标平面XZ作为绘制草图平面，单击“确定”按钮，进入草图绘制界面。

在“边框条”中选择“菜单”→“插入”→“草图曲线”→“矩形”，绘制出1个矩形，如图3-51中①所示。选择矩形下方的水平线，在系统弹出的快捷菜单中选择“转换为参考”，结果如图3-51中②③所示。

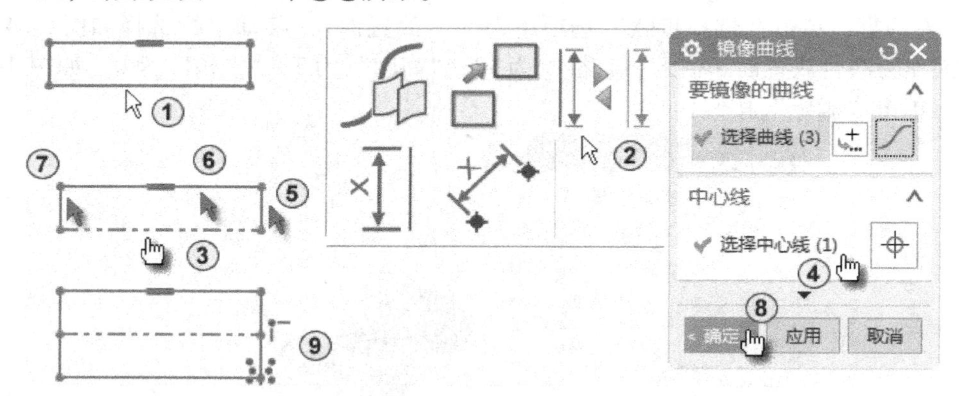

图3-51　镜像曲线

在绘制左右或上下相同的草图时，可以先绘制整个草图的一半，再用镜像命令完成另一半。在“边框条”中选择“菜单”→“插入”→“来自曲线集的曲线”→“镜像曲线”，系统弹出“镜像曲线”对话框，在对话框的“中心线”选项组中单击“选择中心线”，如图3-51中④所示。选择矩形下方的水平线作为镜像中心线，如图3-51中③所示。再在对话框“要镜像的曲线”选项组中单击“选择曲线”，选择矩形的另外3条相连直线作为镜像对象，如图3-51中⑤～⑦所示。然后单击“确定”按钮，结果如图3-51中⑧⑨所示。

在“工作区”选择X轴和中心线，如图3-52中①②所示。在系统弹出的快捷菜单中选择“共线”⑊，如图3-52中③④所示。

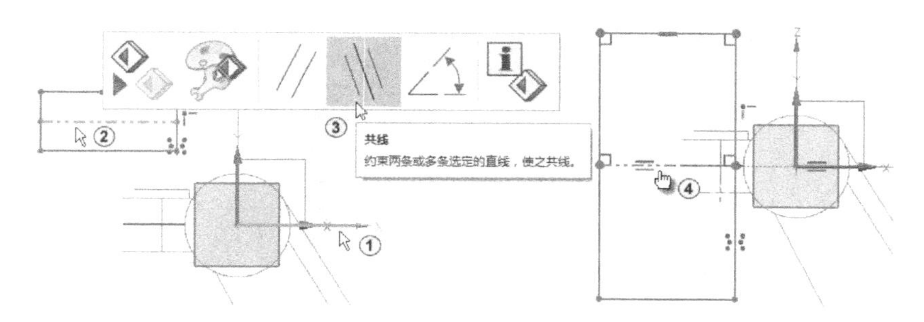

图3-52　添加“共线”约束

在“工作区”选择Z轴和竖线上的点，如图3-53中①②所示。在系统弹出的快捷菜单中选择“点在曲线上”，如图3-53中③④所示。

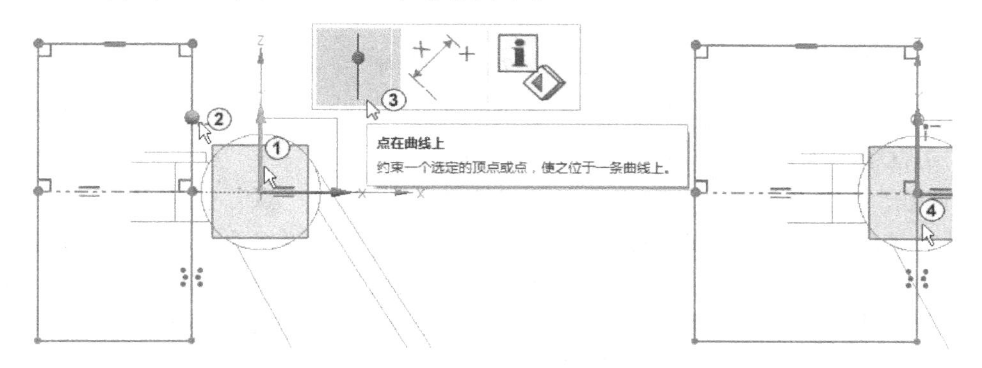

图3-53　添加“点在曲线上”约束

选择“菜单”→“插入”→“尺寸”→“快速”，标注尺寸“38”和“3”，如图3-54所示。单击“主页”选项卡中的“完成”按钮或者按〈Ctrl＋Q〉组合键退出草图环境。

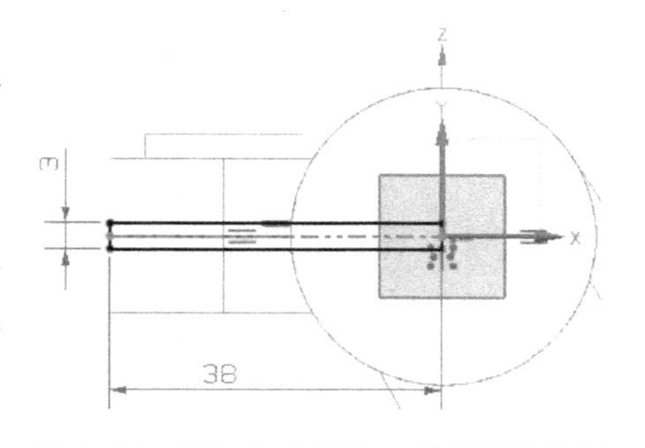

图3-54　添加尺寸约束，退出草图绘制

单击“特征”工具条中的“拉伸”按钮，系统弹出“拉伸”对话框，选择刚绘制的草图作为拉伸截面，单击“指定矢量”旁的下拉列表，从弹出的“矢量构成”中选择“面/平面法线”，在“限制”选项组中选择“结束”为“对称值”，“距离”为25，如图3-55中①～③所示。在“布尔”选项组的“布尔”下拉列表中选择“减去”，单击“选择体”，在“工作区”选择上方圆柱作为减去对象，如图3-55中④～⑥所示。其他采用默认设置，单击“确定”按钮完成操作，如图3-55中⑦⑧所示。

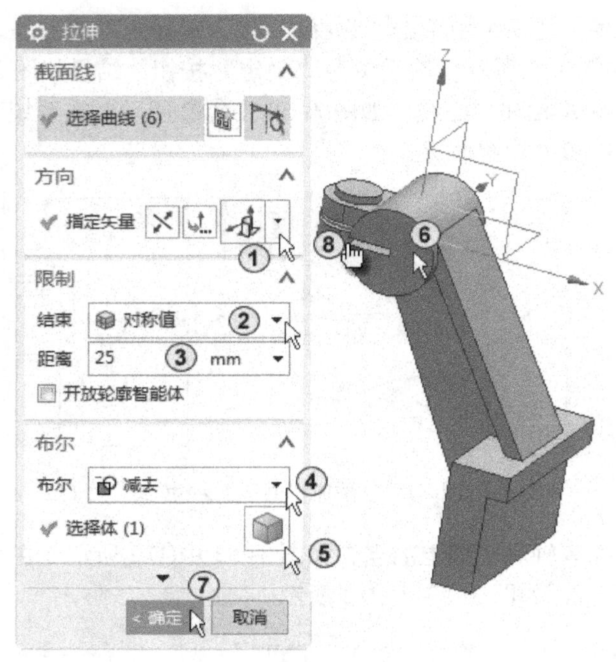

图 3-55　创建求差拉伸

单击“旋转”按钮，旋转工作区中的模型到另一边的适当位置后单击中键结束命令。

在“边框条”中选择“菜单”→“插入”→“设计特征”→“孔”按钮，系统弹出“孔”对话框，在“类型”下拉列表中选择“螺纹孔”，单击“点”按钮，在“工作区”选择圆弧的圆心点，如图 3-56 中①～③所示。在“方向”选项组的“孔方向”下拉列表中选择“垂直于面”，在“螺纹尺寸”选项组中输入尺寸，在“尺寸”选项组中输入“深度”为 7.5，“顶锥角”为 0，其他采用默认设置，单击“确定”按钮，如图 3-56 中④～⑦所示。单击“旋转”按钮，旋转模型，单击“缩放”按钮放大“工作区”中的模型，查看螺纹孔，如图 3-56中⑧所示。

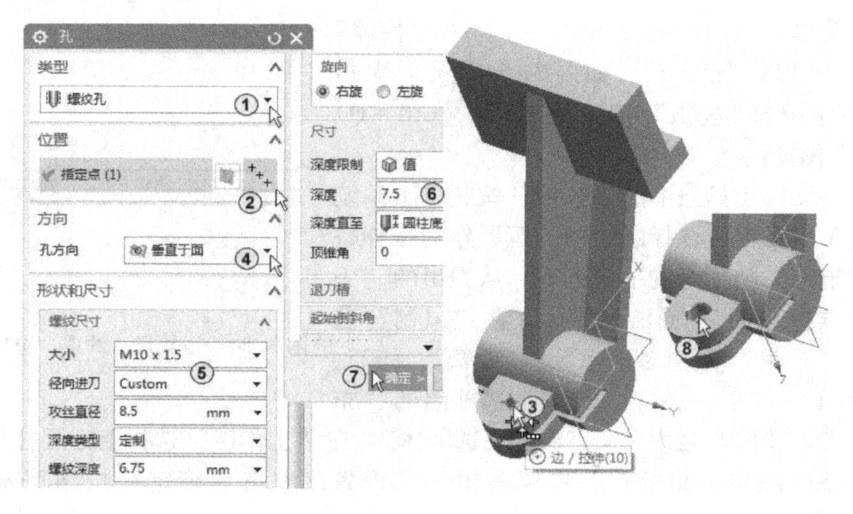

图 3-56　创建螺纹孔

3.4.6 创建沉头孔等

单击“旋转”按钮，旋转工作区中的模型到另一边的适当位置后单击中键结束命令。

在“边框条”中选择“菜单”→“插入”→“设计特征”→“孔”按钮，系统弹出“孔”对话框，在“类型”下拉列表中选择“常规孔”，在“成形”下拉列表中选择“简单孔”，单击“点”按钮，在“工作区”选择圆弧的圆心点，如图3-57中①~④所示。在“方向”选项组的“孔方向”下拉列表中选择“垂直于面”，在“尺寸”选项组中输入“直径”为11，“深度”为10.5，“尖角”为0，在“布尔”选项组中选择“布尔”为“减去”，系统自动激活了“选择体”，选择上方圆柱体为求差对象，其他采用默认设置，单击“确定”按钮，如图3-57中⑤~⑧所示。结果如图3-57中⑨所示。

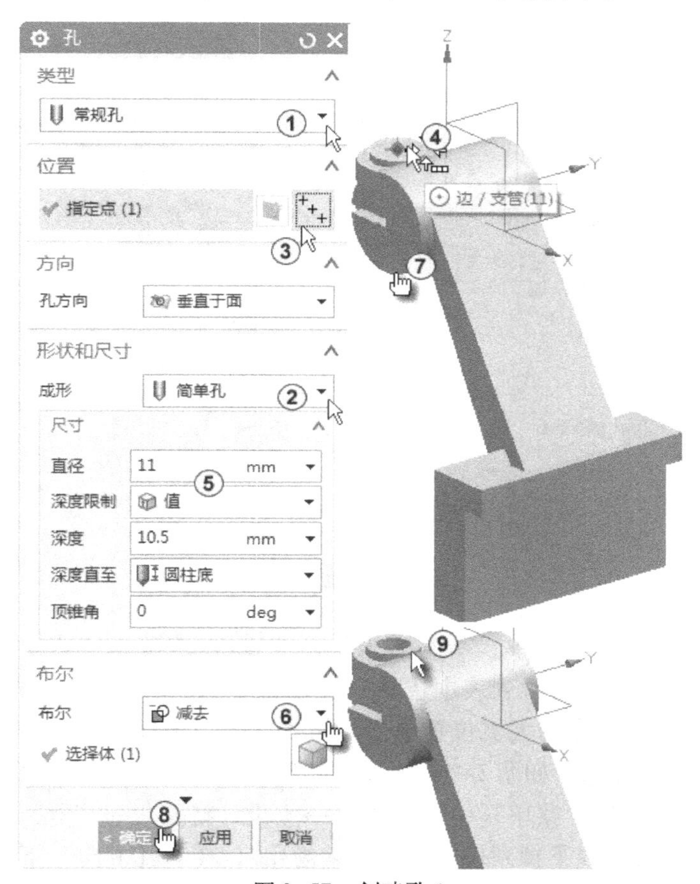

图3-57 创建孔1

单击“旋转”按钮，旋转“工作区”中的模型到另一边的适当位置后单击中键结束命令。

在“边框条”中选择“菜单”→“插入”→“设计特征”→“孔”按钮，系统弹出“孔”对话框，在“类型”下拉列表中选择“常规孔”，在“成形”下拉列表中选择“简单孔”，单击“点”按钮，在“工作区”选择圆弧的圆心点，如图3-58中①~④所示。在“方向”选项组的“孔方向”下拉列表中选择“垂直于面”，在“尺寸”选项组中输入“直径”为20，“深度”为50，“顶锥角”为0，在“布尔”选项组中选择“布尔”为“减去”，系统自动激活了“选择体”，选择上方圆柱体为求差对象，其他采用默认设置，单击“确定”按钮，如图3-58中⑤~⑧所示。结果如图3-58中⑨所示。

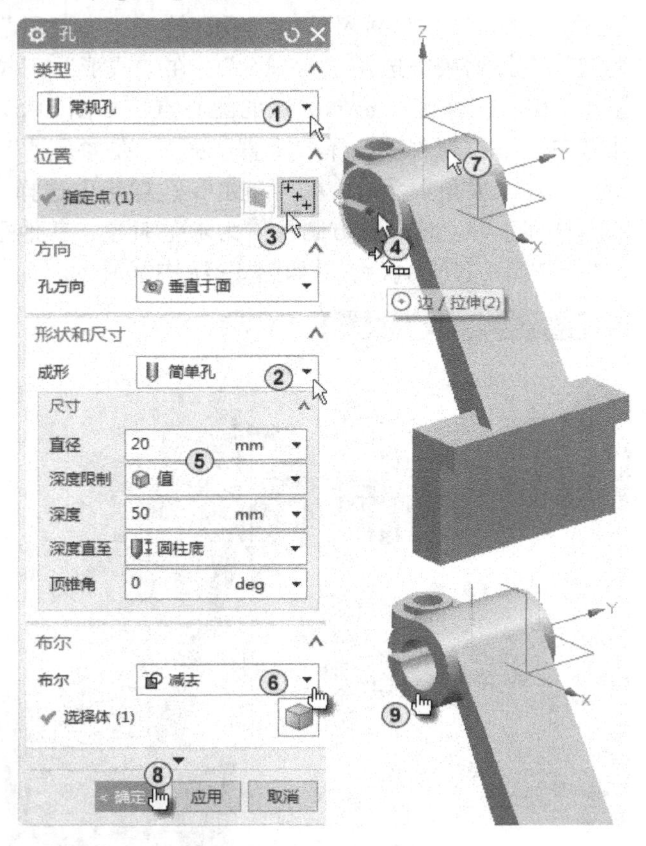

图3-58　创建孔2

在“边框条”中选择“菜单”→“插入”→“基准/点”→“点”按钮+，系统弹出“点”对话框，在“类型”下拉列表中选择“光标位置”，单击“指定光标位置”按钮+，在“工作区”中需要创建点的大概位置单击，修改点的“坐标”X为44，Y为-20，Z为-100，单击“确定”按钮，如图3-59中①~④所示。

在“边框条”中选择“菜单”→“插入”→“设计特征”→“孔”按钮，系统弹出“孔”对话框，在“类型”下拉列表中选择“常规孔”，在“孔方向”下拉列表中选择“沿矢量”，在“指定矢量”旁的下拉列表中选择“XC”，在“成形”下拉列表中选择“沉头”，如图3-60中①~④所示。在“尺寸”选项组中输入“沉头直径”为28，“沉头深度”为3，“直径”为15，“深度”为16，“顶锥角”为0，如图3-60中⑤所示。单击“点”按钮，在“工作区”或者设计树中选择刚刚绘制的点，在“布尔”选项组中选择“布尔”为“减去”，系统自动激活了“选择体”，选择L形板为减去对象，其他采用默认设置，单击“确定”按钮，如图3-60中⑥~⑨所示。单击“旋转”按钮，旋转模型，单击“缩放”按钮放大“工作区”中的模型，查看沉头孔。

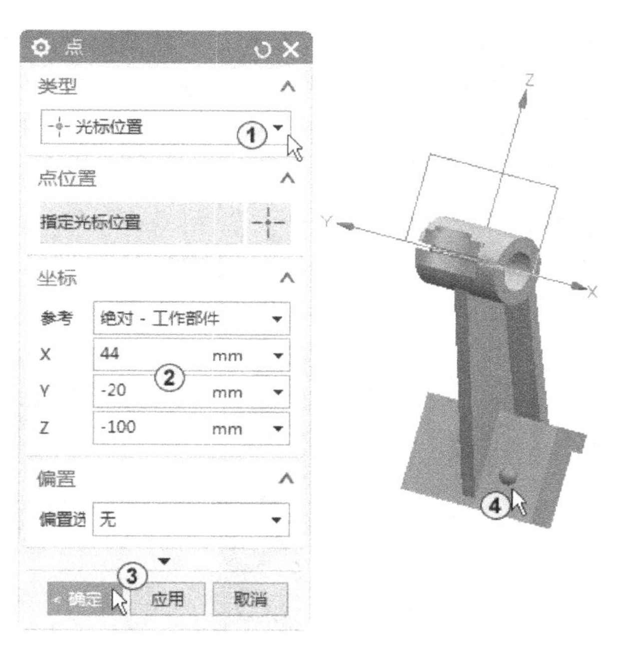

图 3-59　创建点

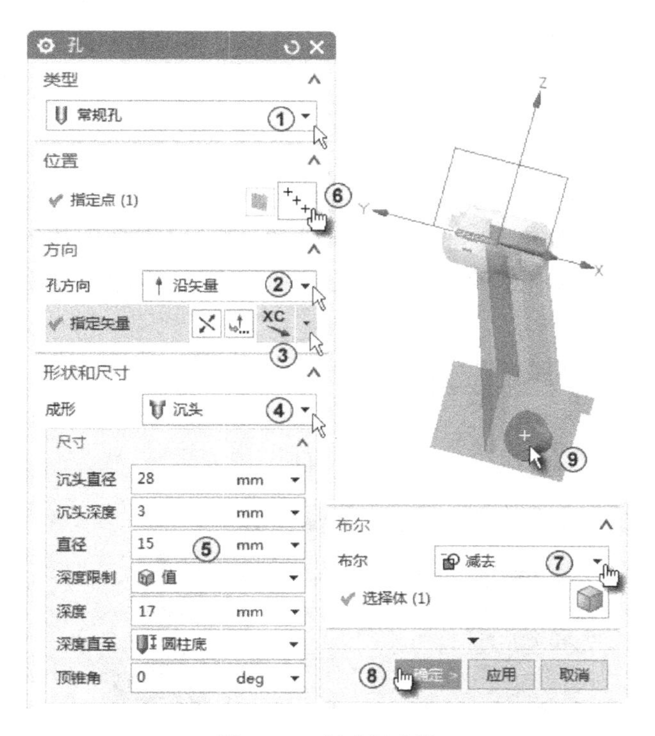

图 3-60　创建沉头孔

3.4.7　创建镜像特征

在“边框条”中选择“菜单”→“插入”→“关联复制”→“镜像特征”，系统弹出“镜像特征”对话框且自动激活了“要镜像的特征”选项组中的“选择特征”，在“工作区”选择刚刚生成的沉头孔特征。在“镜像平面”选项组中单击“选择平面”，在“工作区”选择 XZ 基准平面作为镜像平面，如图 3-61 中①～③所示。单击“确定”按钮，完成镜像特征操作，如图 3-61中④⑤所示。

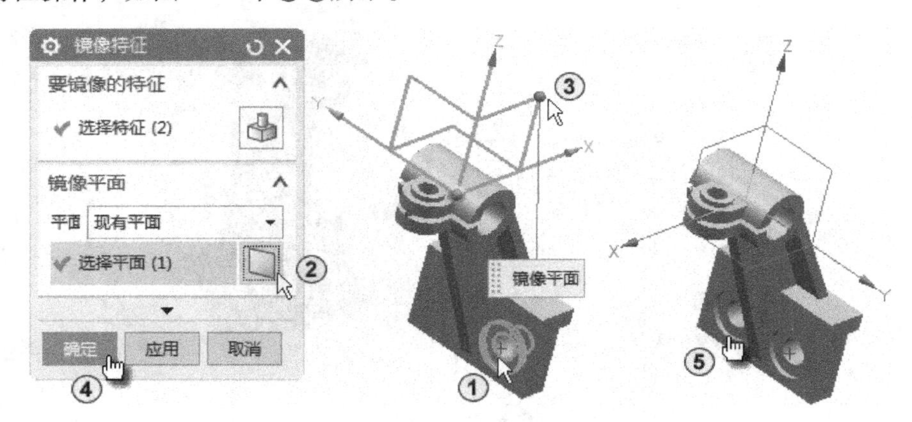

图 3-61　镜像特征

单击窗口最左方的“部件导航器”按钮，展开“模型历史记录”，按〈Ctrl〉键的同时选择“基准坐标系”“草图（1）”“草图（3）”和“固定基准面”，右击并从弹出的快捷菜单中选择“隐藏”。结果之前所选择的“基准坐标系”等变成了灰色，模型中相应的选项也被隐藏了。

在“功能区”中选择“主页”→“特征”→“合并”按钮，系统弹出“合并”对话框，系统自动激活了“目标”选项组中的“选择体”，在“工作区”选择如图 3-62中①所示的实体作为目标体。在“工具”选项组中单击“选择体”，如图 3-62 中②所示，在“工作区”选择如图 3-62 中③所示的实体作为合并体，单击“确定”按钮，如图 3-62 中④所示。

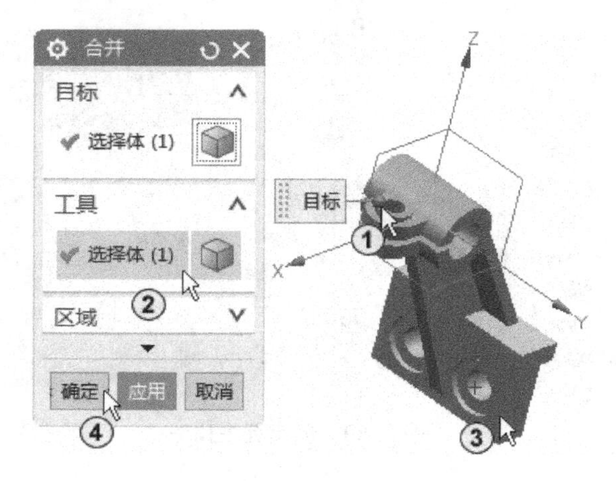

图 3-62　合并

3.4.8 边倒圆

在“边框条”中选择“菜单”→“插入”→“细节特征”→“边倒圆”按钮，系统弹出“边倒圆”对话框，并自动激活了“边”选项组中的“选择边”，在“工作区”选择如图3-63中①所示的由1条圆弧边和4条直线边组成的封闭图形，在“半径1”文本框中输入2，如图3-63中②所示，其他取默认值，单击“确定”按钮，结果如图3-63中③④所示。对另一对称面也做同样的“边倒圆”操作。

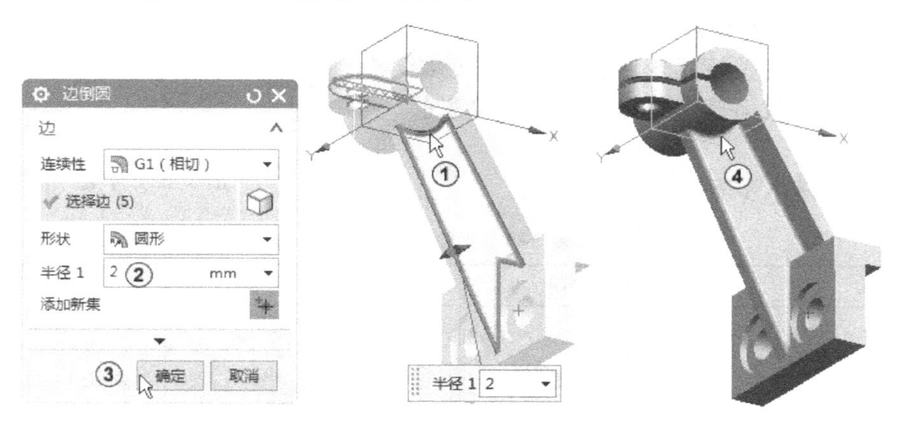

图3-63 创建边倒圆1

在“边框条”中选择“菜单”→“插入”→“细节特征”→“边倒圆”按钮，系统弹出“边倒圆”对话框，并自动激活了“边”选项组中的“选择边”，在“工作区”选择如图3-64中①～⑤所示的边，在“半径1”文本框中输入2，如图3-64中⑥所示，其他取默认值，单击“确定”按钮，结果如图3-64中⑦⑧所示。

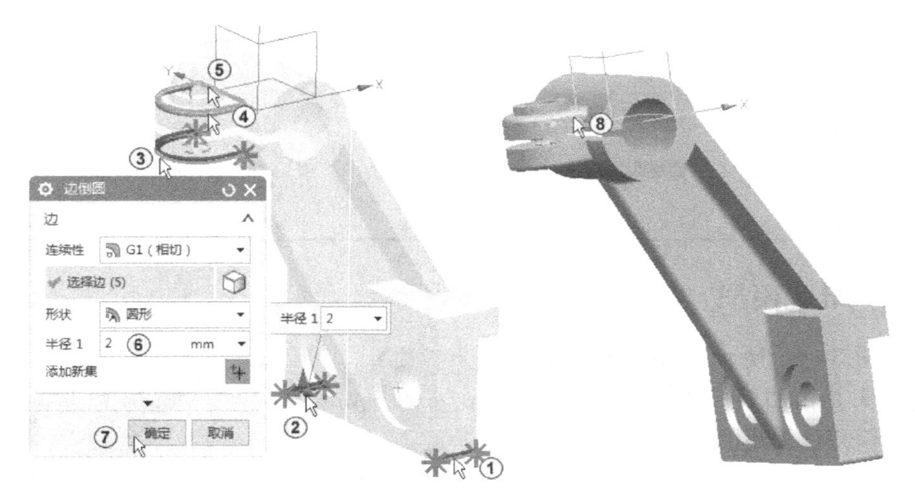

图3-64 创建边倒圆2

单击快速访问工具栏中的“保存”按钮或者按组合键〈Ctrl+S〉保存文件。

3.5 课堂练习

3.5.1 手轮模型

创建如图 3-65 所示的手轮模型。手轮是由轮和手柄两部分组成的。轮用回转、求差拉伸、边倒圆等特征来创建；手柄采用回转特征来创建。

创建手轮模型的关键是轮回转截面草图的绘制，绘制好轮回转截面草图是保证轮形状美观的关键。

创建手轮的基本步骤如表 3-4 所示。

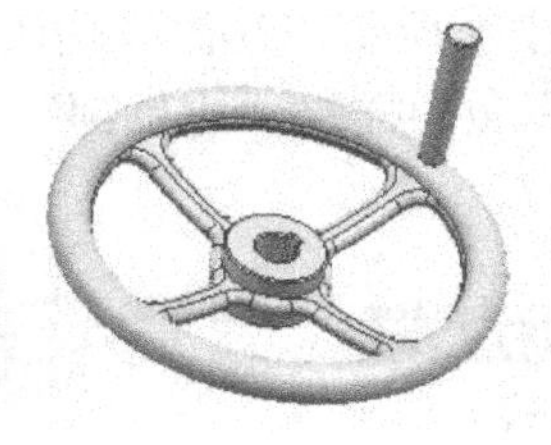
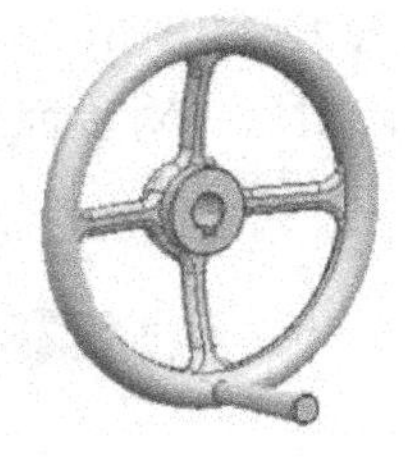

图 3-65 手轮

表 3-4 手轮创建步骤

步骤	实 例	说 明	步骤	实 例	说 明
1		绘制手轮回转草图	5		创建边倒圆
2		回转创建轮基体	6		创建手柄
3		创建求差拉伸	7		求差拉伸创建键槽
4		创建圆形阵列			

3.5.2 钻柄轧头模型

创建如图 3-66 所示的钻柄轧头模型。钻柄轧头是由回转、求差拉伸、螺纹和边倒圆等特征创建的。

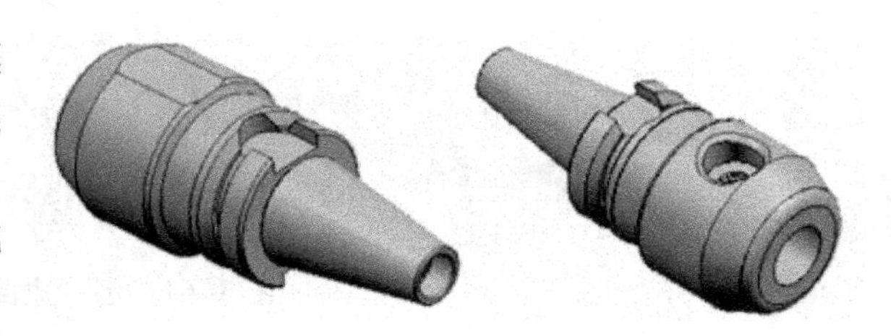

图 3-66 钻柄轧头

创建钻柄轧头模型的关键是回转截面草图的绘制，绘制好回转截面加上回转特征，钻柄轧头基本形体就创建出来了，在基本形体上加上求差拉伸就完成了卡槽的创建，然后再加上细节特征就完成了钻柄轧头的创建。

创建钻柄轧头的基本步骤如表 3-5 所示。

表 3-5　钻柄轧头创建步骤

步骤	实　　例	说　　明	步骤	实　　例	说　　明
1		绘制钻柄轧头回转截面草图	6		镜像卡槽圆弧部分
2		旋转创建钻柄轧头基体	7		创建沉孔螺纹
3		添加 M12 螺纹	8		创建求差拉伸
4		求差拉伸创建卡槽	9		添加边倒圆、倒斜边细节特征
5		求差拉伸创建卡槽圆弧部分			

3.5.3　气缸模型

创建如图 3-67 所示的气缸（外形）模型。气缸模型是由缸身，前后缸端盖、轴、连接座、固定座、紧固螺栓和螺母 7 部分组成的。缸身和前后端盖采用拉伸和求差拉伸等特征来创建；轴采用回转特征来创建；连接和固定座采用拉伸和求差拉伸特征来创建；紧固螺栓和螺母采用拉伸和求差特征来创建。

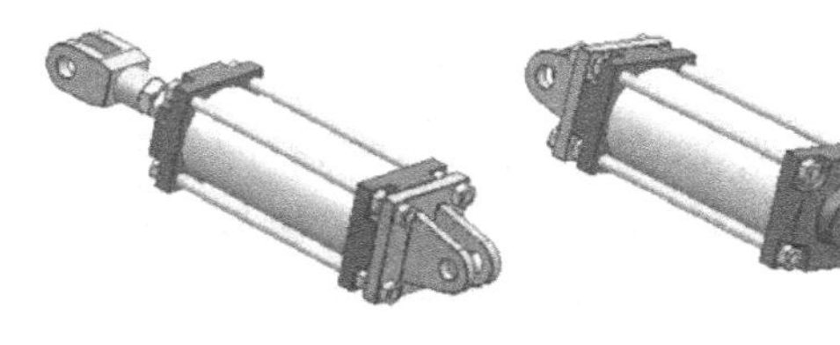

图 3-67　气缸

创建这个气缸模型的关键是创建出可适用于各种拉伸的共用草图，以减少草图的绘制，使创建步骤减少。

创建气缸的基本步骤如表 3-6 所示。

表 3-6　气缸创建步骤

步骤	实　　例	说　　明	步骤	实　　例	说　　明
1		拉伸创建端盖	3		创建镜像体
2		求差拉伸创建凹槽	4		拉伸创建缸身

（续）

步骤	实　例	说　明	步骤	实　例	说　明
5		拉伸创建凸台	10		拉伸创建固定座
6		旋转创建气缸轴	11		拉伸创建螺栓和螺母
7		创建螺纹	12		镜像复制螺栓和螺母
8		创建锁紧螺母	13		添加边倒圆和倒斜角
9		拉伸创建连接座			

3.5.4　角座阀模型

创建如图 3-68 所示的角座阀（外形）模型。它是由阀体、线圈、阀芯和锁紧螺母组成的角座阀，由于是外形建模型，线圈和阀芯部分就连成一体了。创建阀体两端的联接螺母时，可先由拉伸、倒斜角、求差拉伸创建出左端螺母，然后镜像体再加上回转创建出阀体。线圈和阀芯由回转特征来创建。锁紧螺母用拉伸、倒斜角、求差拉伸等特征来创建。

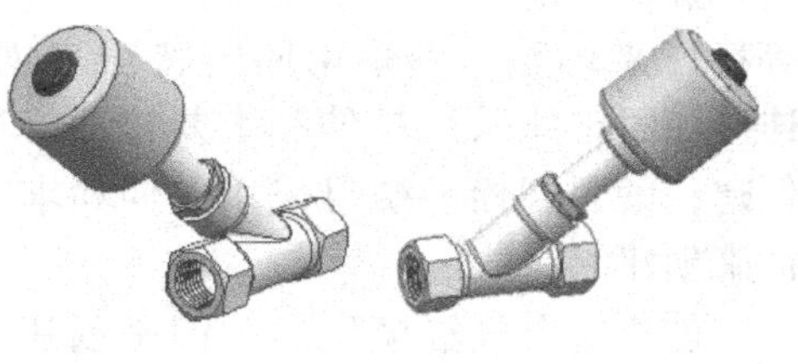

图 3-68　角座阀

创建角座阀模型的要点是线圈和阀芯的回转截面草图的绘制，绘制好线圈和阀芯的回转截面形状是保证角座阀形状美观的关键。

创建角座阀的基本步骤如表 3-7 所示。

表 3-7　角座阀创建步骤

步骤	实　例	说　明	步骤	实　例	说　明
1		绘制阀旋转草图	2		圆筒拉伸并倒斜角

（续）

步骤	实　例	说　明	步骤	实　例	说　明
3		拉伸六棱柱	7		创建螺纹
4		镜像	8		创建锁紧螺母
5		创建阀体	9		
6		创建线圈和阀芯			

3.6　习题

1. 问答题

（1）执行修剪体命令后参数是否会丢失？

（2）顶锥角设为180°时是否能生成平头圆孔？如果不能，则顶锥角为多少时才能生成平头圆孔？

（3）圆柱命令是否与圆台命令具有相同的功能？

2. 操作题

（1）根据如图3-69所示的三视图，创建模型。

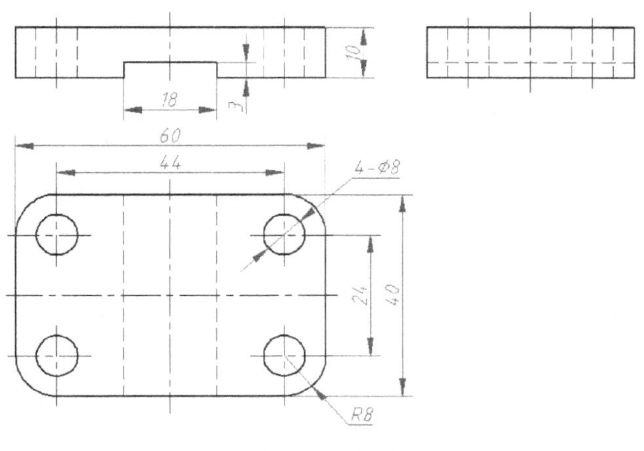

图3-69　底板

（2）根据如图 3-70 所示的三视图，创建模型。

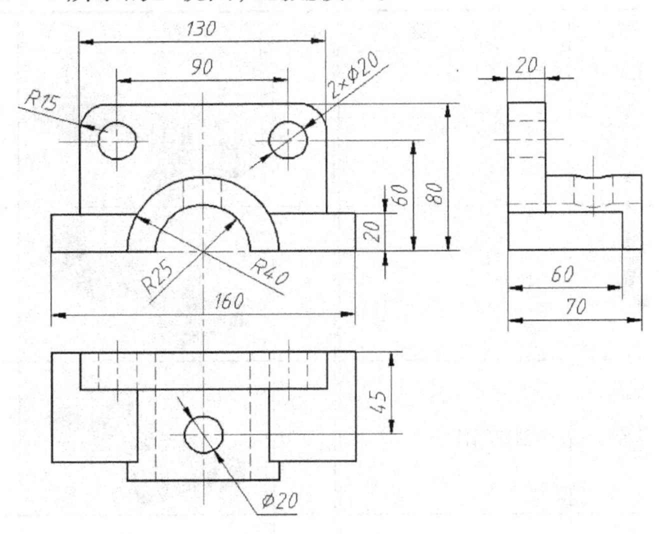

图 3-70　三视图

（3）按尺寸创建如图 3-71 所示的模型。

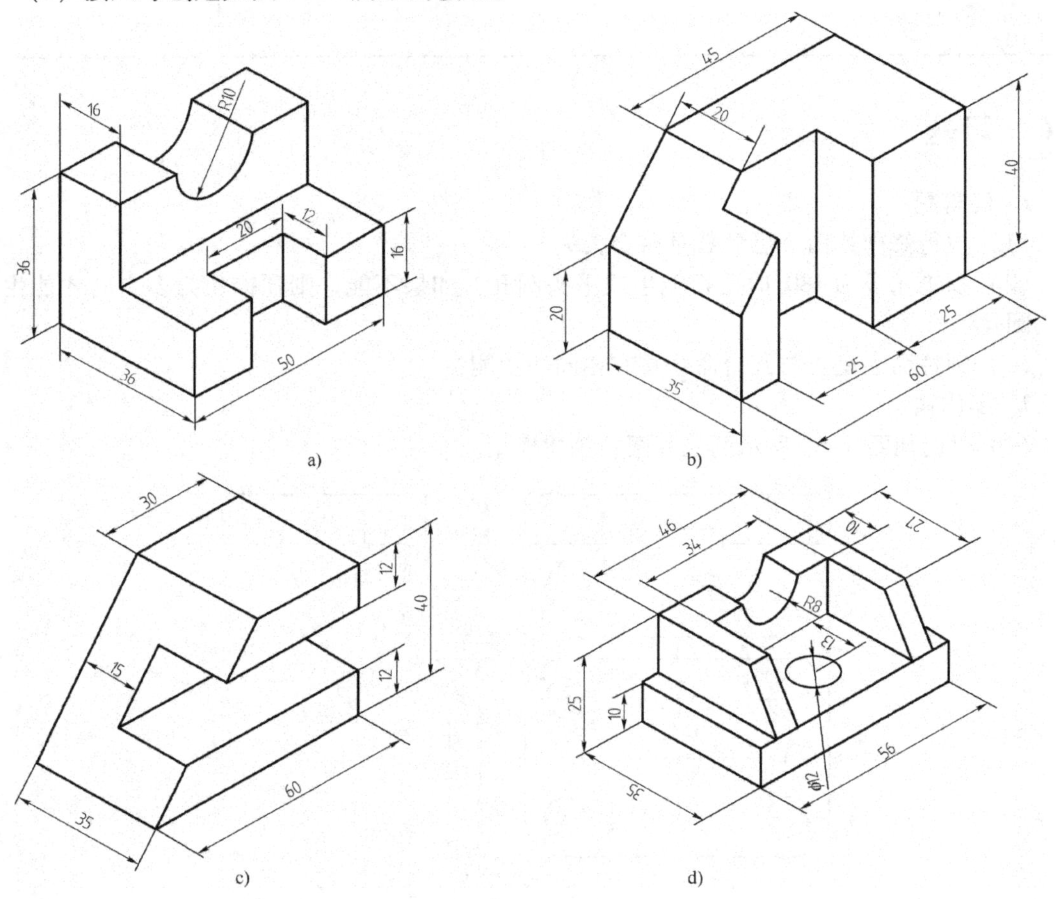

图 3-71　三维轴测图

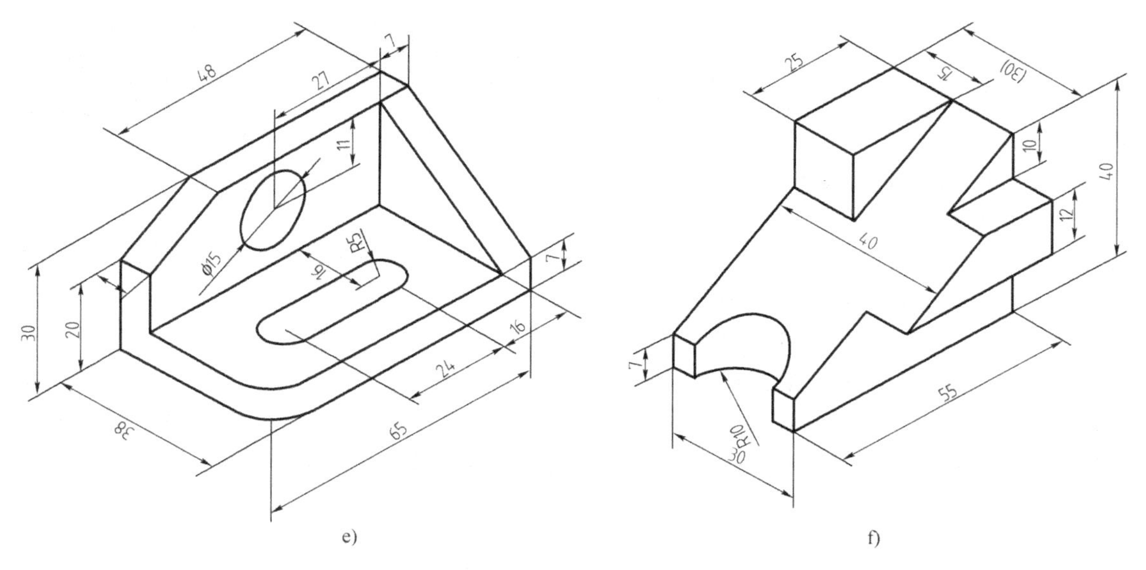

图 3-71　三维轴测图（续）

（4）创建如图 3-72 所示的连杆模型。

（5）创建如图 3-73 所示的底座模型。

（6）创建如图 3-74 所示的导风管模型。

提示：导风管由进风口、管身、管身加强筋、底座 4 部分组成。创建导风管模型时，可以考虑先创建导风管的进风口，再创建管身，然后创建管身加强筋，最后创建底座。

（7）创建如图 3-75 所示的齿轮轴模型。

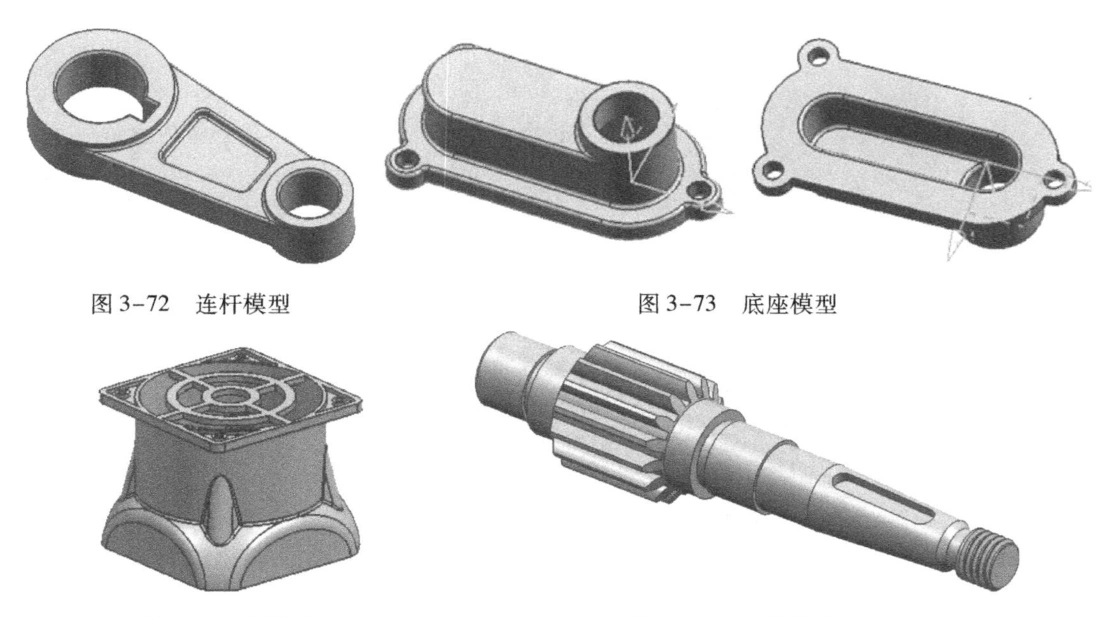

图 3-72　连杆模型

图 3-73　底座模型

图 3-74　导风管

图 3-75　齿轮轴模型

(8) 创建如图 3-76 所示的固定支架模型，尺寸自行确定。

(9) 创建如图 3-77 所示的 20 面体球，尺寸自行确定。

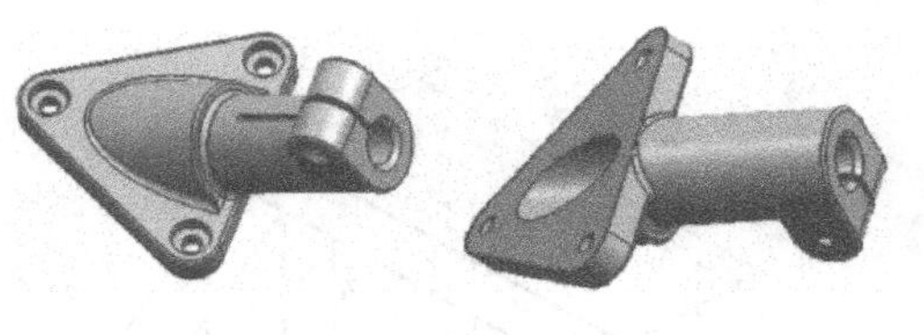

图 3-76 固定支架模型

提示：12 面体加上圆角后变成 20 面体球。在草图的建立中需要用辅助草图来确定 12 面体的拉伸高度和拔模角度。生成 12 面体后再用倒圆角来实现 20 面体球的建立，圆角的 R 值不能太大，也不能太小，留有一个间隙即可。

(10) 建立如图 3-78 所示的 26 面体，尺寸自行确定。

提示：26 面体由 18 个正方形面和 8 个等边三角形面组成，它们的边是相等的。首先绘制出一个正方形，从正方形边的中点向下绘制出一条竖线，再绘制出两条辅助线，然后作必要的约束，完成草图绘制。将立方形输入拉伸成立方体，用倒斜边命令将立方体的边倒对称斜边，倒斜边的距离就是辅助线的长度。

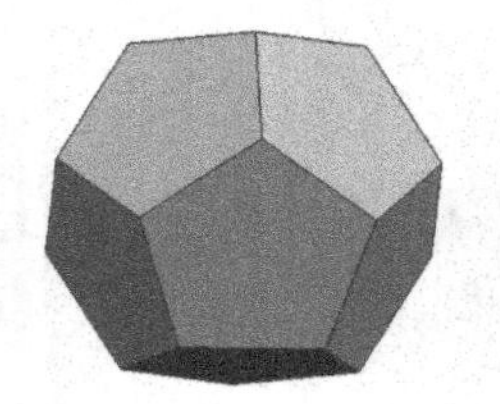

图 3-77 20 面体球

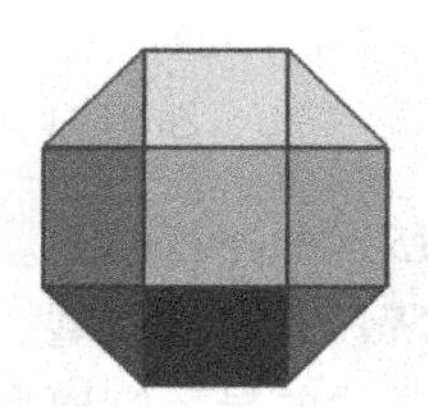

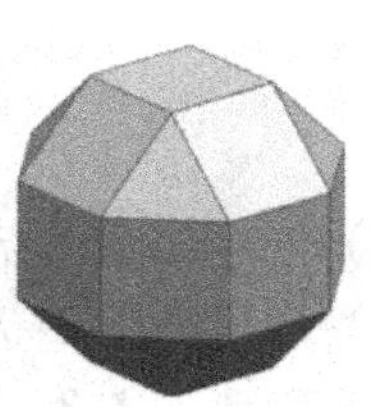

图 3-78 26 面体

第4章　曲　　线

曲线是 UG NX 11.0 建模的基础，本章将介绍 UG NX 11.0 中各种常用的曲线的绘制与编辑。

本章的主要内容是 UG NX 11.0 的一些基本曲线的绘制、曲线的编辑和特征曲线的操作等。

本章的重点是基本曲线的绘制与编辑。

本章的难点是建模前对曲线特征的分析和构建。

4.1　绘制曲线

曲线是建模的基础，它包括基本曲线、样条曲线、矩形、多边形、椭圆、抛物线和螺旋线等，在建模绘图环境中，在“功能区”的“曲线”选项卡中集中了许多曲线的操作，例如“曲线”“派生曲线”和“编辑曲线”，如图 4-1 中①~③所示。

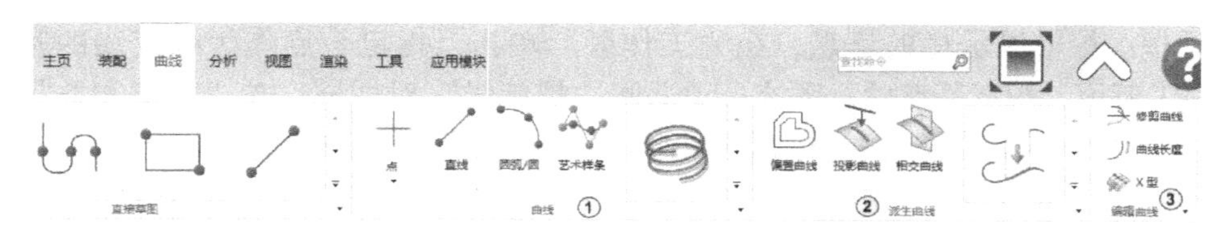

图 4-1　“曲线”选项卡

4.1.1　螺旋线

通过定义圈数、螺距、半径方法（规律或恒定）、旋转方向和适当的方位，可以创建螺旋线。本节结合一个曲线实例来学习曲线的创建功能，以加深对本节知识的理解和掌握。下面介绍普通螺旋线和盘形螺旋线这两种常见螺纹线的绘制方法。

（1）功能

绘制螺旋线。

（2）操作方法

单击“主页”选项卡中的“新建”按钮，系统弹出“新建”对话框，在“新建”对话框的“模型”列表框中选择模板类型为默认的“模型”，单位为默认的“毫米”，在“新文件名”文本框中选择默认的文件名称“_model1. prt”，指定文件路径“C:\”，单击“确定”按钮。

在“边框条”中单击“菜单”→“插入”→“曲线”→“螺旋线”按钮，弹出“螺旋线”对话框，设置螺旋线的“半径”为 8，“螺距”为 5，“圈数”为 10，采用系统默认的“旋转方向”为“右手”，单击“确定”按钮完成螺旋线的创建，如图 4-2 中①~⑨所示。

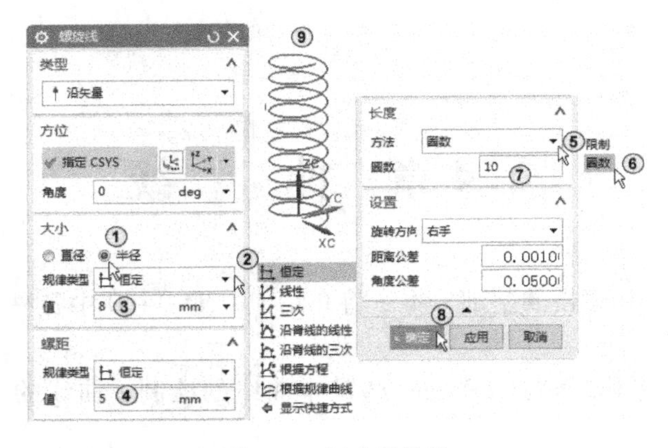

图 4-2　创建螺旋线

系统提供了两种螺旋线的半径输入方式：输入半径和使用规律曲线。

- 输入半径（系统默认方式）：直接在“半径”文本框内输入半径的数值即可。
- 使用规律曲线：单击“规律类型”的下拉列表，弹出下拉菜单，如图 4-2 中②③所示。其中有“恒定”“线性”“三次”“沿脊线的线性”“沿脊线的三次”“根据方程”“根据规律曲线”。选择一种“规律类型”，并在相应的对话框内设置参数即可。

（3）绘制塔形螺旋线

在“边框条”中选择“菜单”→“插入”→“曲线”→“螺旋线”，弹出“螺旋线”对话框，根据提示栏的信息，在“工作区”单击，指定一点作为螺旋线的基点，如图 4-3中①所示。指定基点后，系统自动返回“螺旋线”对话框，在“规律类型”的下拉列表中选择“线性”，如图 4-3 中②③所示。在“起始值”文本框中输入 40，“终止值”文本框中输入 8，如图 4-3 中④所示；在“螺距”选项组的“值”文本框中输入 5，在“长度”选项组的“方法”中选择“限制”，在“起始限制”文本框中输入 0，“终止限制”文本框中输入 40；在“设置”选项组的“旋转方向”中采用系统默认的“右手”，单击“确定”按钮完成塔形弹簧的创建，如图 4-3 中⑤～⑨所示。

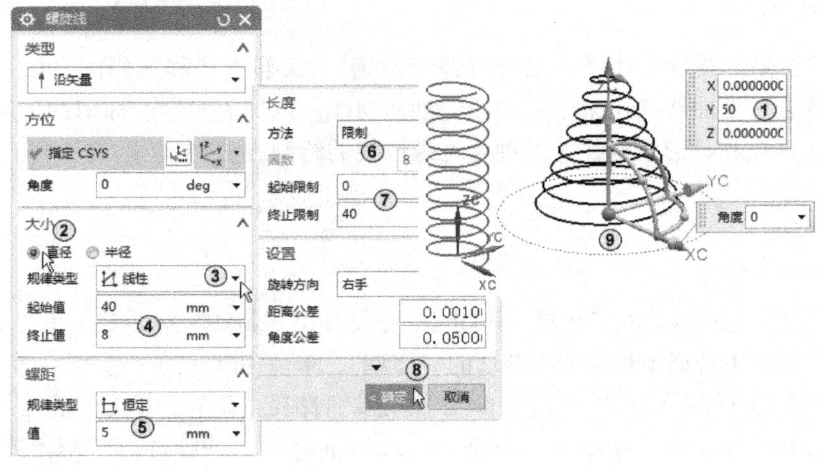

图 4-3　创建塔形弹簧

4.1.2 基本曲线

本节将介绍基本曲线的功能、调用命令及其操作方法。

（1）功能

基本曲线是一个命令集合，提供了一些最常用的曲线创建和编辑方式，它也是草图设计的重要基础，主要包括直线、圆弧、圆、圆角、裁剪和编辑曲线参数等。

（2）操作方法

单击“主页”选项卡中的“新建”按钮，系统弹出“新建”对话框，在“新建”对话框的“模型”列表框中选择模板类型为默认的“模型”，单位为默认的“毫米”，在“新文件名”文本框中选择默认的文件名称“_model1. prt”，指定文件路径“C:\”，单击“确定”按钮。

在“边框条”中选择“菜单”→“插入”→“曲线”→“基本曲线”，系统弹出“基本曲线”对话框，该对话框有4个重要的公共选项：

- 如图4-4中①所示的“增量”复选框，选中该复选框表示选定的增量值是相对于上一点的，而不是相对于工作坐标系的。
- 如图4-4中②所示的“线串模式”复选框，选中该复选框表示可以绘制连续的曲线，并自动以上一个对象的终点为起点。
- 如图4-4中③所示的“打断线串”按钮，选中“线串模式”复线框时，“打断线串”按钮才可用。
- 如图4-4中④所示的“角度增量”文本框，确定圆周方向的捕捉间隔。

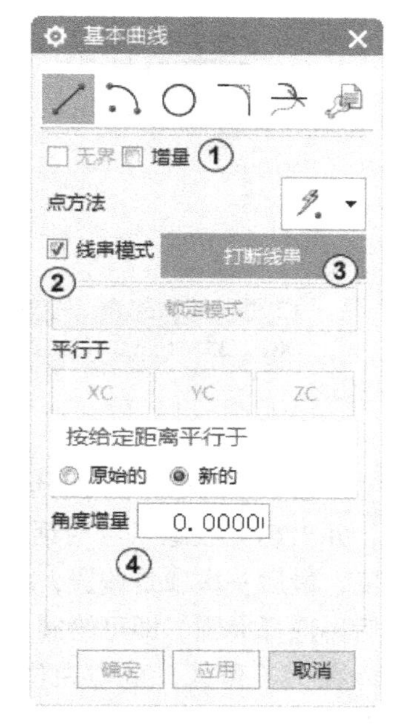

图4-4 “基本曲线”对话框

单击“圆”按钮，在“点方法”旁的下拉列表中选择“点构造器”，系统会自动弹出“点”对话框，取默认值（0，0，0）坐标为圆心，单击“确定”按钮。再次输入“Y”为15，其他取默认值，即（0，15，0）坐标作为圆上一点，单击“确定”按钮，系统创建一个圆心在原点，半径为15的圆，如图4-5中①~⑦所示。

单击“返回”按钮，系统回到“基本曲线”对话框，在“跟踪条”对话框的坐标文本框内输入圆心坐标值，然后按〈Enter〉键，再输入半径或直径值，如图4-6所示，按〈Enter〉键完成圆的创建。或者先用鼠标选择点，然后输入半径或直径值，按〈Enter〉键完成坐标（0，35，0）为圆心，半径为10的圆的创建，如图4-7中①所示。单击“跟踪条”对话框中的“关闭”按钮。

注意

1）按〈Tab〉键可在各选项间切换。

2）选中“基本曲线”对话框中的“多个位置”复选框后，只要连续指定圆心位置即可绘制与第一个圆大小相等的多个圆。

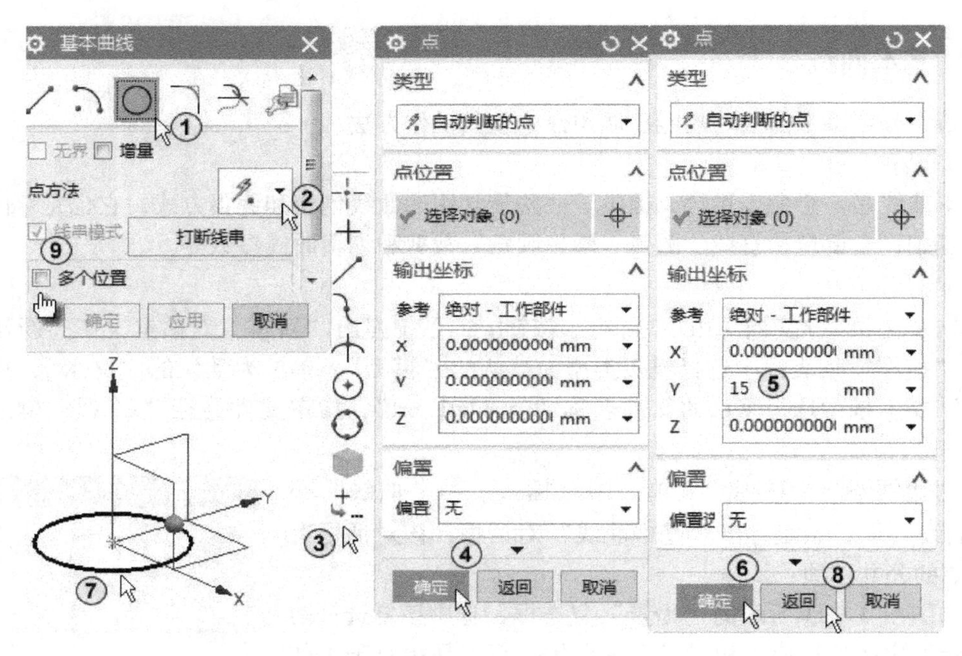

图 4-5　绘制圆

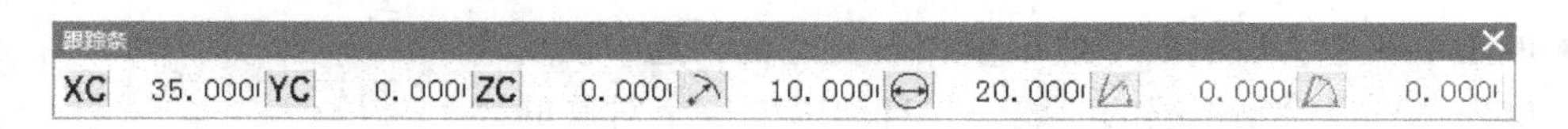

图 4-6　圆“跟踪条”对话框

单击“基本曲线”对话框中的“直线”按钮，如图 4-7 中②所示。进入直线创建对话框，并出现“跟踪条”对话框，头 3 项是直线 XYZ 坐标，第 4 项是直线长度，第 5 项是直线角度，最后一次项是偏置，如图 4-7 中③所示，用于输入直线参数。在“工作区”选择小圆，然后再选择大圆，即可绘制出 1 条与两个圆相切的直线，如图 4-7 中④～⑥所示。

在“工作区”的空白位置处单击，在系统弹出的快捷菜单中选择“定向视图”→“俯视图”，设置视图模式为 XY 平面的俯视图。

在圆弧操作的时候要注意鼠标的放置位置。鼠标放在不同的位置，最后得到的结果可能不相同。

单击“圆弧”按钮，进入创建圆弧的对话框，UG NX 11.0 提供了 2 种生成圆弧的方法：“起点，终点，圆弧上的点”和“中心点，起点，终点”，可视情况选用。此处选择默认值，如图 4-8 中①②所示。在“工作区”选择小圆弧确定圆弧的“起点”，再选择大圆弧确定圆弧的“终点”，如图 4-8 中③④所示。向下移动鼠标，选择“跟踪条”对话框中所示的圆弧上的点以确定“圆弧上的点”，如图 4-8 中⑤所示。该对话框中前 3 项是圆弧中心点的 X、Y、Z 坐标，第 4 项是半径，第 5 项是直径，第 6 项是起始角，最后一项是终止角，单击中键结束圆弧的绘制，结果如图 4-8 中⑥所示。单击“跟踪条”对话框中的“关闭”按钮☒。单击“基本曲线”对话框中的“关闭”按钮☒结束圆弧绘制。

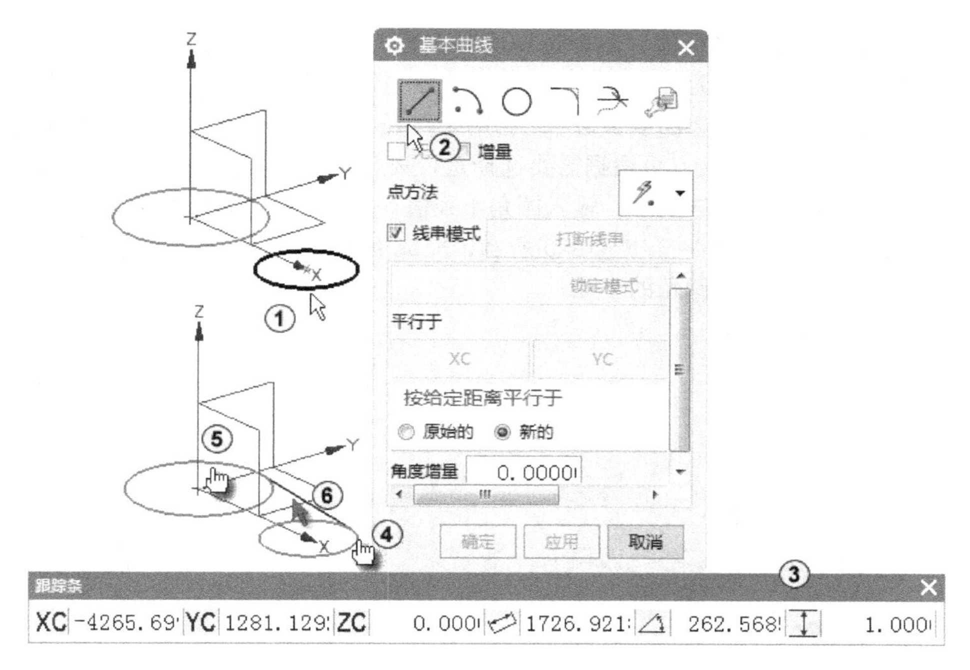

图 4-7　绘制直线

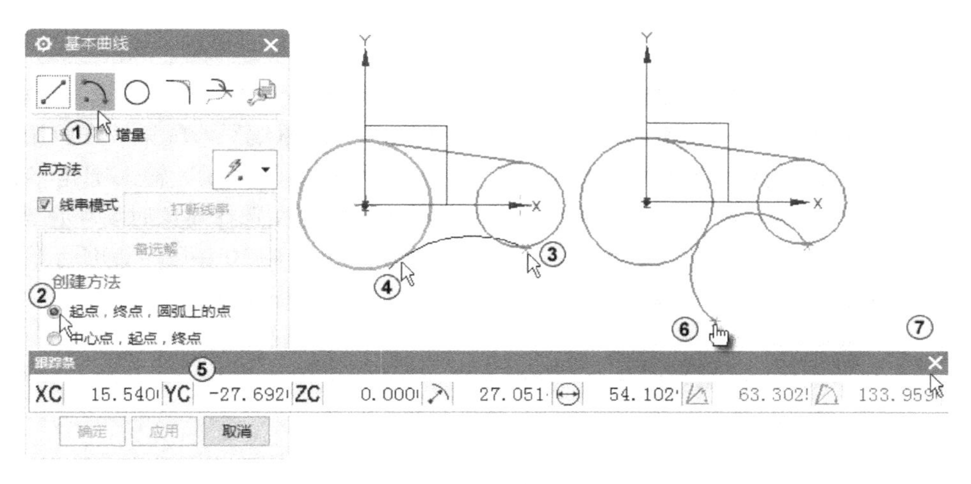

图 4-8　创建圆弧

注意

1）在确定“圆弧上的点”时，如果选择已经存在的曲线，则绘制出的圆弧将与待选定的曲线相切。

2）如果采用“起点，终点，圆弧上的点”方式绘制，且这 3 点均选择已经存在的曲线上的点（或直线），则绘制出的圆弧将与 3 条选定的曲线相切。

在圆角操作的时候要注意鼠标的放置位置。鼠标选取的位置不同，得到的圆角结果是不一样的。

单击“圆角”按钮 ⌝，进入“曲线倒圆”对话框，系统提供了 3 种倒圆方法：

如图 4-9 中①所示的“简单圆角”，它用于对两条在同一平面且不平行的直线倒圆角，在“半径”文本框内输入半径值，然后选择所要倒圆的曲线，并保证两条曲线同时被鼠标选中。此时所有的修剪选项无效，系统默认为两直线自动修剪。

如图 4-9 中②所示的“2 曲线倒圆”，它用于对任意两条曲线倒圆角，选择此命令时，“修剪选项”的前两项被激活，可根据需要选择是否裁剪曲线，单击“修剪第二条曲线”复选框取消选择，如图 4-9 中③所示，输入圆角半径值 6，然后依次选择两个对象，最后指定圆角中心的大概位置，如图 4-9 中④～⑥所示，完成倒圆，如图 4-9 中⑦所示。单击“继承”按钮，可以继承前一个圆角的半径。

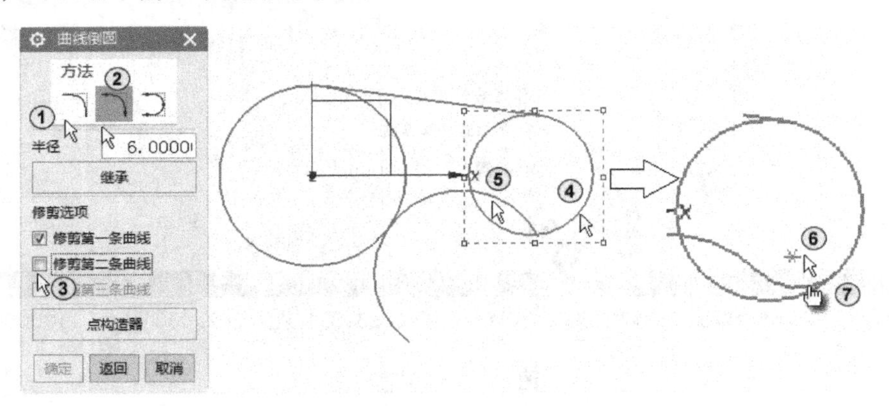

图 4-9　曲线倒圆

如图 4-10 中①所示的“3 曲线倒圆”，它用于对任意 3 条曲线倒圆角，选择此命令时，“修剪选项”全部被激活，且第二项内容改为“删除第二条曲线”，单击“修剪第一条曲线”和“删除第二条曲线”复选框取消选择，如图 4-10 中②③所示，输入圆角半径值 6。所产生的圆弧为按照选择曲线的顺序逆时针产生的圆弧，因此在选择对象时要注意选择的顺序。依次选择 3 个对象，最后指定圆角中心的大概位置，如图 4-10 中④～⑦所示，完成倒圆，如图 4-10 中⑧所示。按〈Esc〉键或单击“取消”按钮退出操作。

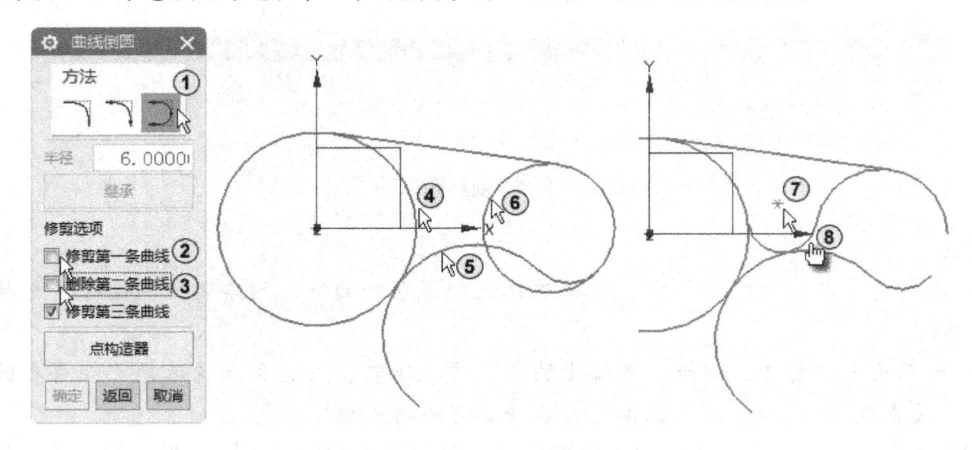

图 4-10　3 曲线倒圆

进行“2 曲线倒圆”和“3 曲线倒圆”时可以用指定点来代替曲线，即在点与曲线之间甚至点与一点之间倒圆角。

注意

选择 3 条曲线的顺序不同，得到的也不同。

单击“视图”选项卡中的“显示和隐藏”按钮，系统弹出“显示和隐藏”对话框，单击“类型”列表中“坐标系”右侧的隐藏按钮，隐藏工作区域中的坐标系，单击“关闭”按钮完成坐标系的隐藏，这样可以更好地观测绘制的图形，如图 4-11 中①～④所示。

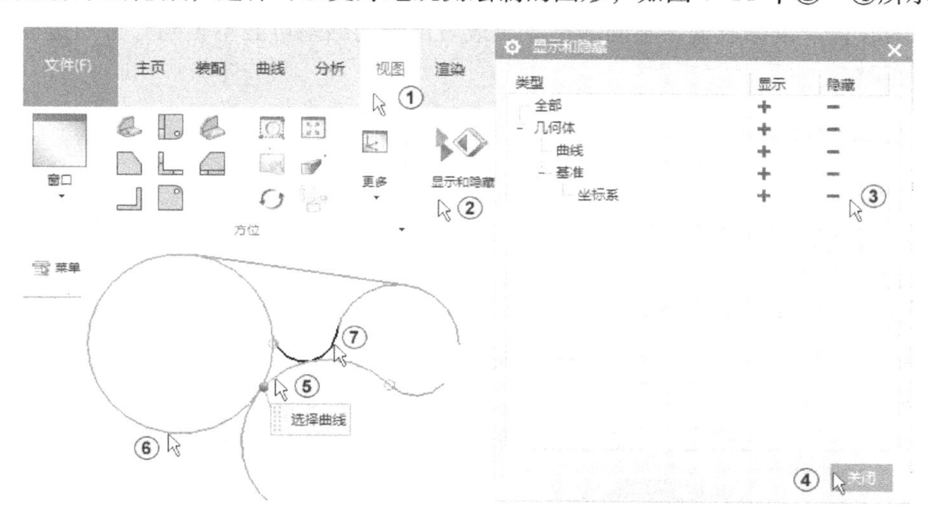

图 4-11　隐藏坐标系

单击“修剪”按钮，进入“修剪曲线”对话框，修剪对象可以是曲线、平面、表面、边界线等。修剪曲线还可根据修剪边界与裁剪对象的位置关系，实现延长和拉伸。修剪曲线的大体步骤为：选择要修剪的曲线，为第一修剪边界选择对象，为第二修剪边界选择对象，如图 4-11 中⑤～⑦所示。单击“应用”按钮，如图 4-12 中①②所示。

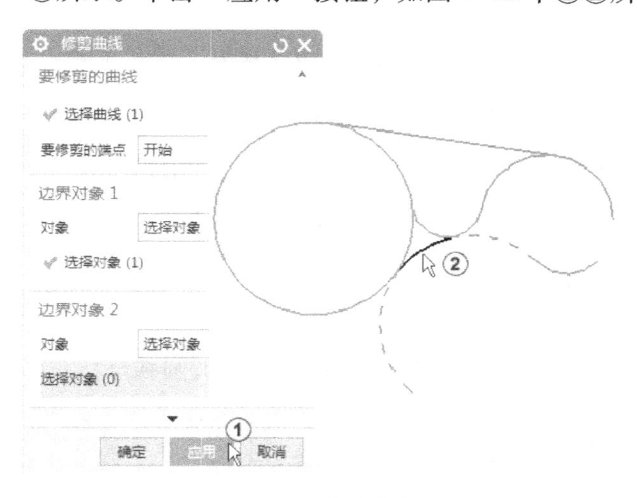

图 4-12　修剪曲线

4.2 编辑曲线

曲线的编辑主要包括曲线圆角、倒角、编辑曲线参数、修剪曲线、修剪拐角、分割曲线、编辑圆角、拉长曲线、曲线偏置、合并、桥接和简化等操作。在进行曲线的编辑时，请注意鼠标的放置。鼠标放置在不同的位置，最后得到的结果可能不相同，特别是在进行修剪和圆角操作时。

4.2.1 编辑曲线参数

（1）功能

对曲线定义的数据进行修改。

（2）操作方法

在“边框条”中选择“菜单”→“插入”→“曲线”→“艺术样条”，系统弹出“艺术样条”对话框，在“类型”下拉列表中选择“通过点”，如图 4-13 中①②所示，在“次数”文本框中输入 3（“次数”定义样条曲线数学多项式的最高次幂），根据提示栏的提示，在“工作区”单击指定 4 个控制点，单击“确定”按钮，如图 4-13 中③~⑧所示。

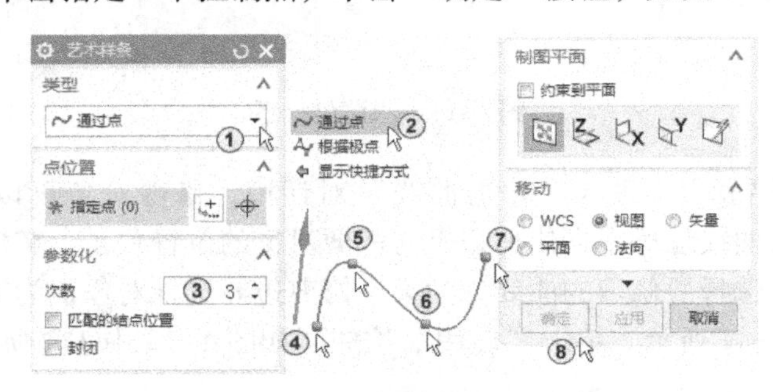

图 4-13　艺术样条

在“边框条”中选择“菜单”→“插入”→“曲线”→“基本曲线”，弹出“基本曲线”对话框，单击“编辑曲线参数”按钮，如图 4-14 中①所示。该对话框有 5 个重要的公共选项，如图 4-14 中②~⑥所示。

对话框中各选项的功能如下。

- 点方法：用于设置点的模式。
- 编辑圆弧/圆方法：以参数或拖动两种方式编辑圆弧或圆。
- 补弧：创建一个圆弧的互补弧。
- 显示原先的样条：选中该复选框后，在编辑样条曲线时，显示原来的样条，以便和新的样条曲线进行比较。
- 编辑关联曲线：控制编辑的曲线是否保持相关性。

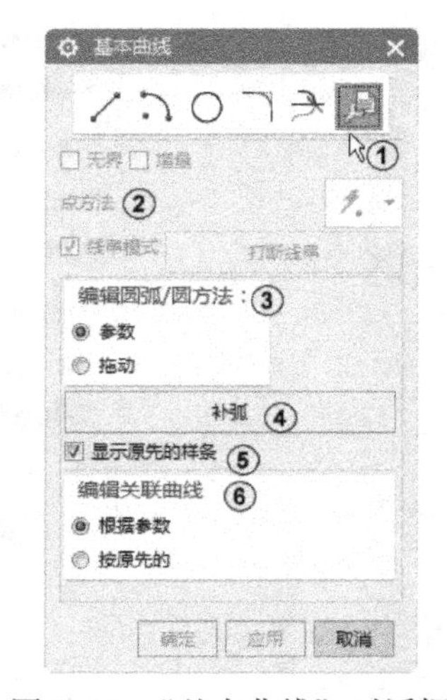

图 4-14　“基本曲线”对话框

选择样条曲线的右端点后不放，将其拖拉到想要放置的位置后松开鼠标，如图 4-15 中①所示。在“工作区”选取样条曲线上的点，即添加了 1 个点，结果如图 4-15 中②所示；再在样条曲线上选择点，从弹出的快捷菜单中选择“删除点”，如图 4-15 中③～⑤所示。

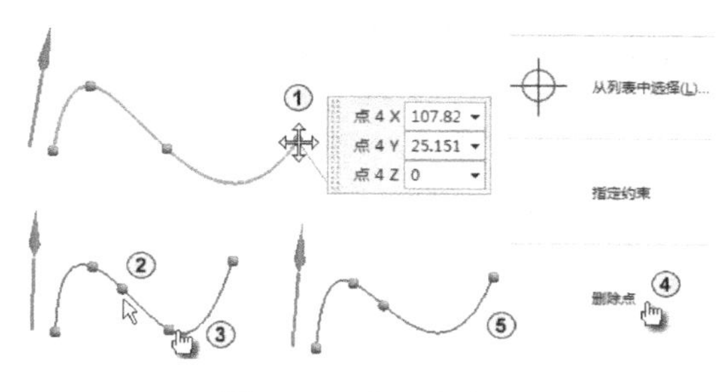

图 4-15　定义点编辑

4.2.2　修剪

（1）功能

修剪两条不平行的曲线及其交点。

（2）操作方法

在“边框条”中选择“菜单”→“插入”→“曲线”→“直线”，系统弹出“直线”对话框，绘制 4 条相交的直线，单击“确定”按钮，结果如图 4-16 中①②所示。

在“边框条”中选择“菜单”→“编辑”→“曲线”→“修剪拐角”，系统弹出“修剪拐角”对话框，根据提示在“工作区”选择要修剪的拐角，并保证两条曲线同时被选中，如图 4-16 中①所示。单击弹出“修剪拐角”对话框后，单击“是”按钮，则两条曲线选中的角落部分被修剪，如图 4-16 中③④所示。

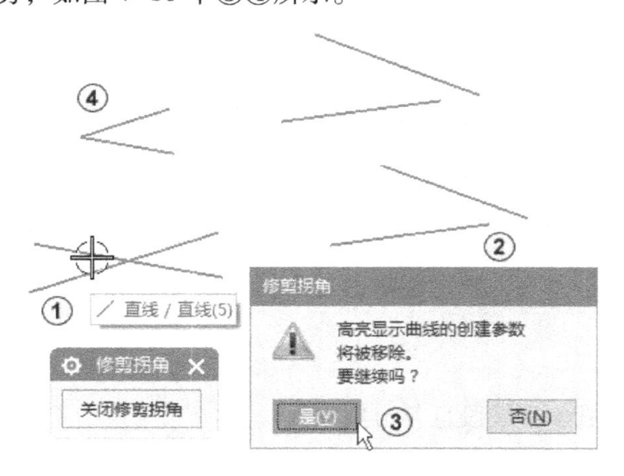

图 4-16　修剪角

在“工作区”继续选择要修剪的拐角，并保证两条曲线同时被选中，如图 4-17 中①所示。单击弹出“修剪拐角”对话框后，单击“是”按钮，以延长两条未相交的曲线，如图 4-17中②③所示。按〈Esc〉键退出操作。

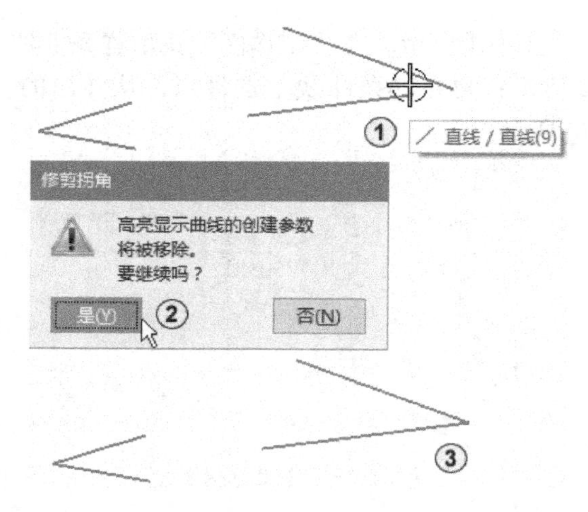

图 4-17　延长两条未相交的曲线

如果所选择的两条曲线中包含整个圆，则系统在修剪拐角时，就会由两曲线的交点一直修剪到圆上的零角度点，如图 4-18 中③所示。

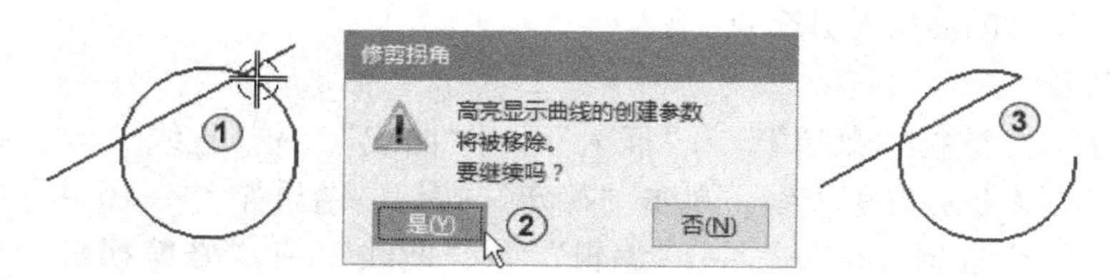

图 4-18　修剪包含整圆的角

注意

1）光标的位置不同，所修剪的结果也不同。

2）如果两曲线间隔过大，可用视图缩放功能使两曲线显示间隔缩小，直至可同时选中两曲线为止，再利用上述方法对两曲线进行修剪操作。如果要修剪的两曲线不相交，那么系统会延伸两曲线相交到一点再修剪。

4.2.3　分割曲线

选择不同类型的分割方法，操作过程也会不相同，但只需要根据对话框和提示栏的提示进行操作即可。

（1）功能

将曲线按规定分割成多个线段且各自独立。

（2）操作方法

在“边框条”中选择“菜单”→“插入”→“曲线”→“椭圆”，系统弹出“点”对话框，输入 X 为 24，Y 为 -42，单击“确定”按钮，如图 4-19 中①～③所示确定椭圆的圆心。系统弹出“椭圆”对话框，根据提示栏的提示，输入参数，单击“确定”按钮，如图 4-19 中④～⑥所示。

在“边框条”中选择“菜单”→“编辑”→“曲线”→“分割曲线”，系统弹出

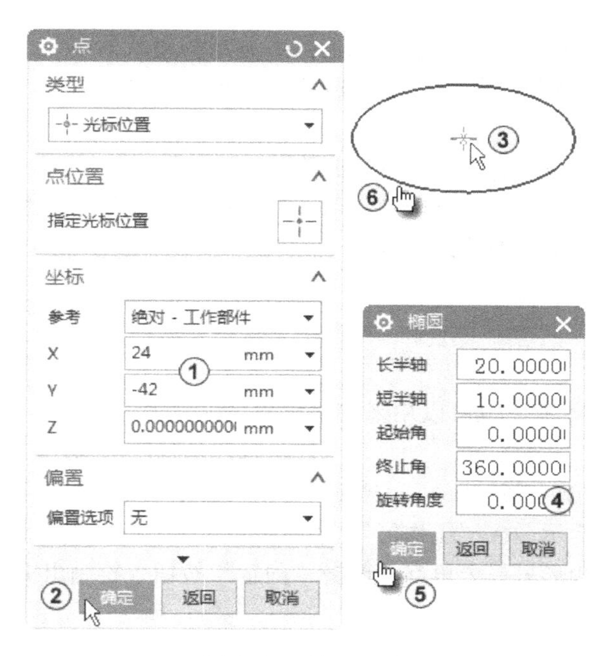

图 4-19　绘制椭圆

“分割曲线”对话框，选择默认的“等分段”，在工作区选择要分割的椭圆，如图 4-20 中①～③所示。在“段长度”下拉列表中选择“等参数”（选中此选项，则以曲线参数性质均分曲线。如直线依据的是等分线段，圆弧或椭圆依据的是等分角度。若选择“等弧长”，则以等圆弧长来分割曲线），然后在“段数”文本框内输入分段数目 6，如图 4-20 中④～⑥所示，单击“确定”按钮，如图 4-20 中⑦所示将鼠标放在曲线上，可明显地看到椭圆已经被分割成了两部分，如图 4-20 中⑧所示（以不同颜色标识各段圆弧）。

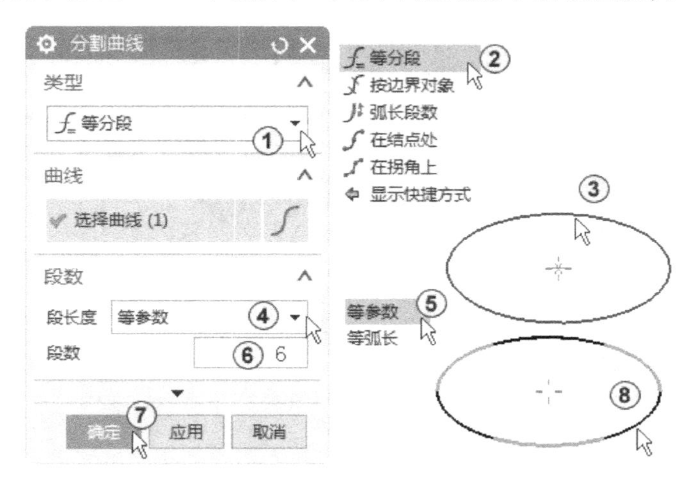

图 4-20　“等分段”分割曲线

系统提供了 5 种分割方式。

1）等分段：将曲线按等长或等参数分割。

2）按边界对象：以指定的边界对象分割曲线，边界对象可以是点、曲线、平面或者实体表面等。选择“按边界对象”，在绘图区选择要分割的曲线后在“分割曲线”对话框中选择一种边界对象，如图 4-20 所示，在绘图区再选择相应的边界对象，单击“确定”按钮依此边界对象将曲线分割。

3）弧长段数：根据输入的弧长来分割曲线。

4）在结点处：对样条曲线进行分割，用于在曲线的结点处将曲线分割成多个节段。

5）在拐角上：在拐角处将曲线分割。

4.2.4 拉长曲线

（1）功能

对曲线进行拉长或收缩，也可以用来移动对象。

（2）操作方法

在“边框条”中选择“菜单”→“插入”→“曲线”→“矩形”，系统弹出“点”对话框，根据提示栏的提示，在“工作区”的适当位置单击以确定矩形的一个点，移动鼠标到另一点处单击以确定矩形另一个角点，单击“确定”按钮，绘制出 1 个矩形，如图 4-21 中①所示。

在“边框条”中选择“菜单”→“编辑”→“曲线”→“拉长曲线”，系统弹出“拉长曲线”对话框。在“XC 增量”文本框中输入相对移动距离 8，框选要移动的对象，单击“确定”按钮完成曲线的拉长，如图 4-21 中②～⑤所示。

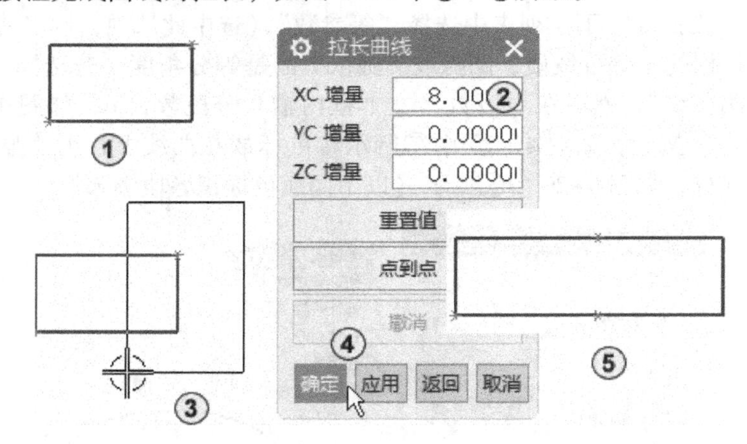

图 4-21　拉长对象

注意

圆弧只能移动，不能拉长。

4.2.5 偏置曲线

（1）功能

通过曲线的偏置可生成原曲线的平移曲线，可以偏置的对象包括直线、圆弧、二次曲线、样条曲线、实体的边界线和草图等。

（2）操作方法

在“边框条”中选择“菜单”→“插入”→“曲线”→“多边形”，系统弹出

“多边形”对话框，根据提示栏的提示，在“边数”文本框中输入 6，单击“确定”按钮，如图 4-22 中①②所示。系统弹出“多边形”对话框，从该对话框中可以看到绘制正多边形的 3 种方法。单击“内切圆半径”，系统弹出“多边形”对话框，根据提示栏的提示输入参数，单击“确定”按钮，如图 4-22 中③～⑤所示。系统弹出“点”对话框，根据提示栏的提示在“工作区”适当位置单击以指定多边形的中心，指定中心后系统会自动绘制出正多边形，如图 4-22中⑥所示。

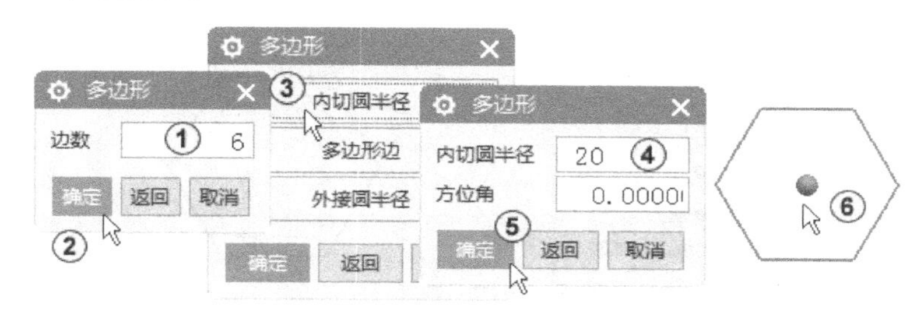

图 4-22　绘制正多边形

在“边框条”中选择“菜单”→“插入”→“派生曲线”→“偏置”，系统弹出“偏置曲线”对话框，在“偏置类型”下拉列表中选择“距离”，如图 4-23 中①②所示。

弹出的下拉列表提供了 4 种方式（距离、拔模、规律控制和 3D 轴向）偏置曲线。

1）距离：在输入曲线的平面上的恒定距离处创建偏置曲线。

2）拔模：在与输入曲线平面平行的平面上创建指定角度的偏置曲线。一个平面符号标记出偏置曲线所在的平面。

注意

具有“拔模”类型的偏置平面置于平面法向的方向。平面法向取决于各种因素，如曲线截面的循环方向和选择曲线时选取点的位置。因此在不同位置进行选择将对偏置平面的放置造成影响，从而使其发生变化。

3）规律控制：在输入曲线的平面上，在规律类型指定的规律所定义的距离处创建偏置曲线。

4）3D 轴向：创建共面或非共面三维曲线的偏置曲线，必须指定距离和方向。ZC 轴是初始默认值，生成的偏置曲线总是一条样条曲线。

根据提示栏的提示，在“工作区”选择要偏置的对象（正六边形），如图 4-23 中③所示。在“偏置”选项组的“距离”文本框中取默认的距离为 5，其他均取默认值（如在“输入曲线”下拉列表中选择片“保留”选项），单击“确定”按钮完成偏置，结果如图 4-23中④⑤所示。单击“取消”按钮退出曲线的偏置操作。

选择不同的偏置类型时，“偏置曲线”对话框的“偏置”选项组显示的内容也是不同的。

“偏置曲线”对话框的“设置”选项组的主要选项的含义如下。

1）“关联”复选框用于创建与输入曲线和定义数据关联的偏置曲线，如图 4-24 中①所示。偏置后的对象与原对象之间关联，当修改原始曲线时，偏置曲线会在需要时进行更新。

2）“输入曲线”下拉列表指定创建偏置曲线时对原始输入曲线的处理，如图 4-24 中②

图 4-23　偏置曲线

③所示。该下拉列表主要包括的选项有：保留（保持原对象不变）、隐藏（将原对象隐藏起来，暂时不显示）、删除（将原曲线删除）替换（将原曲线用另外的曲线替换掉）。

3）“修剪”下拉列表指定修剪或延伸偏置曲线到其相交点的方法，如图 4-24 中④⑤所示。该选项仅适用于“距离”类型的偏置曲线。该下拉列表主要包括 3 种选项：

“无”仅当未选中“大致偏置”复选框时才可用；

既不修剪偏置曲线也不将偏置曲线倒成圆角。“相切延伸”将偏置曲线延伸到它们的交点处。

“圆角”构造与每条偏置曲线的终点相切的圆弧。圆弧的半径等于偏置距离。

如果创建重复的偏置（在不更改任何输入的情况下单击“应用”按钮，如图 4-24 中⑥所示），则圆弧半径将每次按偏置距离增加。

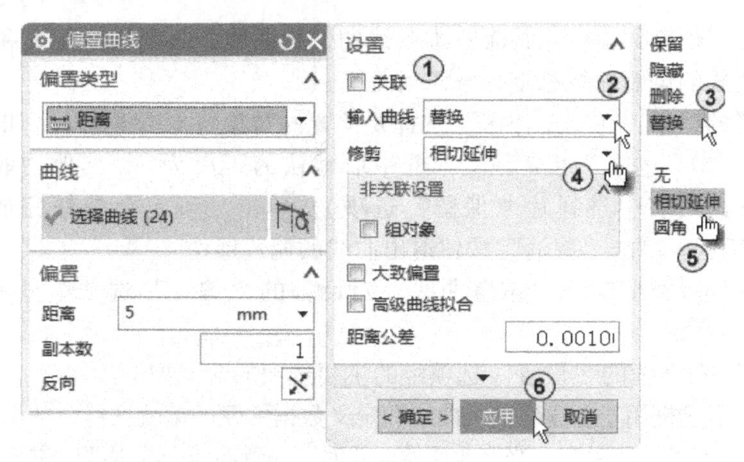

图 4-24　偏置曲线的选项

4.3 操作曲线

曲线操作包括桥接、连接、镜像、截面、相交及投影等操作。

4.3.1 桥接曲线

（1）功能

在曲线或边界线的指定点上建立过渡曲线，过渡曲线与原曲线保持相切或者曲率半径相同的关系。

（2）操作方法

在“边框条”中选择“菜单”→“插入”→“派生曲线”→“桥接”，系统弹出“桥接曲线”对话框，根据提示栏的提示，在“工作区”选择1条曲线作为“起始对象”，如图4-25中①所示。在“连续性”下拉列表中选择“G1（相切）”，如图4-25中②所示。在“位置”选项组的文本框中输入数值，这里取默认值0（0是样条曲线的左端点，100是样条曲线的右端点），如图4-25中③所示。在“半径约束”选项组的“方法”下拉列表中选择“无”，如图4-25中④所示；在“形状控制”选项组的“方法”下拉列表中选择“相切幅值”，如图4-25中⑤所示；拖动“开始”和“终点”下方的滑块直到曲线满足要求为止（或直接在文本框中输入数值来实现），如图4-25中⑥所示。在“工作区”选择另1条曲线作为“终止对象”，如图4-25中⑦所示（可以指定要编辑的点；也可以为桥接曲线的起点和终点单独设置“连续性”“位置”和“方向”选项，这里取默认值）。单击“确定”按钮完成桥接，结果如图4-25中⑧⑨所示。

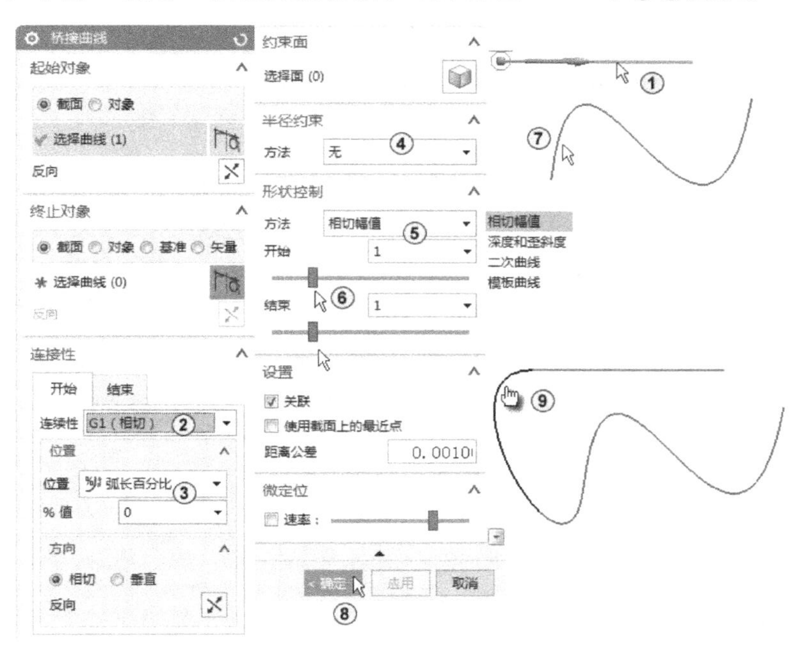

图4-25　桥接曲线

“形状控制”选项组的“方法”下拉列表中的“深度和歪斜度”选项，其“歪斜度”控制最大曲率的位置，其值表示沿桥起点到终点的距离百分比；“深度”控制曲线的曲率对桥的影响大小，其值表示曲率影响的百分比。

“形状控制”的“方法”中的“二次曲线”是通过改变桥接曲线的 Rho 值来控制过渡曲线的形状，其值可通过拖动 Rho 选项的滑块或直接在文本框中输入数值来实现，Rho 值的范围为 0.01 ~0.99。

“Rho”值表示锚点（二次曲线两端点切线的交点）到二次曲线两端点的距离与其在二次曲线上投影点到两端点距离的比值，当该值小于 1/2 时，生成一椭圆或椭圆弧；当该值等于 1/2 时，生成一抛物线；当该值大于 1/2 时，则生成一双曲线。

“形状控制”的“方法”中的“模板曲线”是选择现有的样条曲线来控制桥接曲线的大致形状。

4.3.2 连接曲线

（1）功能

将多条曲线连接成一条样条曲线，创建的结果是近似原曲线的多项式样条曲线或者一般样条曲线，所选的多条曲线之间不能有空隙。

（2）操作方法

在“边框条”中选择“菜单”→“插入”→“派生曲线”→“连接”，系统弹出“连接曲线”对话框，根据提示栏的提示，在“工作区”分别选择所要连接的 3 段线，如图 4-26中①～③所示。单击“确定”按钮，弹出“连接曲线”对话框，单击“是”按钮完成曲线连接，如图 4-26 中④⑤所示。这时 3 段直线变成了完整的一条折线。如果选择之，只选择一次即可。

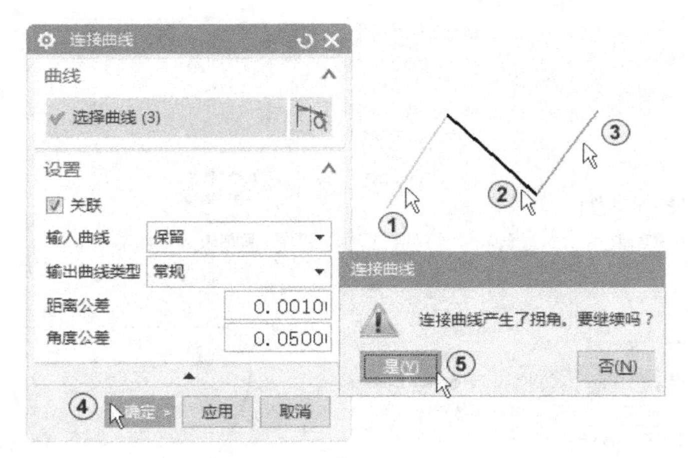

图 4-26　连接曲线

4.3.3 镜像曲线

（1）功能

以一个参考面对称复制曲线。

（2）操作方法

在“边框条”中选择“菜单”→“插入”→“派生曲线”→“镜像”，系统弹出“镜像曲线”对话框，根据提示栏的提示，在“工作区”选择所要对称复制的曲线（如图4-27中①所示），单击中键。再选择参考面（如图4-27中②～⑤所示），单击“确定”按钮，如图4-27中⑥所示，结果如图4-27中⑦所示。

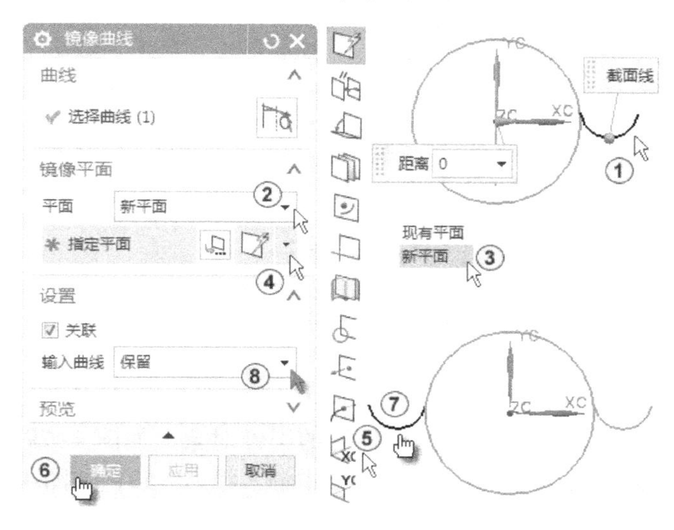

图4-27　镜像曲线

在“设置”选项组的“输入曲线”下拉列表中，可选择是否保留镜像前的曲线。

4.3.4　截面曲线

（1）功能

主要用来获得平面与指定的体、面或曲线之间创建相交的几何截面交线（曲线和平面相交创建点）。如果用一个平面与曲线相交，可得到一个点；一个平面与另一平面相交，可得到一截面交线。

（2）操作方法

单击“主页”选项卡中的“新建”按钮，系统弹出“新建”对话框，在“新建”对话框的“模型”列表框中选择模板类型为默认的“模型”，单位为默认的“毫米”，在“新文件名”文本框中选择默认的文件名称“_model3. prt”，指定文件路径“C:\”，单击“确定”按钮。

在“边框条”中选择“菜单”→“插入”→“设计特征”→“圆锥”，系统弹出“圆锥”对话框，选择一种绘制圆锥的操作方式，选择“指定矢量”为ZC，如图4-28中①～③所示。单击“点对话框”按钮，取默认值，单击“确定”按钮，如图4-28中④～⑥所示。输入底部直径和高度，单击“确定”按钮生成圆锥体，如图4-28中⑦～⑨所示。

单击快速访问工具栏中的“保存”按钮或者按组合键〈Ctrl＋S〉保存文件。

在“边框条”中选择“菜单”→“插入”→“派生曲线”→“截面”，系统弹出“截面曲线”对话框，选择剖切“类型”为默认的“选定的平面”，如图4-29中①②所示。

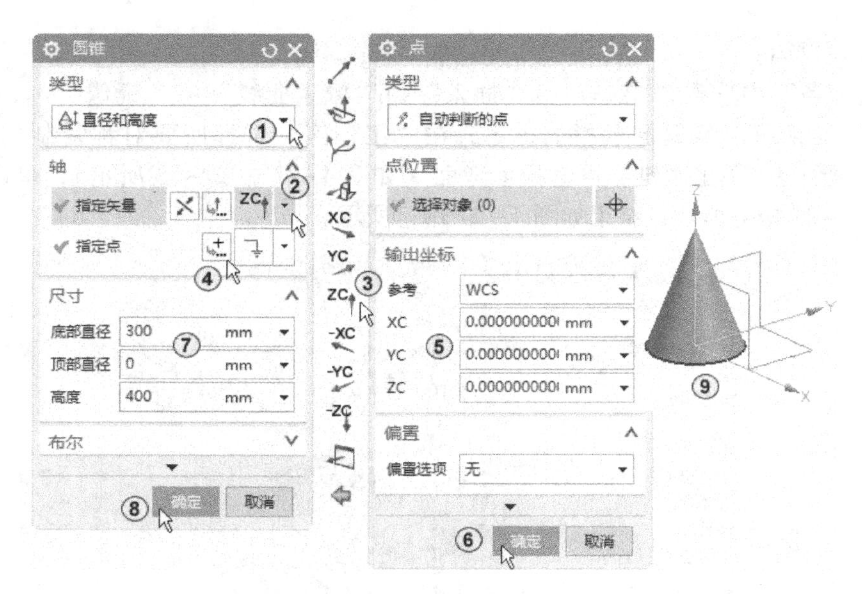

图 4-28　创建圆锥

根据提示栏的提示，在“工作区”选择要剖切的圆锥对象，如图 4-29 中③所示，单击中键。选取要剖切的平面 YC，在“距离”文本框中输入距离 -50，如图 4-29 中④~⑥所示，单击“确定”按钮完成截面曲线的生成，如图 4-29 中⑦⑧所示。

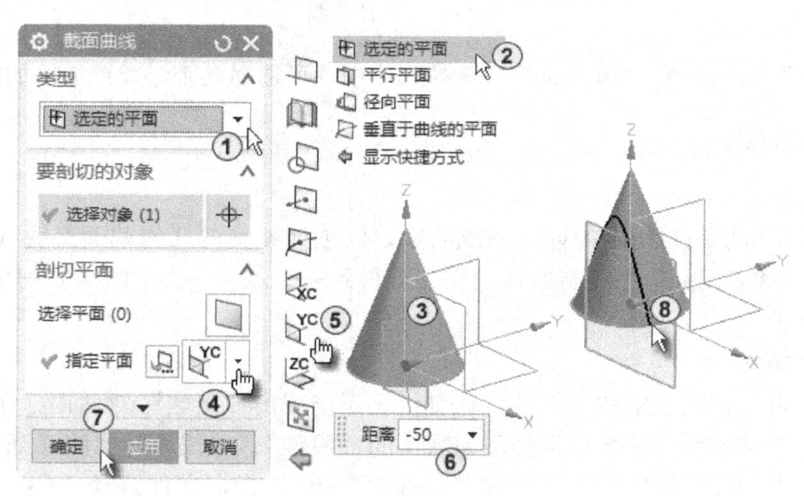

图 4-29　截面曲线 1

注意

如果所选表面为有界平面或者修剪过的表面，则建立的截面曲线将修剪到表面边缘为止。

“截面曲线”对话框的“类型”下拉列表中提供了 4 种类型：选定的平面、平行平面、径向平面和垂直于曲线的平面。选择不同的截面类型可以通过不同的方法生成截面曲线。

重新打开“_model3. prt”文件，在“边框条”中选择“菜单”→“插入”→“派生曲线”→“截面”，系统弹出“截面曲线”对话框，选择剖切“类型”为默认的“平行平面”，根据提示栏的提示，在“工作区”选择要剖切的圆锥对象，单击中键。选取要剖切的平面 ZC，在“起点”“终点”和“步长”文本框中输入参数，单击“确定”按钮完成截面曲线的生成，如图 4-30 中①～⑥所示。

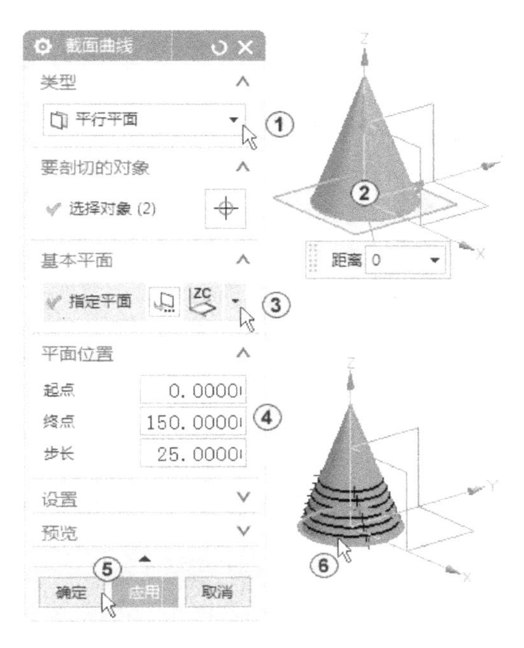

图 4-30　截面曲线 2

重新打开“_model3. prt”文件，在“边框条”中选择“菜单”→“插入”→“派生曲线”→“截面”，系统弹出“截面曲线”对话框，选择剖切“类型”为默认的“径向平面”，根据提示栏的提示，在“工作区”选择要剖切的圆锥对象，单击中键。选取要剖切的平面 ZC，单击“点对话框”按钮，在弹出的“点”对话框中设置点坐标（轴线和点即构成一个参考平面），单击“确定”按钮，如图 4-31 中①～⑥所示。在“剖切曲线”对话框的“起点”“终点”和“步长”文本框中输入参数，单击“确定”按钮完成截面曲线的生成，如图 4-31 中⑦～⑨所示。

注意

如果在曲线的相关操作中选择了“关联”，则源对象修改后，曲线也会自动修改。

4.3.5　相交曲线

（1）功能

生成两相交对象的交线，对象可以是一个表面、参考面、实体或者片体。相交曲线是关联的，会根据其定义对象的更改而更改。

（2）操作方法

打开第 1 章中的“_model3. prt”文件，单击窗口最左方的“部件导航器”按钮，展开“模型历史记录”，右击“拉伸（4）”，从弹出的快捷菜单中选择“可回滚编辑”，将“布尔”选项组中“布尔”修改为“无”，单击“确定”按钮，如图 4-32 中①～⑤

所示。

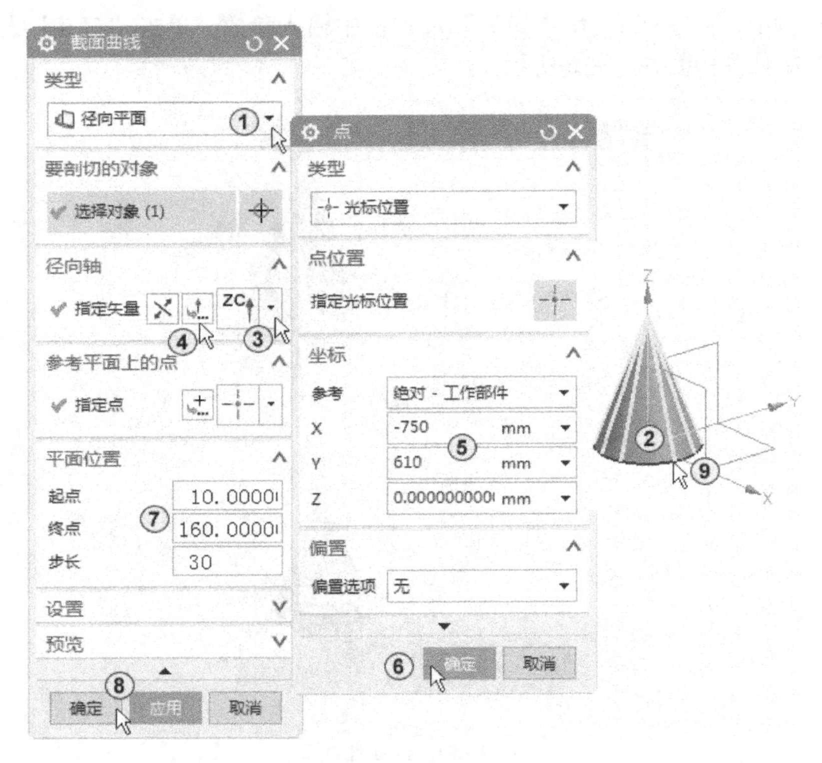

图 4-31　截面曲线 3

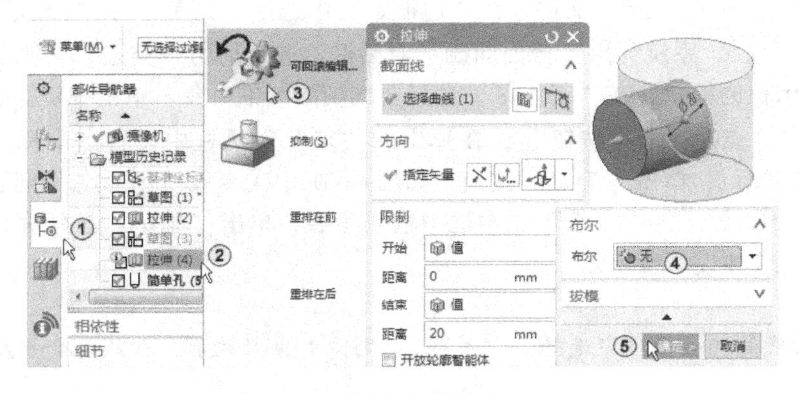

图 4-32　“布尔”修改为“无”

在“边框条”中选择“菜单”→“插入”→“派生曲线”→“相交”，系统弹出“相交曲线”对话框，根据提示栏的提示，在“工作区”选择要相交的第一组面，单击中键后，选择要相交的第二组面，单击“确定”按钮完成相交曲线的生成。选中“拉伸（4）”并右击，从弹出的快捷菜单中选择“隐藏”，其他特征也做类似操作，只保留“相交曲线”，如图 4-33 中①～④所示。

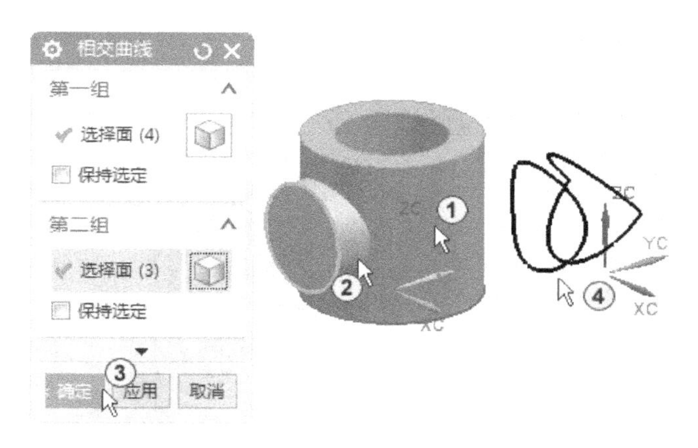

图 4-33　相交曲线

4.3.6　投影曲线

（1）功能

将一组曲线或者实体边界沿着指定的方向投影到指定表面上，从而产生一组新的曲线。投影方向可以设置成某一角度、某一矢量方向、向某一点方向或者设置成沿面的法向。如果投影曲线与面上的孔或面的边缘相交，则投影曲线会被面上的孔和边缘修剪。

（2）操作方法

在“边框条”中选择“菜单”→“插入”→“基准/点”→“基准平面”，系统弹出“基准平面”对话框，在“类型”选项组中选择“YC - ZC 平面”，在“距离”文本框中输入数值 30，单击“确定”按钮，如图 4-34 中①～④所示。

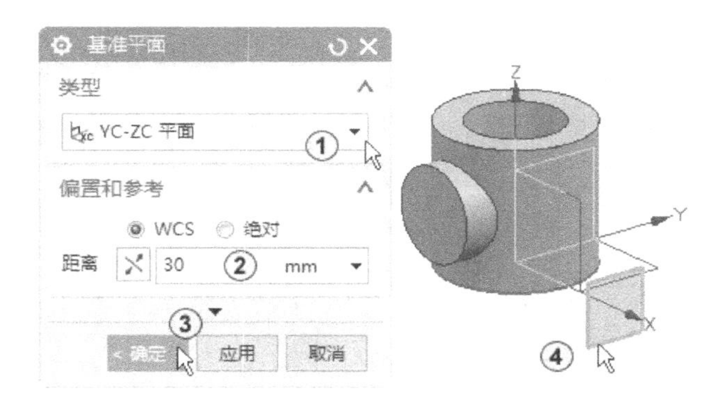

图 4-34　创建平面

在“边框条”中选择“菜单”→“插入”→“草图”，系统弹出“创建草图”对话框，选择刚刚创建的平面作为绘制草图平面，单击“确定”按钮，如图 4-35 中①②所示。进入草图绘制界面。

在“边框条”中选择“菜单”→“插入”→“曲线”→“椭圆”，系统弹出“椭圆”对话框，单击“点对话框”按钮，在“点”对话框中设置坐标，单击“确定”按钮，如图 4-36中①～③所示确定椭圆的圆心。根据提示栏的提示，输入参数，单击“确定”按钮，完成椭圆绘制，如图 4-36 中④～⑦所示。

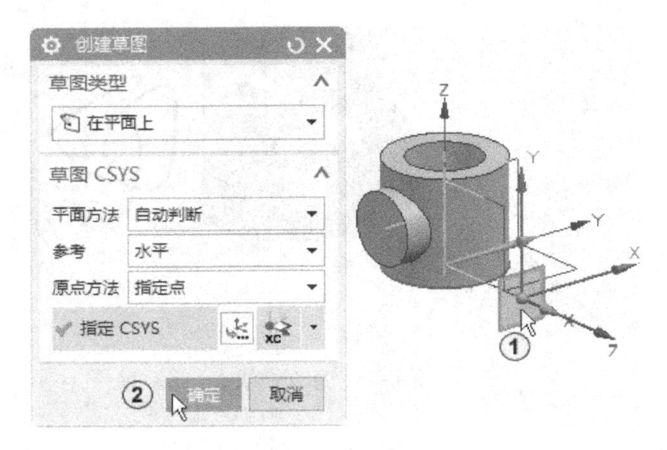

图 4-35　指定草图平面

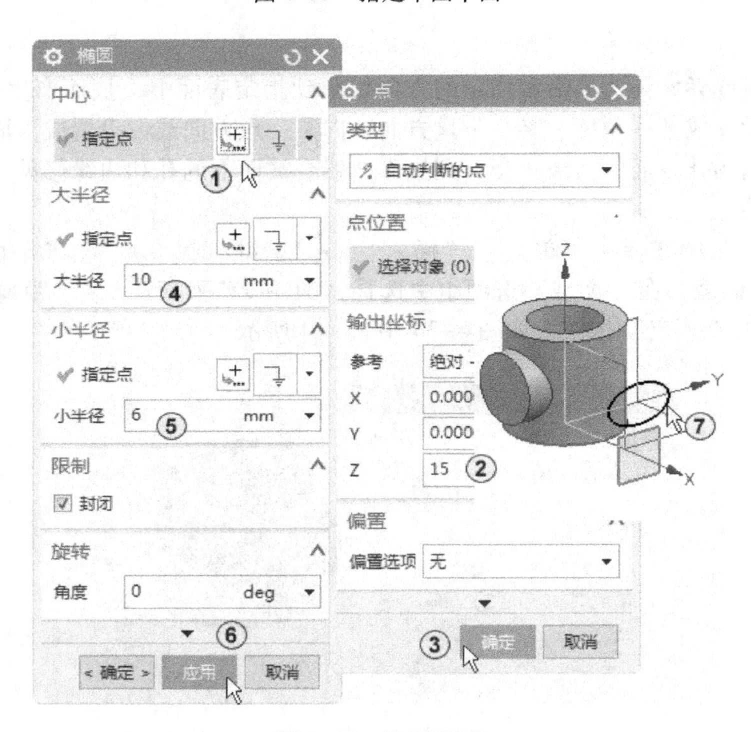

图 4-36　绘制椭圆

单击“主页”选项卡中的“完成”按钮或者按〈Ctrl + Q〉组合键退出草图环境。

在“边框条”中选择“菜单”→“插入”→“派生曲线”→“投影”，系统弹出“投影曲线”对话框，根据提示栏的提示，在“工作区”选择要投影的椭圆，单击中键。单击“选择对象”，选择圆柱面，在“投影方向”选择组的“方向”下拉列表中选择“沿面的法向”，其他参数取默认值，单击“确定”按钮完成曲线的投影，如图 4-37 中①～⑥所示。

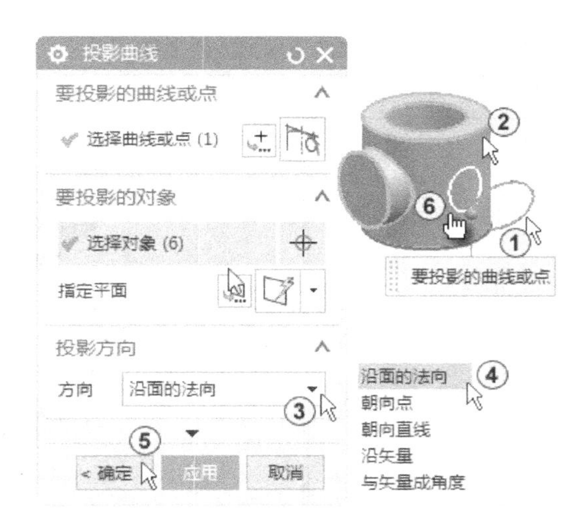

图 4-37　投影曲线

“投影方向”选择组的“方向”下拉列表中其他选项的含义如下。

1）沿面的法向：过要投影的曲线上的每一点向指定表面做垂线，由所有垂足构成的曲线即为投影曲线。

2）朝向点：过要投影的曲线上的每一点向指定点连线，连接直线与指定表面有一个交点，由所有的交点构成的曲线即为投影曲线。

3）朝向直线：过要投影的曲线上的每一点向指定直线做垂线，该垂线与指定表面有一个交点，由所有的交点构成的曲线即为投影曲线。

4）沿矢量：过要投影的曲线上的每一点与指定矢量相平行的直线，该直线与指定表面有一个交点或多个交点，由所有的交点构成的曲线即为投影曲线。

5）与矢量成角度：过要投影的曲线上的每一点作与指定矢量成一定角度的直线，该直线与指定表面有一个交点或多个交点，由所有的交点构成的曲线即为投影曲线。角度值的正负是以选定曲线的几何形心为参考点来设定的。曲线投影后，投影曲线向参考点方向收缩，则角度为负值（内向为负）；反之角度为正值（外向为正）。

4.4　螺旋槽丝锥

如图 4-38 所示的螺旋槽丝锥，其创建方法为先由回转生成丝锥基体，然后用螺旋线投影到回转片体上生成投影曲线，用投影曲线生成管道实体，将管道实体旋转复制出两个，在丝锥基体上添加螺纹，再将 3 个管道实体与丝锥基体作布尔求差操作生成螺旋槽丝锥，最后用对称求差拉伸和圆形阵列做出丝锥尾部。

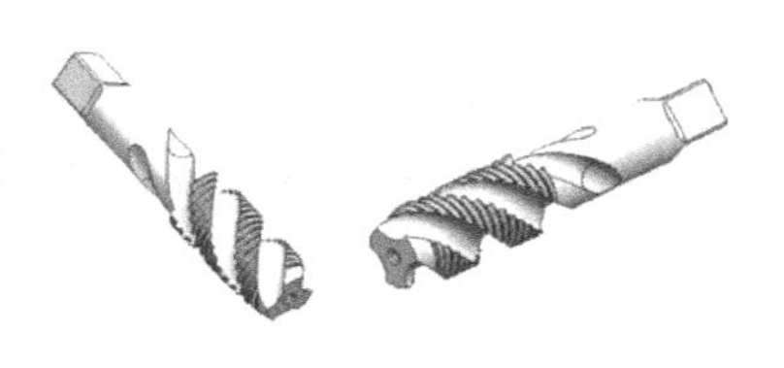

图 4-38　螺旋槽丝锥

创建螺旋槽丝锥模型的关键是螺旋管道曲线的创建，螺旋管道曲线要保证管道实体与丝锥基体布尔求差后的螺旋圆弧沟有渐收尾的效果。

创建螺旋槽丝锥的基本步骤如表 4-1 所示。

表 4-1　螺旋槽丝锥创建步骤

步　骤	实　例	说　明	步　骤	实　例	说　明
1		创建回转实体	6		旋转复制移动对象
2		创建回转片体	7		创建螺纹
3		创建螺旋线	8		创建布尔求差
4		创建投影曲线	9		创建求差拉伸
5		创建管道实体	10		创建圆形阵列

下面具体介绍螺旋槽丝锥的创建方法。

(1) 新建文件

单击“主页”选项卡中的“新建”按钮，系统弹出“新建”对话框，在“新建”对话框的“模型”列表框中选择模板类型为默认的“模型”，单位为默认的“毫米”，在“新文件名”文本框中选择默认的文件名称“luoxuansigong”，指定文件路径“C:\”，单击“确定”按钮。

(2) 创建基体和螺旋圆弧沟

1) 选择绘制草图平面，在“边框条”中选择“菜单”→“插入”→“在任务环境中绘制草图”，采用系统默认的坐标平面 YZ 作为绘制草图平面，单击“确定”按钮，进入草图绘制界面。

2) 绘制回转截面草图，标注尺寸，退出草图绘制。在“边框条”中选择“菜单”→“插入”→“草图曲线”→“直线”，绘制草图后在“边框条”中选择“菜单”→“插入”→“尺寸”→“快速”，标注尺寸，如图 4-39 中③所示。单击“主页”选项卡中的“完成”按钮或者按〈Ctrl + Q〉组合键退出草图环境。

3) 创建回转。在“功能区”选择“主页”→“直接草图”→“特征”“旋转”按钮

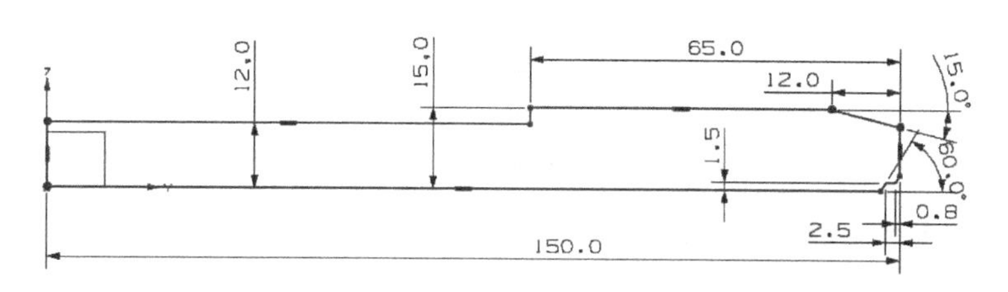

图 4-39　创建回转截面和

，系统弹出“旋转”对话框，这时系统要求选择回转截面，选择刚绘制的草图作为回转截面，单击“指定矢量”按钮旁的下拉列表按钮，从弹出的“矢量构成”下拉列表中选择“曲线/轴矢量”，选择直线作为回转轴，如图 4-40 中①~③所示。单击“点对话框”按钮，在“点”对话框中设置坐标，单击“确定”按钮，如图 4-40 中④~⑥所示。在“限制”选项组中，设置“开始”下的“角度”值为 D、“结束”下的“角度”值为 360，其他采用默认设置，单击“确定”按钮生成回转体，按〈Home〉键后显示为正三轴测图，如图 4-40 中⑦~⑨所示。

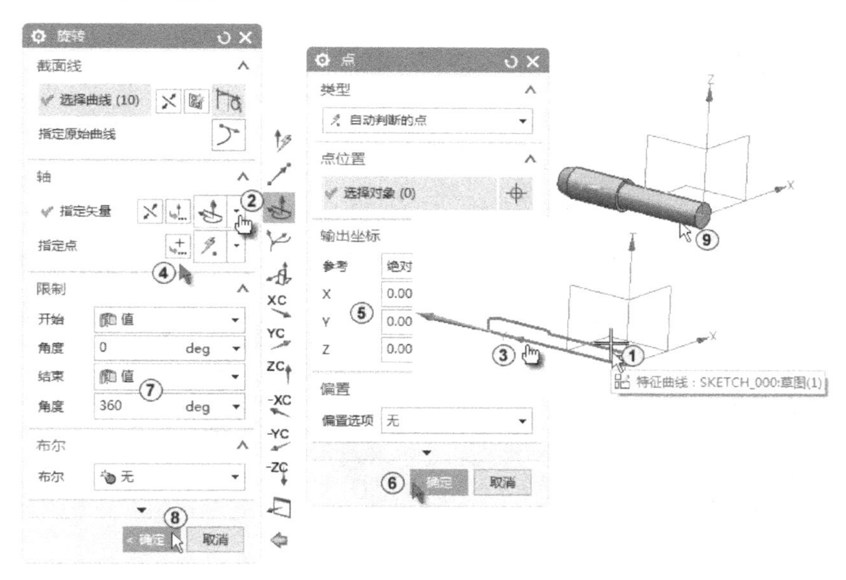

图 4-40　创建回转

4）选择绘制草图平面，在“边框条”中选择“菜单”→“插入”→“在任务环境中绘制草图”，选择采用系统默认的坐标平面 YZ 作为绘制草图平面，单击“确定”按钮，进入草图绘制界面。

5）绘制回转截面草图，标注尺寸，退出草图绘制。在“边框条”中选择“菜单”→“插入”→“草图曲线”→“直线”，绘制草图后在“边框条”中选择“菜单”→“插入”→“尺寸”→“快速”，标注尺寸，如图 4-41 所示。单击“主页”选项卡中的“完成”按钮或者按〈Ctrl + Q〉组合键退出草图环境。

6）创建回转。在“功能区”中选择“主页”→“直接草图”→“特征”→“旋转”按钮，系统弹出“旋转”对话框，这时系统要求选择回转截面，选择刚绘制的草图作为

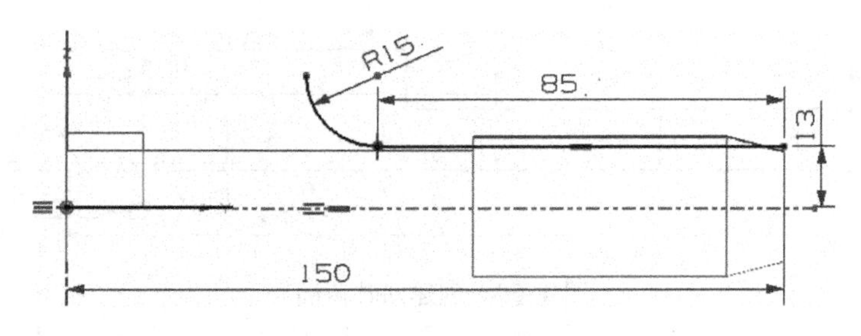

图 4-41　创建回转截面草图

回转截面，单击“指定矢量”按钮旁的下拉列表按钮，从弹出的“矢量构成”下拉列表中选择“曲线/轴矢量”，选择直线作为回转轴，如图 4-42 中①～③所示。单击“点对话框”按钮，在“点”对话框中设置坐标 X 为 0，Y 为 0，Z 为 0，单击“确定”按钮，如图 4-42 中④所示。在“限制”选项组中，设置“开始”下的“角度”值为 0、“结束”下的“角度”值为 360，在“体类型”下拉列表中选择“片体”，其他采用默认设置，单击“确定”按钮生成回转体，按〈Home〉键后显示为正三轴测图，如图 4-42 中⑤～⑧所示。

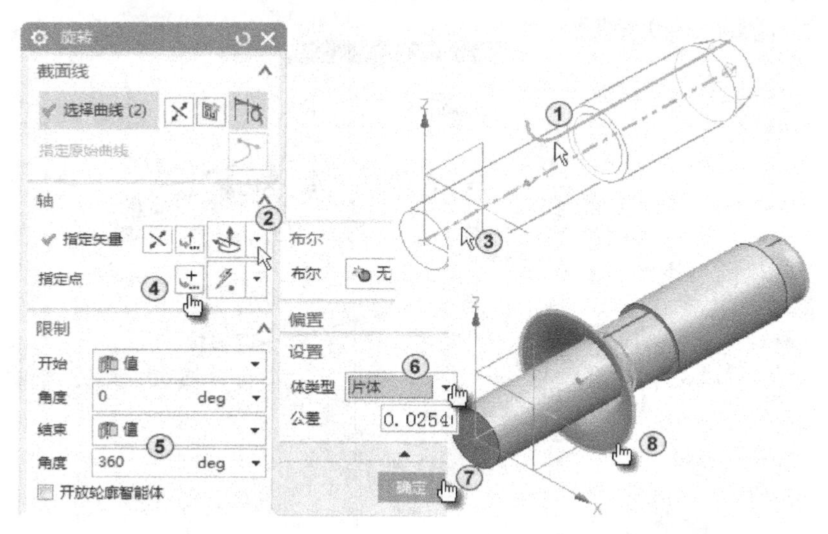

图 4-42　创建回转

7）移动坐标。隐藏“基准坐标系”“草图（1）”“旋转（2）”，旋转模型大约 180°，在“边框条”中选择“菜单”→“格式”→“WCS”→“原点”，激活改变工作坐标系原点功能。在弹出的“点”对话框中，选择“类型”为“圆弧中心/椭圆中心/球心”，选择圆边，单击“确定”按钮，如图 4-43 中①～④所示。按〈W〉键显示坐标。

8）旋转坐标。在“边框条”中选择“菜单”→“格式”→“WCS”→“旋转”，系统弹出“旋转 WCS 绕…”对话框，在 6 个确定旋转方向的单选项中选择“+XC 轴：YC→ZC”，在“角度”文本框中输入旋转的角度 90，单击“确定”按钮，如图 4-44中①～④所示。

图 4-43　创建移动原点

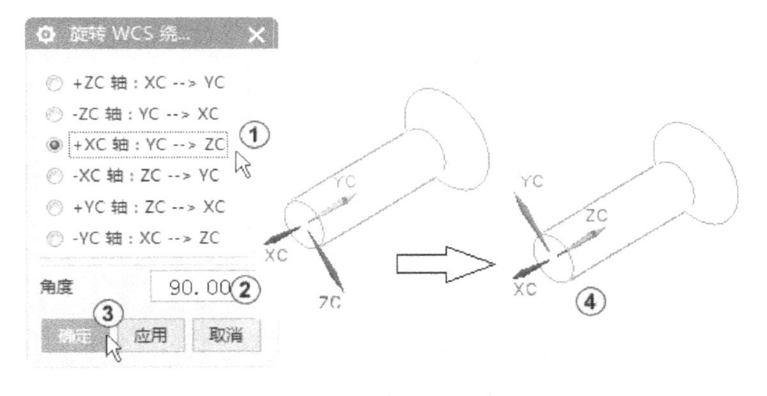

图 4-44　旋转坐标系

9）绘制螺旋线。在“边框条”中选择“菜单”→“插入”→“曲线”→“螺旋线”按，系统弹出“螺旋线”对话框，设置螺旋线的“半径”为 30，“螺距”为 95，“圈数”为 1，采用系统默认的“旋转方向”为“右手”，单击“CSYS 对话框”按钮，系统弹出“CSYS”对话框，选择类型为“X 轴，Y 轴，原点”，从预览中可以看到系统指定的点符合设计要求，单击“确定”按钮，系统返回到“螺旋线”对话框中，单击“确定”按钮完成螺旋线的创建，如图 4-45 中①～⑨所示。

10）创建投影曲线。在“边框条”中选择“菜单”→“插入”→“派生曲线”→“投影”，系统弹出“投影曲线”对话框，单击“要投影的曲线或点”选项组中的“选择曲线或点”，在“工作区”选择要投影的螺旋线，单击中键。单击“要投影的对象”选项组中的“选择对象”，选择圆柱面，在“投影方向”选项组的“方向”下拉列表中选择“朝向直线”，单击“选择直线”，如图 4-46 中①～④所示。在“工作区”选择如图 4-46 中⑤所

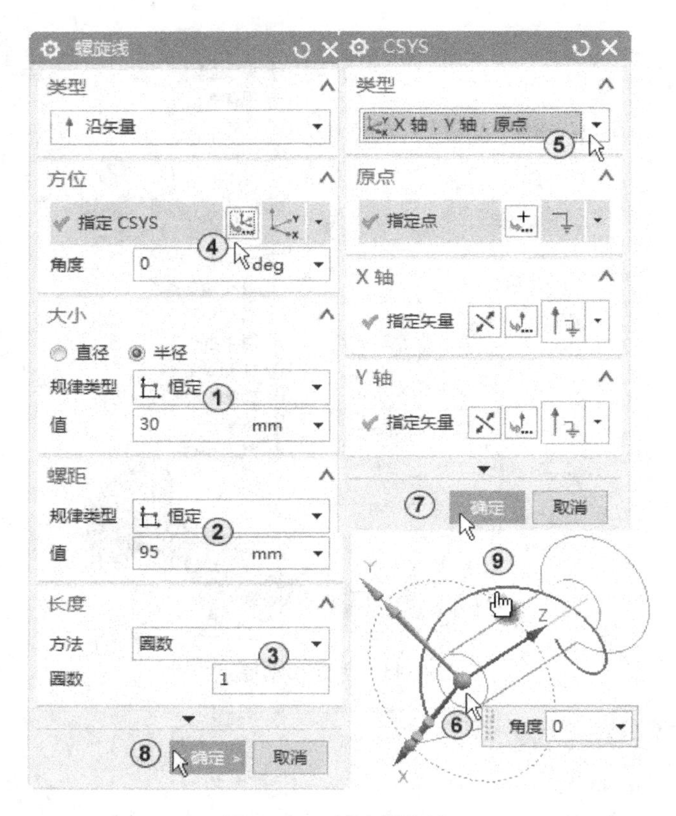

图 4-45　创建螺旋线

示的参考线，其他参数取默认值，单击“确定”按钮完成曲线的投影，如图 4-46 中⑥⑦所示。

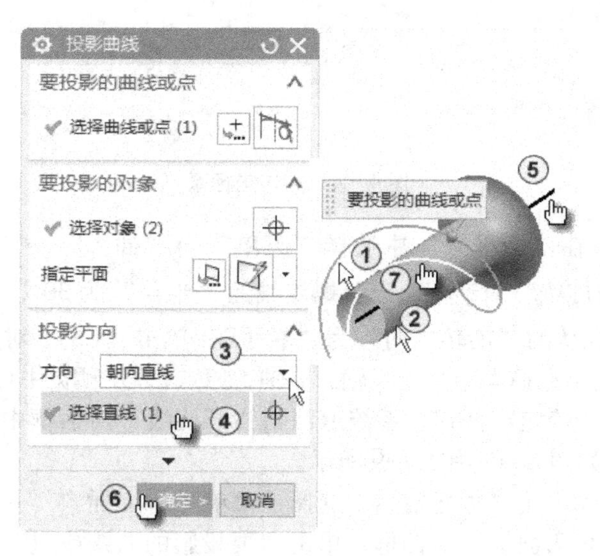

图 4-46　创建投影曲线

11）创建管道。在“边框条”中选择“菜单”→“插入”→“扫掠”→“管道”，系统弹出“管道”对话框，在“路径”选项组中选择“选择曲线”，在“工作区”选择投影曲线作为路径；在“横截面”选项组中输入“外径”为12，“内径”为0；在“设置”选项组中选择“输出”为“单段”，其他采用默认设置，单击“确定”按钮完成管道创建，如图4-47中①～⑤所示。

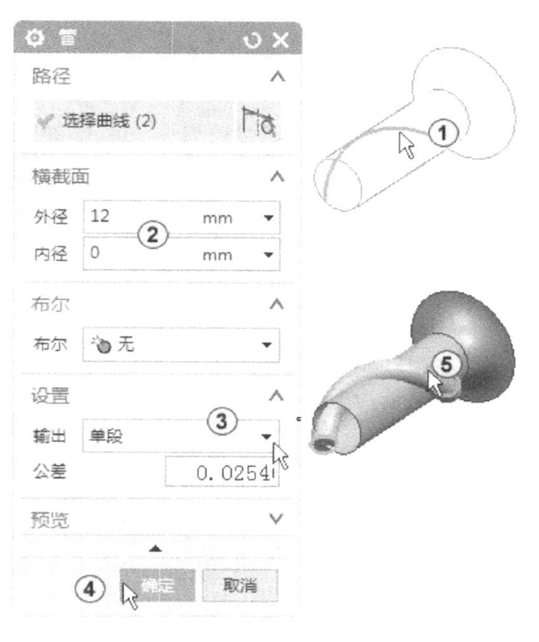

图4-47 创建管道特征

12）创建偏置面。在“边框条”中选择“菜单”→“插入”→“偏置/缩放”→“偏置”，系统弹出“偏置面”对话框，在“要偏置的面”选项组中选择“选择面”，在“工作区”选择面，在“偏置”选项组的“偏置”文本框中输入10，其他采用默认设置，单击“确定”按钮，如图4-48中①～④所示。

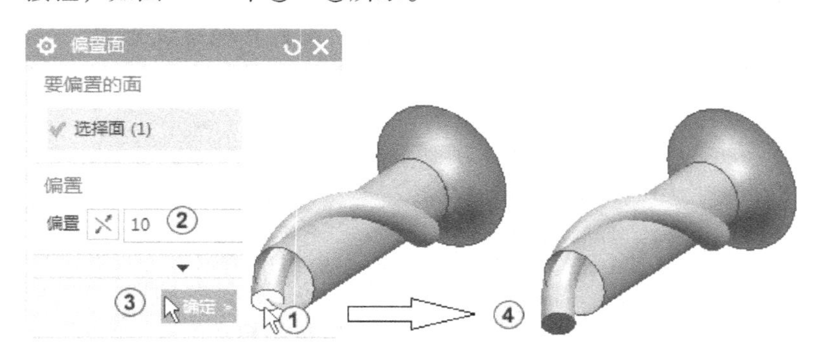

图4-48 创建偏置面

13）移动对象旋转复制。在“边框条”中选择“菜单”→“编辑”→“移动对象”，系统弹出“移动对象”对话框，在“对象”选项组中选择“选择对象”，在“工作区”选择如图4-49中①所示的管道实体，在“变换”选项组的“运动”下拉列表中选择“角度”；单击“指定矢量”，并选择ZC轴作为旋转轴；单击“点对话框”按钮，系统弹出“点”对话框，采用默认的 X 为 0，Y 为 0，Z 为 0，单击“点”对话框中的“确定”按钮，返回“移动对象”对话框；输入“角度”为 120，在“结果”选项组中单击“复制原先的”单选按钮，输入“非关联副本数”为 2，单击“确定”按钮，如图 4-49 中①~⑨所示。

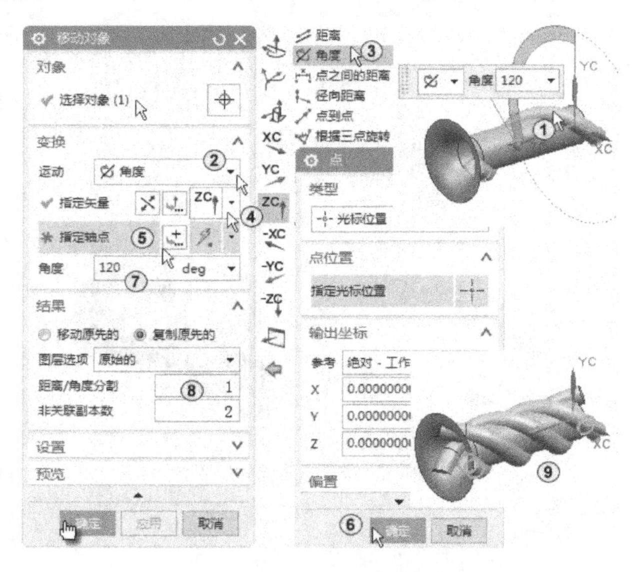

图 4-49　旋转复制移动对象

14）创建螺纹。在“边框条”中选择“菜单”→“插入”→“设计特征”→“螺纹”按钮，系统弹出“螺纹切削”对话框。选择“螺纹类型”为“详细”，在“工作区”选择圆柱面作为创建螺纹面。单击“选择起始”按钮，如图 4-50 中①~③所示。系统弹出另一个“螺纹切削”对话框，要求选择螺纹起始面，单击如图 4-50 中④箭头所指的端面作为螺纹起始面，系统弹出螺纹“起始条件”的另一个“螺纹切削”对话框，选择“延伸通过起点”，单击“确定”按钮，如图 4-50 中⑤⑥所示。设置其他螺纹参数，单击“确定”按钮，如图 4-50 中⑦~⑨所示。

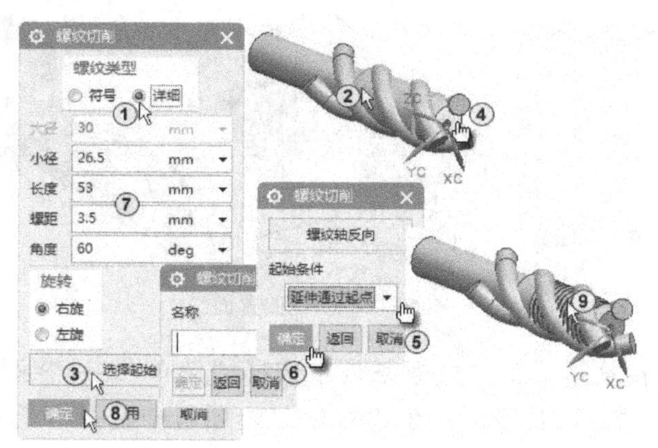

图 4-50　创建螺纹

15）创建布尔求差操作。在“功能区”中选择“主页”→“特征”→“求差”按钮，系统弹出“求差”对话框，在“目标”选项组中选择“选择体”，如图 4-51 中①②所示。在“工作区”选择如图 4-51 中③所示的螺旋槽丝锥基体作为目标体，在“工具”选项组中单击“选择体”，选择如图 4-51 中⑤所示的 3 个管道实体，单击“确定”按钮完成求差操作，结果如图 4-51 中⑦所示。

（3）创建螺旋槽丝锥尾部

1）选择绘制草图平面。在“边框条”中选择“菜单”→“插入”→“在任务环境中绘制草图”，采用系统默认的坐标平面 XY 作为绘制草图平面，单击“确定”按钮，进入草图绘制界面。

2）绘制求差拉伸，退出草图绘制。用矩形工具绘制出一个矩形，然后用圆角工具将矩形右下角倒 R5 圆角，用镜像工具将草图镜像到右边，用尺寸工具标注出尺寸，结果如图 4-52所示。单击“主页”选项卡中的“完成”按钮或者按〈Ctrl + Q〉组合键退出草图环境。

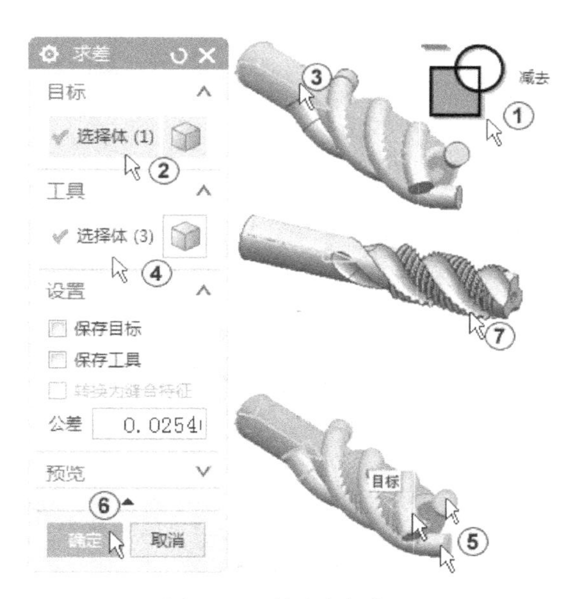

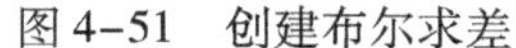
图 4-51　创建布尔求差

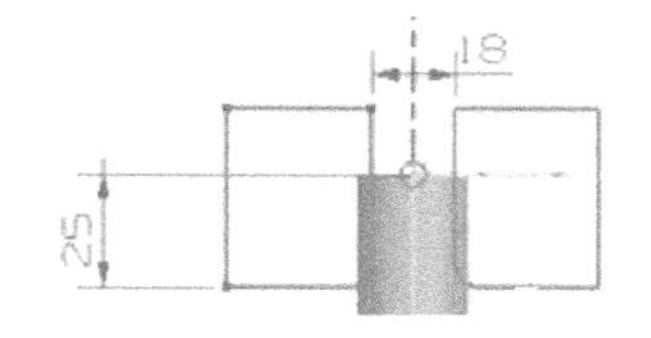

图 4-52　绘制拉伸截面草图

3）创建求差拉伸。单击“特征”工具条中的“拉伸”按钮，系统弹出“拉伸”对话框，在“截面线”选项组中单击“选择曲线”，这时系统要求选择拉伸截面，选择刚绘制的草图作为拉伸截面，在“拉伸”对话框的“限制”选项组中选择“结束”为“对称值”，输入“距离”为 30；在“布尔”选项组中选择“求差”，如图 4-53 中①～⑤所示，单击“选择体”，选择如图 4-53 中⑥所示的实体，单击“确定”按钮完成求差拉伸操作，拉伸结果如图 4-53 中⑦⑧所示。

4）创建圆形阵列。在“边框条”中选择“菜单”→“插入”→“关联复制”→“阵列特征”按钮，系统弹出“阵列特征”对话框，在“工作区”或者设计树中选择刚刚生成的“拉伸（14）”特征作为圆形阵列对象。在“布局”下拉列表中，选择“圆形”，在“指定矢量”下拉列表中，选择“ZC”，单击“点对话框”按钮，选择“指定光标位置”，在“工作区”选择坐标原点，单击“点”对话框中的“确定”按钮，如4-54中①～⑥所示。在“角度方向”选项组中输入“数量”为2，输入“节距角”为90，单击“确定”按钮，如图4-54⑦～⑨所示。

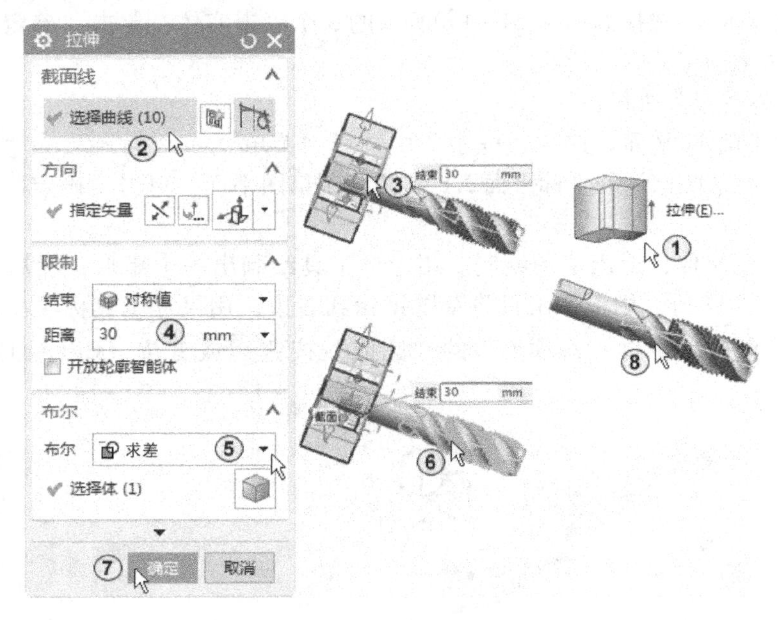

图4-53　创建求差拉伸

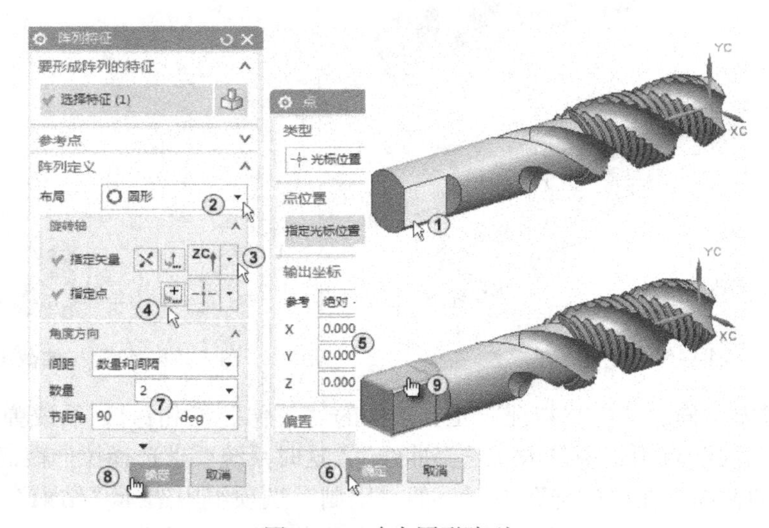

图4-54　确定圆形阵列

5）创建倒斜角。在“边框条”中选择“菜单”→“插入”→“细节特征”→“倒斜角”按钮，弹出“倒斜角”对话框。在“边”选项组中单击“选择边”，选择如图4-55中①所示的边，在“偏置”选项组中选择“横截面”为“对称”，输入“距离”为0.5，单击“确定”按钮完成倒斜角操作，如图4-55中②～④所示。

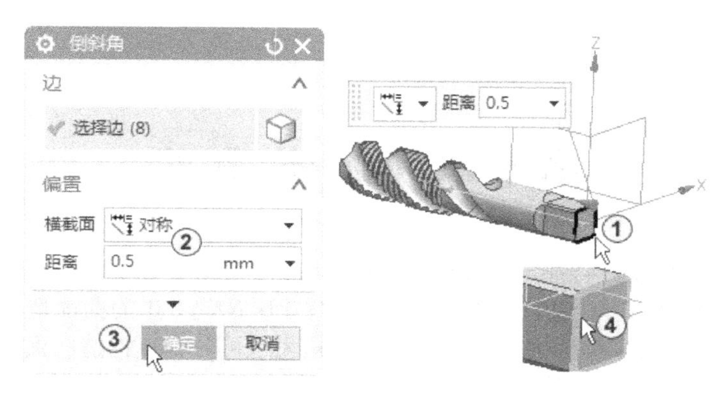

图 4-55　创建倒斜角

4.5　习题

1. 问答题

(1) 点构造器提供了多少种在图形窗口中直接指定点的方法？试简述各自的功能。

(2) 如何绘制变半径螺旋线？

(3) 2 曲线倒圆选择对象时，选择顺序是否对所得到的圆弧有影响？

(4) 如何利用“直线”对话框绘制平行线？

(5) 在“基本曲线”对话框中的裁剪命令是否能用于延长一直线到某一边界？

(6) 相交曲线和截面曲线有何差异？

2. 操作题

(1) 绘制如图 4-56 所示的方形弹簧。

(2) 绘制如图 4-57 所示的绞线。

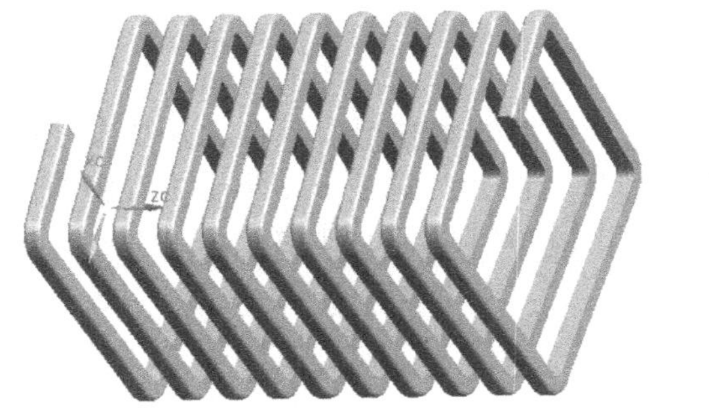
图 4-56　方形弹簧

图 4-57　绞线

第5章　曲面造型

设计产品时，只用实体特征建立模型是远远不够的，对于复杂的产品，通常要用曲面特征来创建其轮廓和外形或将几个曲面缝合成一个实体。UG NX 11.0 的曲面造型功能能设计出各种复杂的形状。曲面（UG 中称为片体）造型的方式大致可分为点构造曲面、曲线构造曲面和基于已有曲面构造新曲面3大类。点构造曲面（通过点/从极点/由点云）是非参数化的，即生成的曲面与原始构造点不关联，当编辑构造点后，曲面不会产生关联性的更新变化。构造曲面时最好使用参数化的方法（曲线构造曲面和基于已有曲面构造新曲面）来构建。

线组成了面，面组成了体，因此曲线的构造是曲面造型的基础，高质量的曲线才能构成高质量的曲面。高质量的曲线至少是无尖角、重叠、交叉、断点等，曲线很顺畅。

曲面构造的基本原则是尽量少用非参数化命令构建曲面（点或从点云等方法）；构造曲面的曲线尽可能用草图的方法生成；编辑曲面时尽量用参数化的方法，即使用编辑特征参数的操作，而不用编辑曲面操作中的方法，若必须使用编辑曲面操作中的方法，建议采用编辑复制体的方法；尽可能用实体修剪、抽壳的方法建模。此外边界曲线应尽可能简单，曲线阶次应小于或等于3（阶次是一个数学概念，是定义自由形状特征的3次多项式方程最高次数，UD NX 11.0 用同样的概念定义曲面，每个曲面包含 U、V 两个方向的阶次，它们必须为2～24，阶次越高，系统运算的速度越慢）；尽可能少使用高次自由形状，特征曲线应光滑连续，避免产生尖角、交叉和重叠；曲率半径应尽可能大，否则会造成加工困难；避免构造非参数化特征；若有测量的数据点，可先生成曲线，再用曲线生成曲面；面之间的倒圆过渡应尽可能在实体上进行；对于复杂的曲面，通常是采用曲面构造的方法生成主要的或大面积的曲面片体，然后通过曲面的过渡连接、光顺处理、曲面编辑等方法来完成整体造型。

本章的主要内容是 UG NX 11.0 的一些基本曲面的绘制、曲面的编辑等。

本章的重点是基本曲面的建立。

本章的难点是建模前对曲面特征的分析和构建。

在建模绘图环境中，按〈F4〉键，系统弹出“定制”对话框，选择“选项卡/条”，选中“曲面”复选框，单击“关闭”按钮。在功能区“曲面”选项卡中集中了许多曲面的操作，如“曲面”“曲面操作”和“编辑曲面”，如图5-1中①～⑥所示。

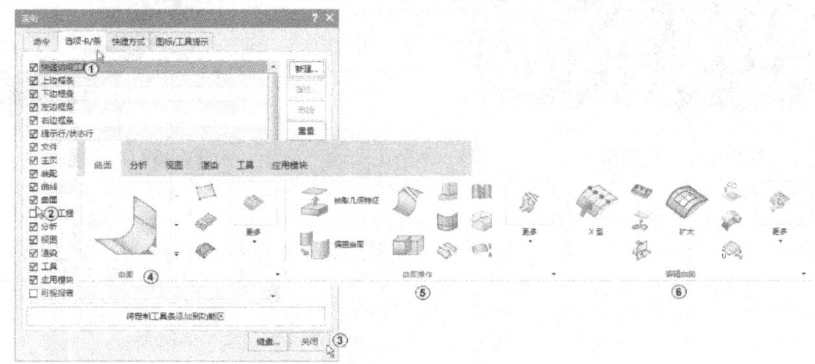

图5-1　“曲面”选项卡

由于篇幅限制，本章将通过具体实例介绍常用的曲面造型工具和曲面造型的一般过程。

5.1 风扇

如图 5-2 所示是由风扇支架和风扇叶两部分组成的风扇。风扇支架由拉伸、圆周阵列等特征来创建；风扇叶由拉伸、剪裁体和移动对象等特征来创建；最后添加边倒圆和倒斜角细节特征完成风扇模型的创建。

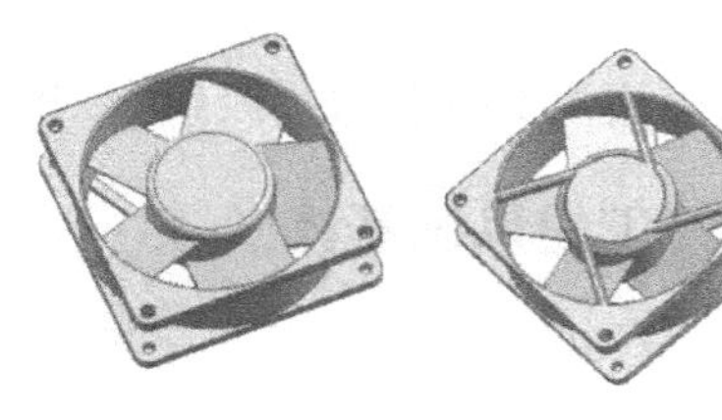

图 5-2　风扇

5.1.1 创建风扇的过程分析

创建风扇模型的关键是风扇叶片的创建，如何将风扇叶片摆放在合理的位置是使风扇整体形状美观的关键。

创建风扇的基本步骤如表 5-1 所示。

表 5-1　风扇创建步骤

步　骤	实　例	说　明	步　骤	实　例	说　明
1		绘制风扇拉伸草图	7		创建圆形阵列
2		创建拉伸	8		拉伸创建风扇叶片
3		创建求差拉伸	9		拉伸创建剪裁风扇叶片片体
4		创建拉伸	10		剪裁体创建风扇叶片端部
5		添加倒斜角、边倒圆	11		阵列创建 5 片风扇叶片
6		创建拉伸并求和	12		添加边倒圆

下面具体介绍风扇的创建方法。

选择“文件”→“新建”按钮，系统弹出“新建”对话框，在“新建”对话框的“模型”列表框中选择模板类型为默认的“模型”，单位为默认的“毫米”，在“新文件名”文本框中输入文件名称“风扇”，指定文件路径“C:\”，单击“确定”按钮。

5.1.2 创建风扇基体

1）选择绘制草图平面。单击“主页”选项卡中的“草图”按钮，系统弹出“创建草图”对话框，在“草图类型”下拉列表中选择“在平面上”，在“平面方法”下拉列表中选择“自动判断”，选择如图5-3所示的XY基准面作为绘制草图平面。单击“确定”按钮，进入草图绘制界面。

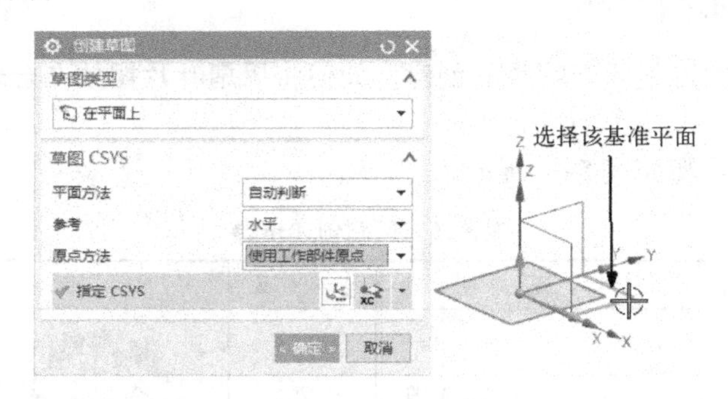

图5-3 选择绘制草图平面

2）绘制矩形，标注尺寸。在“功能区”中选择“主页”→“直接草图”→“矩形”按钮，绘制出一个矩形。单击“快速尺寸”按钮，标注如图5-4中所示的尺寸，矩形的长和宽都是100，矩形的两边距离坐标中心都为50。

3）绘制圆，标注尺寸。在“功能区”中选择“主页”→“直接草图”→“圆”按钮，绘制出3个同心圆，圆心为坐标原点。在“快速尺寸”下拉列表中选择“径向尺寸”，如图5-5所示，标注如图5-6所示的尺寸，3个同心圆的直径分别为ϕ99、ϕ95、ϕ48。

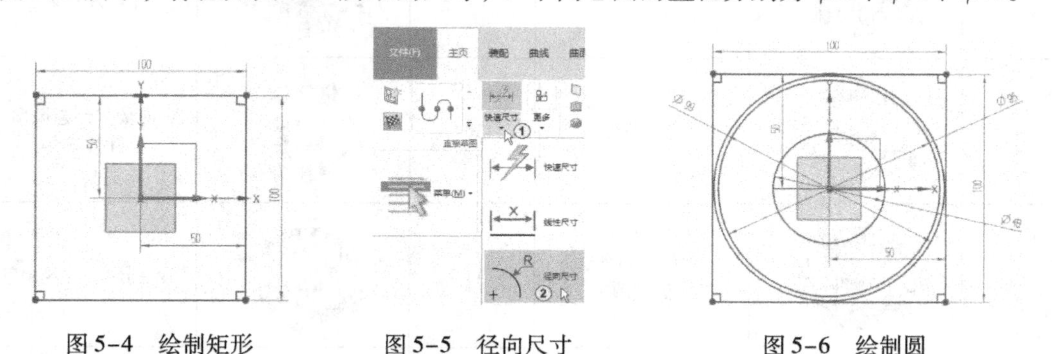

图5-4 绘制矩形　　图5-5 径向尺寸　　图5-6 绘制圆

4）绘制圆角和圆，退出草图绘制。在“功能区”中选择“主页”→“直接草图”→“圆角”按钮，系统弹出“圆角”对话框，选择“圆角方法”为“修剪”，然后在鼠标附近的动态输入框中输入圆角半径8，选择要执行圆角操作矩形的两条边，完成圆角创建。单击“曲线”选项板中的“圆”按钮，绘制出4个ϕ4.5的圆，圆心分别落在R8的圆心上。草图绘制结果如图5-7所示。单击“完成”按钮退出草图绘制。

5）创建拉伸。单击“主页”选项卡中的“拉伸”按钮，系统弹出“拉伸”对话框，在“边框条”的“选择过滤器”中选择“相连曲线”，如图 5-8 所示。这时系统要求选择拉伸截面，选择如图 5-9 中①～③所示的曲线作为拉伸截面线，截面线包括带圆角的矩形、ϕ95 的圆、4 个 ϕ4.5 的圆，在“拉伸”对话框的“限制”选项组中，选择“开始”为“值”，输入“距离”为 0；选择“结束”为“值”，输入“距离”为 35，其他采用默认设置；单击“确定”按钮完成拉伸操作，拉伸结果如图 5-10 所示。

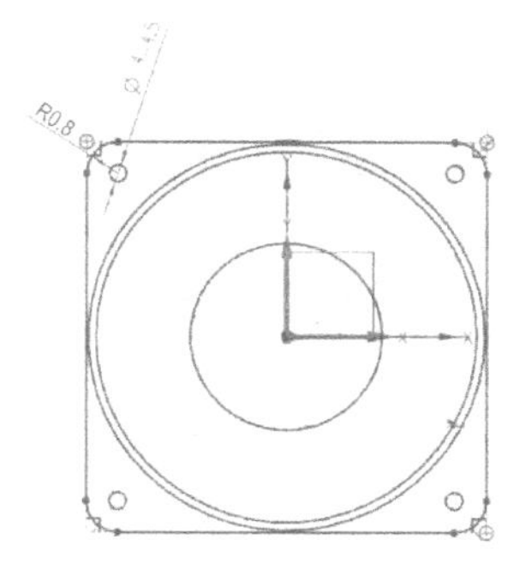

图 5-7　草图绘制结果

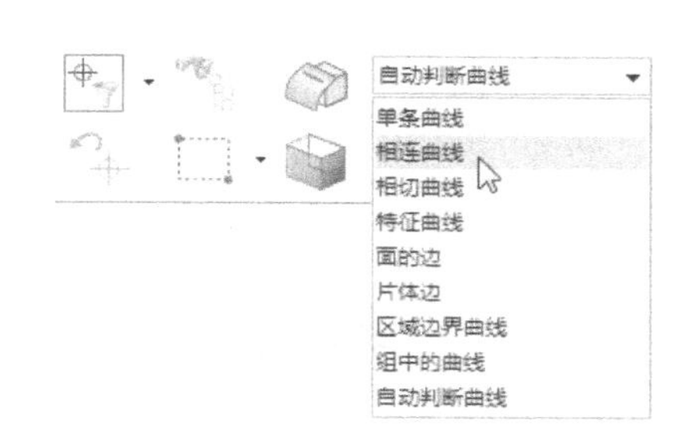

图 5-8　选择方式过滤

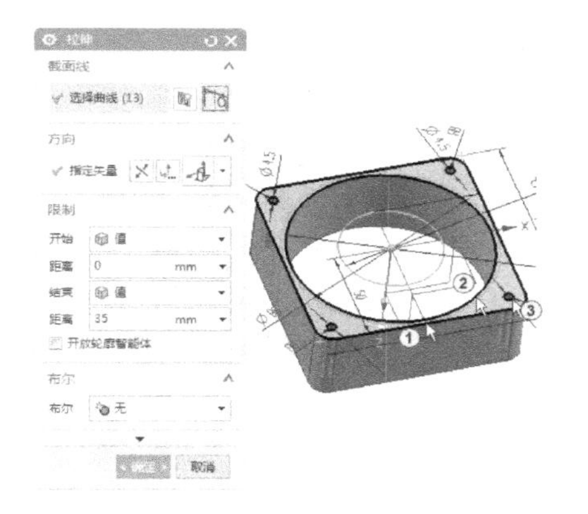

图 5-9　“拉伸”对话框和截面线

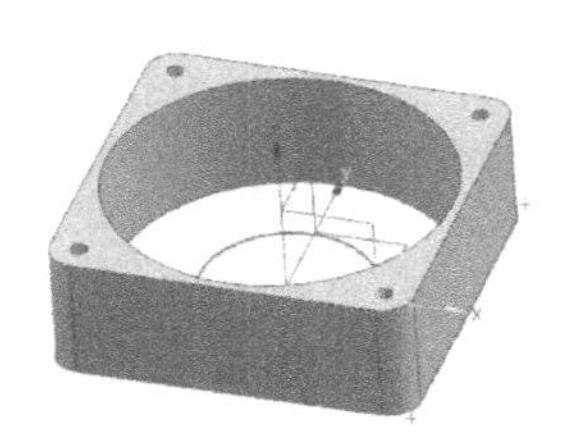

图 5-10　拉伸结果

6）创建求差拉伸。单击“主页”选项卡中的“拉伸”按钮，系统弹出“拉伸”对话框，在“边框条”的“选择过滤器”中选择“相连曲线”，这时系统要求选择拉伸截面；选择如图 5-11 所示的曲线作为拉伸截面线，截面线包括带圆角的矩形、ϕ99 的圆；在“拉伸”对话框的“限制”选项组中，选择“开始”为“值”，输入“距离”为 5；选择“结束”为“值”，输入“距离”为 30；在“布尔”下拉列表中选择“减去”，单击选择上一步创建的体，其他采用默认设置；单击“确定”按钮完成拉伸操作，再单击“取消”按钮关闭“拉伸”对话框，拉伸结果如图 5-12 所示。

7）创建拉伸。单击“主页”选项卡中的“拉伸”按钮，系统弹出“拉伸”对话框，在“边框条”的“选择过滤器”中选择“相连曲线”。这时系统要求选择拉伸截面，选择如图 5-13 所示的曲线作为拉伸截面线，截面线为 ϕ48 的圆；在“拉伸”对话框的“限制”选项组中，选择“开始”为“值”，输入“距离”为 0；选择“结束”为“值”，输入距离为33，在“布尔”下拉列表中选择“无”，其他采用默认设置，单击“确定”按钮完成拉伸操作，拉伸结果如图5-14所示。

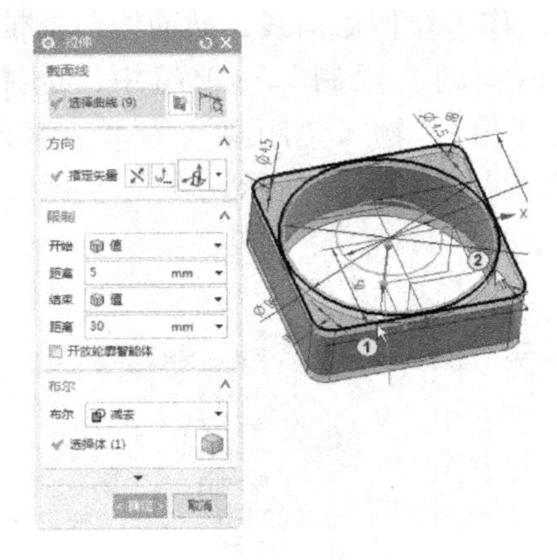

图5-11　创建求差拉伸

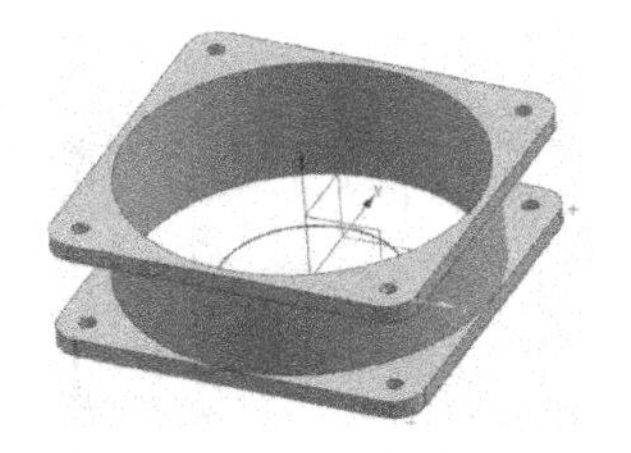

图5-12　求差拉伸结果

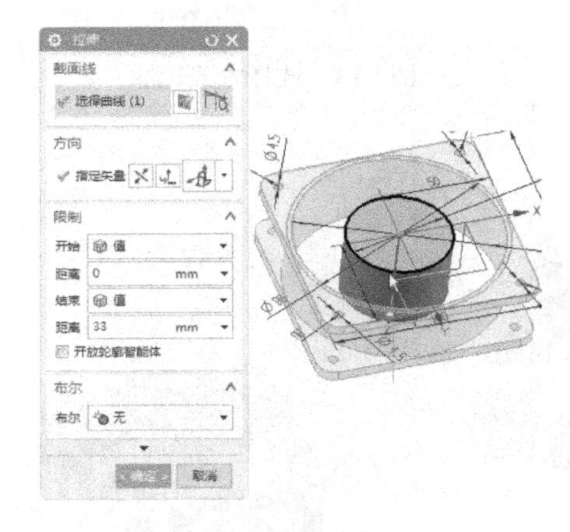

图5-13　创建拉伸

图5-14　拉伸结果

8）创建边倒圆。在“功能区”中选择“主页”→“特征”→“边倒圆”按钮，系统弹出“边倒圆”对话框，在“半径1”文本框中输入3，单击“选择边”，选择如图5-15所示的边线作为倒圆对象，其他的采用默认设置，单击“确定”按钮完成边倒圆操作，结果如图5-16所示。

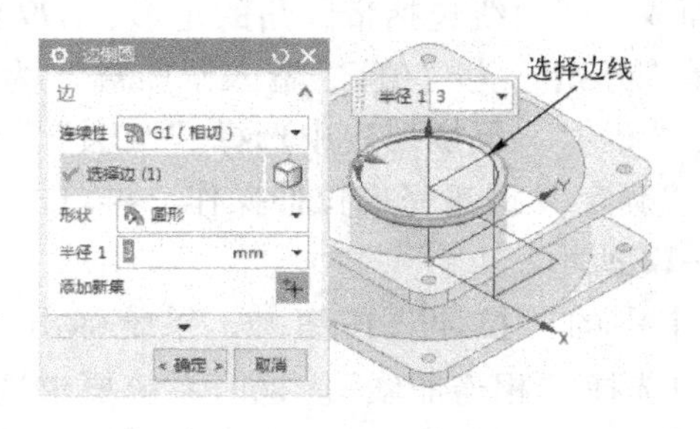

图5-15　创建边倒圆

图5-16　边倒圆结果

9）创建倒斜角。旋转模型，隐藏草图 1。在“功能区”中选择“主页”→“特征”→“倒斜角”按钮，系统弹出“倒斜角”对话框；在“偏置”选项组中选择“横截面”为“对称”，输入“距离”为 4，单击“选择边”，选择如图 5-17 所示的边，单击“确定”按钮完成倒斜角操作。结果如图 5-18 所示。

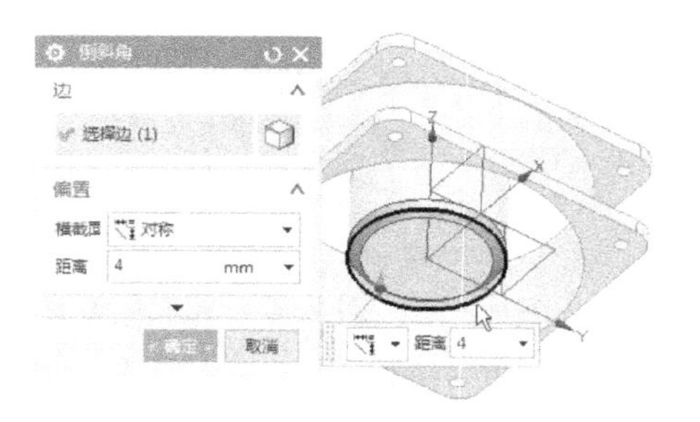

图 5-17　创建倒斜角

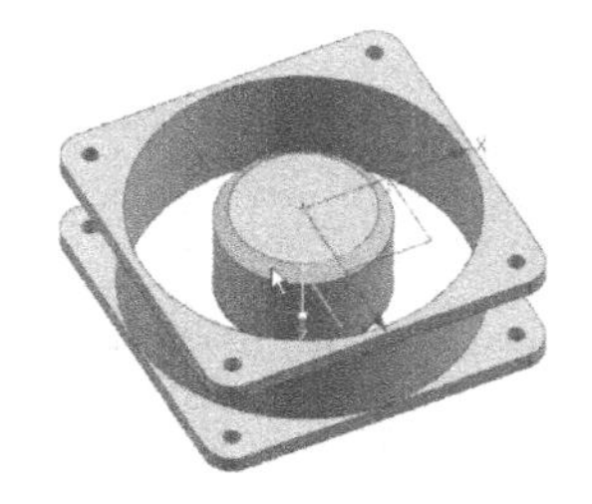

图 5-18　倒斜角结果

5.1.3　创建风扇支架

1）选择绘制草图平面。单击“主页”选项卡中的“草图”按钮，系统弹出“创建草图”对话框，在“草图类型”下拉列表中选择“在平面上”，在“平面方法”下拉列表中选择“自动判断”，选择如图 5-19 所示的 XY 基准面作为绘制草图平面。单击“确定”按钮，进入草图绘制界面。

2）绘制直线，转换构造线，偏置曲线。单击“主页”选项卡中的“直线”按钮，绘制出 3 条直线，两条相交直线的 4 个端点分别落在 ϕ4.5 的圆上。将 3 条直线转换成构造线，如图 5-20 中①～③所示。然后标注尺寸（注：在标注尺寸时可以将模型的显示方法切换为静态线框模式）。

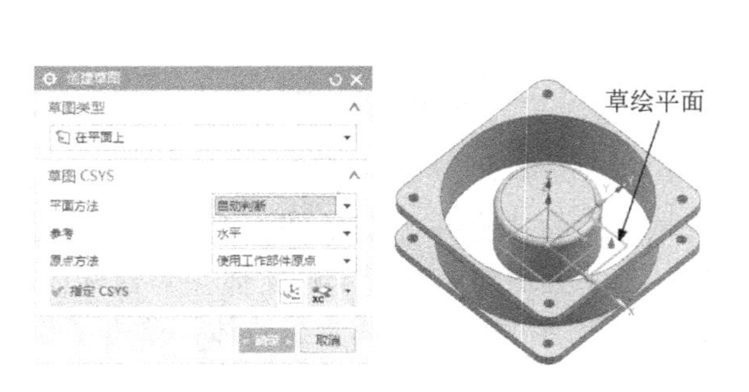

图 5-19　选择绘制草图平面

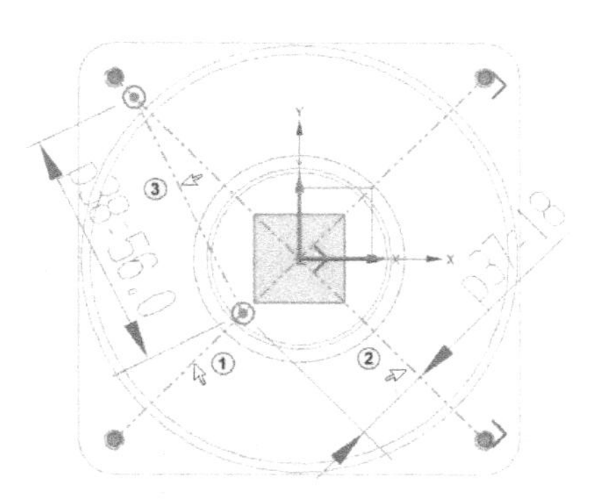

图 5-20　绘制 3 条直线并转换成构造线

在“功能区”中选择“主页”→“曲线”→“偏置曲线”按钮，系统弹出“偏置曲线”对话框，在“偏置”选项组中选择“创建尺寸”和“对称偏置”复选框，输入“距离”为 2，输入“副本数”为 1，在“要偏置的曲线”选项组中单击“选择曲线”，选择如图 5-21 中①所示的直线，单击“确定”按钮，完成曲线偏置操作。然后单击“直线”按钮，将两端开口封闭。单击“完成”按钮退出草图绘制，草图绘制结果如图 5-22 所示。

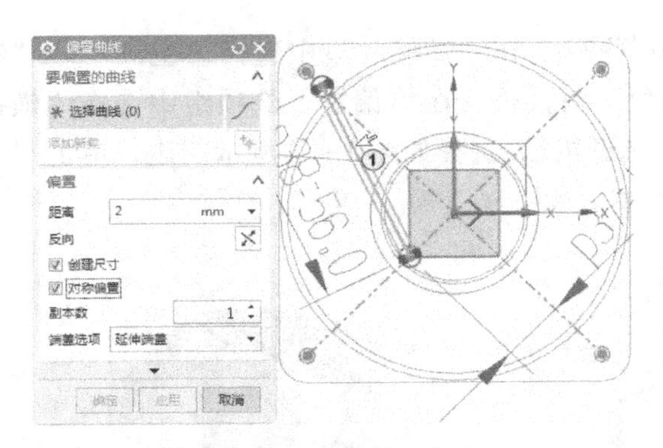

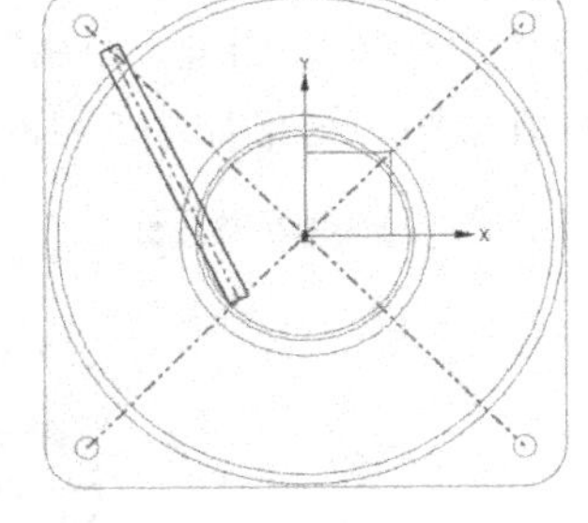

图 5-21　对称偏置曲线　　　　图 5-22　完成草图绘制

3）创建拉伸。单击“主页”选项卡中的“拉伸”按钮，系统弹出“拉伸”对话框，在“边框条”的“选择过滤器”中选择“相连曲线”。这时系统要求选择拉伸截面，选择刚绘制的 4 条直线为截面线，在“拉伸”对话框的“限制”选项组中，选择“开始”为“值”，输入“距离”为0，选择“结束”为“值”，输入“距离”为4；在“布尔”下拉列表中选择“无”，其他采用默认设置，如图 5-23 所示，单击“确定”按钮完成拉伸操作，拉伸结果如图 5-24 所示（注：隐藏截面草图）。

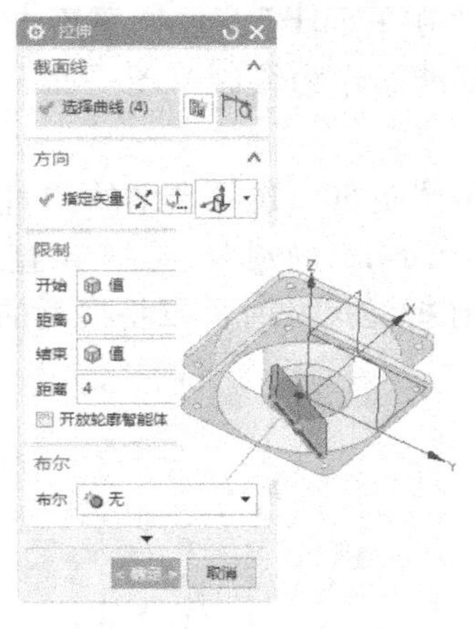

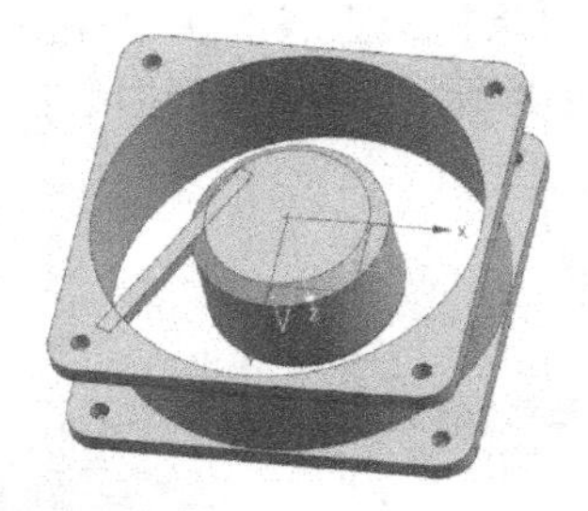

图 5-23　创建拉伸　　　　图 5-24　拉伸结果

4）创建布尔合并操作。单击“主页”选项卡中的“合并”按钮，系统弹出“合并”对话框，单击“目标”选项组中的“选择体”，选择如图 5-25 所示的实体作为目标体；在“工具”选项组中单击“选择体”，选择如图 5-25 所示的两个实体为工具体；单击“确定”按钮完成合并操作。结果如图 5-26 所示。

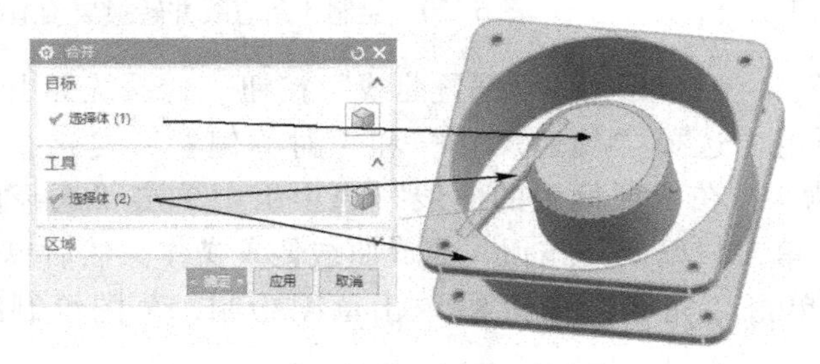

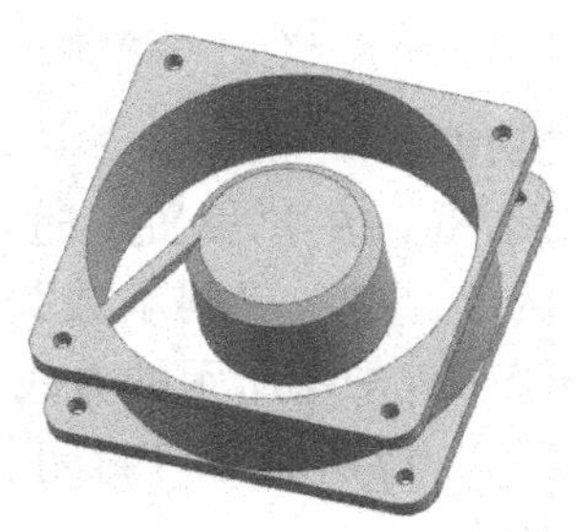

图 5-25　合并组合成一个实体　　　　图 5-26　合并结果

5）创建圆形阵列。单击“主页”选项卡中的“阵列特征”按钮，系统弹出“阵列特征”对话框，选择第3）步创建的拉伸特征为要阵列的特征，如图5-27中①所示；在“阵列定义”选项组中选择“布局”为“圆形”；单击“旋转轴”选项组中的“指定矢量”，选择Z轴作为阵列的旋转中心轴，单击“指定点”并选择坐标原点；在“角度方向”选项组中输入“数量”为4，“节距角”为90°，如图5-27中②~⑥所示。单击“确定”按钮完成阵列操作，阵列结果如图5-28所示。

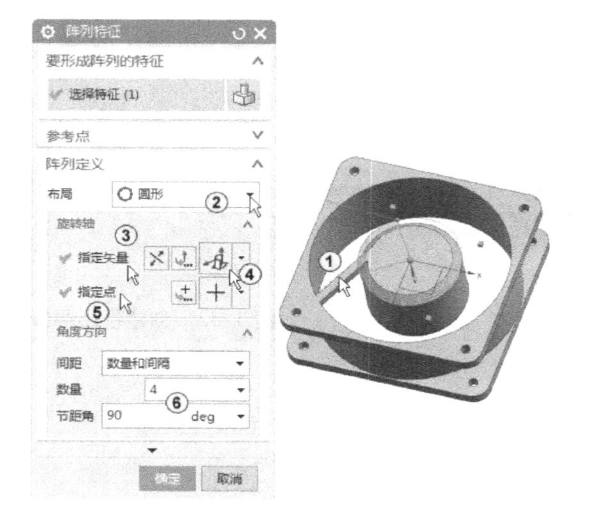

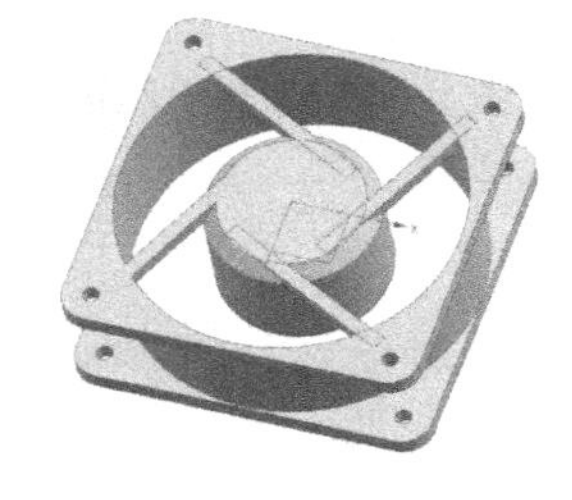

图5-27　创建圆形阵列　　　　图5-28　圆形阵列结果

6）创建布尔合并操作。单击“主页”选项卡中的“合并”按钮，系统弹出“合并”对话框；单击“目标”选项组中的“选择体”，选择如图5-29所示的实体作为目标体；在对话框“工具”选项组中单击“选择体”，选择如图5-29所示的3个实体为工具体，单击“确定”按钮完成合并操作，结果如图5-30所示。

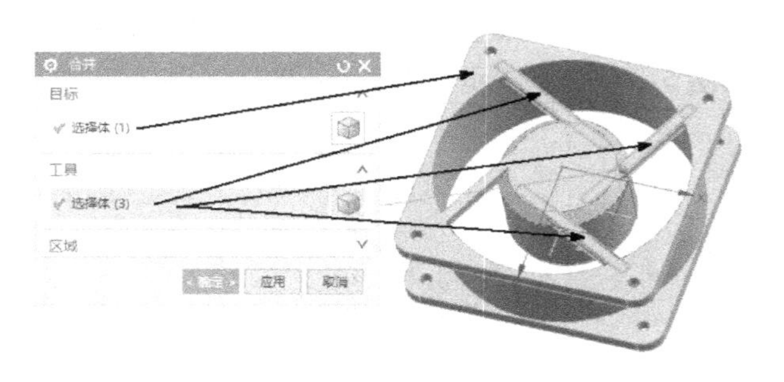

图5-29　合并　　　　图5-30　合并结果

5.1.4　创建风扇叶片

1）选择绘制草图平面。单击“主页”选项卡中的“草图”按钮，系统弹出“创建草图”对话框，在“草图类型”下拉列表中选择“在平面上”，在“平面方法”下拉列表中选择“自动判断”，选择如图5-31所示的YZ基准面作为绘制草图平面。单击“确定”按钮，进入草图绘制界面。

2）创建投影曲线，绘制直线。在“功能区”中选择“主页”→“曲线”→“投影曲线”按钮，系统弹出“投影曲线”对话框；在“要投影的对象”选项组中单击“选择曲线或点”，选择如图 5-32 中①所示的边线作为投影对象；单击“确定”按钮，选中的边线投影到草图平面上，投影结果如图 5-33 中①所示（注：切换为静态线框显示模式）。单击“主页”选项卡中的“直线”按钮，绘制出 1 条直线，如图 5-34 中①所示。

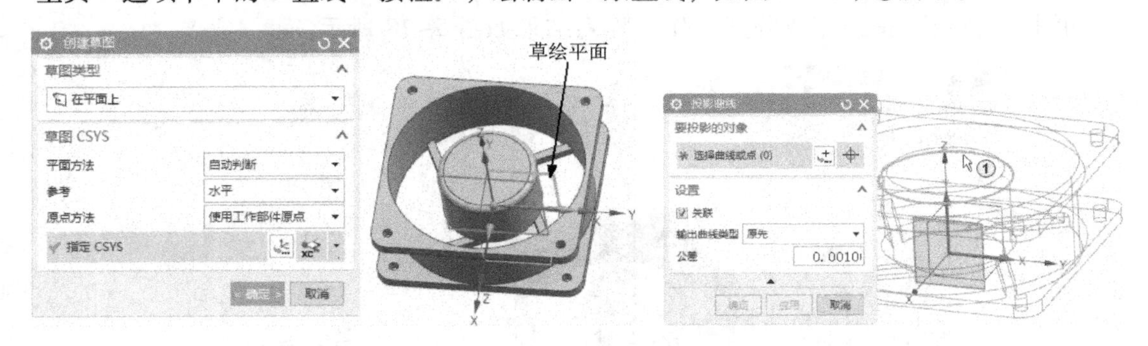

图 5-31　选择绘制草图平面　　　　图 5-32　创建投影曲线

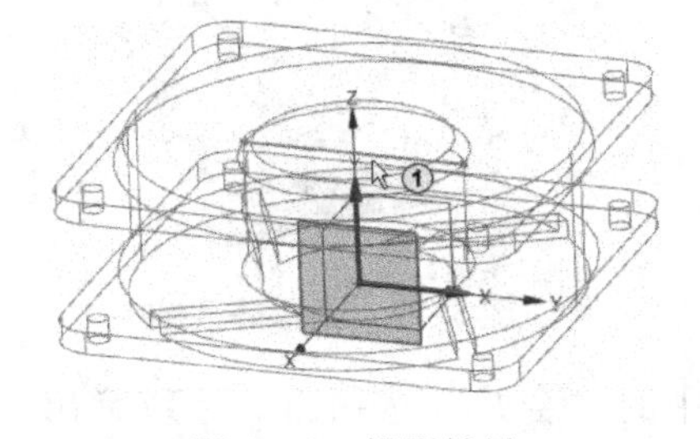

图 5-33　投影结果

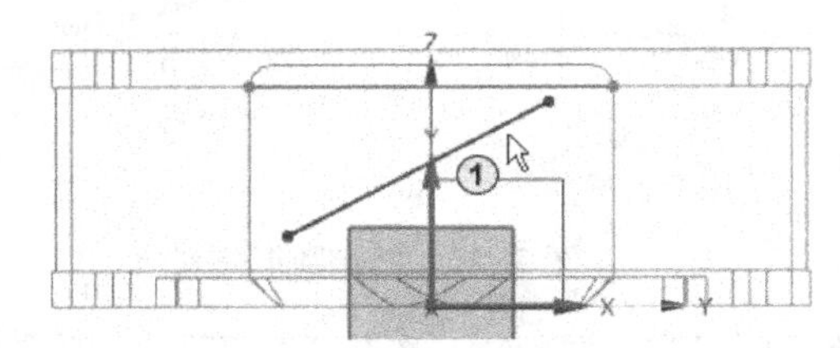

图 5-34　绘制直线

3）标注尺寸，绘制直线。单击“主页”选项卡中的“快速尺寸”按钮，标注出如图 5-35 中所示的尺寸，直线上端点距投影直线的距离为 0.5，直线下端点距 Y 轴为 8。单击“主页”选项卡中的“直线”按钮，绘制出 1 条直线，直线的上端点与刚绘制的直线中点重合，下端点与坐标原点重合，如图 5-36 中①所示。

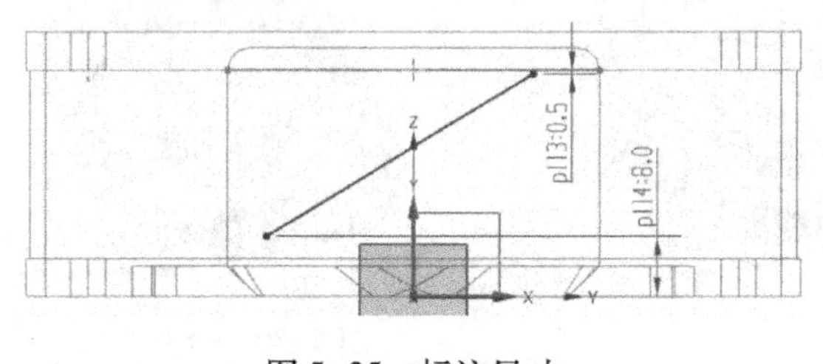

图 5-35　标注尺寸

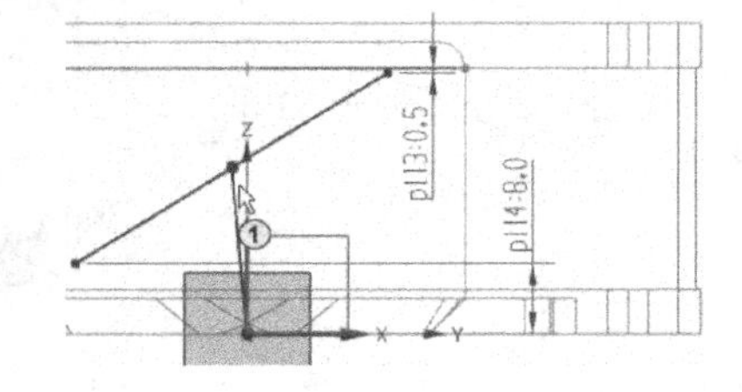

图 5-36　绘制一条直线

4）添加约束和角度尺寸，转换构造线，绘制直线，退出草图绘制。将刚绘制的直线作“竖直”约束，然后转换成构造线，将投影曲线转化为构造线，为倾斜直线和 Y 轴之间添加角度尺寸 30°，如图 5-37 所示。单击“主页”选项卡中的“直线”按钮，绘制出两条水平线和一条与原有直线平行的直线组成 1 个平行四边形，宽度为 1，如图 5-38 所示。单击“完成”按钮退出草图绘制。

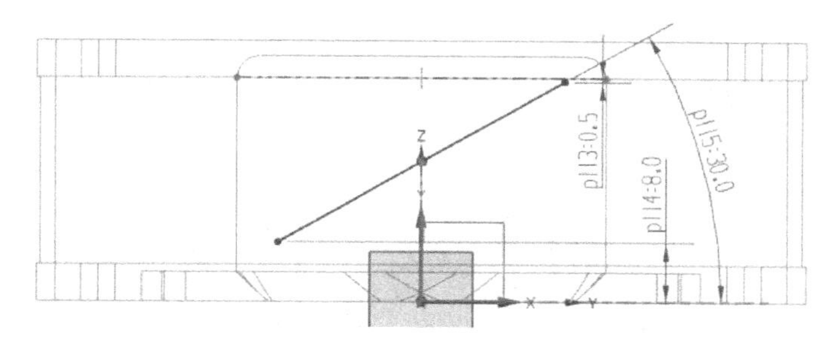

图 5-37　添加约束

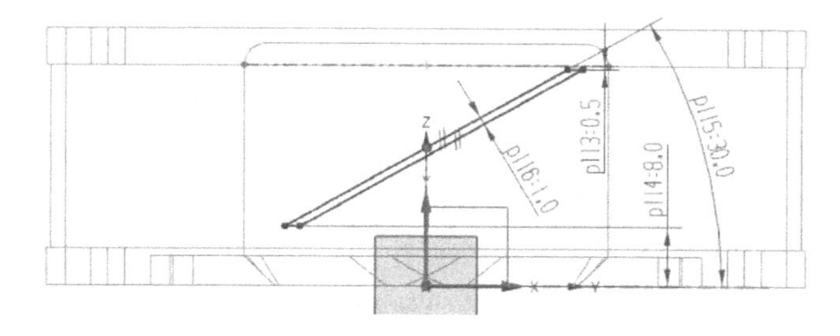

图 5-38　添加 3 条直线组成平行四边形

5）创建拉伸。单击“主页”选项卡中的“拉伸”按钮，系统弹出“拉伸”对话框；选择刚绘制的如图 5-39 所示的 4 条直线作为拉伸截面线，在“拉伸”对话框的“限制”选项组中，选择“开始”为“值”，输入距离为 0，选择“结束”为“值”，输入距离为 50；在“布尔”下拉列表中选择“无”，其他采用默认设置，单击“确定”按钮完成拉伸操作，拉伸结果如图 5-40 所示。

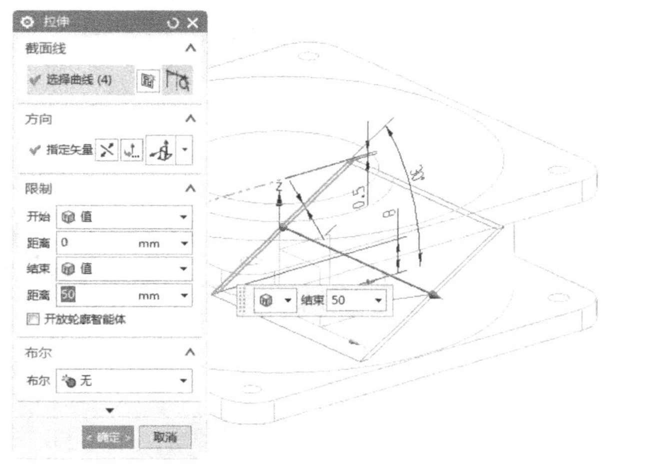

图 5-39　创建拉伸

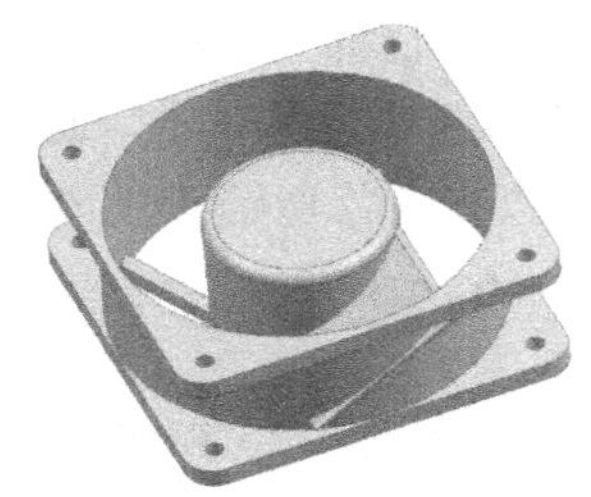

图 5-40　拉伸结果

6）选择绘制草图平面。单击“主页”选项卡中的“草图”按钮，系统弹出“创建草图”对话框；在“草图类型”下拉列表中选择“在平面上”，在“平面方法”下拉列表中选择“自动判断”，选择如图 5-41 所示的 XY 基准面作为绘制草图平面。单击“确定”按钮，进入草图绘制界面。

7）绘制圆，退出草图绘制。单击“主页”选项卡中的“圆”按钮○，绘制出一个 ϕ94 的圆，圆心落在原有模型的圆心上，如图 5-42 所示。单击“完成”按钮退出草图绘制。

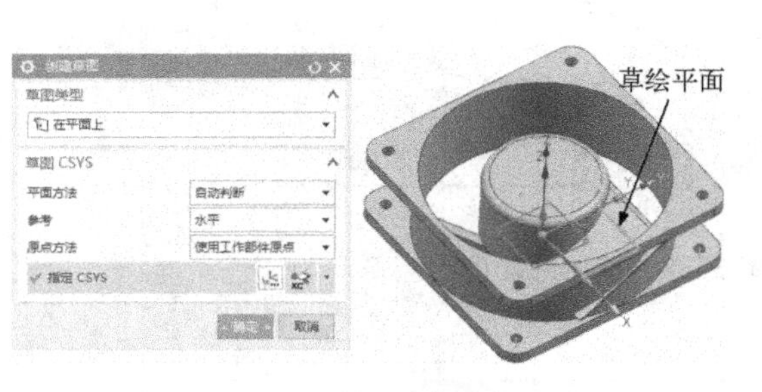

图 5-41　选择草绘平面

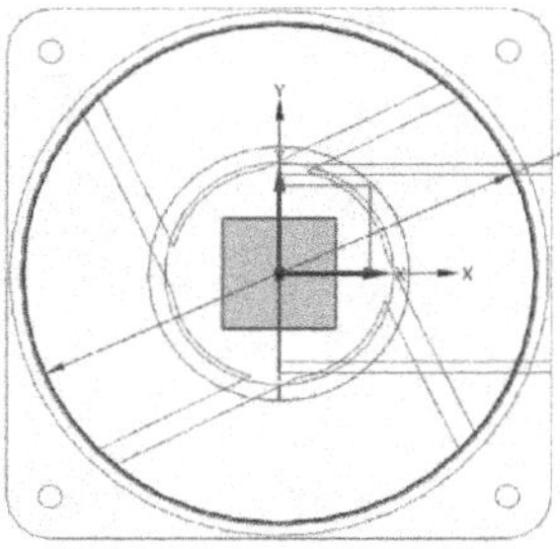

图 5-42　绘制圆

8）创建片体拉伸。单击“主页”选项卡中的“拉伸”按钮，系统弹出“拉伸”对话框，选择如图 5-43 中①所示的刚绘制的 ϕ94 的圆；在“拉伸”对话框的“限制”选项组中，选择“开始”为“值”，输入“距离”为 0，选择“结束”为“值”，输入“距离”为 50；在“布尔”选项组中选择“无”；选择“体类型”为“片体”，其他采用默认设置，单击“确定”按钮完成拉伸操作，拉伸结果如图 5-44 所示。

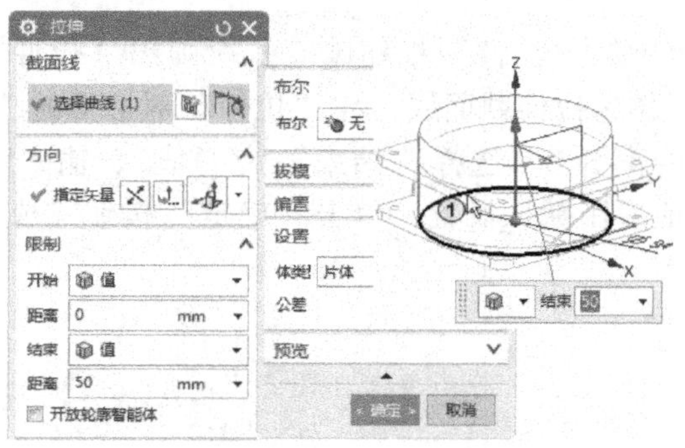

图 5-43　创建片体拉伸

图 5-44　片体拉伸结果

9）创建修剪体。单击“主页”选项卡中的“修剪体”按钮，系统弹出“修剪体”对话框；在“目标”选项组中单击“选择体”，选择如图 5-45 所示的实体作为修剪对象；在“工具”选项组中单击“选择面或平面”，选择如图 5-45 所示的片体作为修剪工具，在预览中可以查看修剪箭头朝外符合设计要求，单击“确定”按钮完成修剪体操作，修剪结果如图 5-46 所示。

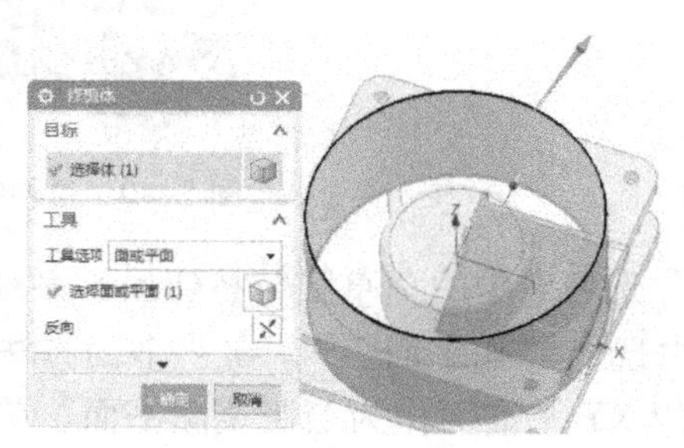

图 5-45　创建修剪体

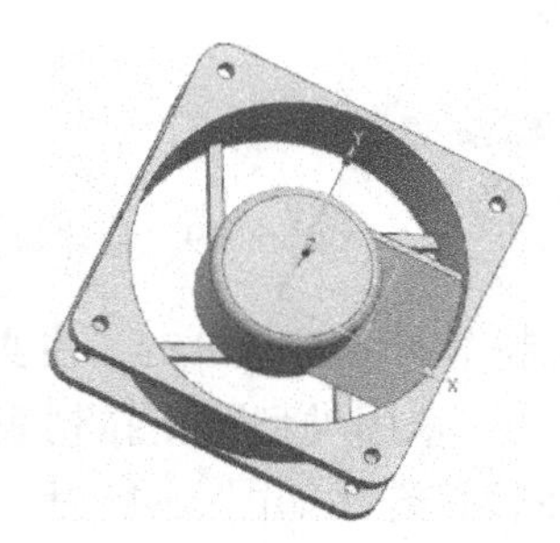

图 5-46　修剪结果

10）创建圆形阵列。单击“主页”选项卡中的“阵列特征”按钮，系统弹出“阵列特征”对话框，选择9）步修剪完的“拉伸特征”和“修剪体”为要阵列的特征，如图5-47所示；在“阵列定义”选项组中选择“布局”为“圆形”；单击“旋转轴”选项组中的“指定矢量”，选择Z轴作为阵列的旋转中心轴，单击“指定点”并选择坐标原点；在“角度方向”选项组中输入“数量”为5，“节距角”为72°，单击“确定”按钮完成阵列操作，阵列结果如图5-48所示。

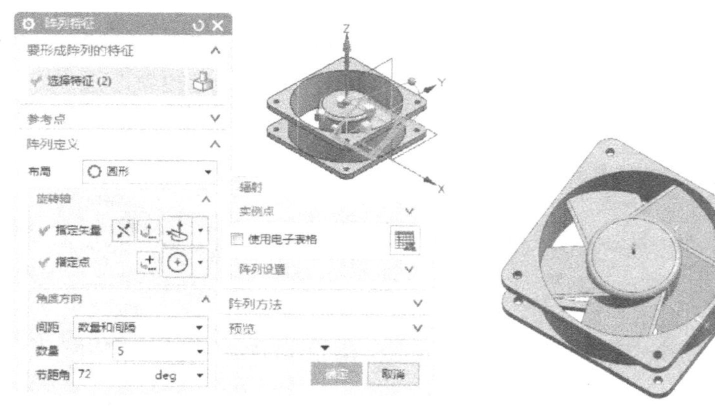

图5-47　阵列特征　　图5-48　阵列结果

11）创建布尔合并操作。单击“主页”选项卡中的“合并”按钮，系统弹出“合并”对话框；单击“目标”选项组中的“选择体”，选择如图5-49所示的实体作为目标体；在“工具”选项组中单击“选择体”，选择如图5-49所示的5个实体为工具体；单击“确定”按钮完成合并操作，合并结果如图5-50所示。

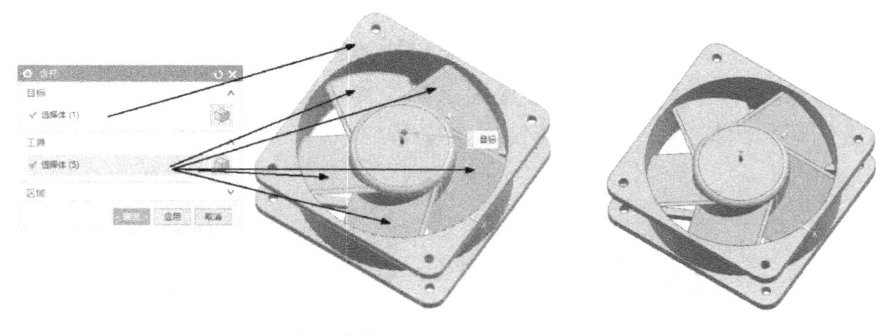

图5-49　合并实体　　图5-50　合并结果

12）创建边倒圆。单击“主页”选项卡中的“边倒圆”按钮，系统弹出“边倒圆”对话框；在“边”选项组中输入“半径1”为1，单击“选择边”，选择如图5-51所示的16条边线作为倒圆对象，其他的采用默认设置，单击“确定”按钮完成边倒圆操作。

13）创建边倒圆。单击“主页”选项卡中的“边倒圆”按钮，系统弹出“边倒圆”对话框，在“边”选项组中输入“半径1”为0.8，单击“选择边”，选择如图5-52所示的10条边线作为倒圆对象，其他的采用默认设置；单击“确定”按钮完成边倒圆操作。

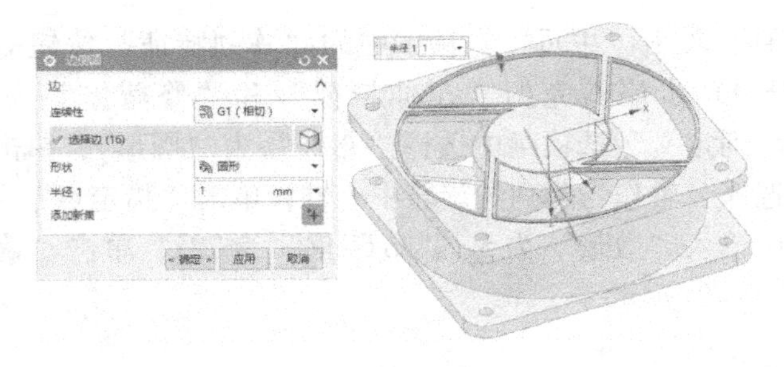

图 5-51　创建边倒圆 1

最终模型结果如图 5-53 所示。

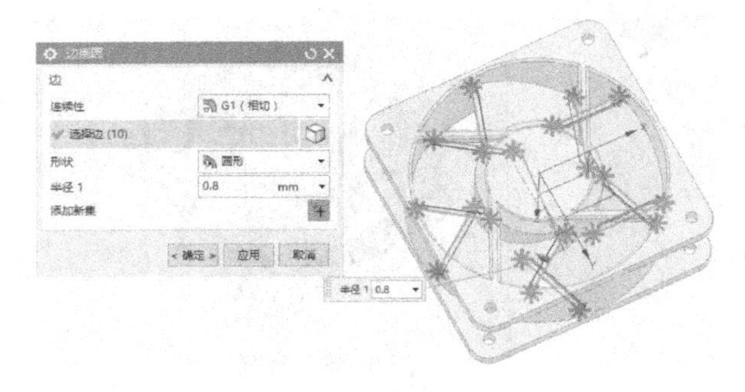

图 5-52　创建边倒圆 2

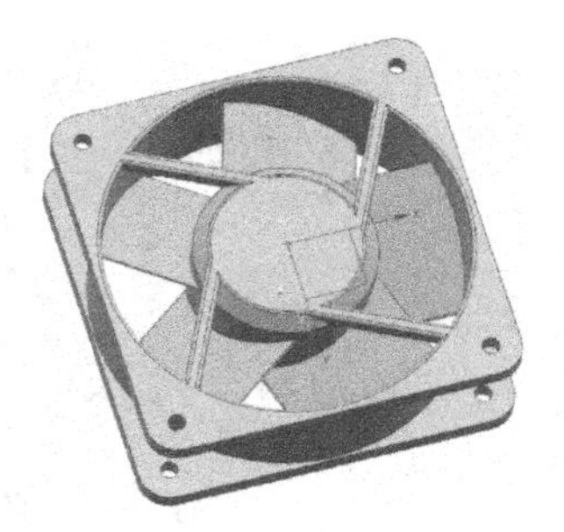

图 5-53　模型创建结果

5.2　水泵（外形）

如图 5-54 所示是由电动机、泵体、接线盒和进出水装置 4 部分组成的水泵。用回转特征创建电动机和泵体基体，再用求差拉伸和求和拉伸创建电动机散热片和安装底脚以及泵体；接线盒用求和拉伸创建；进出水装置用求和拉伸、求差拉伸、通过曲线组等特征来创建；最后用边倒圆和倒斜角细节特征修饰水泵模型。

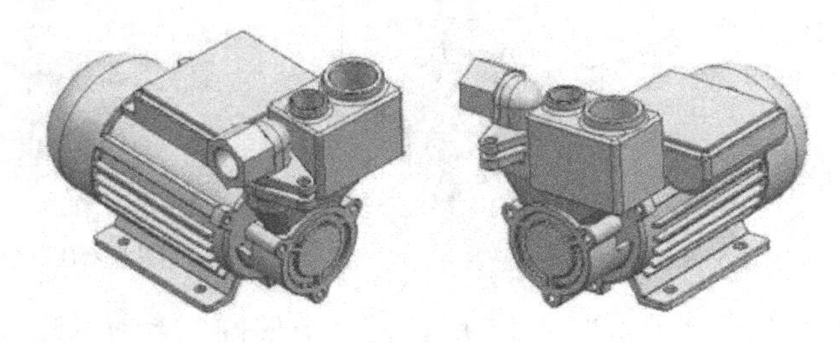

图 5-54　水泵

5.2.1　创建水泵的过程分析

创建这个水泵模型的关键是多轮廓草图的绘制，在绘制草图时掌握对草图的“移动对象”操作是本实例的关键和知识点。

创建水泵的基本步骤如表 5-2 所示。

表 5-2　水泵创建步骤

步　骤	实　　例	说　　明	步　骤	实　　例	说　　明
1	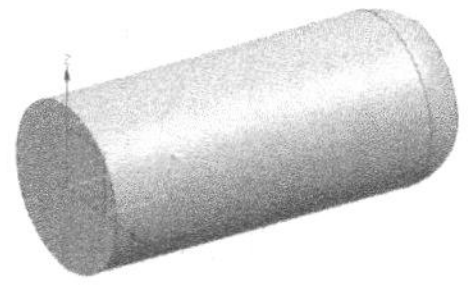	绘制回转截面草图	9	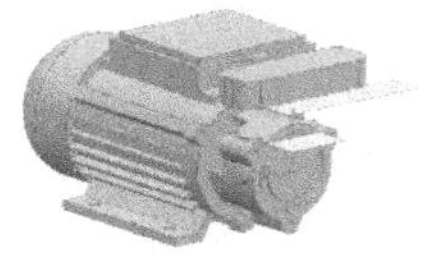	创建拉伸
2	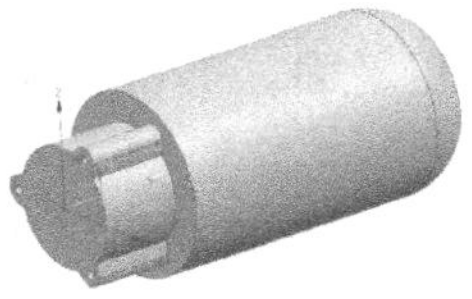	创建求差拉伸	10	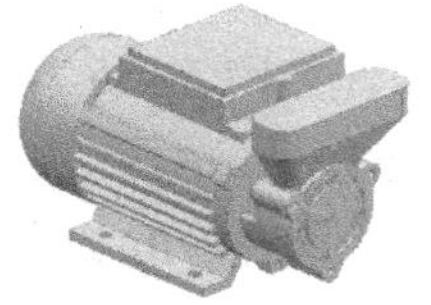	创建通过曲线组
3	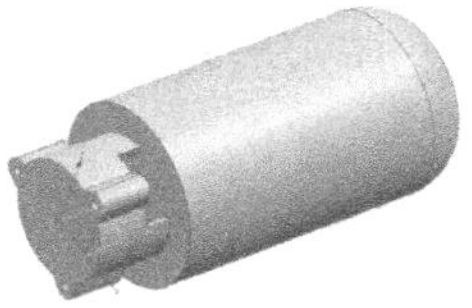	创建求差拉伸	11		创建求和拉伸
4	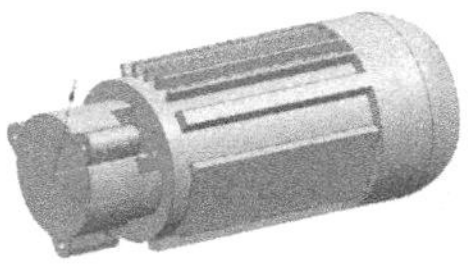	创建求差拉伸	12		创建求和拉伸和求差拉伸
5		创建求和拉伸和求差拉伸	13		创建求和拉伸和求差拉伸
6	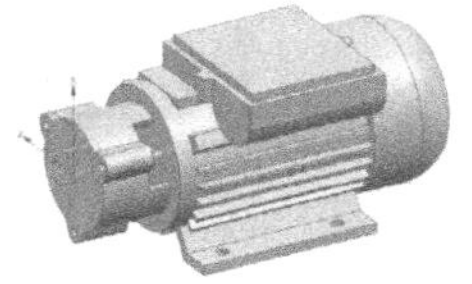	创建求和拉伸	14		创建求和拉伸和边倒圆
7		创建求和拉伸	15		创建求和拉伸
8		创建求差拉伸	16		添加细节特征

下面具体介绍水泵的创建方法。

单击“文件”菜单下的“新建”按钮，系统弹出“新建”对话框，在“新建”对话框的“模型”列表框中选择模板类型为默认的“模型”，单位为默认的“毫米”，在“新文件名”文本框中输入文件名称“水泵外形”，指定文件路径“C:\”，单击“确定”按钮。

5.2.2 创建电动机

1）选择绘制草图平面。单击“主页”选项卡中的“草图”按钮，系统弹出“创建草图”对话框；在“草图类型”下拉列表中选择“在平面上”，在“平面方法”下拉列表中选择“自动判断”，选择如图 5-55 所示的 YZ 基准面作为绘制草图平面。单击“确定”按钮，进入草图绘制界面。

2）绘制回转截面草图。单击“主页”选项卡中的“直线”按钮，绘制出一个右上角开口的矩形，矩形的左下角点与坐标原点重合，如图 5-56 中①所示。在“功能区”中选择“主页”→“约束”→“快速尺寸”按钮，标注出如图 5-56 中②所示的尺寸。

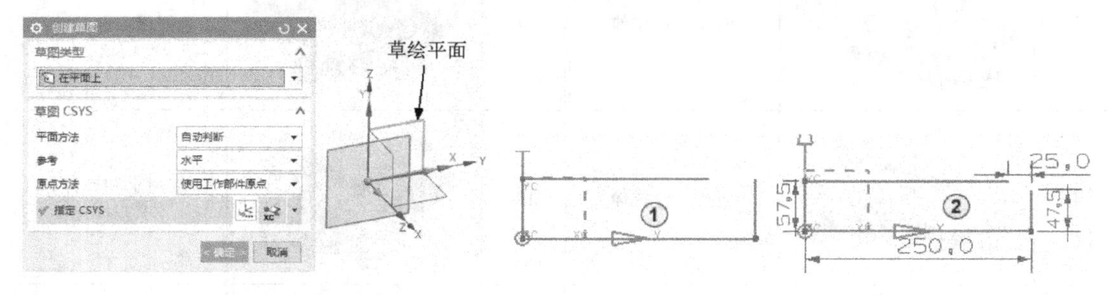

图 5-55 选择绘制草图平面

图 5-56 绘制回转截面草图

3）绘制圆弧，退出草图绘制。单击“主页”选项卡中的“圆弧”按钮，在矩形缺口处绘制出一条圆弧，圆弧与矩形水平边相切，如图 5-57 所示。单击“完成”按钮退出草图绘制。

4）创建回转。单击“主页”选项卡中的“旋转”按钮，系统弹出“旋转”对话框，选择如图 5-58 中①所示的旋转截面线；在“轴”选项组中单击“指定适量”，选择如图 5-58 中②所示的 Y 轴，再单击“指定点”，选择坐标原点；在“限制”选项组中设置“开始”为“值”，输入“角度”为 0，选择“结束”为“值”，输入“角度”为 360；其他采用默认设置，单击“确定”按钮完成旋转操作，旋转结果如图 5-58 中③所示。

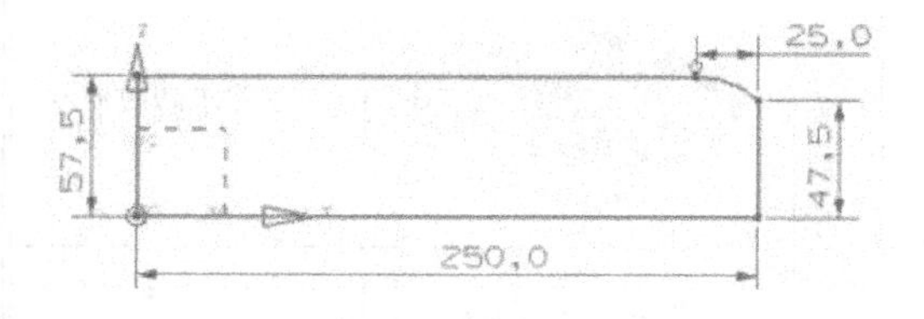

图 5-57 绘制三点弧

5）选择绘制草图平面。单击“主页”选项卡中的“草图”按钮，系统弹出“创建草图”对话框；在“草图类型”下拉列表中选择“在平面上”，在“平面方法”下拉列表中选择“自动判断”，选择如图 5-59 所示的 XZ 基准面作为绘制草图平面。单击“确定”按钮，进入草图绘制界面。

6）绘制求差拉伸截面草图。单击“主页”选项卡中的“圆”按钮，绘制出 3 个同心圆，圆心与模型圆边的圆心重合，第 1 个圆与原有模型最大的外径圆重合，第 2 个圆的直径

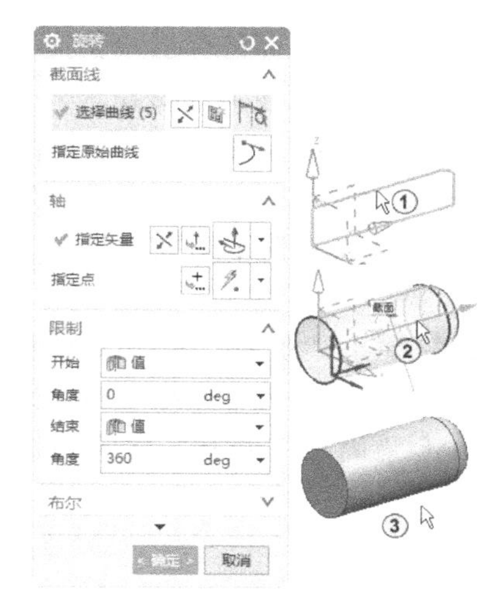

图 5-58　创建旋转

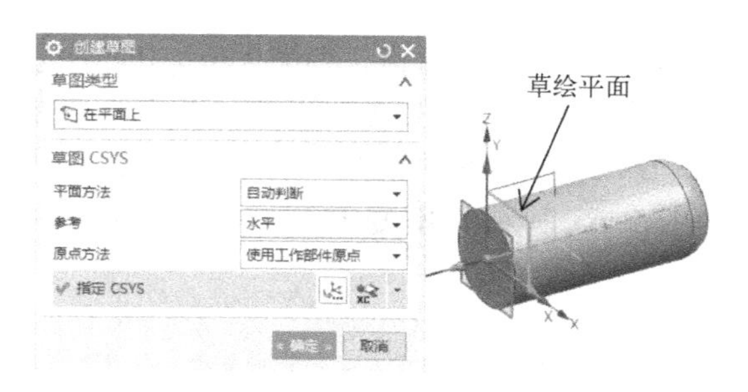

图 5-59　选择绘制草图平面

为 84 并将其转化为参考线，第 3 个圆的直径为 77。单击“主页”选项卡中的“直线”按钮 ，从圆心向左边绘制出一条水平线并转化为参考线，如图 5-60 所示。单击“圆”按钮○绘制出两个同心圆 $\phi6$ 和 $\phi16$，圆心落在 $\phi84$ 圆与水平线的交点上。用三点弧工具绘制出一条圆弧，圆弧与刚绘制的 $\phi16$ 圆相切，另一端与 $\phi77$ 圆重合，圆弧半径为 $R40$，圆弧的圆心距离 X 轴为 28，并将圆弧镜像到水平线下方。用修剪工具修剪草图，最终结果如图 5-60 所示。

7）阵列草图对象，修剪草图，退出草图绘制。在“功能区”中选择“主页”→“曲线”→“阵列曲线”按钮 ，系统弹出“阵列曲线”对话框；在“要阵列的曲线”选项组中单击“选择曲线”，选择如图 5-60 中①～④所示的草图图元；在“布局”下拉列表框中选择“圆形”，单击“指定点”选择坐标原点；在“角度方向”选项组中输入“数量”为 3，“节距角”为 120，单击“确定”按钮。用修剪工具修剪草图。单击“完成”按钮 退出草图绘制，如图 5-61 所示。

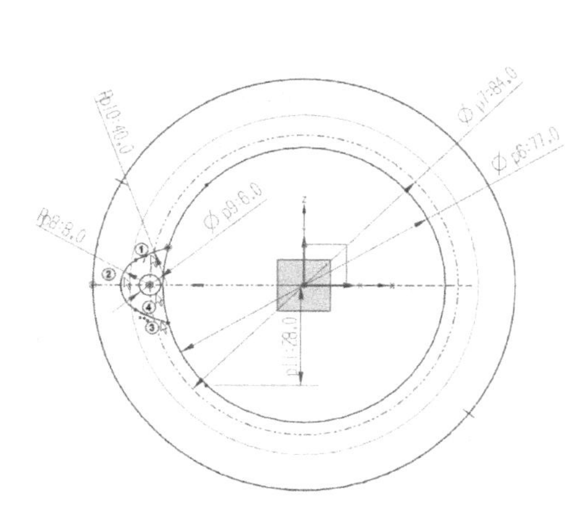

图 5-60　绘制拉伸截面草图

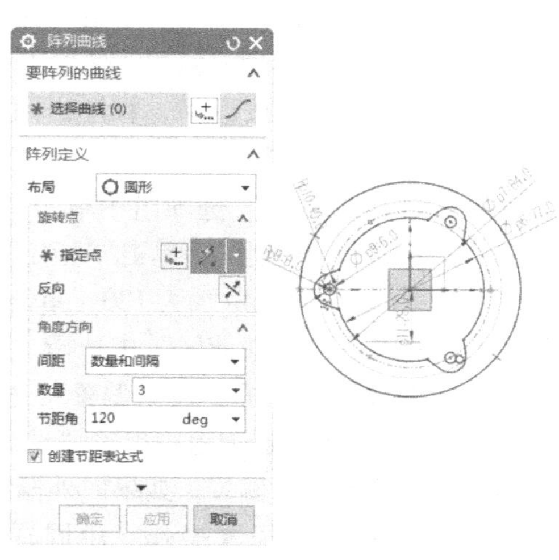

图 5-61　阵列草图对象

8）创建求差拉伸。单击“主页”选项卡中的“拉伸”按钮，系统弹出“拉伸”对话框，选择如图5-62中①所示的截面线，在“方向”选项组中单击“反向”按钮，保证拉伸的特征能够切掉已有的实体模型；在“拉伸”对话框的“限制”选项组中，选择“开始”为“值”，输入“距离”为0，选择“结束”为“值”，输入距离为50；在“布尔”下拉列表中选择“减去”，单击“选择体”，选择模型中的实体，其他采用默认设置，单击“确定”按钮完成拉伸操作，如图5-62中②~⑦所示。

9）单击“主页”选项卡中的“草图”按钮，系统弹出“创建草图”对话框，在“草图类型”下拉列表中选择“在平面上”，在“平面方法”下拉列表中选择“自动判断”，选择如图5-63所示的模型表面作为草图绘制平面。单击“确定”按钮，进入草图绘制界面。

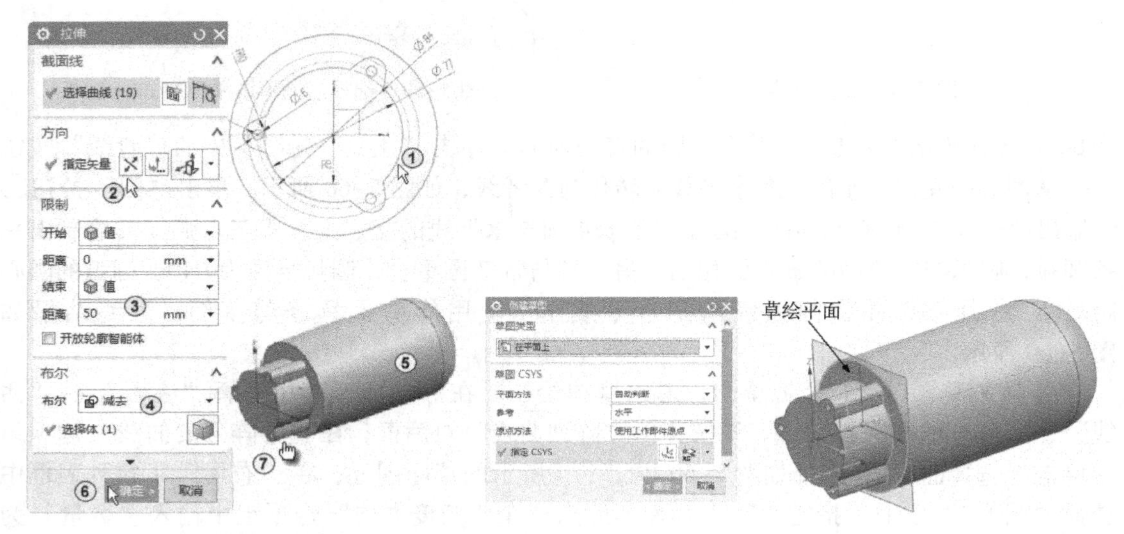

图5-62　创建求差拉伸

图5-63　选择草图绘制平面

10）绘制求差拉伸截面草图。单击“主页”选项卡中的“直线”按钮，从圆心向右上角绘制出一条斜线，然后将斜线镜像到水平轴的下方；在“功能区”中选择“主页”→“约束”→“快速尺寸”按钮，标注出两条斜线的角度尺寸为48°，如图5-64所示。在“功能区”中选择“主页”→“曲线”→“阵列曲线”按钮，系统弹出“阵列曲线”对话框，在“要阵列的曲线”选项组中单击“选择曲线”，选择已绘制的直线图元，在“布局”下拉列表中选择“圆形”，单击“指定点”选择坐标原点；在“角度方向”选项组中输入“数量”为3，“节距角”为120，单击“确定”按钮。

11）偏置曲线。在“功能区”中选择“主页”→“曲线”→“偏置曲线”按钮，系统弹出“偏置曲线”对话框，在“偏置”选项组中输入“距离”为5，输入“副本数”为1；在“要偏置的曲线”选项组中单击“选择曲线”，选择模型的边线，从预览中可以看到偏置方向，设计要求向内偏置，如果向外偏置，可以单击“反向”按钮来改变偏置方向。单击“确定”按钮完成偏置操作。用同样的方法将模型的另外两条边向内偏置5，如图5-65所示。

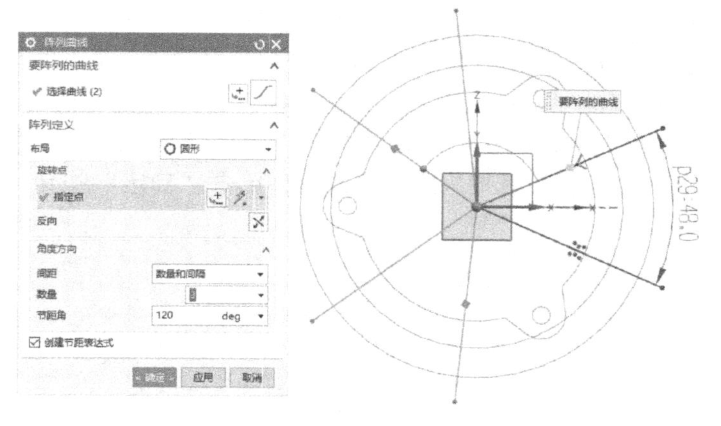

图 5-64　阵列曲线

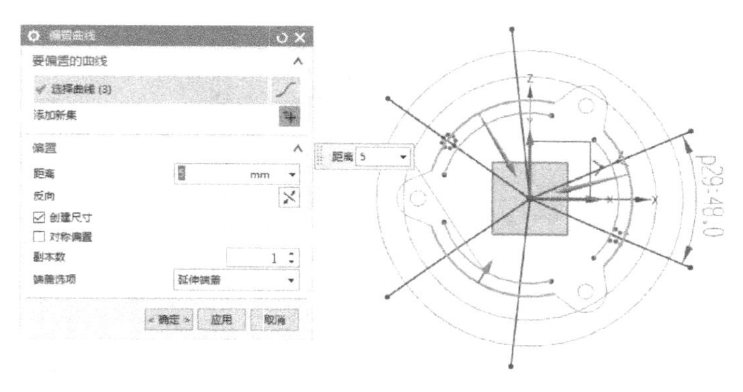

图 5-65　偏置草图

12）创建投影曲线。在“功能区”中选择“主页”→“曲线”→“投影曲线”按钮，系统弹出“投影曲线”对话框，在“要投影的对象”选项组中单击“选择曲线或点”，选择如图 5-66 中①②③所示的 3 条边线作为投影对象，单击“确定”按钮，选中的边线投影到当前草图中。

13）修剪草图，退出草图绘制。单击“主页”选项卡中的“快速修剪”按钮，系统弹出“快速修剪”对话框，在对话框“要修剪的曲线”栏中单击“选择曲线”，选择相应的曲线，将草图修剪成如图 5-67 所示的草图。单击“完成”按钮退出草图绘制。

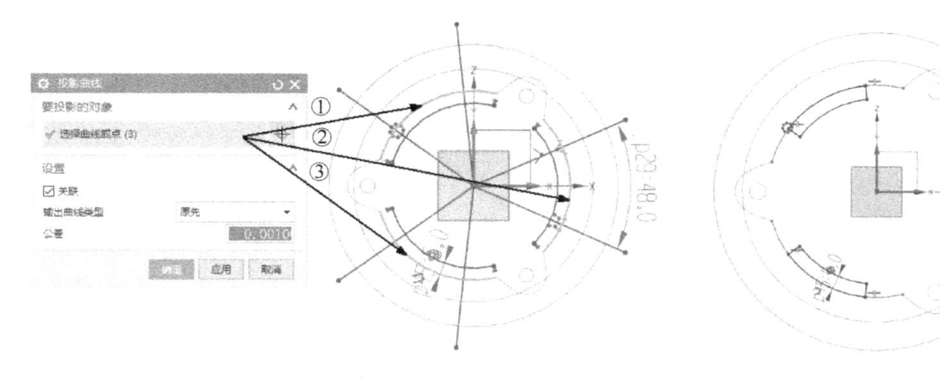

图 5-66　创建投影曲线　　　　图 5-67　修剪草图

14）创建求差拉伸。单击“主页”选项卡中的“拉伸”按钮，系统弹出“拉伸”对话框，选择上一步骤所绘制的截面线，再选择如图 5-68 中①所示模型的最大的外圆作为截面线；在“拉伸”对话框的“限制”选项组中，选择“开始”为“值”，输入“距离”为0，选择“结束”为“值”，输入距离为 16；在“布尔”下拉列表中选择“减去”，单击“选择体”，选择模型中的实体，其他采用默认设置，单击“确定”按钮完成拉伸操作，如图 5-68 中②～⑥所示。

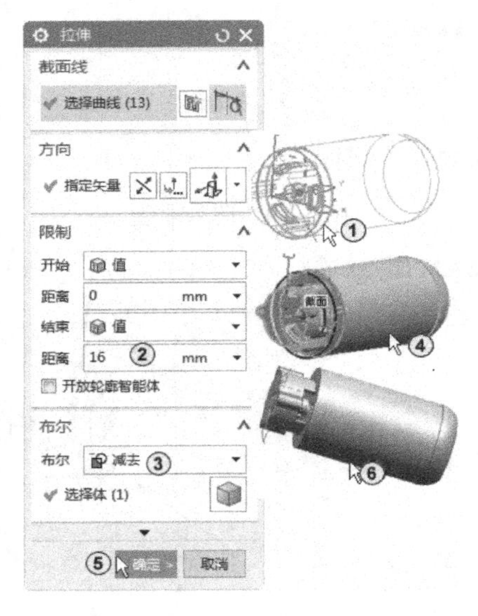

图 5-68　创建求差拉伸

5.2.3　创建泵体

1）选择草图绘制平面。单击“主页”选项卡中的“草图”按钮，系统弹出“创建草图”对话框，在“草图类型”下拉列表中选择“在平面上”，在“平面方法”下拉列表中选择“自动判断”，选择如图 5-69 所示的模型表面作为草图绘制平面。选择 X 轴作为水平参考，单击“确定”按钮，进入草图绘制界面。

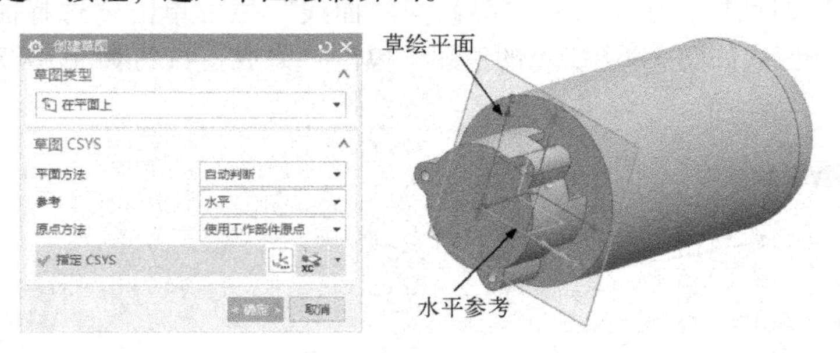

图 5-69　选择草图绘制平面

2）绘制求差拉伸截面草图。单击“主页”选项卡中的“直线”按钮，绘制出如图 5-70 中①所示的草图。用镜像工具将图 5-70 中②箭头所指的斜线和水平线镜像到 X 轴下方。在“功能区”中选择“主页”→“约束”→“快速尺寸”按钮，标注出如

图 5-70 中③所示的尺寸。

3）修整草图，绘制圆，添加约束。单击“圆”按钮◯绘制出一个 ϕ100 的圆，圆心与模型圆边圆心重合。用角修整工具将图 5-71 中①处的角修整。将图 5-71 中②所示灰色箭头所指的竖线与圆作“相切”约束，将图 5-71 中③所示箭头所指的直线端点与大圆作“重合”约束。单击“直线”按钮，绘制出一条斜线，并镜像到 X 轴下方，在“功能区”中选择“主页”→“约束”→“快速尺寸”按钮，标注出两条斜线起始端点的竖直距离和两条斜线的角度尺寸，如图 5-71 中④所示。

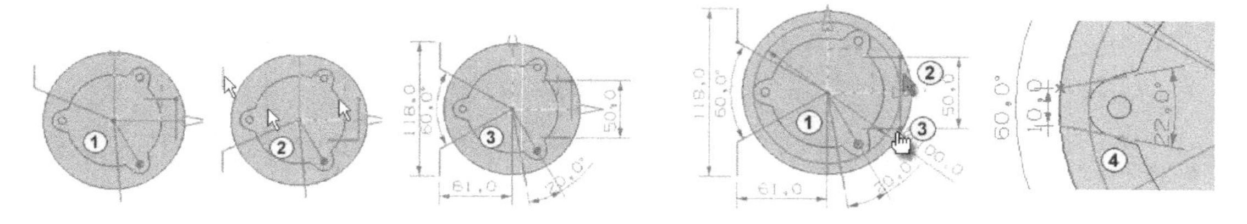

图 5-70 绘制拉伸截面草图

图 5-71 绘制圆，绘制斜线

4）阵列曲线。在“功能区”中选择“主页”→“曲线”→“阵列曲线”按钮，系统弹出“阵列曲线”对话框；在“要阵列的曲线”选项组中单击“选择曲线”，选择已绘制的两条倾斜直线；在“布局”下拉列表中选择“圆形”，单击“指定点”选择“坐标原点”；在“角度方向”选项组中输入“数量”为 3，“节距角”为 120，单击“确定”按钮，如图 5-72 所示。

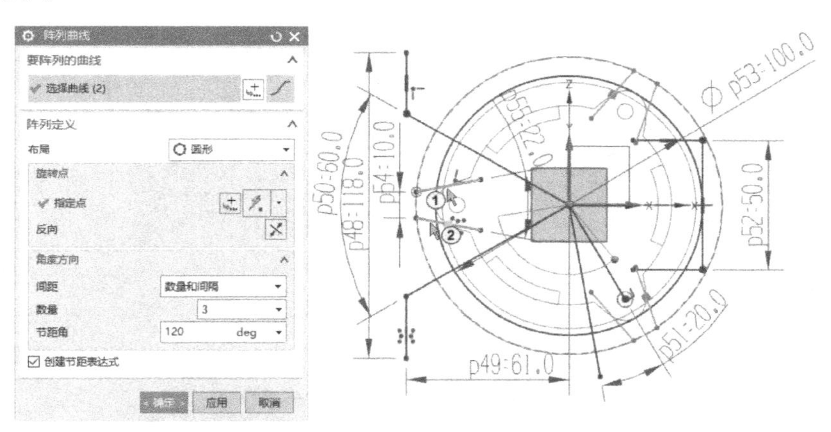

图 5-72 阵列草图对象

5）阵列曲线。在“功能区”中选择“主页”→“曲线”→“阵列曲线”按钮，系统弹出“阵列曲线”对话框；在“要阵列的曲线”选项组中单击“选择曲线”，选择已绘制的一条倾斜直线；在“布局”下拉列表中选择“圆形”，单击“指定点”选择“坐标原点”；在“角度方向”选项组中输入“数量”为 5，“节距角”为 13，单击“反向”按钮来改变阵列方向，单击“确定”按钮完成阵列，如图 5-73 所示。

6）镜像草图，偏置曲线。用镜像工具将图 5-74 所示的 5 条斜线镜像到 X 轴上方，单击“确定”按钮完成镜像操作。在“功能区”中选择“主页”→“曲线”→“偏置曲线”

按钮，系统弹出“偏置曲线”对话框；在“偏置”选项组中输入“距离”为1.5，选择“对称偏置”复选框，输入“副本数”为1；在“要偏置的曲线”选项组中单击“选择曲线”，选择如图5-75所示的斜线，单击“确定”按钮完成偏置操作。

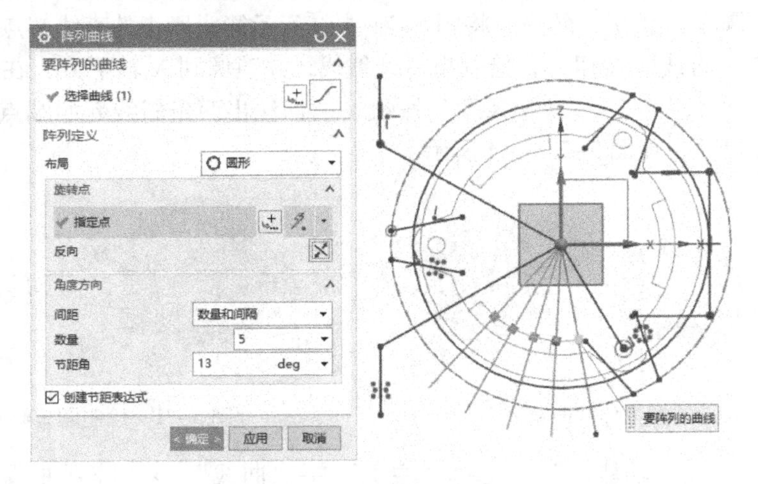

图5-73　阵列草图对象

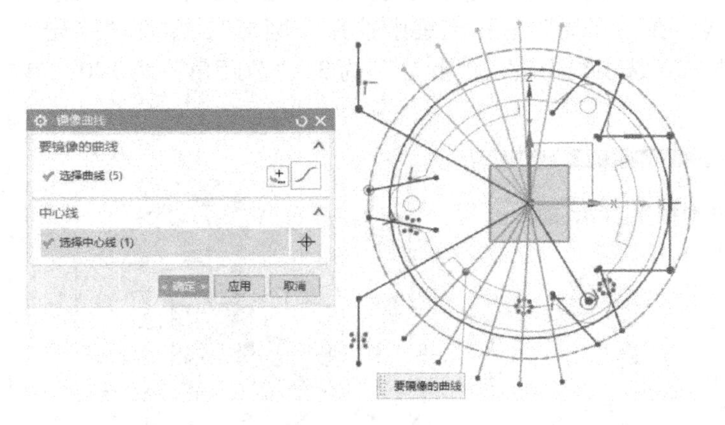

图5-74　镜像草图

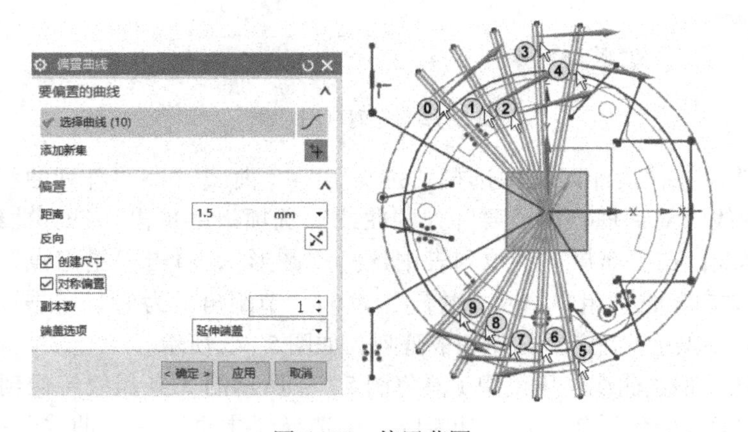

图5-75　偏置草图

7）创建投影曲线，退出草图绘制。在“功能区”中选择“主页”→“曲线”→“投影曲线”按钮，系统弹出“投影曲线”对话框，在“要投影的对象”选项组中单击“选择曲线或点”，选择如图 5-76 所示的模型边作为投影对象，单击“确定”按钮，选中的边线投影到当前草图中。单击“完成”按钮退出草图绘制。

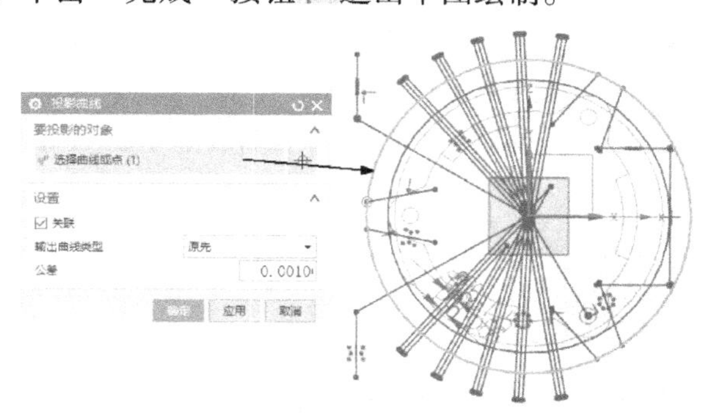

图 5-76　创建投影草图

8）创建求差拉伸。单击“主页”选项卡中的“拉伸”按钮，系统弹出“拉伸”对话框，在“边框条”的“选择过滤器”中选择“相连曲线”并单击“在相交处停止”按钮。这时系统要求选择拉伸截面线，选择如图 5-77 所示的截面线，并单击“反向”按钮，在“拉伸”对话框的“限制”选项组中，选择“开始”为“值”，输入“距离”为 0，选择“结束”为“值”，输入距离为 140；在“布尔”下拉列表中选择“减去”，单击“选择体”，选择模型中的实体，其他采用默认设置，单击“确定”按钮完成拉伸操作，拉伸结果如图 5-78 所示。

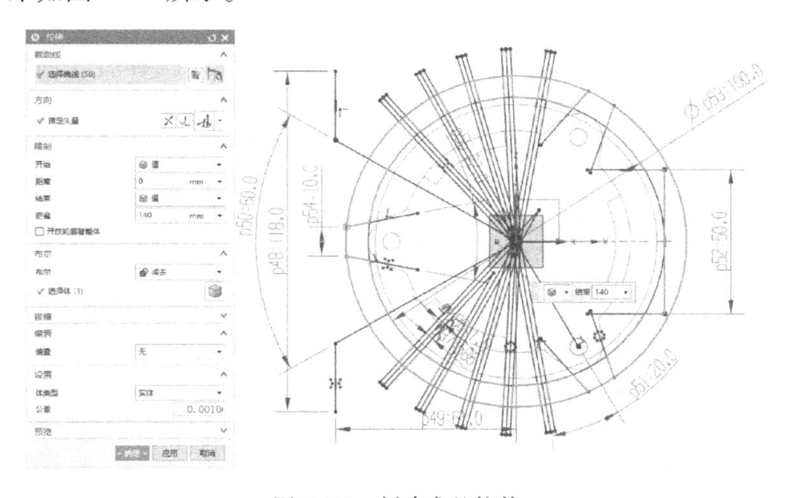

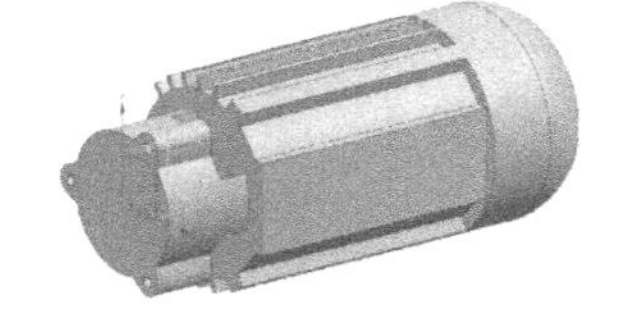

图 5-77　创建求差拉伸　　　　图 5-78　求差拉伸结果

9）创建求差拉伸。单击“主页”选项卡中的“拉伸”按钮，系统弹出“拉伸”对话框，选择如图 5-79 中①所示的截面线，并单击“反向”按钮；在“拉伸”对话框的“限制”选项组中，选择“开始”为“值”，输入“距离”为 0，选择“结束”为“值”，输入“距离”为 12；在“布尔”下拉列表中选择“减去”，单击“选择体”，选择如图 5-79 中⑤所示的实体，其他采用默认设置，单击“确定”按钮完成拉伸操作，拉伸结果如图 5-79 中⑦所示。

10）创建求和拉伸。单击“主页”选项卡中的“拉伸”按钮，系统弹出“拉伸”对话框，选择如图 5-80 中①所示的截面线，并单击“反向”按钮；在“拉伸”对话框的“限制”选项组中，选择“开始”为“值”，输入“距离”为 12，选择“结束”为“值”，输入“距离”为 140；在“布尔”下拉列表中选择“合并”，单击“选择体”，选择如图 5-80 中⑤所示实体；在“偏置”选项组的“偏置”下拉列表中选择“对称”，“结束”为 3.5，其他采用默认设置，单击“确定”按钮完成拉伸操作，拉伸结果如图 5-80 中⑧所示。

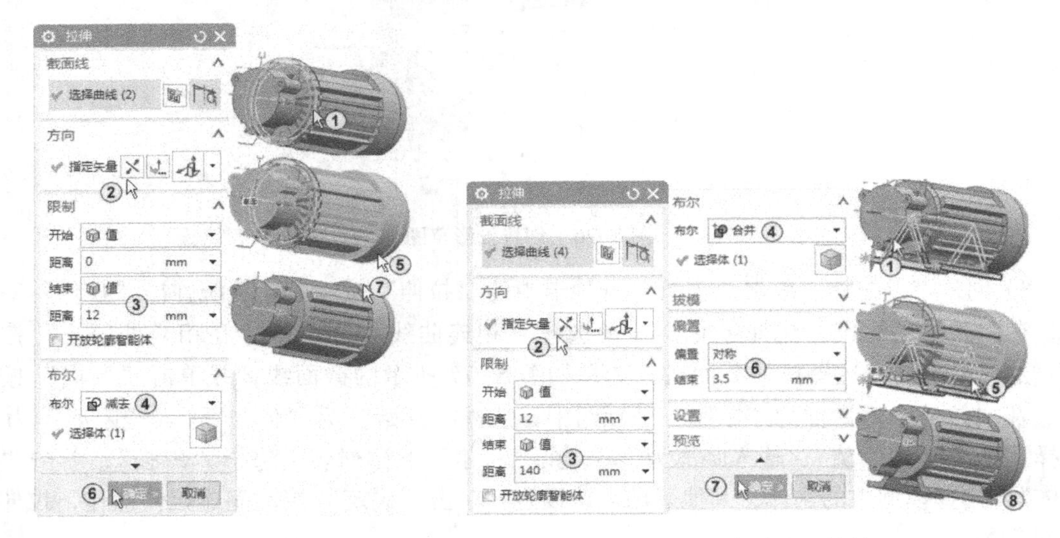

图 5-79 创建求差拉伸　　　图 5-80 创建求和拉伸

11）选择草图绘制平面。单击“主页”选项卡中的“草图”按钮，系统弹出“创建草图”对话框；在“草图类型”下拉列表中选择“在平面上”，在“平面方法”下拉列表中选择“自动判断”，单击选择如图 5-81 所示的模型表面作为草图绘制平面。选择图中模型的边作为水平参考，单击“确定”按钮，进入草图绘制界面。

图 5-81 选择草图绘制平面

12）绘制求差拉伸截面草图，退出草图绘制。单击“直线”按钮，绘制出一条水平线，再单击“圆”按钮绘制出两个等径圆，圆心分别落在水平线的两个端点上。在“功能区”中选择“主页”→“约束”→“快速尺寸”按钮，标注出如图 5-82 中①所示的尺寸。用镜像工具将两个圆镜像到 Y 轴下方，再用“快速尺寸”按钮标注尺寸，如

图 5-82 中②所示。单击“完成”按钮退出草图绘制。

13）创建求差拉伸。单击“主页”选项卡中的“拉伸”按钮，系统弹出“拉伸”对话框，选择如图 5-83 中①所示的 4 个圆；在“拉伸”对话框的“限制”选项组中，选择“开始”为“值”，输入“距离”为 0，选择“结束”为“值”，输入“距离”为 10，单击“反向”按钮；在“布尔”下拉列表中选择“减去”，单击“选择体”，选择如图 5-83 中⑤所示的实体，其他采用默认设置，单击“确定”按钮完成拉伸操作，结果如图 5-83 中⑦所示。

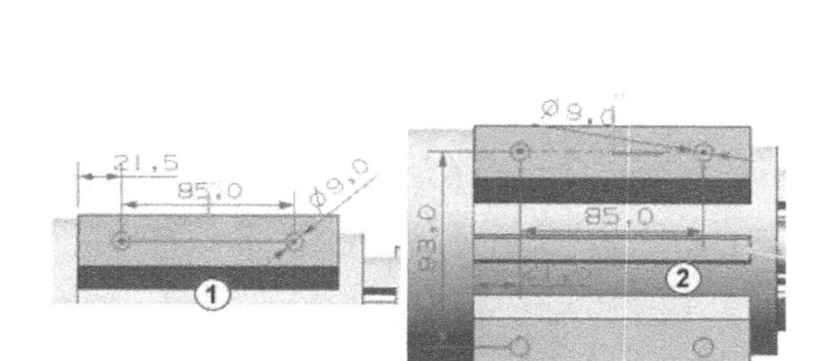

图 5-82　绘制拉伸截面草图

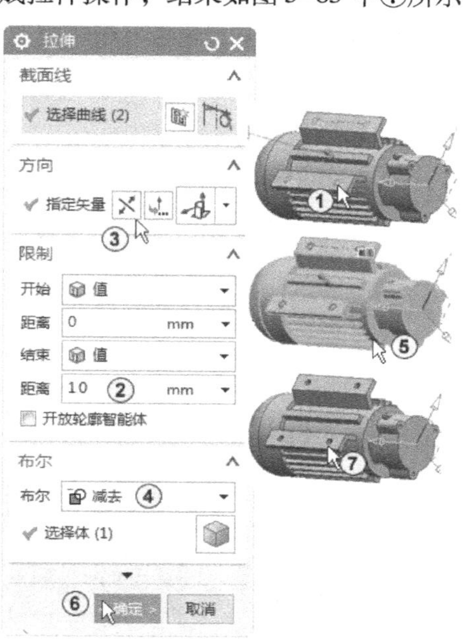

图 5-83　创建求差拉伸

5.2.4　创建接线盒

1）选择草图绘制平面。单击“主页”选项卡中的“草图”按钮，系统弹出“创建草图”对话框；在“草图类型”下拉列表中选择“在平面上”，在“平面方法”下拉列表中选择“自动判断”，选择如图 5-84 所示的模型表面作为草图绘制平面。选择图中模型的边作为水平参考，单击“确定”按钮，进入草图绘制界面。

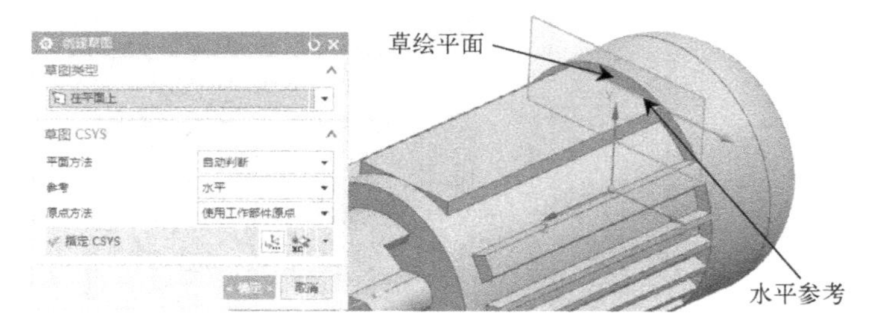

图 5-84　选择草图绘制平面

2）绘制拉伸截面草图，退出草图绘制。单击“主页”选项卡中的“矩形”按钮，绘制出 1 个矩形，再用“三点弧”按钮绘制出 1 条圆弧；在“功能区”中选择“主页”→

“约束”→“快速尺寸”按钮，标注出如图5-85所示的尺寸。单击“完成”按钮退出草图绘制。

3）创建求和拉伸。单击“主页”选项卡中的“拉伸”按钮，系统弹出“拉伸”对话框，选择如图5-86中①所示的截面线；在“拉伸”对话框的“限制”选项组中，选择“开始”为“值”，输入“距离”为10，选择“结束”为“值”，输入“距离”为110；在“布尔”下拉列表中选择“合并”，单击“选择体”，选择如图5-86中④所示的实体，其他采用默认设置，单击“确定”按钮完成拉伸操作。

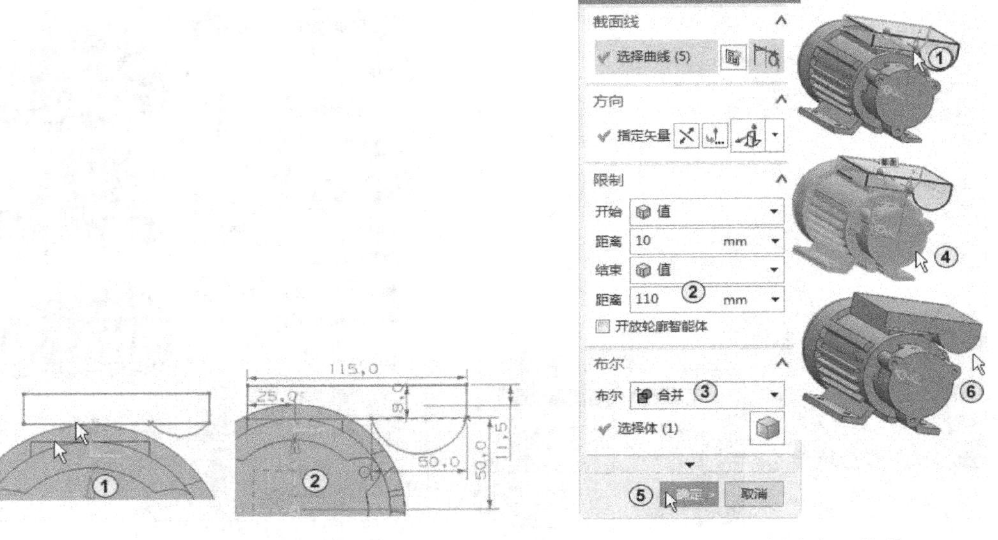

图5-85　绘制拉伸截面草图　　　　图5-86　创建求和拉伸

4）选择草图绘制平面。单击“主页”选项卡中的“草图”按钮，系统弹出“创建草图”对话框，在“草图类型”下拉列表中选择“在平面上”，在“平面方法”下拉列表中选择“自动判断”，选择如图5-87所示的模型表面作为绘制草图平面。然后选择图中模型的边作为水平参考，单击“确定”按钮，进入草图绘制界面。

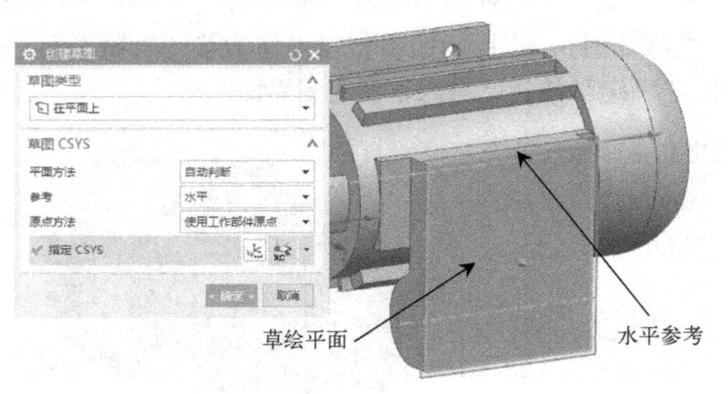

图5-87　选择草图绘制平面

5）偏置曲线。在“功能区”中选择“主页”→“曲线”→“偏置曲线”按钮，系统弹出“偏置曲线”对话框；在“偏置”选项组中输入“距离”为5，输入“副本数”为

1，在“要偏置的曲线”选项组中单击“选择曲线”，选择如图 5-88 所示的模型边线，单击“确定”按钮完成偏置操作。

6）绘制圆，退出草图绘制。单击“圆”按钮◯绘制出两个 $\phi13$ 的圆，圆心分别落在模型边线的中点上，如图 5-89 所示。单击“完成”按钮退出草图绘制。

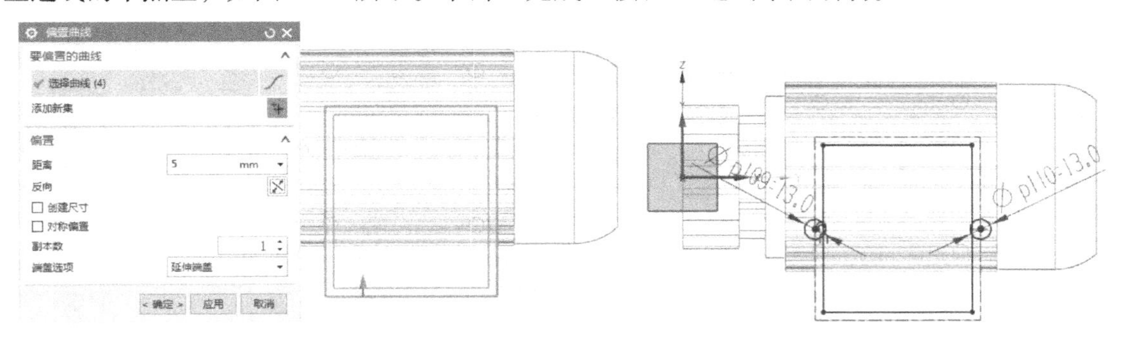

图 5-88　偏置草图　　　　图 5-89　绘制圆

7）创建求和拉伸（一）。单击“主页”选项卡中的“拉伸”按钮，系统弹出“拉伸”对话框，选择如图 5-90 中①所示的矩形截面线；在“拉伸”对话框的“限制”选项组中，选择“开始”为“值”，输入“距离”为 0，选择“结束”为“值”，输入“距离”为 6；在“布尔”下拉列表中选择“合并”，单击“选择体”，选择模型中的实体，其他采用默认设置，单击“确定”按钮完成拉伸操作。

8）创建求和拉伸（二）。单击“主页”选项卡中的“拉伸”按钮，系统弹出“拉伸”对话框，选择如图 5-91 中②所示的两个圆形截面线，并单击“反向”按钮；在“拉伸”对话框的“限制”选项组中，选择“开始”为“值”，输入“距离”为 0，选择“结束”为“值”，输入“距离”为 18；在“布尔”下拉列表中选择“合并”，单击“选择体”，选择如图 5-91 中⑥所示的实体，其他采用默认设置，单击“确定”按钮完成拉伸操作，拉伸结果如图 5-91 中⑧所示。

图 5-90　创建求和拉伸（一）

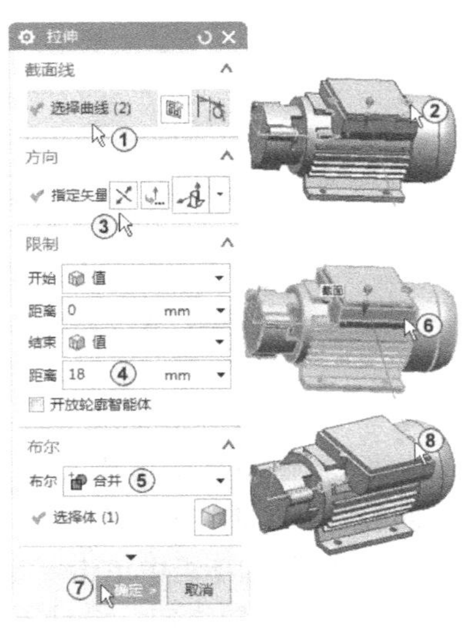

图 5-91　创建求和拉伸（二）

9）选择草图绘制平面。单击“主页”选项卡中的“草图”按钮，系统弹出“创建草图”对话框，在“草图类型”下拉列表中选择“在平面上”，在“平面方法”下拉列表中选择“自动判断”，选择如图 5-92 所示的模型表面作为绘制草图平面。移动鼠标选择图中模型的边作为水平参考，单击“确定”按钮，进入草图绘制界面。

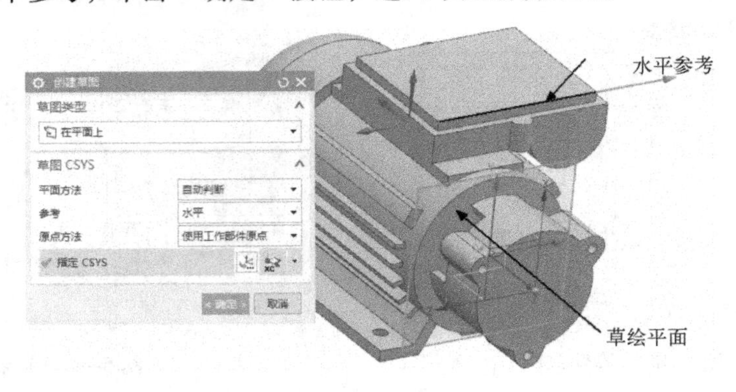

图 5-92　选择草图绘制平面

10）绘制拉伸截面草图。单击“直线”按钮绘制出一条 30°的角度线，线的长度是 53.5 并转化为参考线，再单击“圆”按钮绘制出一个 ϕ5.2 的圆，圆心落在角度线上。在“功能区”中选择“主页”→“约束”→“快速尺寸”按钮，标注出如图 5-93 所示的尺寸。在“功能区”中选择“主页”→“曲线”→“阵列曲线”按钮，系统弹出“阵列曲线”对话框，在“要阵列的曲线”选项组中单击“选择曲线”，选择已绘制的圆，在“布局”下拉列表中选择“圆形”，单击“指定点”，选择“坐标原点”，在“角度方向”选项组中输入“数量”为 3，“节距角”为 120，单击“确定”按钮。

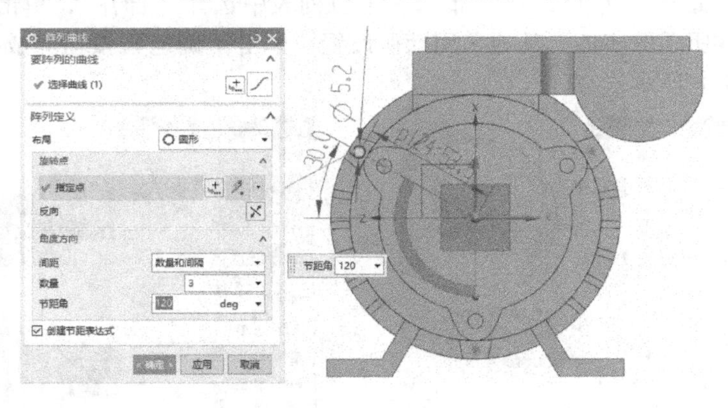

图 5-93　绘制拉伸截面草图

11）偏置曲线。在“功能区”中选择“主页”→“曲线”→“偏置曲线”按钮，系统弹出“偏置曲线”对话框；在“偏置”选项组中输入“距离”为 2，输入“副本数”为 1；在“要偏置的曲线”选项组中单击“选择曲线”，选择模型的 9 条边线，如图 5-94 所示，从预览中可以看到偏置方向，设计要求向外偏置，如果方向不对，可以单击“反向”按钮来改变偏置方向。单击“确定”按钮完成偏置操作。

12）绘制圆形。单击“主页”选项卡中的“圆”按钮○，选择圆心为坐标原点，圆的大小为与模型中已有外圆重合，如图 5-95 所示。

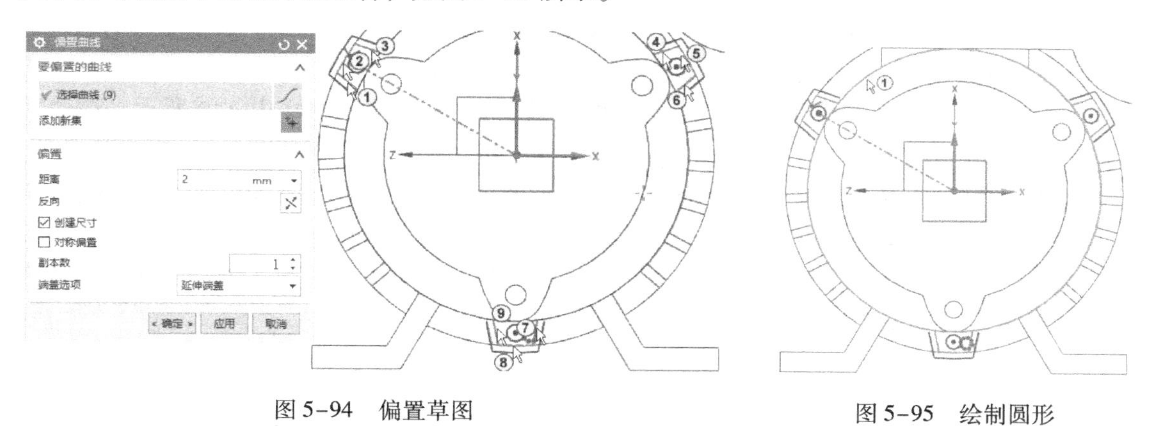

图 5-94　偏置草图　　　　图 5-95　绘制圆形

13）延伸/修剪草图，退出草图绘制。偏置曲线与所绘圆形之间有间隙，用延伸工具将偏置的 6 条曲线延伸至所绘圆形，然后用修剪工具修剪草图，如图 5-96 所示。单击“完成”按钮退出草图绘制。

14）创建求和拉伸。单击“主页”选项卡中的“拉伸”按钮，系统弹出“拉伸”对话框，选择如图 5-97 中①所示的截面线，并单击“反向”按钮；在“拉伸”对话框的“限制”选项组中，选择“开始”为“值”，输入“距离”为 0，选择“结束”为“值”，输入“距离”为 11.5；在“布尔”下拉列表中选择“合并”，单击“选择体”，选择如图 5-97 中⑤所示的实体，其他采用默认设置，单击“确定”按钮完成拉伸操作。拉伸结果如图 5-97 中⑦所示。

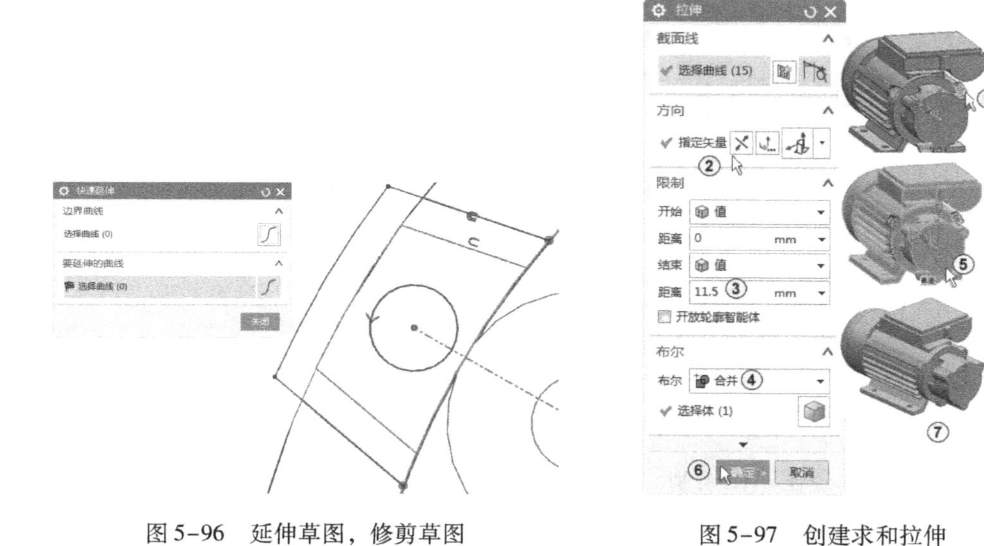

图 5-96　延伸草图，修剪草图　　　　图 5-97　创建求和拉伸

15）选择草图绘制平面。单击“主页”选项卡中的“草图”按钮，系统弹出“创建草图”对话框，在“草图类型”下拉列表中选择“在平面上”，在“平面方法”下拉列表

中选择“自动判断”，选择如图 5-98 中③所示的模型表面作为绘制草图平面。选择如图 5-98 中④所示的边作为水平参考，单击“确定”按钮，进入草图绘制界面。

16）绘制拉伸截面草图。单击“直线”按钮绘制出 3 条角度线，3 条角度线的起点与模型圆边的圆心重合，终点分别与模型孔的圆心重合，如图 5-99 中①～③所示。再单击“圆”按钮绘制出两个同心圆，圆心与角度线起点重合，如图 5-99 中④⑤所示。在“功能区”中选择“主页”→“约束”→“快速尺寸”按钮，标注出如图 5-99 所示的尺寸。在“功能区”中选择“主页”→“曲线”→“偏置曲线”按钮，系统弹出“偏置曲线”对话框，在“偏置”选项组中输入“距离”为 3，选择“对称偏置”复选框，输入“副本数”为 1，在“要偏置的曲线”选项组中单击“选择曲线”，选择如图 5-100 中④～⑥所示的曲线，单击“确定”按钮完成偏置操作。

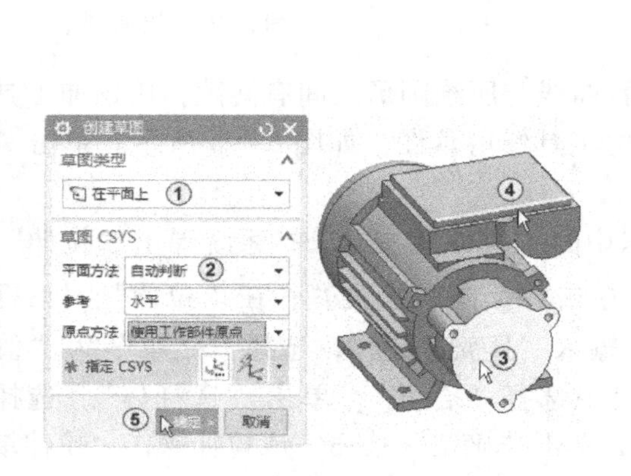

图 5-98　选择绘制草图平面

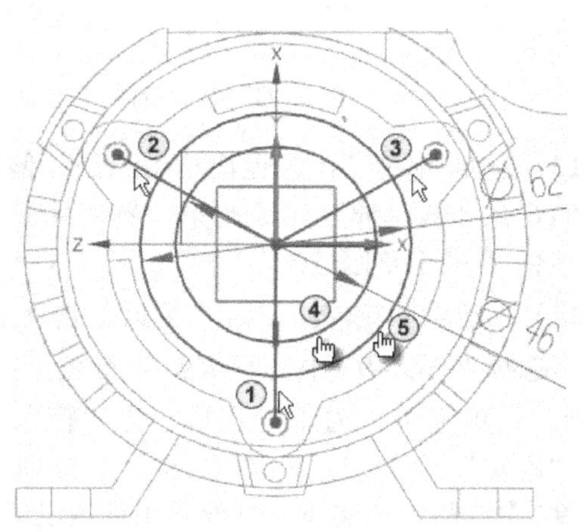

图 5-99　绘制拉伸截面草图

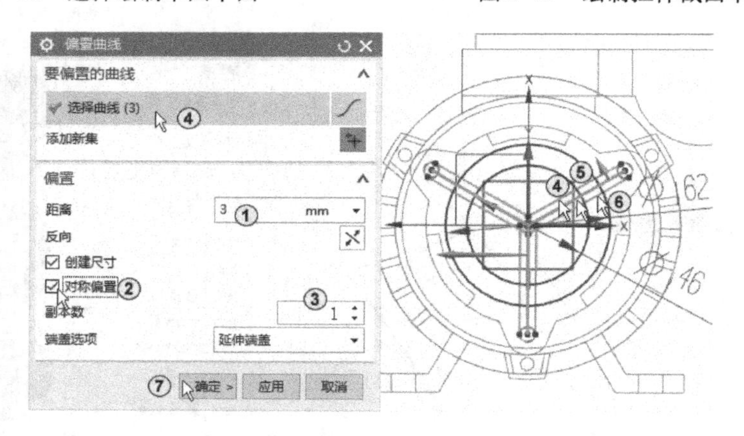

图 5-100　偏置草图

17）绘制直线，退出草图绘制。单击“直线”按钮，绘制出两条间隔距离为 30 的水平线，下面一条水平线的两个端点分别与模型圆弧的两个端点重合。单击“完成”按钮退出草图绘制，如图 5-101 所示。

18）创建求差拉伸。单击“主页”选项卡中的“拉伸”按钮，系统弹出“拉伸”对话框，在“边框条”的“选择过滤器”中选择“相连曲线”并单击“在相交处停止”按钮。这时系统要求选择拉伸截面线，选择如图 5-102 中③所示的截面线，并单击“反向”按钮；在“拉伸”对话框的“限制”选项组中，选择“开始”为“值”，输入“距离”为 0，选择“结束”为“值”，输入“距离”为 3；在“布尔”下拉列表中选择“减去”，单击“选择体”，选择如图 5-102 中⑦所示的实体，其他采用默认设置，单击“确定”按钮完成拉伸操作，拉伸结果如图 5-102 中⑨所示。

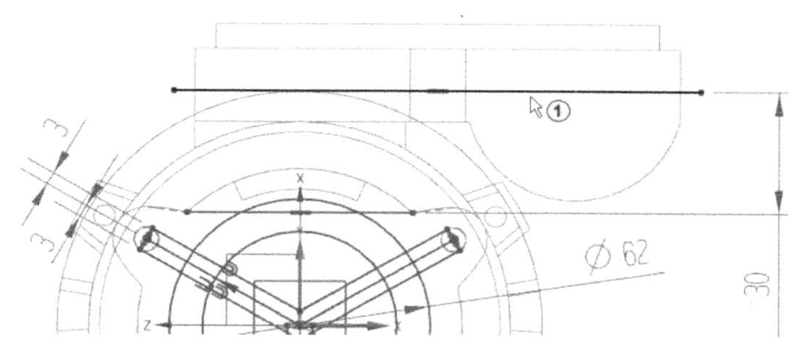

图 5-101　绘制水平线

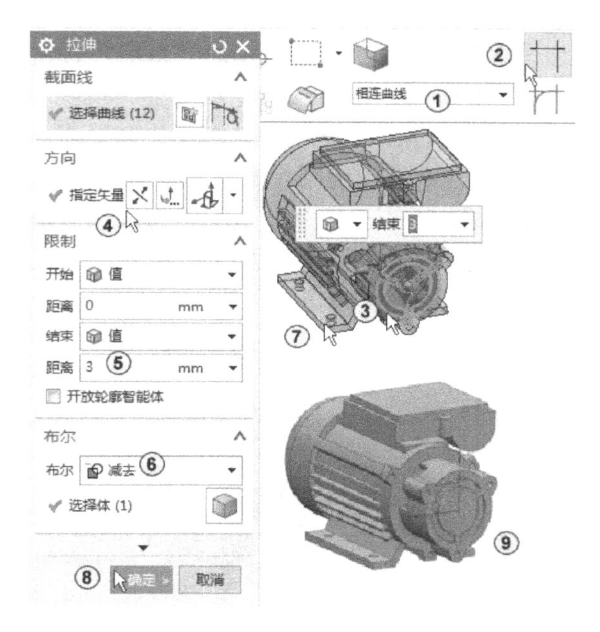

图 5-102　创建求差拉伸

5.2.5　创建进出水装置

1）创建片体拉伸。单击“主页”选项卡中的“拉伸”按钮，系统弹出“拉伸”对话框，在“边框条”的“选择过滤器”中选择“相连曲线”。这时系统要求选择拉伸截面线，选择如图 5-103 所示的截面线；在“拉伸”对话框的“限制”选项组中，选择“开始”为“值”，输入“距离”为 0，选择“结束”为“值”，输入“距离”为 30；在“布尔”下拉列表中选择“无”；在“设置”选项组中选择“体类型”为“片体”，其他采用默认设置，单击“确定”按钮完成拉伸操作。

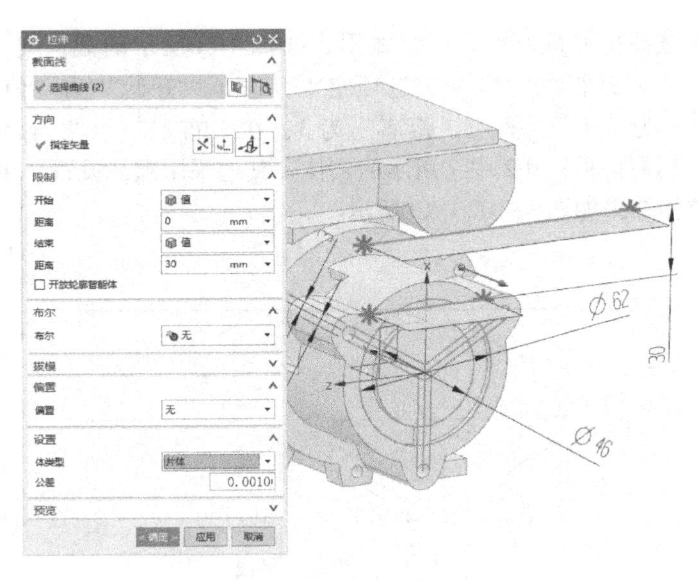

图 5-103　创建片体拉伸

2）选择草图绘制平面。单击“主页”选项卡中的“草图”按钮，系统弹出“创建草图”对话框；在“草图类型”下拉列表中选择“在平面上”，在“平面方法”下拉列表中选择“自动判断”，选择如图 5-104 所示的表面作为草图绘制平面。选择图中片体的边作为水平参考，单击“确定”按钮，进入草图绘制界面。

3）绘制矩形，标注尺寸，添加约束。用“矩形”按钮绘制出一个矩形，用尺寸工具标注尺寸，将如图 5-105 中①箭头所指的右边线和矩形右竖边作“共线”约束，将图 5-105 中②箭头所指的边线和矩形左竖边作“共线”约束。

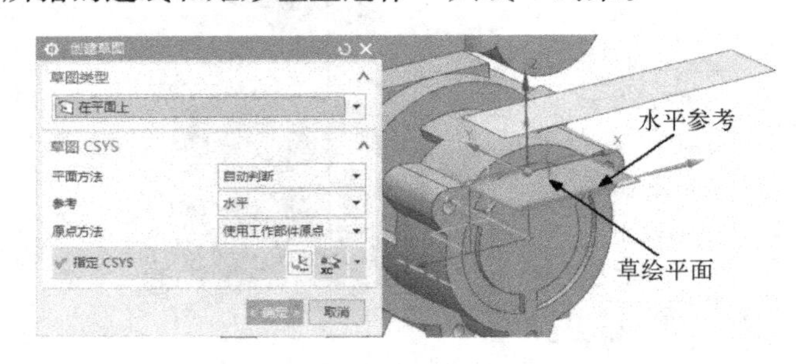

图 5-104　选择草图绘制平面

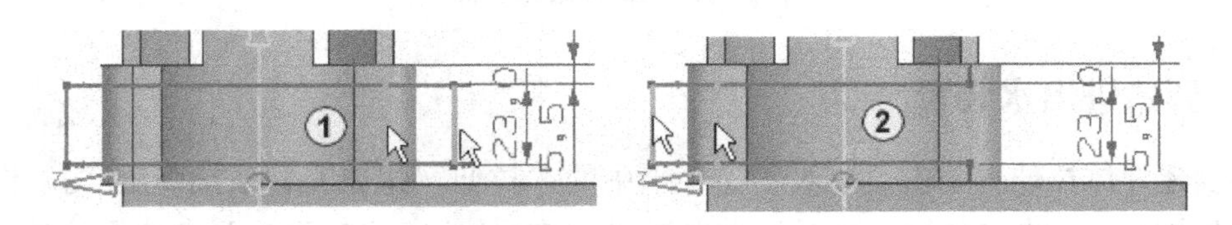

图 5-105　绘制拉伸截面草图

4）绘制圆角，退出草图绘制。单击“圆角”按钮，系统弹出“创建圆角”对话框，选择“圆角方法”为“修剪”，然后选择草图的 4 个角进行 R10 圆角操作，结果如图 5-106 所示。单击“完成”按钮退出草图绘制。

5）创建拉伸。单击“主页”选项卡中的“拉伸”按钮，系统弹出“拉伸”对话框，选择如图5-107中①所示的截面线，在“拉伸”对话框的“限制”选项组中，选择“开始”为“值”，输入“距离”为0，选择“结束”为“值”，输入“距离”为3；在“布尔”下拉列表中选择“无”，其他采用默认设置，单击“确定”按钮完成拉伸操作。

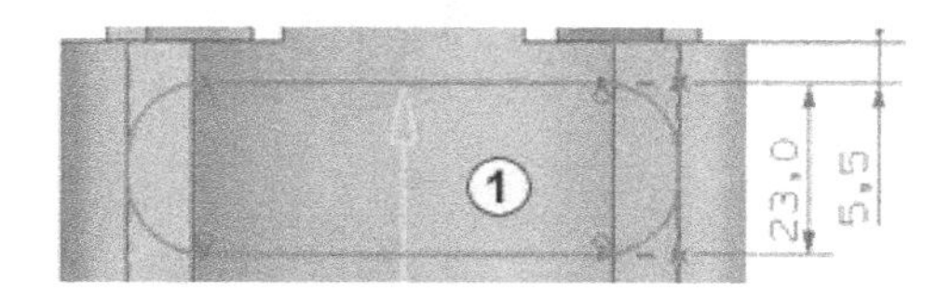

图5-106　绘制圆角

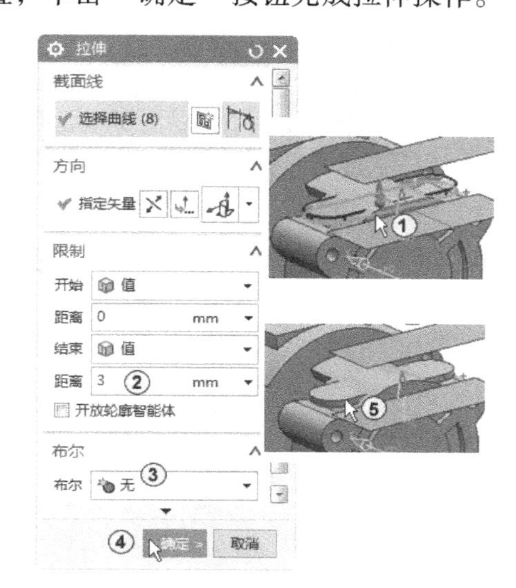

图5-107　创建拉伸

6）选择草图绘制平面。单击“主页”选项卡中的“草图”按钮，系统弹出“创建草图”对话框，在“草图类型”下拉列表中选择“在平面上”，在“平面方法”下拉列表中选择“自动判断”，单击选择如图5-108所示的表面作为绘制草图平面。选择图中片体的边作为水平参考，单击“确定”按钮，进入草图绘制界面。

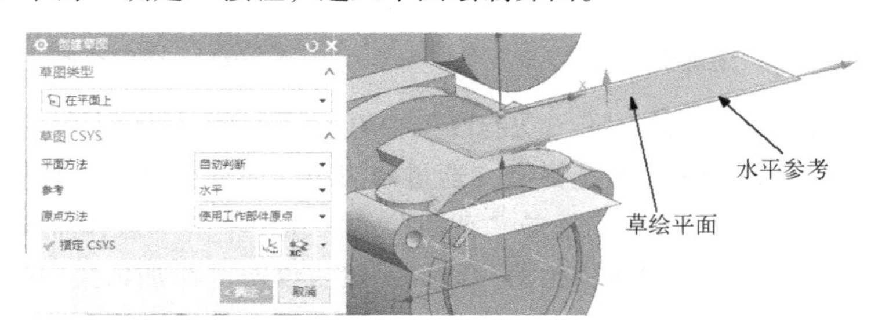

图5-108　选择绘制草图平面

7）绘制矩形，标注尺寸，绘制圆角。单击“矩形”按钮，绘制出一个矩形，在“功能区”中选择“主页”→“约束”→“快速尺寸”按钮，标注尺寸。单击“圆角”按钮，系统弹出“创建圆角”对话框，选择“圆角方法”为“修剪”，然后选择草图的4个角进行R15圆角操作，如图5-109所示。

8）绘制矩形，标注尺寸，退出草图绘制。单击“矩形”按钮，绘制出一个矩形，用尺寸工具标注出尺寸。单击“完成”按钮退出草图绘制，如图5-110所示。

9）创建拉伸。单击“主页”选项卡中的“拉伸”按钮，系统弹出“拉伸”对话框，选择如图5-111中①所示的截面线；在“拉伸”对话框的“限制”选项组中，选择“开始”为“值”，输入“距离”为0，选择“结束”为“值”，输入“距离”为22；在“布尔”下拉列表中选择“无”，其他采用默认设置，单击“确定”按钮完成拉伸操作，拉伸结果如图5-111中⑤所示。

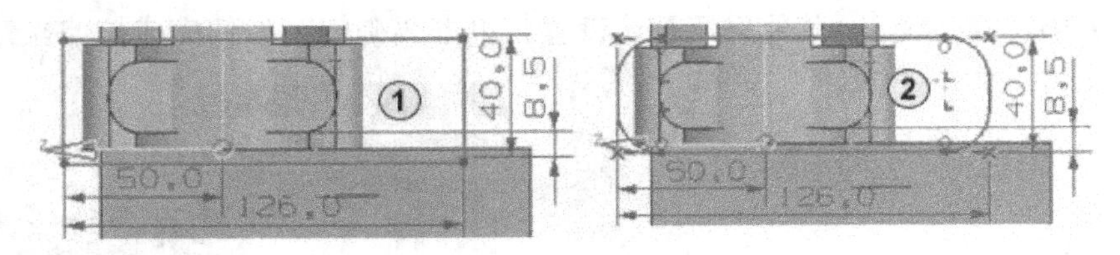

图5-109　绘制拉伸截面草图

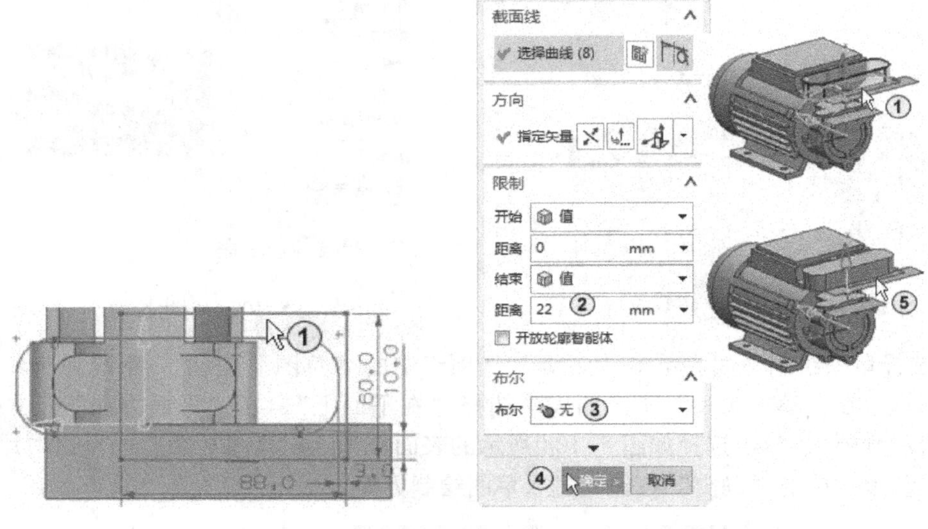

图5-110　绘制矩形　　　　图5-111　创建拉伸

10）创建通过曲线组的实体。在“功能区”中单击“曲面”选项卡中的“通过曲线组”按钮，如图5-112中①所示，系统弹出“通过曲线组”对话框；在“边框条”的“曲线规则”中选择“相连曲线”；在对话框的“截面”选项组中单击“选择曲线或点”，选择如图5-112中③所示的模型上层边线作为第一截面，然后单击“添加新集”按钮，选择模型下层边线作为最后截面，如图5-112中④⑤所示。在“连续性”选项组中选择“第一截面”和“最后截面”为“G0（位置）”，单击“确定”按钮完成通过曲线组实体的创建，结果如图5-112中⑧所示（注：选择过程中注意上层曲线和下层曲线起始位置应一致，及箭头位置和箭头方向一致）。

11）创建布尔求和操作。单击“合并”按钮，系统弹出“合并”对话框，单击“目标”选项组中的“选择体”，选择泵体目标体；在“工具”选项组中单击“选择体”，选择3个实体，如图5-113所示，单击“确定”按钮完成合并操作。

12）创建求和拉伸。单击“主页”选项卡中的“拉伸”按钮，系统弹出“拉伸”对话框，选择如图5-114中①所示的截面线；在“拉伸”对话框的“限制”选项组中，选择“开始”为“值”，输入“距离”为0，选择“结束”为“值”，输入“距离”为63；在

"布尔"下拉列表中选择"合并"，单击"选择体"，选择如图 5-114 中④所示的实体，其他采用默认设置，单击"确定"按钮完成拉伸操作，拉伸结果如图 5-114 中⑥所示。

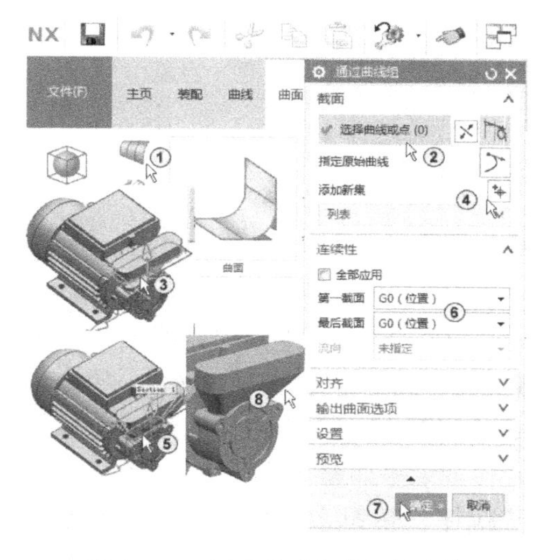

图 5-112　创建通过曲线组的实体

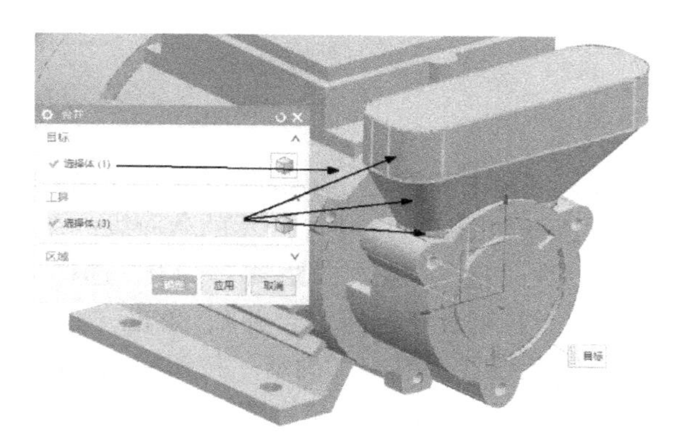

图 5-113　创建布尔合并

13）选择草图绘制平面。单击"主页"选项卡中的"草图"按钮，系统弹出"创建草图"对话框；在"草图类型"下拉列表中选择"在平面上"，在"平面方法"下拉列表中选择"自动判断"，选择如图 5-115 所示的表面作为草图绘制平面。选择图中模型的边作为水平参考，单击"确定"按钮进入草图绘制界面。

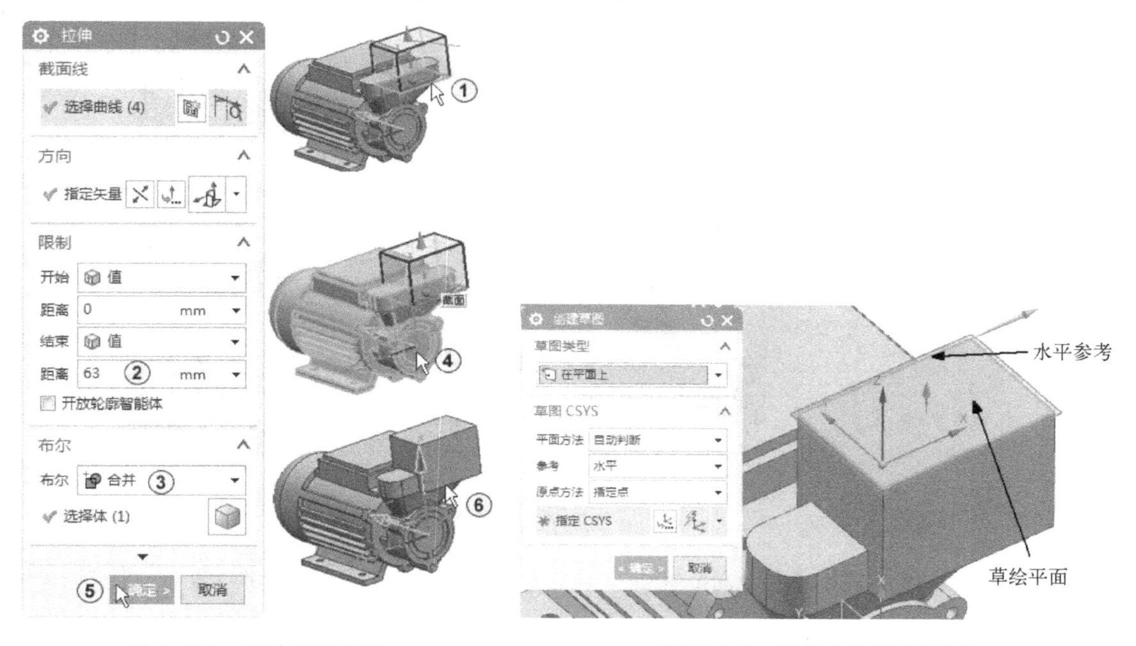

图 5-114　创建求和拉伸

图 5-115　选择草图绘制平面

14）绘制拉伸截面草图，退出草图绘制。单击"直线"按钮，绘制出一条水平线，水平线的两个端点分别与模型竖边的中点重合。单击"圆"按钮〇绘制出两组同心圆，圆心分别落在水平线上，如图 5-116 中①所示。将水平线转换成构造线，单击“快速尺寸”按钮标注出如图 5-116 中②所示的尺寸。单击“完成”按钮退出草图绘制。

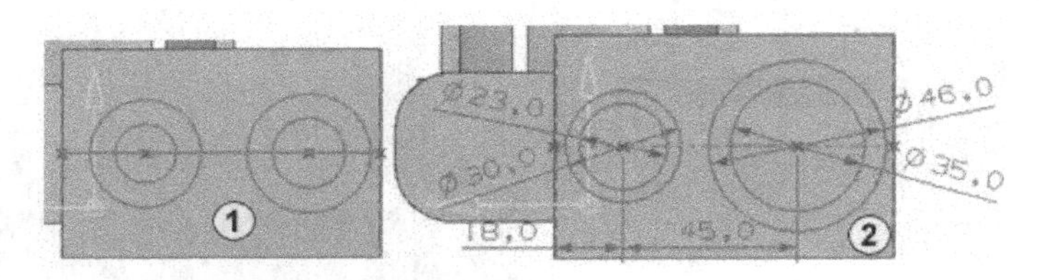

图 5-116　绘制拉伸截面草图

15）创建求和拉伸。单击“主页”选项卡中的“拉伸”按钮，系统弹出“拉伸”对话框，选择如图 5-117 中①所示的截面线；在“拉伸”对话框的“限制”选项组中，选择“开始”为“值”，输入“距离”为 0，选择“结束”为“值”，输入“距离”为 10；在“布尔”下拉列表中选择“合并”，单击“选择体”，选择如图 5-117 中④所示的实体，其他采用默认设置，单击“确定”按钮完成拉伸操作，拉伸结果如图 5-117 中⑥所示。

16）创建求差拉伸。单击“主页”选项卡中的“拉伸”按钮，系统弹出“拉伸”对话框，选择如图 5-118 中①所示的截面线；在“拉伸”对话框的“限制”选项组中选择“开始”为“值”，输入“距离”为 0，选择“结束”为“值”，输入“距离”为 30，单击“反向”按钮；在“布尔”下拉列表中选择“减去”，单击“选择体”，选择如图 5-118 中⑤所示的实体，其他采用默认设置，单击“确定”按钮完成拉伸操作，拉伸结果如图 5-118 中⑦所示。

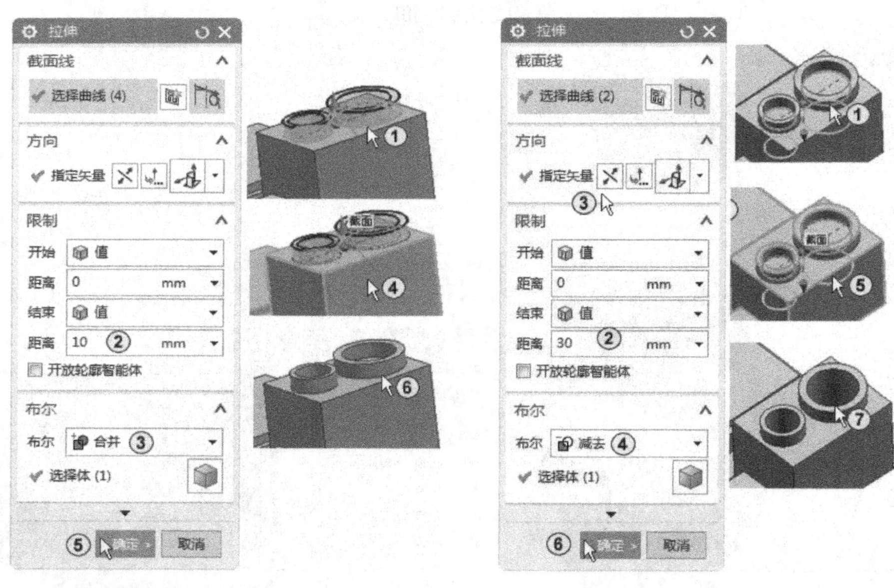

图 5-117　创建求和拉伸　　　　图 5-118　创建求差拉伸

17）选择绘制草图平面。单击“主页”选项卡中的“草图”按钮，系统弹出“创建草图”对话框；在“草图类型”下拉列表中选择“在平面上”，在“平面方法”下拉列表中选择“自动判断”，选择如图 5-119 所示的表面作为草图绘制平面。选择图中模型的边作为水平参考，单击“确定”按钮，进入草图绘制界面。

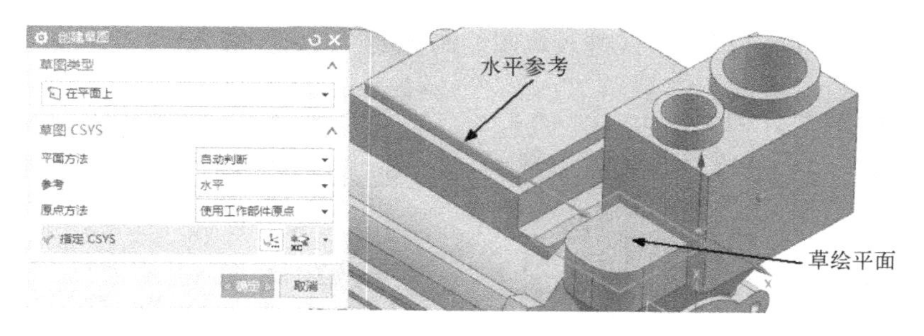

图 5-119　选择草图绘制平面

18）绘制拉伸截面草图。单击“直线”按钮╱，绘制出 1 条竖线和 1 条水平线，竖线的下端点与模型水平边的中点重合。单击“圆”按钮○绘制出两组同心圆，圆心分别落在水平线的两个端点上，如图 5-120 中①所示。单击“直线”按钮╱，绘制出两条与两个圆相切的连接线，如图 5-120 中②所示。用镜像工具将两个同心圆和两条连接线镜像到左边。将水平线和竖线转换成构造线，用尺寸工具标注出如图 5-120 中③所示的尺寸，其中直径分别是 8.5、18、35、42。用修剪工具将草图修剪成如图 5-120 中④所示的草图。单击“完成”按钮退出草图绘制。

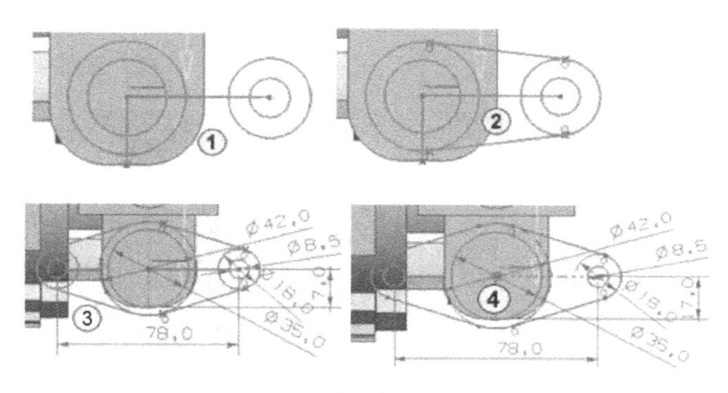

图 5-120　绘制拉伸截面草图

19）创建求和拉伸。单击“主页”选项卡中的“拉伸”按钮，系统弹出“拉伸”对话框，选择如图 5-121 中①所示的截面线；在“拉伸”对话框的“限制”选项组中选择“开始”为“值”，输入“距离”为 -7，选择“结束”为“值”，输入“距离”为 15；在“布尔”下拉列表中选择“合并”，单击“选择体”，选择如图 5-121 中④所示的实体，其他采用默认设置，单击“确定”按钮完成拉伸操作，拉伸结果如图 5-121 中⑥所示。

20）创建求差拉伸。单击“主页”选项卡中的“拉伸”按钮，系统弹出“拉伸”对话框，选择如图 5-122 中①所示的截面线，在“拉伸”对话框的“限制”选项组中选择“开始”为“值”，输入“距离”为 2，选择“结束”为“值”，输入“距离”为 7；在“布尔”下拉列表中选择“减去”，单击“选择体”，选择如图 5-122 中④所示的实体，其他采用默认设置，单击“确定”按钮完成拉伸操作，拉伸结果如图 5-122 中⑥所示。

21）选择草图绘制平面。单击“主页”选项卡中的“草图”按钮，系统弹出“创建草图”对话框，在“草图类型”下拉列表中选择“在平面上”，在“平面方法”下拉列表中选择“自动判断”，选择如图 5-123 所示的表面作为草图绘制平面。选择图中模型的边作为水平参考，单击“确定”按钮，进入草图绘制界面。

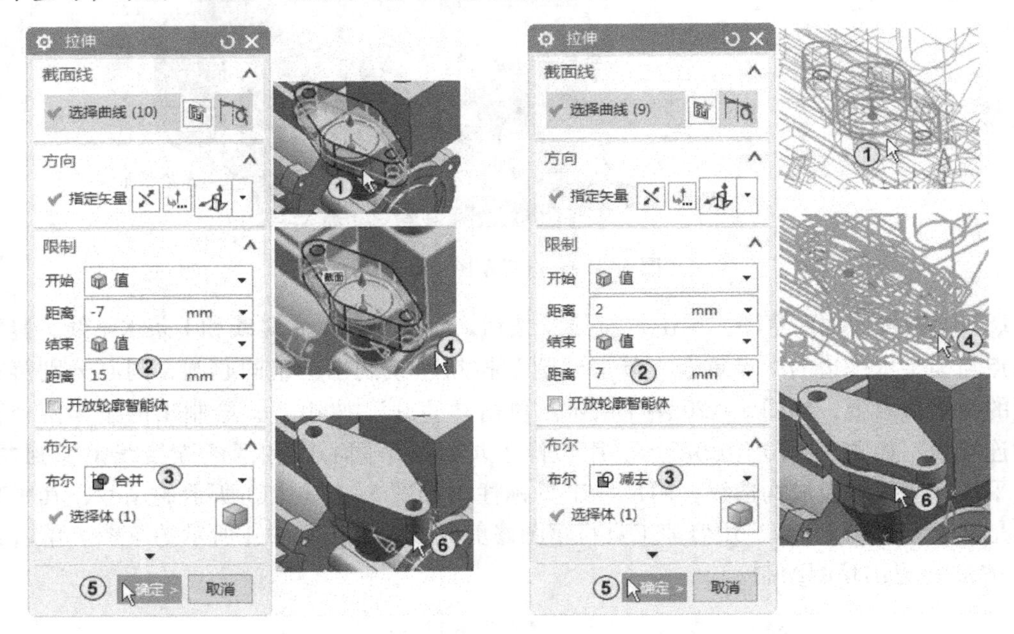

图 5-121　创建求和拉伸　　　　图 5-122　创建求差拉伸

图 5-123　选择草图绘制平面

22）绘制拉伸截面草图，退出草图绘制。单击“圆”按钮○绘制出一个 ϕ 33 的圆，圆心落在模型圆弧的圆心上；单击“直线”按钮，绘制出与圆相切的两条竖线，竖线的下端点与模型边重合；再绘制出一条水平线，水平线的两个端点分别与竖线的下端点重合，如图 5-124 中①所示。用修剪工具修剪草图，结果如图 5-124 中②所示。单击“完成”按钮退出草图绘制。

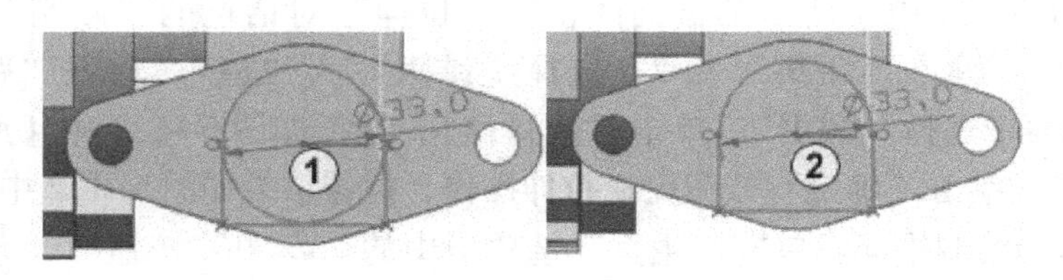

图 5-124　绘制拉伸截面草图

23）创建求和拉伸。单击“主页”选项卡中的“拉伸”按钮，系统弹出“拉伸”对话框，选择如图 5-125 中①所示的截面线；在“拉伸”对话框的“限制”选项组中选择“开始”为“值”，输入“距离”为 0，选择“结束”为“值”，输入“距离”为 35；在“布尔”下拉列表中选择“合并”，单击“选择体”，选择如图 5-125 中④所示的实体，其他采用默认设置，单击“确定”按钮完成拉伸操作，拉伸结果如图 5-125 中⑥所示。

24）创建圆角。单击“圆角”按钮，选择如图 5-126 所示的模型边创建圆角，圆角半径为 16.5，单击“确定”按钮完成圆角创建。

25）选择草图绘制平面。单击“主页”选项卡中的“草图”按钮，系统弹出“创建草图”对话框，在“草图类型”下拉列表中选择“在平面上”，在“平面方法”下拉列表中选择“自动判断”，选择如图 5-127 所示的表面作为绘制草图平面。选择图中模型的边作为水平参考，单击“确定”按钮，进入草图绘制界面。

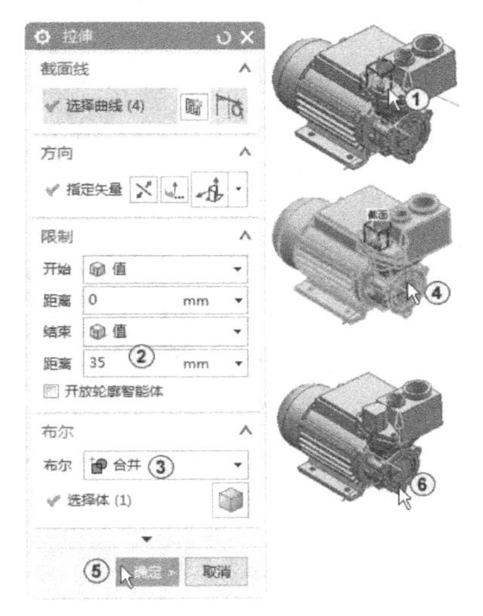

图 5-125　创建求和拉伸

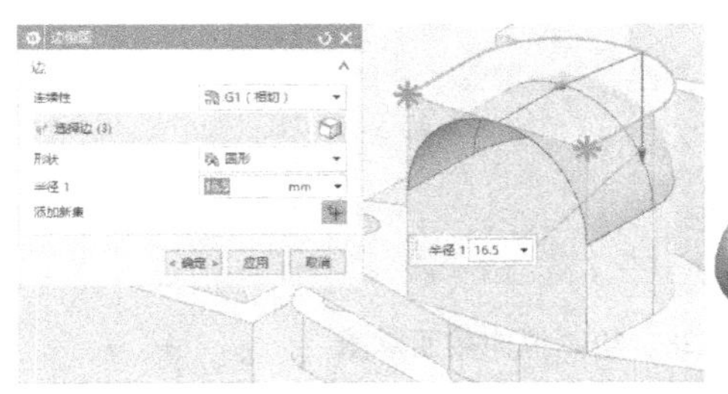

图 5-126　创建圆角

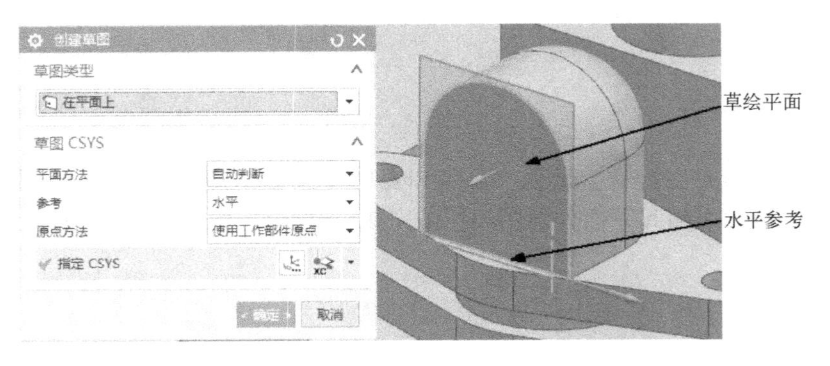

图 5-127　选择草图绘制平面

26）绘制拉伸截面草图。单击“多边形”按钮，选择中心点为模型圆边的圆心上。选择“大小”控制方式为“外切圆半径”，输入半径 20，旋转角度为 0°。单击“圆”按钮绘制出一个圆，圆心与刚才绘制的多边形中心重合。在“功能区”中选择“主页”→

“约束”→“快速尺寸”按钮，标注尺寸。单击“完成”按钮退出草图绘制，如图5-128所示。

27）创建求和拉伸。单击“主页”选项卡中的“拉伸”按钮，系统弹出“拉伸”对话框，选择如图5-129中①所示的截面线；在“拉伸”对话框的“限制”选项组中选择“开始”为“值”，输入“距离”为-5，选择“结束”为“值”，输入“距离”为26；在“布尔”下拉列表中选择“合并”，单击“选择体”，选择如图5-129中④所示的实体，其他采用默认设置，单击“确定”按钮完成拉伸操作，拉伸结果如图5-129中⑥所示。

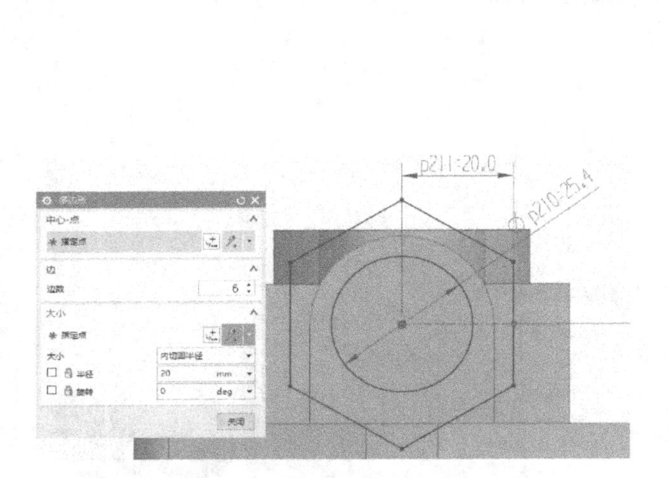

图5-128 绘制拉伸截面草图

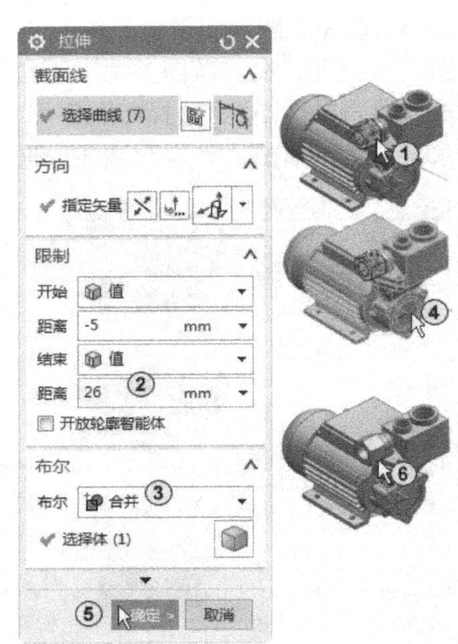

图5-129 创建求和拉伸

再对模型进行边倒圆和倒斜角细节特征操作，就完成了风扇模型的创建。边倒圆和倒斜角方法与上面章节中的操作方法一样，在这里就不再重复了。

5.3 茶壶

如图5-130所示是由壶身、壶盖、壶嘴和壶柄4部分组成的茶壶。壶身和壶盖可以连起来用旋转来完成，壶嘴和壶柄分别用扫掠来完成，然后合并、边倒角、创建外壳，完成最后的建模。

图5-130 茶壶

5.3.1 创建茶壶的过程分析

创建茶壶模型的关键是壶嘴和壶柄两个草图的绘制，这两个草图都是用“艺术样条”来绘制的，调整好曲线的形状是保证壶嘴和壶柄形状美观的关键。

创建茶壶的基本步骤如表 5-3 所示。

表 5-3 茶壶创建步骤

步 骤	实 例	说 明	步 骤	实 例	说 明
1		绘制壶身和壶盖旋转草图	5		绘制壶柄扫掠引导线草图
2		旋转创建壶身和壶盖	6		扫掠创建壶柄
3		绘制壶嘴扫掠引导线草图	7		求和组合壶身、壶嘴和壶柄
4		扫掠创建壶嘴	8		边倒角、创建外壳对茶壶加入细节特征

下面具体介绍茶壶的创建方法。

单击“文件”菜单中的“新建”按钮，系统弹出“文件新建”对话框，选择“名称”为“模型”，“类型”为“建模”，“单位”为“毫米”，在“名称”文本框中输入“茶壶”，单击“确定”按钮完成新文件的建立。

5.3.2 创建壶身和壶盖

1）选择绘制草图平面。单击“主页”选项卡中的“草图”按钮，系统弹出“创建草图”对话框；在“草图类型”下拉列表中选择“在平面上”，在“平面方法”下拉列表中选择“自动判断”，单击选择如图 5-131 所示的 YZ 基准平面作为草图绘制平面。单击“确定”按钮进入绘制草图界面。

2）绘制圆和竖线，标注尺寸。单击“圆”按钮，绘制出一个圆。单击“直线”按钮，绘制出一条竖线，竖线下端点与坐标轴中心点重合。单击“快速尺寸”按钮，标注出如图 5-132 中①所示的尺寸。

3）绘制 3 个小圆，添加约束。单击“圆”按钮○，绘制出 3 个 $\phi5$ 的等径小圆。将 3 个小圆之间作“相切”约束，再将最下面的小圆与大圆作“相切”约束，如图 5-132 中②所示。

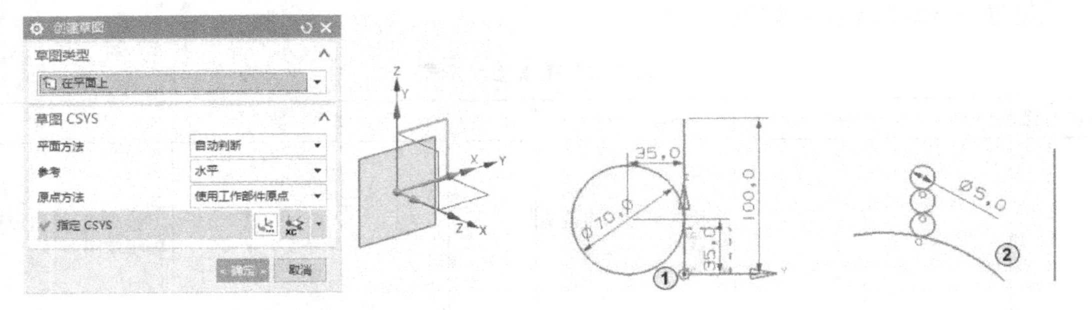

图 5-131　选择绘制草图平面　　　　图 5-132　绘制竖线和圆，并进行约束

4）标注尺寸，绘制圆和圆弧。单击“快速尺寸”按钮，标注出如图 5-133 中①所示的尺寸。单击“圆”按钮○，绘制出一个 $\phi12$ 的圆，圆心落在竖线的上端点上。单击“圆弧”按钮，绘制出一条 R130 的圆弧，如图 5-133 中②所示。

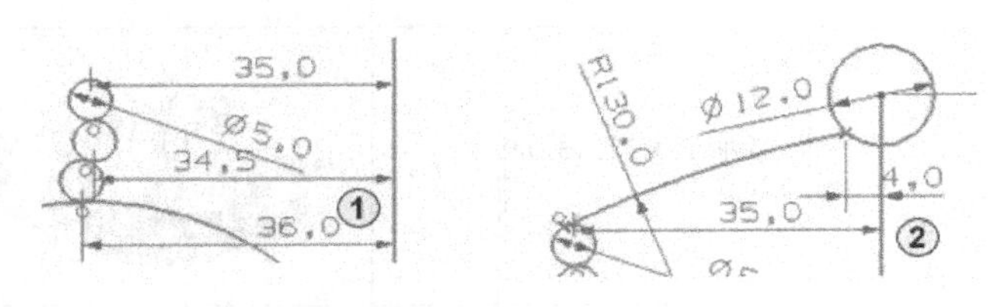

图 5-133　标注尺寸，绘制一个不和一条圆弧

5）绘制直线，标注尺寸，绘制圆弧。单击“直线”按钮，绘制出 3 条直线。单击“快速尺寸”按钮，标注出如图 5-134 中①所示的尺寸。单击“圆弧”按钮，绘制出一条 R6 的圆弧和 1 条 R20 的圆弧，如图 5-134 中②所示。

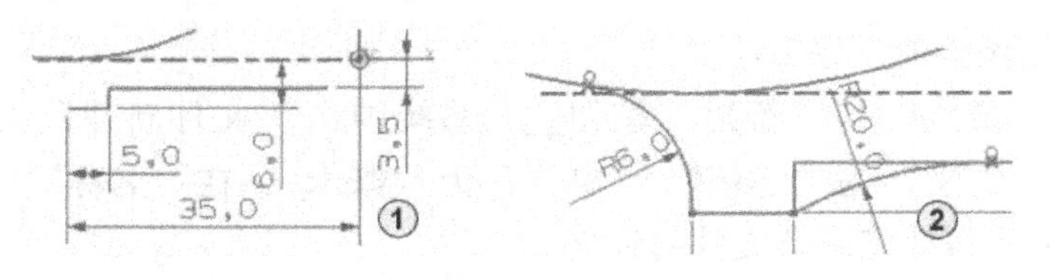

图 5-134　绘制 3 条相连直线并标注尺寸，绘制两条圆弧

6）修剪草图。单击“快速修剪”按钮，系统弹出“快速修剪”对话框，将草图修剪成如图 5-135 中①所示的草图。

7）延伸竖线和水平线，绘制圆角，退出草图绘制。单击“快速延伸”按钮，将草图延伸成如图 5-135 中②所示的草图。单击“圆角”按钮，系统弹出“创建圆角”对话框，选择“圆角方法”为“修剪”，然后对草图进行 R2 圆角操作，如图 5-135 中③～⑤所示。单击“完成”按钮退出草图绘制。

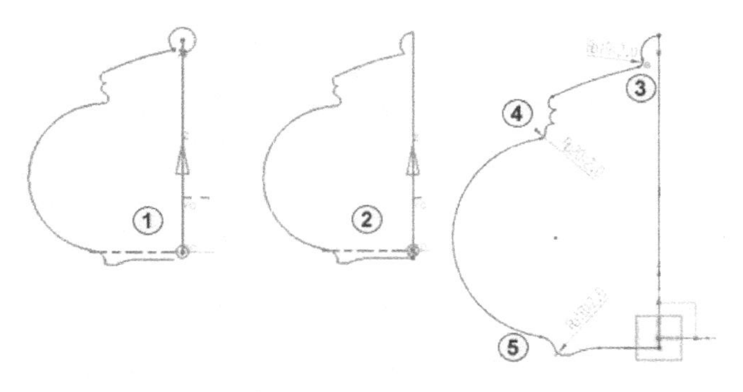

图 5-135　修剪草图、延伸草图并修剪、绘制圆角

8）创建回转。单击“主页”选项卡中的“旋转”按钮，系统弹出“旋转”对话框，选择如图 5-136 中①所示的曲线作为回转截面；单击“轴”选项组中的“指定矢量”，选择草图中如图 5-136 中③所示的直线作为回转轴，“指定点”选择“坐标原点”。在“限制”选项组中，选择“开始”为“值”，“角度”为“0”，选择“结束”为“值”，“角度”为“360”，其他采用默认设置，单击“确定”按钮完成回转操作，结果如图 5-136 中⑦所示。

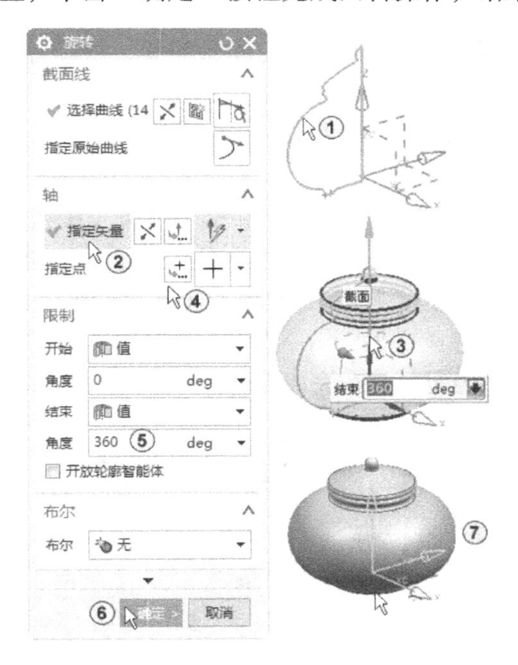

图 5-136　旋转创建壶身

5.3.3　创建壶嘴

1）选择绘制草图平面。单击“主页”选项卡中的“草图”按钮，系统弹出“创建草图”对话框；在“草图类型”下拉列表中选择“在平面上”，在“平面方法”下拉列表中选择“自动判断”，选择如图 5-137 所示的 YZ 基准平面作为绘制草图平面。单击“确定”按钮进入草图绘制界面。

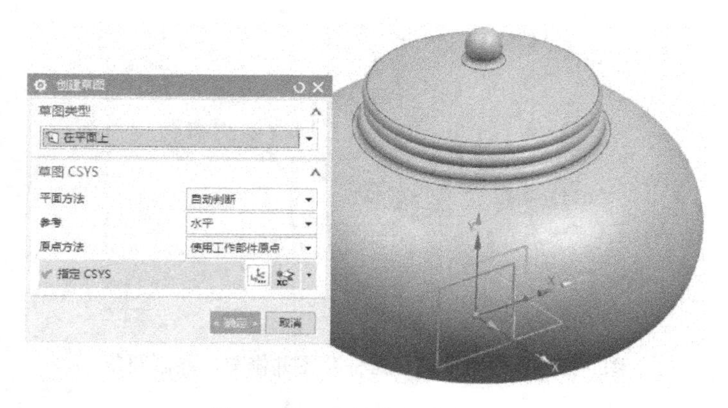

图 5-137　选择草图绘制平面

2）绘制直线，标注尺寸。单击“直线”按钮，绘制出两条直线。在“功能区”中选择“主页”→“约束”→“快速尺寸”按钮，标注出如图 5-138 中①所示的尺寸。

3）绘制艺术样条曲线。单击“艺术样条”按钮，系统弹出“艺术样条”对话框。在对话框的“类型”下拉列表中选择“通过点”，在“参数化”选项组中选择“次数”为 3，其他采用默认设置；绘制出 5 个控制点的样条曲线，拖动控制点调整好曲线形状，如图 5-138 中④所示，然后单击“应用”按钮。绘制出 8 个控制点的曲线，拖动控制点调整好曲线形状如图 5-138 中⑥所示，然后单击“确定”按钮。单击“完成”按钮退出草图绘制。

4）创建片体拉伸。单击“主页”选项卡中的“拉伸”按钮，系统弹出“拉伸”对话框，选择如图 5-139 中①所示的曲线作为拉伸截面；在“拉伸”对话框的“限制”选项组中选择“开始”为“值”，输入“距离”为 0，选择“终点”为“值”，输入“距离”为 20；在“布尔”下拉列表中选择“无”；在“设置”选项组中选择“体类型”为“片体”，其他采用默认设置，单击“确定”按钮完成拉伸操作，结果如图 5-139 中⑥所示。

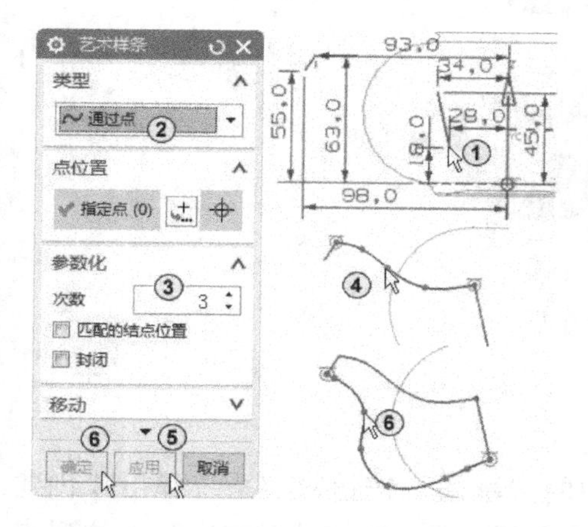

图 5-138　绘制直线、绘制艺术样条

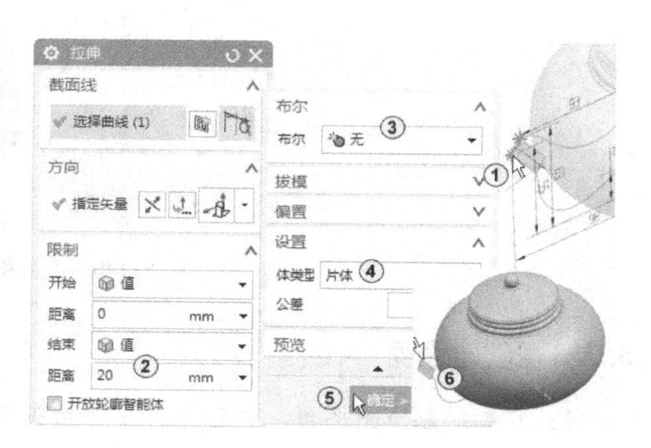

图 5-139　创建拉伸

5）选择草图绘制平面。单击“主页”选项卡中的“草图”按钮，系统弹出“创建草图”对话框；在“草图类型”下拉列表中选择“在平面上”，在“平面方法”下拉列表中选择“自动判断”，选择如图 5-140 所示的片体作为草图绘制平面。单击“确定”按钮，进入草图绘制界面。

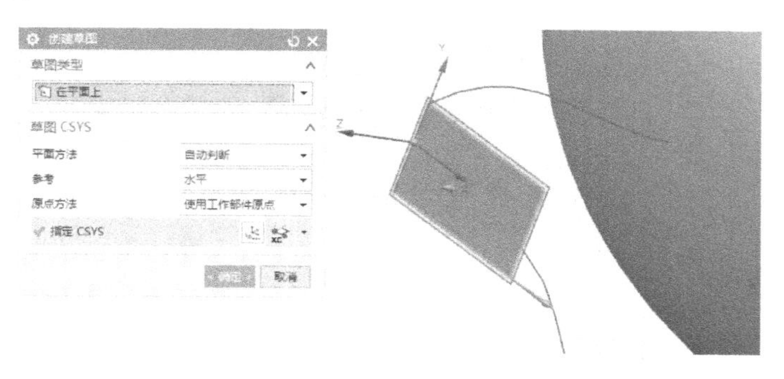

图 5-140　选择草图绘制平面

6）绘制竖线和水平线。单击“直线”按钮，绘制出一条竖线和两条水平线，竖线与片体拉伸边共线并等长，水平线从竖线中点开始向两边延伸。将图 5-141 中①②箭头所指的两条水平线作“相等”约束。

7）绘制艺术样条曲线。单击“艺术样条”按钮，系统弹出“艺术样条”对话框；在对话框的“类型”选项组中选择“通过点”；在“参数化”选项组中，选择“次数”为 3，选择“封闭”复选框，其他采用默认设置。绘制出 4 个控制点的闭合样条曲线，4 个控制点分别落在竖线和水平线的端点上，如图 5-141 中⑥所示，单击“确定”按钮。单击“完成”按钮退出草图绘制。

8）创建扫掠。单击“主页”选项卡中的“扫掠”按钮，系统弹出“扫掠”对话框，在“边框条”的“曲线规则”中选择“单条曲线”。这时系统要求选择扫掠截面曲线，在“截面”选项组中单击“选择曲线”，选择如图 5-142 中③所示的曲线作为扫掠截面。在“引导线”选项组中单击“选择曲线”，选择如图 5-142 中⑤所示的样条曲线作为第一引导线，单击“添加新集”按钮，选择如图 5-142 中⑥所示的样条曲线作为第二引导线。在“截面位置”下拉列表中选择“沿引导线任何位置”。选择“对齐”方法为“参数”，选择“缩放”方法为“均匀”，单击“确定”按钮完成扫掠操作，结果如图 5-143 所示。

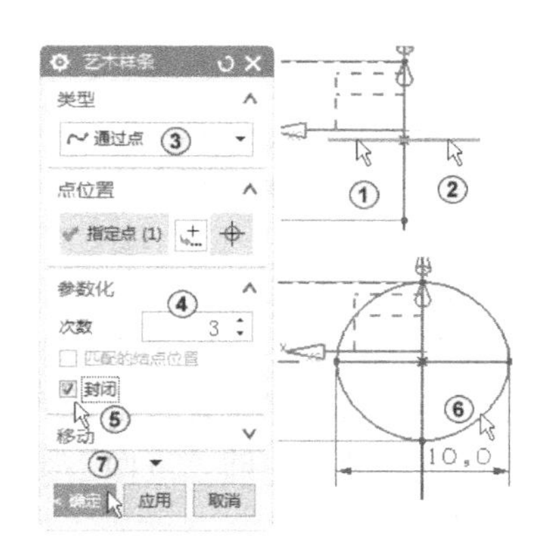

图 5-141　绘制一条竖线和两条水平线、绘制 4 个点的封闭曲线

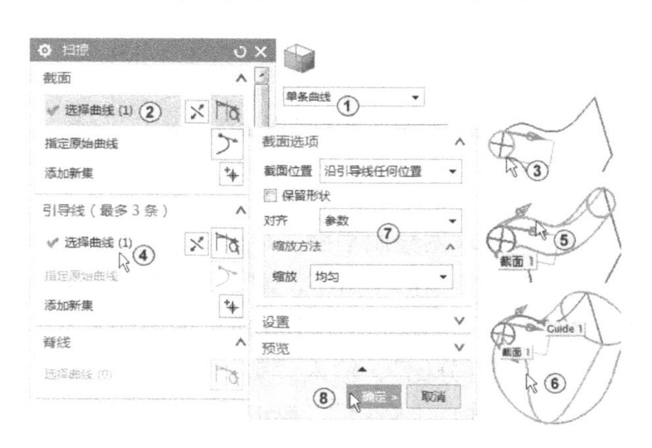

图 5-142　创建扫掠

图 5-143　扫掠结果

5.3.4　创建壶柄

1）选择草图绘制平面。单击“主页”选项卡中的“草图”按钮，系统弹出“创建草图”对话框；在“草图类型”下拉列表中选择“在平面上”，在“平面方法”下拉列表中选择“自动判断”，选择如图 5-144 所示的 YZ 基准平面作为绘制草图平面。单击“确定”按钮进入草图绘制界面。

2）绘制艺术样条曲线。单击“艺术样条”按钮，系统弹出“艺术样条”对话框；在对话框的“类型”下拉列表中选择“通过点”；选择“次数”为 3，其他采用默认设置，绘制出 10 个控制点的样条曲线，拖动控制点使曲线形状符合设计要求，如图 5-145 中③所示，单击“确定”按钮。单击“完成”按钮退出草图绘制。

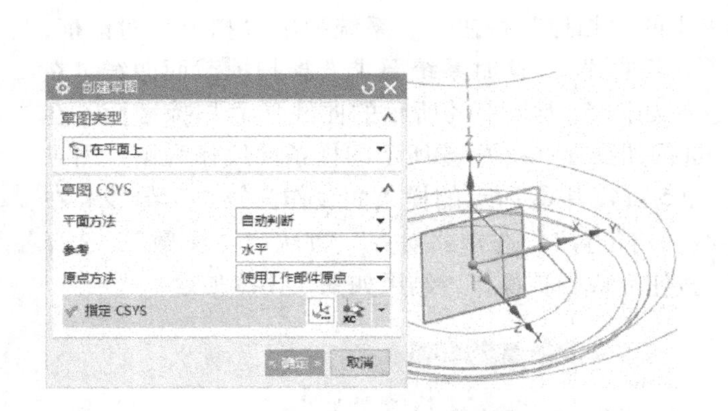

图 5-144　选择草图绘制平面

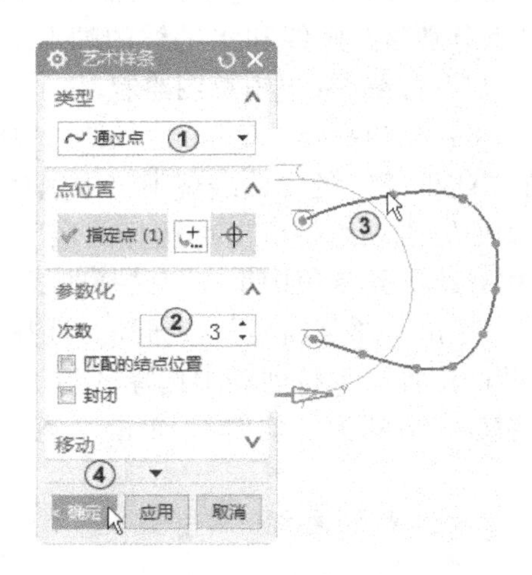

图 5-145　绘制壶柄曲线，完成草图绘制

3）选择草图绘制平面。单击“主页”选项卡中的“草图”按钮，系统弹出“创建草图”对话框；在“草图类型”下拉列表中选择“基于路径”，在“路径”选项组中单击“选择路径”，选择如图 5-146 所示的曲线；在“平面位置”选项组的“位置”下拉列表中选择“弧长百分比”，输入“弧长百分比”为 0；在“平面方位”选项组的“方向”下拉列表中选择“垂直于路径”，单击“确定”按钮，进入草图绘制界面。

4）创建椭圆，退出草图绘制。单击“主页”选项卡中的“椭圆”按钮，系统弹出“椭圆”对话框；在“中心”选项组中单击“指定点”，选择如图 5-147 所示的点作为椭圆

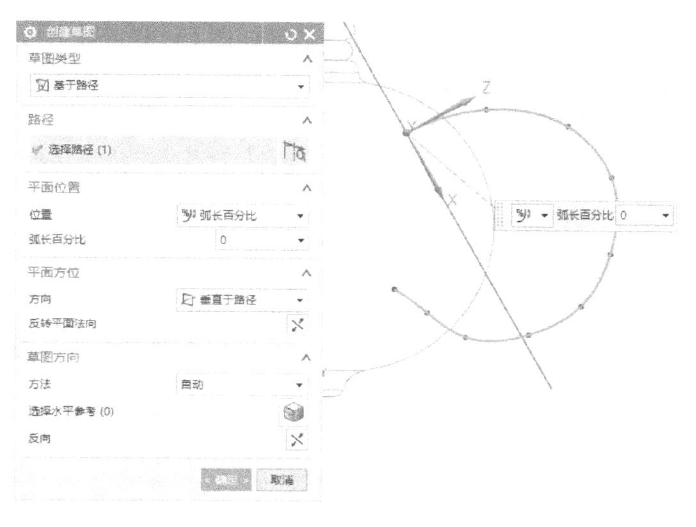

图 5-146　选择绘制草图平面

中心点，输入“大半径”为 6，“小半径”为 11，选择“封闭”复选框；在“旋转”选项组中输入“角度”为 0，单击“确定”按钮。单击“完成”按钮退出草图绘制。

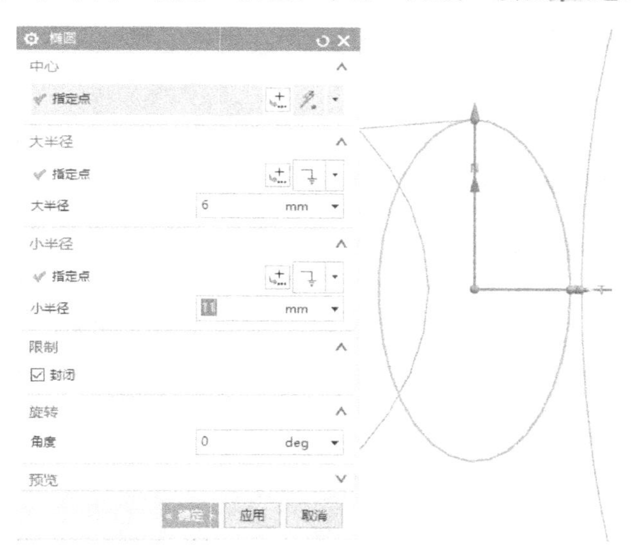

图 5-147　绘制椭圆，完成草图绘制

5）创建扫掠。单击“主页”选项卡中的“扫掠”按钮，系统弹出“扫掠”对话框，在“边框条”的“曲线规则”中选择“单条曲线”。这时系统要求选择扫掠截面曲线，在“截面”选项组中单击“选择曲线”，选择如图 5-148 中②所示的椭圆作为扫掠截面。在“引导线”选项组中单击“选择曲线”，选择如图 5-148 中④所示的曲线作为第一引导线；在“截面选项”选项组中选择“截面”为“沿引导线任何位置”，选择“对齐”为“参数”；选择“定位方法”为“固定”，选择“缩放方法”为“恒定”，单击“确定”按钮完成扫掠操作。

6）创建布尔求和操作。单击“主页”选项卡中的“合并”按钮，系统弹出“合并”

对话框；单击“目标”选项组中的“选择体”，选择如图 5-149 中②所示的壶体实体作为目标体，在“工具”选项组中单击“选择体”，选择如图 5-149 中④⑤所示的壶嘴和壶柄实体，单击“确定”按钮，完成求和操作。

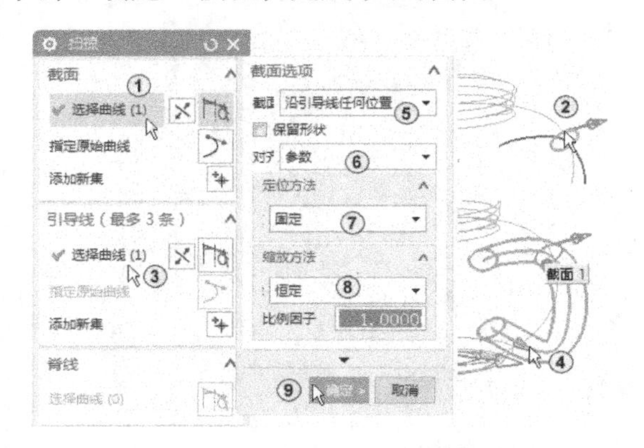

图 5-148　创建扫掠

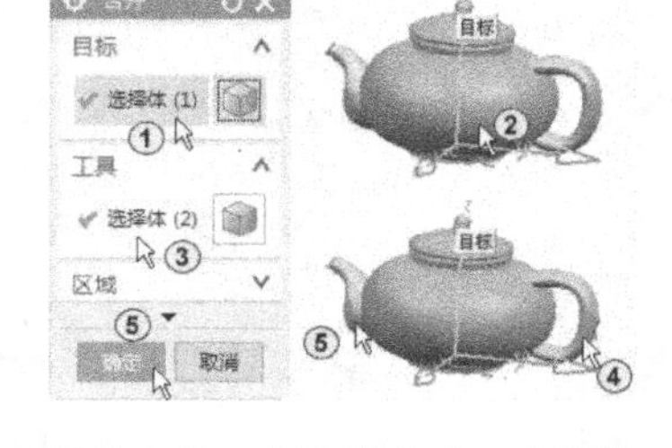

图 5-149　求和组合成一个实体

7）创建边倒圆（一）。单击“主页”选项卡中的“边倒圆”按钮，系统弹出“边倒圆”对话框，在“边”选项组中输入“半径 1”为 5，单击“选择边”，选择如图 5-150 所示的 3 条边线作为倒圆对象，其他采用默认设置，单击“确定”按钮完成边倒圆操作，结果如图 5-151 所示。

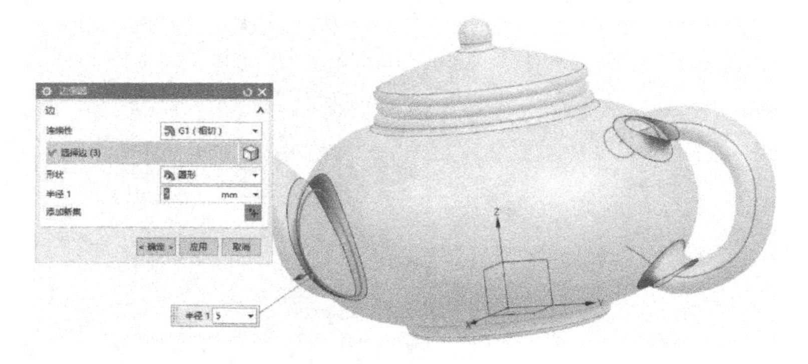

图 5-150　创建边倒圆 1

图 5-151　边倒圆结果

8）创建抽壳特征。单击“主页”选项卡中的“抽壳”按钮，系统弹出“抽壳”对话框；在“类型”下拉列表中选择“移除面，然后抽壳”，单击“选择面”，选择如图 5-152 所示的面作为移除面；在“厚度”文本框中输入 0.5，单击“反向”按钮，使抽壳向外，单击“确定”按钮完成抽壳操作。

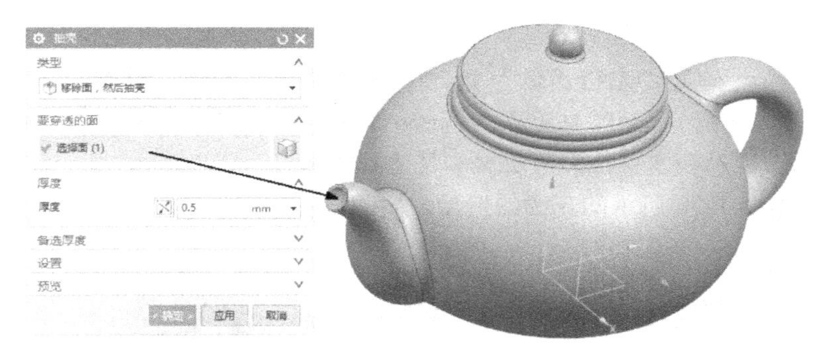

图 5-152　创建抽壳

9）创建边倒圆（二）。单击“主页”选项卡中的“边倒圆”按钮，系统弹出“边倒圆”对话框，在“边”选项组中输入“半径 1”为 0.2，单击“选择边”，选择如图 5-153 所示的两条边线作为倒圆对象，其他采用默认设置，单击“确定”按钮完成边倒圆操作，结果如图 5-154 所示。

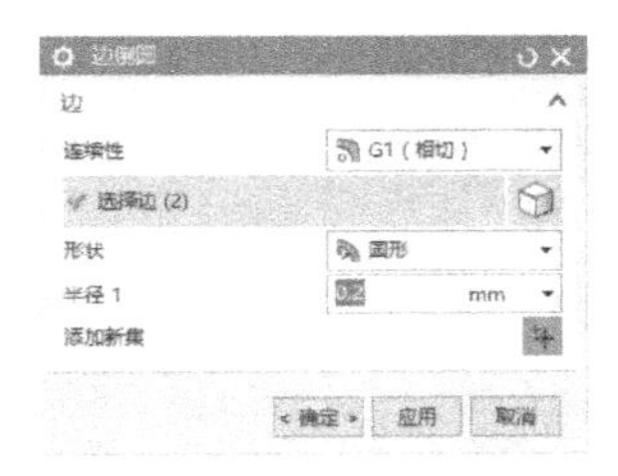

图 5-153　创建边倒圆 2

图 5-154　模型创建结果

5.4　习题

1. 问答题

（1）自由曲面造型可分为哪几类方式？

（2）“直纹”命令和通过曲线命令绘制曲面是否有差异？

（3）自由曲面造型中的“偏置”命令和实体造型中的“偏置曲面”命令有何差异？

（4）自由曲面造型中的“扫描”命令和实体造型中的“扫描向导”命令有何差异？

（5）“延伸”命令生成的曲面是否与原始曲面是一个整体？若不是，如何成为整体？

2. 操作题

（1）完成如图 5-155 所示的按摩器的造型。

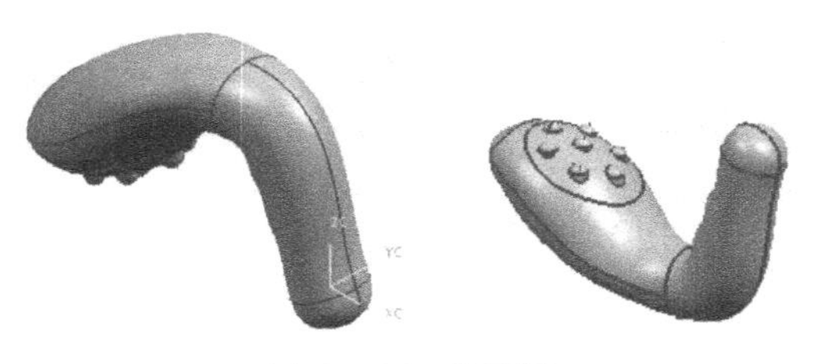

图 5-155　按摩器

注意

建模的前 3 个特征是“光栅图像”输入和零件轮廓的绘制，对部分初学者会有困难，读者可以根据个人能力，打开配套资源“source\5\ex\massager_sketch. prt”文件，该文件已完成“光栅图像”输入和零件轮廓的绘制，接着往下做。

（2）完成如图 5-156 所示的花洒的造型。

图 5-156　花洒

（3）创建如图 5-157 所示的手柄盒的模型。

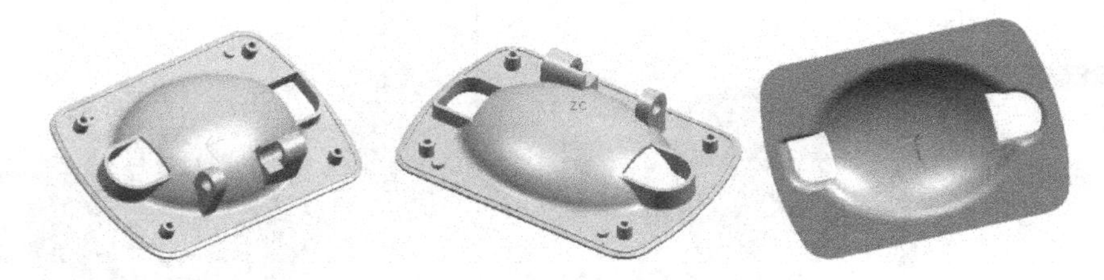

图 5-157　手柄盒模型

（4）创建如图 5-158 中所示的阀盖模型。

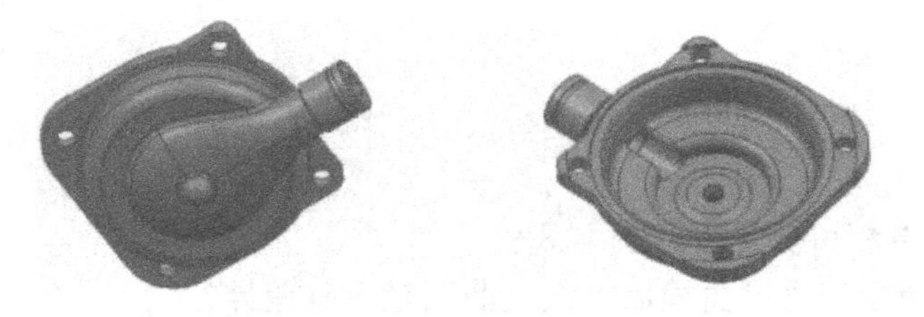

图 5-158　阀盖模型

（5）创建如图 5-159 中所示的椭圆环过渡连接模型。

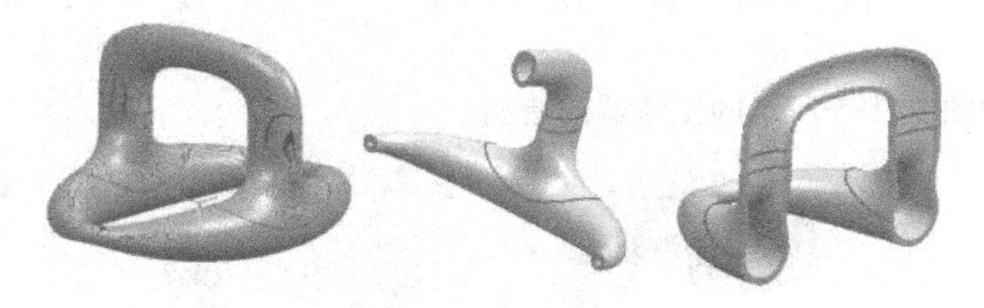

图 5-159　椭圆环过渡连接模型

第6章　装　　配

本章的主要内容是 UG NX 11.0 的装配技术。内容涉及装配预设置、装配导航器的应用、装配工具的使用、爆炸图工具的使用、装配动画的生成、装配技巧使用等。

本章的重点是装配序列的创建。

本章的难点是装配约束、装配技巧的使用。

6.1　球阀装配

如图6-1所示是由右阀体、左阀体、阀芯、密封圈、填料、填料压盖、阀杆、手柄、螺栓、螺母组成的球阀，它是一种阀类产品，用于接通或者切断流经阀体的液态物料。其工作原理为转动手柄即带动阀杆旋转，阀杆再带动阀芯旋转实现流体的接通与切断。这样，阀芯可在阀体内实现90°旋转，起到使流体接通和切断的作用。

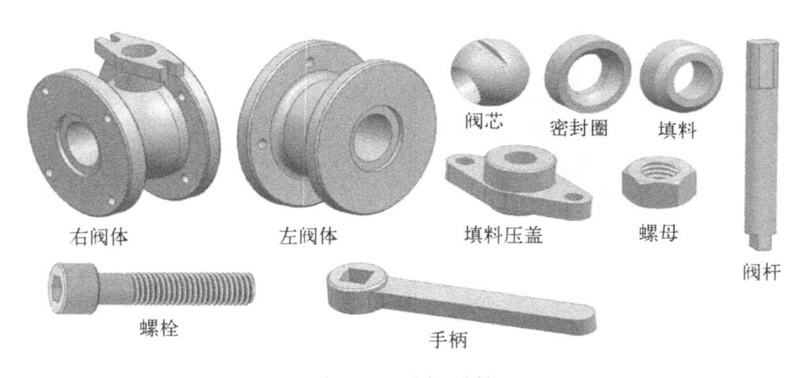

图6-1　球阀零件

6.1.1　球阀装配的基本过程分析

本例是用自下而上的方式完成装配的，即先新建装配文件，然后顺序装配右阀体、右密封圈、阀芯、左密封圈、左阀体、阀杆、填料、填料压盖、手柄、螺栓和螺母，如图6-2所示。装配步骤如表6-1所示（注：为了看清内部情况，将右阀体和左阀体设置了50%的透明度）。

图6-2　球阀装配

表 6-1　球阀装配建模步骤

步骤	说　明	模　型	步骤	说　明	模　型
1	装配右阀体		6	装配阀杆	阀杆
2	装配右密封圈	右阀体 密封圈	7	装配填料	填料
3	装配阀芯	阀芯	8	装配填料压盖	填料压盖
4	装配左密封圈	密封圈	9	装配手柄	手柄
5	装配左阀体	左阀体	10	装配螺栓	螺栓

（续）

步骤	说　明	模　型	步骤	说　明	模　型
11	装配螺母	螺母			

6.1.2　装配阀体

1）启动 UG NX 11.0，单击“新建”按钮，系统弹出“新建”对话框，在“新建”对话框的“模型”列表框中选择模板类型为“装配”，单位为默认的“毫米”，在“新文件名”下的“名称”文本框中选择默认的文件名称“球阀 . prt”，指定文件路径“C:\”，单击“确定”按钮，如图 6-3 中①～⑤所示。在“功能区”中选择“装配”→“组件”→“添加”按钮，如图 6-3 中⑥⑦所示。

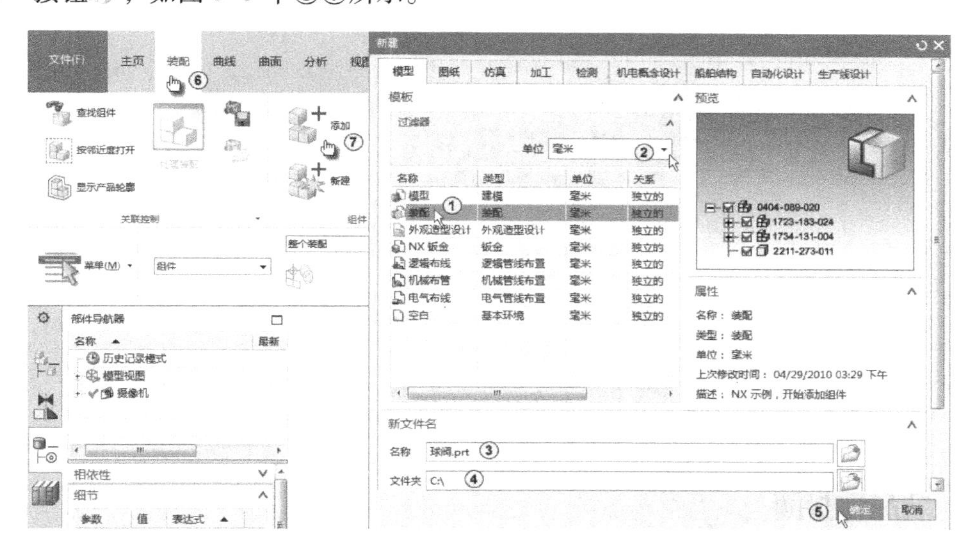

图 6-3　新建装配文件

2）系统弹出“添加组件”对话框，在“已加载的部件”列表框中没有已加载的部件，单击“打开”按钮，系统弹出“部件名”对话框，在对话框中找到需要添加的部件“右阀体”，再单击“OK”按钮。在“添加组件”对话框中选择“定位”方法为“绝对原点”，再单击“添加组件”对话框中的“应用”按钮，如图 6-4 中①～⑤所示。右阀体零件以系统默认的“绝对原点”位置安装到了装配体当中，最后单击“添加组件”对话框中的“取消”按钮关闭对话框，如图 6-4 中⑥⑦所示。

3）在“装配”选项卡中单击“装配约束”按钮，系统弹出“装配约束”对话框，在“装配约束”对话框中选择“约束类型”为“固定”，选择右阀体为要添加固定约束

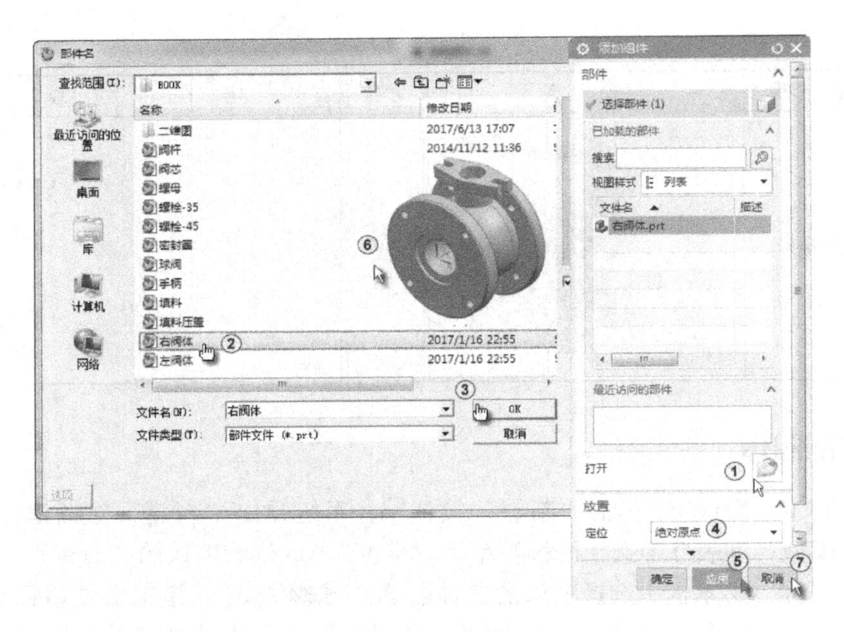

图 6-4　部件对话框

的组件，最后单击“确定”按钮完成约束的添加，如图 6-5 中①～④所示。

图 6-5　装配约束

6.1.3　装配密封圈

在“装配”选项卡中单击“添加”按钮，系统弹出“添加组件”对话框；在“已加载的部件”选项组中，单击“打开”按钮，系统弹出“部件名”对话框，在对话框中找到需要添加的部件“密封圈”，如图 6-6 中①②所示，再单击“OK”按钮。在“添加组件”对话框中选择“定位”方法为“根据约束”，再单击“添加组件”对话框中的“应用”按钮，如图 6-6 中③④所示。系统弹出“装配约束”对话框，在对话框中选择“约束类型”为“接触对齐”，选择“方位”为“接触”，如图 6-6 中⑤⑥所示。

选择如图 6-7 所示密封圈底面和右阀体台阶面作为“接触”约束的参考对象，完成“接触”约束的添加。同理修改“装配约束”对话框中的“方位”类型为“自动判断中心/轴”，选择如图 6-7 所示的密封圈内孔圆柱面和右阀体内孔圆柱面作为“自动判断中心/轴”

图 6-6　根据约束

约束的参考对象，完成“自动判断中心/轴”约束的添加，最后单击“装配约束”对话框中的“确定”按钮完成密封圈的装配。

为便于观察整个装配过程，修改密封圈的显示颜色为深灰色，修改右阀体的颜色为绿色并设置 50% 的透明度。修改完成后显示效果如图 6-8 所示。

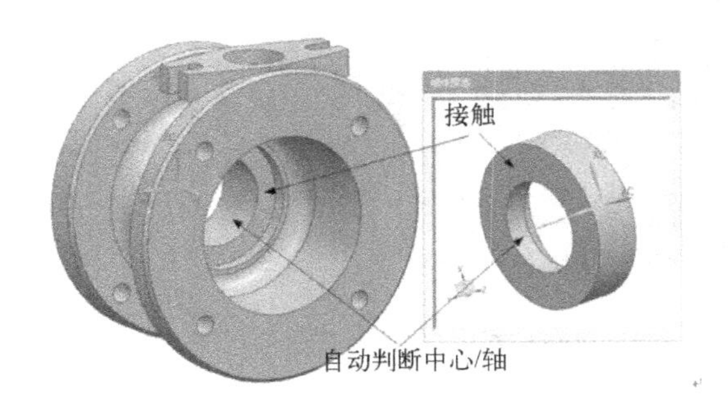

图 6-7　添加约束

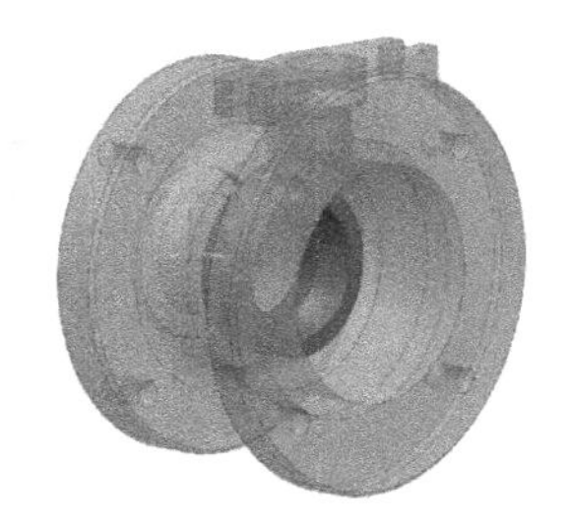

图 6-8　修改部件显示

6.1.4　装配阀芯

在“装配”选项卡中单击“添加”按钮，系统弹出“添加组件”对话框，在“已加载的部件”选项组中，单击“打开”按钮，系统弹出“部件名”对话框，在对话框中找到需要添加的部件“阀芯”，再单击“OK”按钮。在“添加组件”对话框中选择“定位”方法为“根据约束”，再单击“应用”按钮。系统弹出“装配约束”对话框，在对话框中选择“约束类型”为“接触对齐”，选择“方位”为“接触”，选择如图 6-9 所示阀芯球面和密封圈球面作为“接触”约束的参考对象，完成“接触”约束的添加。同理修改“装配约束”对话框中的“方位”为“自动判断中心/轴”，选择如图 6-9 所示的阀芯内孔圆柱面和右阀体内孔圆柱面作为“自动判断中心/轴”约束的参考对象，完成“自动判断中心/轴”约束的添加。

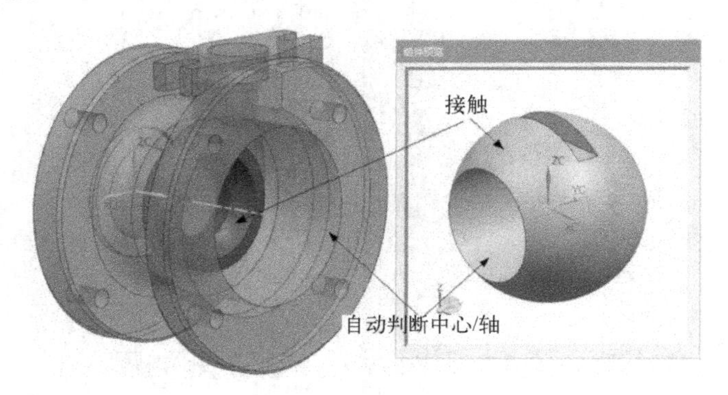

图6-9 装配阀芯

注意

采用“自动判断中心/轴”作为约束类型时，添加成功后在约束导航器上显示为“接触”或“对齐”。当添加约束的两个对象方向一致时显示为“对齐”，当添加约束的两对象方向不一致时显示为“接触”。

单击“装配约束”对话框中的“平行”，选择如图6-10所示的阀芯顶部凹槽底面和右阀体顶面作为平行约束的参考对象，最后单击“确定”按钮完成阀芯的装配。

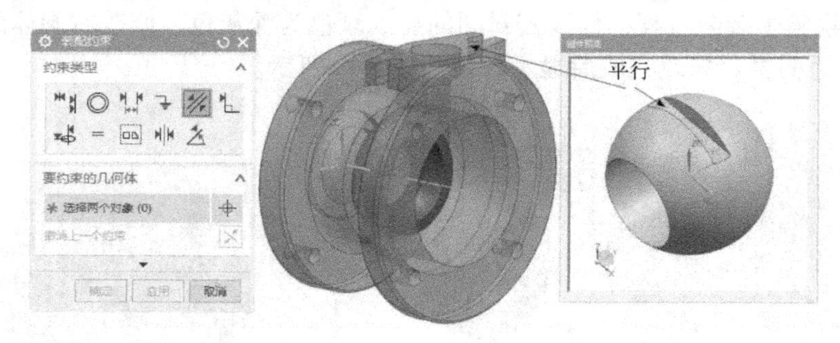

图6-10 添加平行约束

注意

如果阀芯缺口安装完成后方向垂直向下，则需要在装配导航器上找到平行约束，在平行约束上右击并在弹出的快捷菜单中选择“反向”命令，如图6-11所示，此时阀芯与密封圈的接触约束将会报错，只需要将该接触约束删除后重新添加即可。

9）按照上述的装配操作步骤装配左密封圈，单击“添加”按钮，系统弹出“添加组件”对话框，在“已加载的部件”列表框中选择“密封圈”部件，选择“定位”方法为“根据约束”。在“装配约束”对话框中选择“约束类型”为“接触对齐”，“方位”为“接触”，选择如图6-12所示密封圈球面和阀芯球面作为“接触”约束的参考对象，完成“接触”约束的添加。选择密封圈内孔圆柱面和右阀体内孔圆柱面作为“自动判断中心/轴”约束的参考对象，完成“自动判断中心/轴”约束的添加。最后单击“装配约束”对话框中的“确定”按钮完成阀芯的装配。

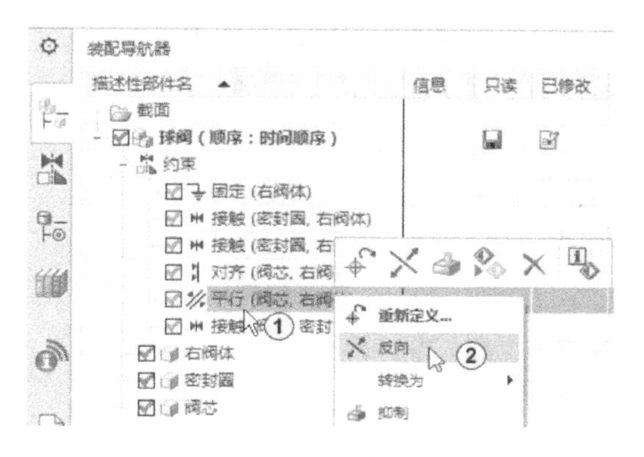

图 6-11 平行约束反向

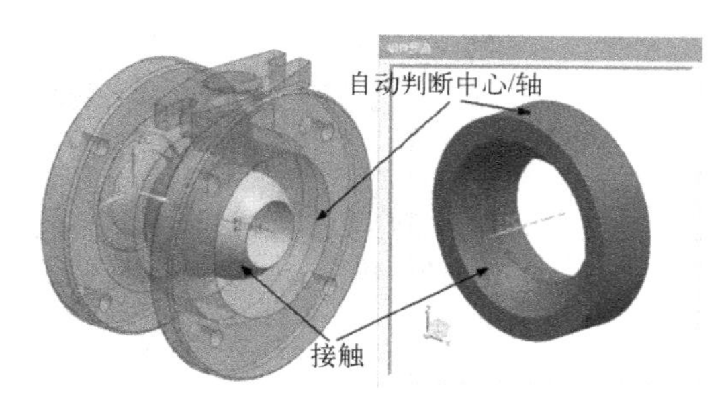

图 6-12 装配左密封圈

10）按照上述的装配操作步骤装配左阀体。单击“添加”按钮，单击“打开”按钮，在“部件名”对话框中找到需要添加的部件“左阀体”，选择“定位”方法为“根据约束”；在“装配约束”对话框中选择“约束类型”为“接触对齐”，“方位”为“接触”，选择如图 6-13 所示左阀体端面和右阀体端面作为“接触”约束的参考对象，完成“接触”约束的添加。选择左阀体内孔圆柱面和右阀体内孔圆柱面作为“自动判断中心/轴”约束的参考对象，再选择左阀体螺栓过孔内孔圆柱面和右阀体螺栓过孔内孔圆柱面作为“自动判断中心/轴”约束的参考对象，完成“自动判断中心/轴”约束的添加。最后单击“装配约束”对话框中的“确定”按钮完成左阀体的装配。

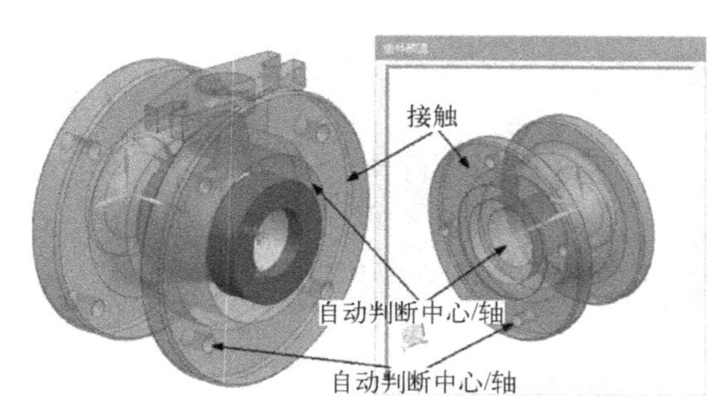

图 6-13 装配左阀体

6.1.5 装配阀杆

按照上述的装配操作步骤装配阀杆，单击“添加”按钮，单击“打开”按钮，在“部件名”对话框中找到需要添加的部件“阀杆”，选择“定位”方法为“根据约束”；在“装配约束”对话框中选择“约束类型”为“接触对齐”，“方位”为“接触”，选择如图 6-14 所示阀杆凸缘底面和阀芯凹槽底面作为“接触”约束的参考对象，选择阀杆凸缘侧面和阀芯凹槽侧面作为“接触”约束的参考对象，完成“接触”约束的添加。选择阀杆外圆柱面和右阀体内孔圆柱面作为“自动判断中心/轴”约束的参考对象，完成“自动判断中心/轴”约束的添加。最后单击“装配约束”对话框中的“确定”按钮完成阀杆的装配。

按照上述的装配操作步骤装配填料，单击“添加”按钮，单击“打开”按钮，在“部件名”对话框中找到需要添加的部件“填料”，选择“定位”方法为“根据约束”；在

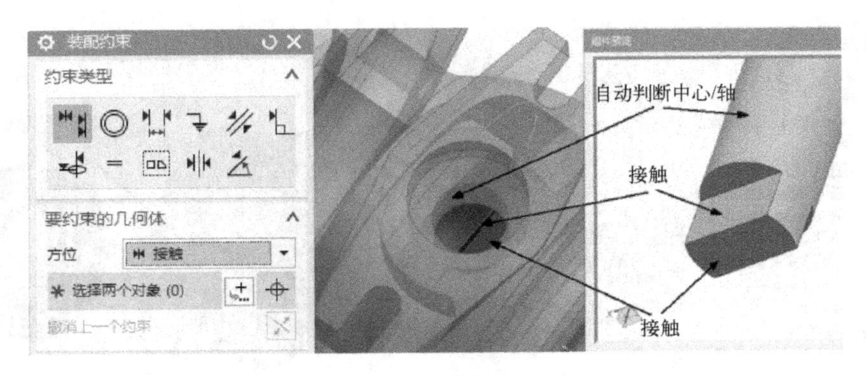

图 6-14　装配阀杆

“装配约束”对话框中选择“约束类型”为“接触对齐”，“方位”为“接触”，选择如图 6-15 所示填料锥面和右阀体锥面作为“接触”约束的参考对象，完成“接触”约束的添加。选择填料外圆柱面和右阀体内孔圆柱面作为“自动判断中心/轴”约束的参考对象，完成“自动判断中心/轴”约束的添加。最后单击“装配约束”对话框中的“确定”按钮完成填料的装配。

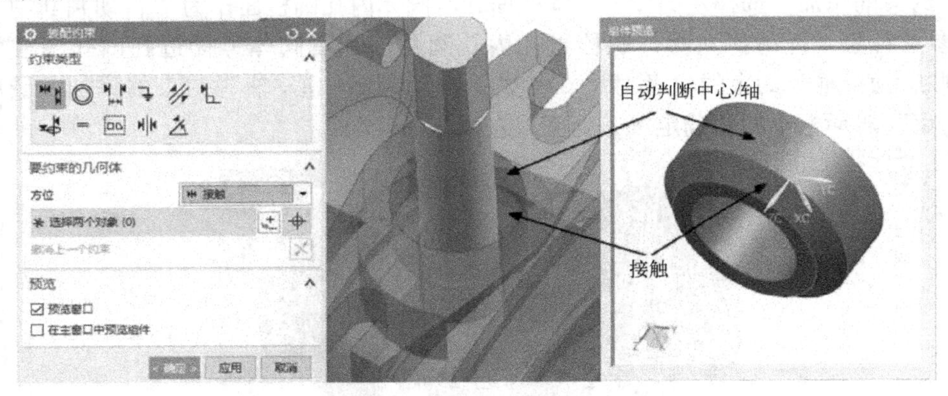

图 6-15　装配填料

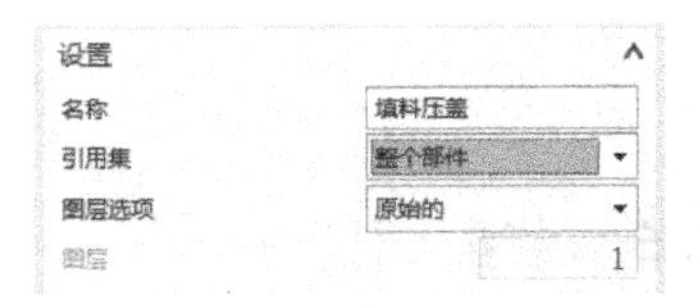

图 6-16　引用集选项

按照上述的装配操作步骤装配填料压盖，单击“添加”按钮，单击“打开”按钮，在“部件名”对话框中找到“填料压盖”，在“添加组件”对话框的“设置”选项组中将“引用集”默认的“模型”改为“整个部件”，如图 6-16 所示，选择“定位”方法为“根据约束”。在“装配约束”对话框中选择“约束类型”为“接触对齐”，“方位”为“接触”，选择如图 6-17 所示填料压盖底面和右阀体顶面作为“接触”约束的参考对象，完成“接触”约束的添加。选择填料压盖外圆柱面和右阀体内孔圆柱面作为“自动判断中心/轴”约束的参考对象，完成“自动判断中心/轴”约束的添加。选择填料压盖部件的基准平面和右阀体螺栓槽侧面作为“平行”约束的参考对象，完成“平行”约束的添加。最后单击“装配约束”对话框中的“确定”按钮完成填料压盖的装配。

注意

用“视图”选项卡中的“隐藏”工具将填料压盖部件中的基准平面隐藏。

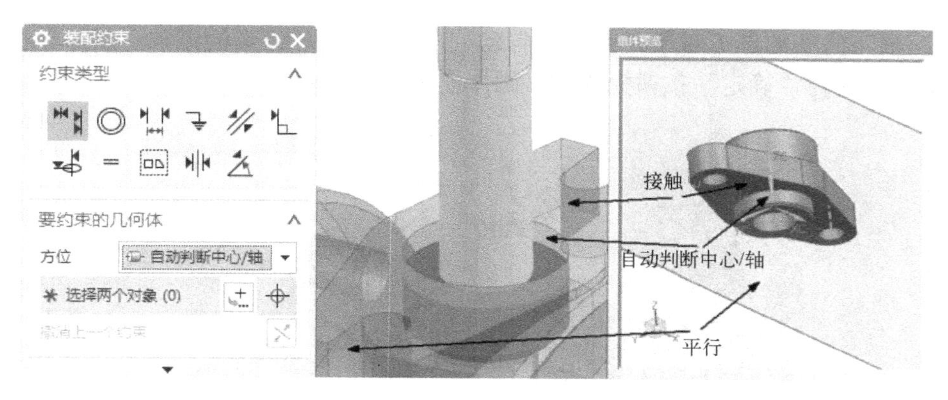

图 6-17　装配填料压盖

6.1.6　装配手柄

按照上述的装配操作步骤装配填料压盖，单击“添加”按钮，单击“打开”按钮，在“部件名”对话框中找到“手柄”，选择“定位”方法为“根据约束”。在“装配约束”对话框中选择“约束类型”为“接触对齐”，“方位”为“接触”，选择如图 6-18 所示手柄底面和阀杆小台阶面、手柄方孔两侧面和阀杆方柄两侧面作为“接触”约束的参考对象，完成“接触”约束的添加。最后单击“装配约束”对话框中的“确定”按钮完成手柄的装配。

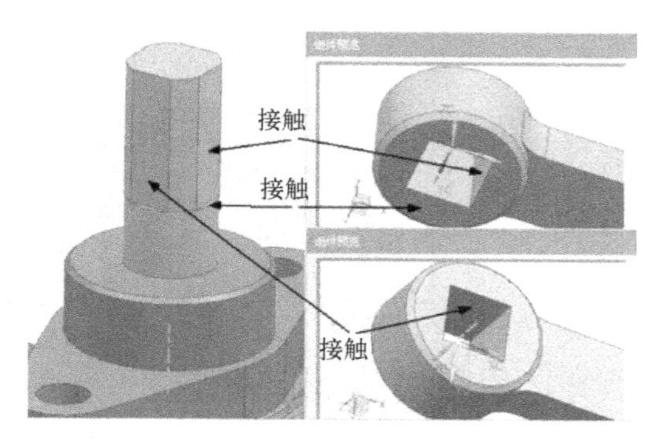

图 6-18　装配手柄

6.1.7　装配填料压盖螺栓

单击“添加”按钮，单击“打开”按钮，在“部件名”对话框中找到“螺栓-35”，选择“定位”方法为“根据约束”。在“装配约束”对话框中选择“约束类型”为“接触对齐”，“方位”为“接触”，选择如图 6-19 所示螺栓头部底面和填料压盖顶面作为“接触”约束的参考对象，完成“接触”约束的添加。选择螺栓外圆柱面和填料压盖内孔圆柱面作为“自动判断中心/轴”约束的参考对象，完成“自动判断中心/轴”约束的添加。最后单击“装配约束”对话框中的“确定”按钮完成填料压盖螺栓的装配。

注意

填料压盖另一侧的螺栓用同样的方法进行装配。

按照上述的装配操作步骤装配左右阀体连接螺栓，单击“添加”按钮，单击“打开”按钮，在“部件名”对话框中找到“螺栓-45”，选择“定位”方法为“根据约束”。在“装配约束”对话框中选择“约束类型”为“接触对齐”，“方位”为“接触”，选择如图 6-20 所示螺栓头部底面和左阀体法兰侧面作为“接触”约束的参考对象，完成“接触”约束的添加。选择螺栓外圆柱面和左阀体法兰螺栓孔内孔圆柱面作为“自动判断中心/轴”约束的参考对象，完成“自动判断中心/轴”约束的添加。最后单击“装配约束”对话框中的“确定”按钮完成左右阀体连接螺栓的装配。

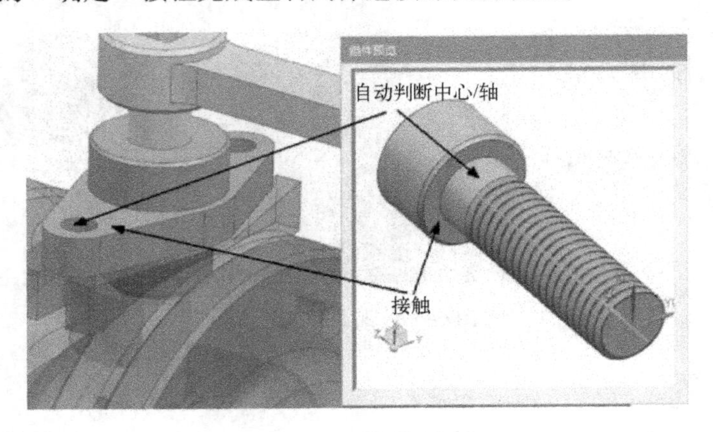

图 6-19　装配填料压盖螺栓

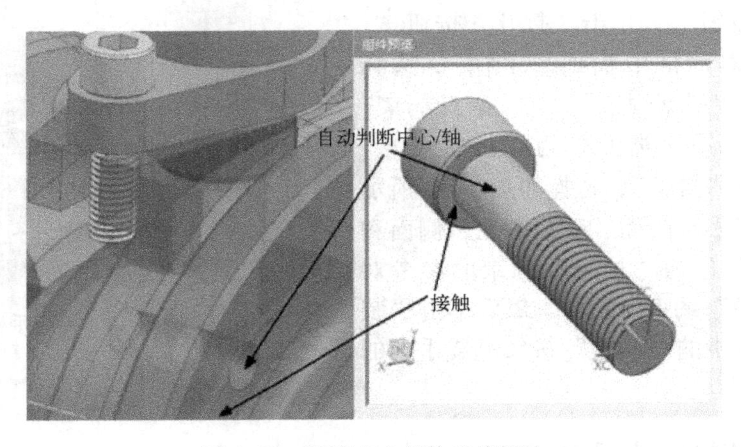

图 6-20　装配左右阀体连接螺栓

利用组件阵列功能装配其他螺栓，在“功能区”中选择“装配”→“组件”→“阵列组件”按钮，在打开如图 6-21 所示的“阵列组件”对话框中选择上步装配的螺栓作为要阵列的组件，选择“布局”方式为“参考”，单击“确定”按钮完成组件的阵列。

图 6-21　装配其他螺栓

6.1.8 装配填料压盖螺母

单击“添加”按钮，单击“打开”按钮，在“部件名”对话框中找到“螺母”，选择“定位”方法为“根据约束”。在“装配约束”对话框中选择“约束类型”为“接触对齐”，“方位”为“接触”，选择如图6-22所示螺母顶面和右阀体凸缘底面作为“接触”约束的参考对象，完成“接触”约束的添加。选择螺母内圆柱面和右阀体螺栓槽内圆柱面作为“自动判断中心/轴”约束的参考对象，完成“自动判断中心/轴”约束的添加。最后单击“装配约束”对话框中的“确定”按钮完成填料压盖螺母的装配。

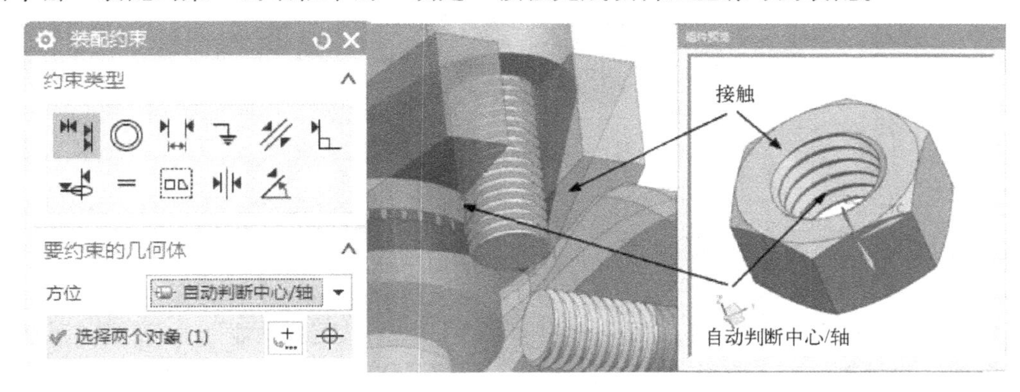

图6-22 装配填料压盖螺母

注意

填料压盖另一侧的螺母用同样的方法进行装配。

按照上述的装配操作步骤装配左右阀体连接螺母，隐藏已经安装好的螺栓，单击“添加”按钮，单击“打开”按钮，在“部件名”对话框中找到“螺母”，选择“定位”方法为“根据约束”。在“装配约束”对话框中选择“约束类型”为“接触对齐”，“方位”为“接触”，选择如图6-23所示螺母顶面和右阀体法兰侧面作为“接触”约束的参考对象，完成“接触”约束的添加。选择螺母内圆柱面和右阀体法兰螺栓孔内孔圆柱面作为“自动判断中心/轴”约束的参考对象，完成“自动判断中心/轴”约束的添加。最后单击“装配约束”对话框中的“确定”按钮完成左右阀体连接螺母的装配。

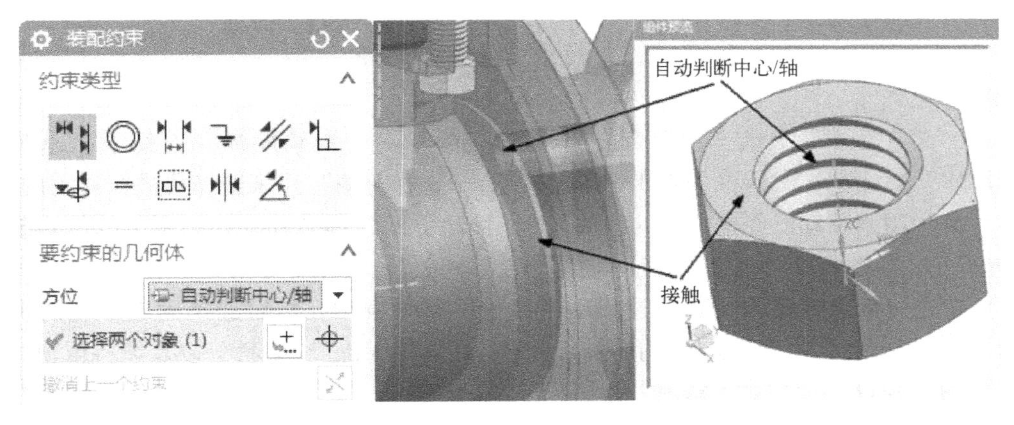

图6-23 装配左右阀体连接螺母

注意

其他螺母用阵列组件的方法装配，并把隐藏的螺栓取消隐藏。

最终装配完成的效果如图 6-24 所示。

图 6-24　装配完成效果

6.2　爆炸图

1）在“功能区”中选择“装配”→“爆炸图”→“新建爆炸”按钮，系统弹出“新建爆炸”对话框，在“名称”文本框中输入新建爆炸图的名称为“爆炸图”，单击“确定”按钮完成爆炸图的创建，如图 6-25 中①～⑤所示。

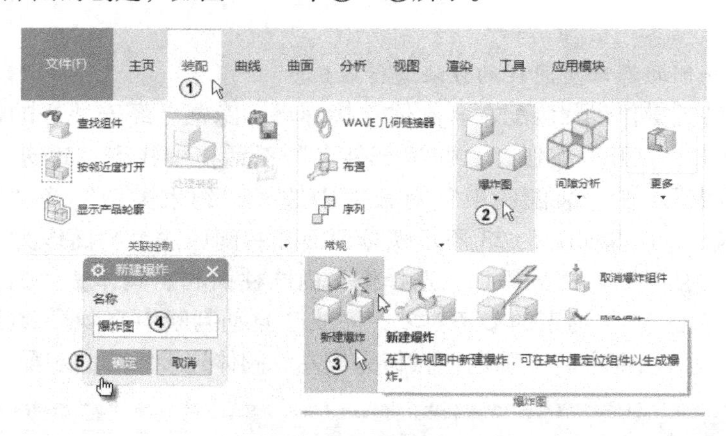

图 6-25　新建爆炸

2）在“功能区”中选择“装配”→“爆炸图”→“编辑爆炸”按钮，系统弹出“编辑爆炸”对话框；对话框中有 3 个单选按钮，“选择对象”用来选择要进行移动的组件，“移动对象”用来移动已经选择好的组件，“只移动手柄”用来移动控制手柄的位置装配组件位置不变，如图 6-26 中①～⑤所示。

3）首先分析球阀爆炸图制作过程中各组件的移动方向，然后选择固定不动的组件为“右阀体”，根据装配关系可知，“手柄”“阀杆”“填料压盖”“填料”以及填料压盖的连接“螺栓”和“螺母”应垂直上移。“左阀体”“左密封圈”“阀芯”“右密封圈”以及左右阀体连接“螺栓”应水平右移。左右阀体连接“螺母”应水平左移。

图 6-26　编辑爆炸

4）保持“编辑爆炸”对话框中的“选择对象”单选按钮被选中，选择如图 6-27 所示的“手柄”“阀杆”“填料压盖”“填料”以及填料压盖的连接“螺栓”和“螺母”。选择“编辑爆炸”对话框中的“移动对象”，系统在“工作区”弹出“爆炸图控制手柄”如图 6-28 所示。拖动控制手柄中的 Z 轴使所选组件垂直向上移动到合适位置，再次单击“选择对象”单选按钮，按住〈Shift〉键选择“阀杆”组件，使“阀杆”组件退出选择，如图 6-29 所示。再次单击“移动对象”单选按钮，拖动控制手柄中的 Z 轴使所选组件垂直向上移动到合适位置，如图 6-30 所示。用同样的方法完成垂直方向上其他组件的移动，移动完成后的爆炸效果如图 6-31 所示。

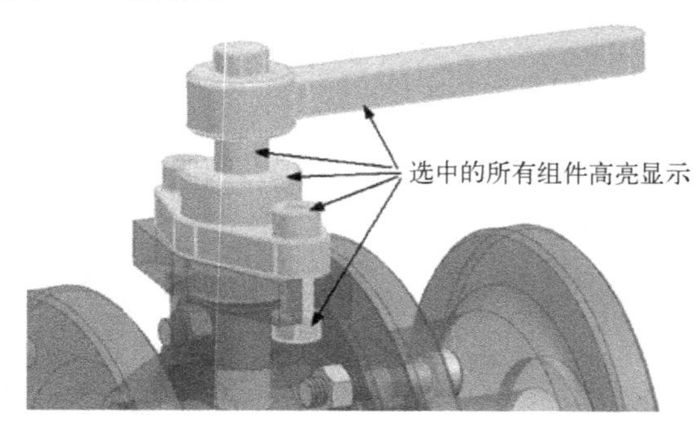

图 6-27　选择垂直移动组件

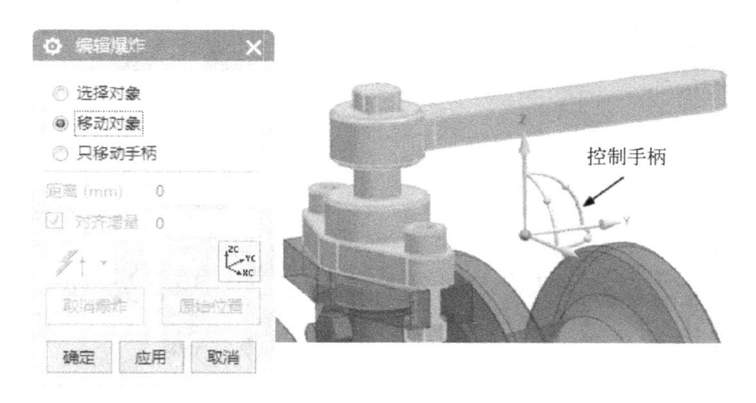

图 6-28　移动组件

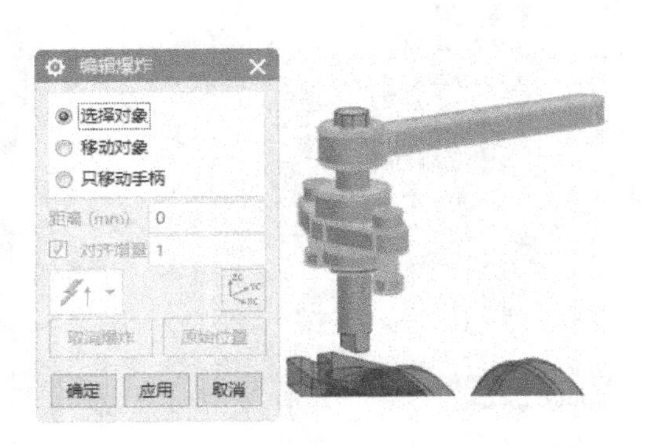

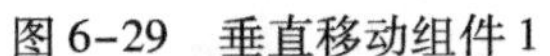

图 6-29　垂直移动组件 1

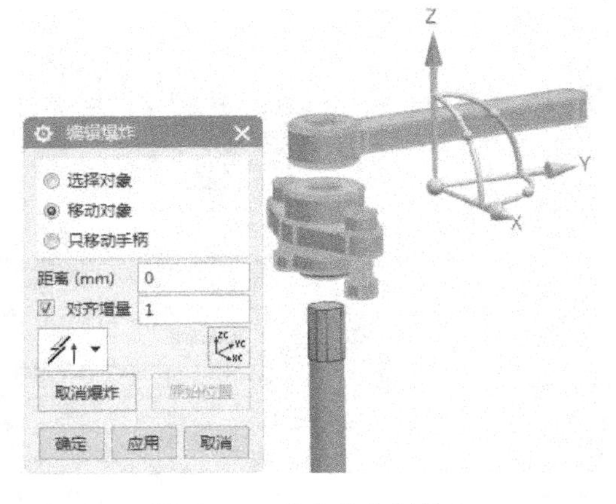

图 6-30　垂直移动组件 2

5）单击“编辑爆炸”对话框中的“选择对象”单选按钮，选择如图 6-32 所示的“左阀体”“左密封圈”“阀芯”“右密封圈”以及左右阀体连接“螺栓”。单击“编辑爆炸”对话框中的“移动对象”单选按钮，系统在“工作区”弹出“爆炸图控制手柄”拖动控制手柄中的 Y 轴使所选组件水平向右移动到合适位置，如图 6-33 所示。再次单击“选择对象”单选按钮，按住〈Shift〉键选择“左密封圈”组件，使“左密封圈”组件退出选择。再次单击“移动对象”单选按钮，拖动控制手柄中的 Y 轴使所选组件水平向右移动到合适位置，如图 6-34 所示。用同样的方法完成水平方向上其他组件的移动，移动完成后的爆炸效果如图 6-35 所示。

图 6-31　爆炸图 1

图 6-32　选择水平移动组件

图 6-33　水平移动组件 1

图 6-34　水平移动组件 2

图 6-35　水平移动组件结果

最终爆炸效果如图 6-36 所示。

图 6-36　爆炸图最终效果

6.3　习题

（1）完成如图 6-37 和图 6-38 所示的旋塞阀装配图及爆炸图。

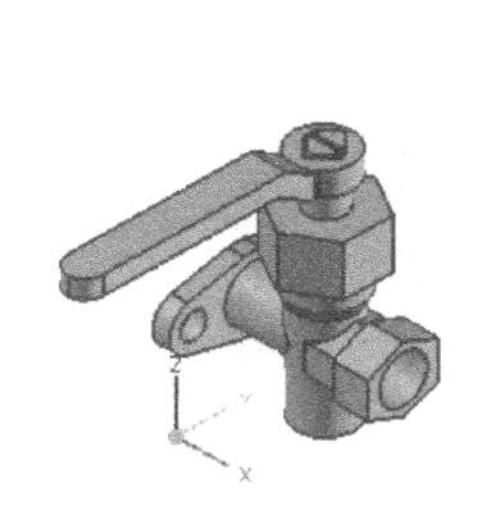

图 6-37　旋塞阀装配图

图 6-38　旋塞阀爆炸图

（2）完成如图 6-39 和图 6-40 所示的轴承装配图及爆炸图。

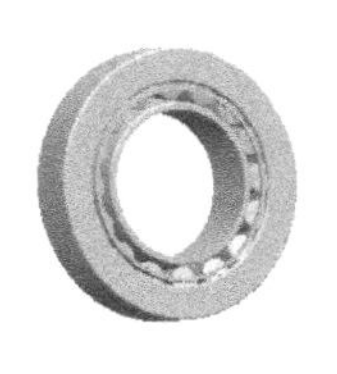

图 6-39　轴承装配图

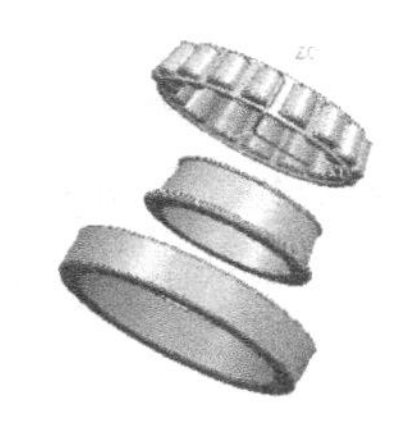

图 6-40　轴承爆炸图

（3）完成如图 6-41 所示的弹簧座装配图。

（4）完成如图 6-42 所示的螺栓装配图及爆炸图。

图 6-41 弹簧座装配图

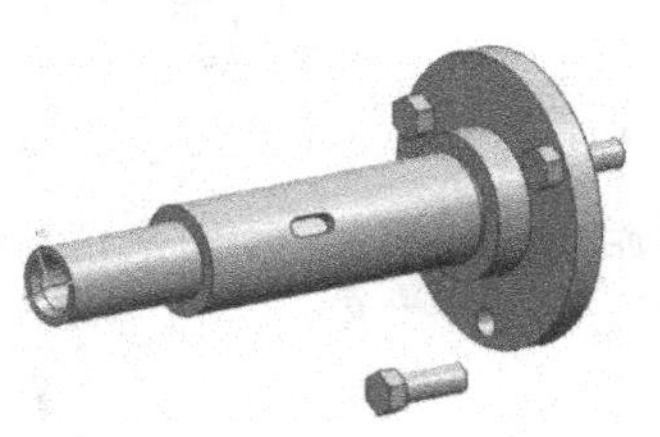

图 6-42　螺栓装配及爆炸图

（5）完成如图 6-43 和图 6-44 所示的轮子装配及爆炸图。

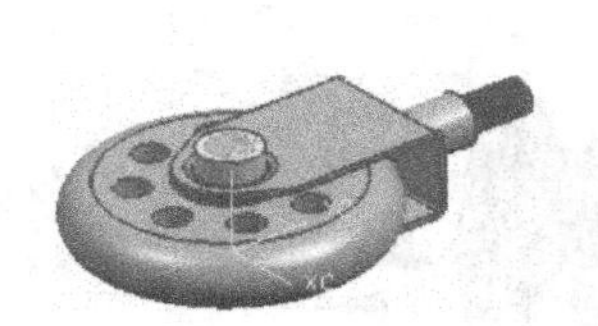

图 6-43　轮子装配图

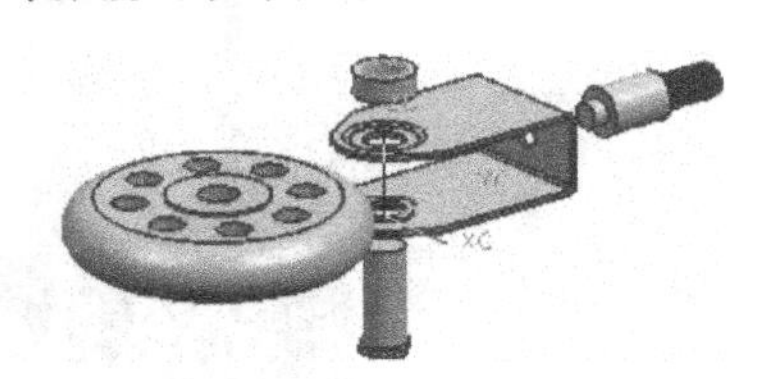

图 6-44　轮子爆炸图

（6）完成如图 6-45 所示的管钳的装配图及爆炸图。

由钳座、圆管、滑块、螺杆、销、手柄杆、套圈组成的管钳是一种钳工夹具，用于夹紧管子进行攻螺纹、下料等加工。其工作原理为转动手柄杆即带动螺杆旋转，两圆柱销由滑块上两孔穿入，嵌入螺杆小端的环槽内，使螺杆与滑块连成一体。这样，螺杆的旋转能使滑块在钳座体内上下滑动，以起到夹具的作用。

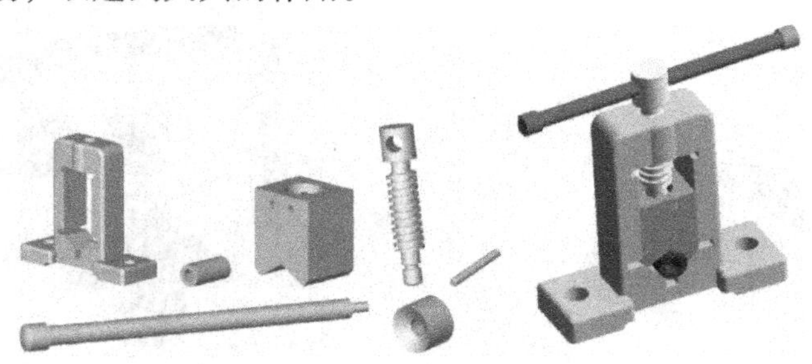

图 6-45　管钳

思路：本例是用自下而上的方式完成装配的，即先打开钳座，然后顺序装配圆管、滑块、螺杆、销、手柄杆、套圈。在实际工作中，装配套圈后，须敲扁手柄杆，以达到定位的要求，因此本例最后要替换手柄杆，如图 6-46 所示。装配步骤如表 6-2 所示（注：为了看清内部情况，将装配体切除了 1/4）。

图 6-46　手柄杆

表 6-2　管钳装配步骤

步骤	说　明	模　型	步骤	说　明	模　型
1	打开钳座		5	装配销	
2	装配圆管		6	装配手柄杆	
3	装配滑块		7	装配套圈	
4	装配螺杆		8	更换手柄杆	

第7章 工 程 图

工程图即日常所说的“图纸”，一般为二维图，包括图样、尺寸、技术要求和工艺要求。工程图的功能与生产加工的环节密切相关。工程图模块能够将在建模和装配模块中创建的三维实体模型快速生成二维工程图。本章将介绍零件工程图和装配件工程图的绘制，以及定制工程图模板文件。

工程图包括设计图纸幅面、比例、字体、图线、剖面符号、图样表达、尺寸标注、简单机械图样画法等内容。了解机械制图中国家标准的有关规定，掌握识图中的各种注意事项，能够读懂基本的零件图、装配图以及绘制简单的零件图。

UG NX 11.0 的工程图模块功能强大，能根据建模中生成的三维模型创建二维图形，其二维图形与三维模型是相互关联的。若在三维模型发生变动，其相应的二维图形也会随之改变，从而使二维图形与三维模型能随时保持一致。UG NX 11.0 不但能通过投影得到基本视图，而且还能自动生成断开视图、局部放大图、剖视图等辅助视图。

本章的主要内容是：根据已创建的三维模型来产生投影视图、构建剖视图、进行尺寸标注和管理工程图等。

本章的重点是如何得到符合国家标准的工程图。

本章的难点是在创建模型时就需要合理地标注尺寸。

UG NX 11.0 平面工程图建立的一般过程如下。

1）创建图样。设置图纸尺寸、比例及投影角等参数。

2）添加视图。生成主视图、俯视图等。

3）添加其他视图。添加正投影视图、辅助视图、局部放大图等。

4）视图布局。移动、复制、对齐、删除视图及定义视图边界等。

5）视图编辑。添加图线、删除或隐藏图线，修改剖视符号，自定义剖面线等。

6）插入制图符号。插入中心线、螺孔中心线、圆柱中心线、偏置点、交叉符号等。

7）图样标注。尺寸、公差、表面粗糙度、文字注释及建立明细栏和标题栏等。

在向图纸中添加视图之前，先来了解几个基本概念，以方便以后的学习。

图纸空间：显示图样、放置视图的工作界面。

模型空间：显示三维模型的工作界面。设置图纸的空间在“图纸格式”工具条中进行。

第一象限投影：我国《机械制图》标准采用“第一象限角投影”法，即被绘图的三维模型的位置在观察者与相应的投影面之间。

视图：一束平行光线（观察者）投射到三维模型，在投影面上所得到的影像。

基本视图：水平和垂直光线投射到投影面所得到的视图。国标 GB/T 4457.1－2002《机械制图　图样画法　图线》规定采用正六面体的6个面为基本投影面，模型放在其中。采用第一象限角投影，在6个投影面上所得到的视图其名称规定为前视图（主视图）、俯视图、左视图、右视图、仰视图、后视图。

三视图：主视图（前视图）、俯视图、左视图这三个视图通常称为三视图，通常简单的模型使用三视图就可以完全表达零件结构。有时主、俯视图或主、左视图两个视图也可以表达零件结构。

父视图：添加其他正交视图或斜视图的基准参考视图。

主视图：一般将前视图称为主视图，其他基本视图称为正交视图。一般将主视图作为添加到图样的第一个视图，该视图作为正交视图或斜视图的父视图。

斜视图：在父视图平面内除正交视图外的其他方向的投影视图。

折页线：投射图以该直线为旋转轴旋转 90°。在添加斜视图时，必须指定折页线，投射方向垂直于该直线。正交视图的折页线为水平线和垂直线。

视图通道：视图只能按第一象限角投影，放置在投影方向的走廊带中。

向视图：视图应按投影关系放置在各自的视图通道内。添加后的视图可通过移动调整视图位置，如果视图没有按投影关系放置在视图通道内，则必须标注视图名称，在父视图上标明投射方向，称为“向视图”。向视图可以是除主视图外的任何正交视图和斜视图。

制图对象：除视图外，符号、中心线、尺寸、注释等对象通称为制图对象。

成员视图：成员视图又称为工作视图。通常，用户在“图纸空间”工作。图样中添加的任何视图和制图对象属于图纸。工作界面上只显示该视图，而不显示任何其他视图和制图对象。在工作视图创建的制图对象只属于该视图的成员。

在 UG NX 11.0 中，设计师可以随时创建需要的工程图，并因此大大提高设计效率和设计精度。可以选择间接的三维模型文件来创建工程图。

7.1 新建图纸页

本节主要讲解绘制二维零件工程图的一般过程，并熟悉工程图中各项常用命令的用法。

7.1.1 新建图纸

新建图纸页用于在当前模型文件中新建一张或多张图纸。通常新建的图纸需要指定工程图的名称、图幅大小、绘图单位、视图默认比例和投影角度等工程图参数。

单击“新建”按钮，系统弹出“新建”对话框，选择“图纸”，单位为默认的“毫米”，单击“部件引用”选项组中的“打开”按钮，如图 7-1 中①～③所示。系统弹出“选择主模型部件”对话框，单击对话框底部的“打开”按钮，找到想要打开的模型后单击“OK”按钮，如图 7-1 中④～⑥所示。单击“确定”按钮，在“新文件名”选项组中选择默认的文件名称并指定文件路径，单击“确定”按钮，如图 7-1 中⑦～⑨所示。单击“确定”按钮，关闭“视图创建向导”对话框。

在“功能区”的“主页”选项卡中单击“新建图纸页”（或者在“边框条”中选择“菜单”→“插入”→“图纸页”），系统弹出“图纸页”对话框，在“大小”选项组中有“使用模板”“标准尺寸”和“定制尺寸”3 个选项比例。图纸规格随所选工程单位的不同而不同。当选取的工程图单位为毫米，并单击“标准尺寸”单选按钮时，在“大小”下拉列表中选择 A0 - 841 × 1189。“比例”选项用来指定图纸中视图的比例值，系统默认的比例值为 1:1，如图 7-2 中①～④所示。

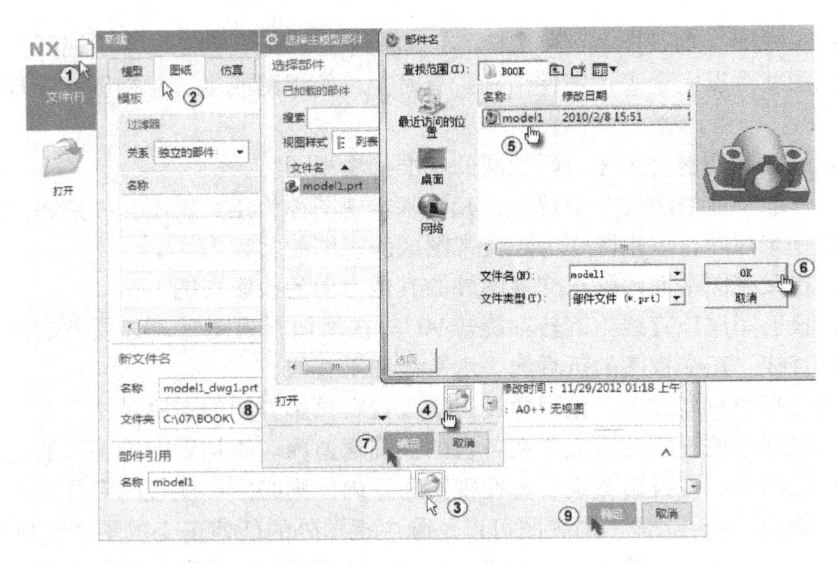

图 7-1 “打开”文件

在“图纸页名称”文本框中输入新建图样的名称，图样名称最多可包括30个字符，但不能含空格。输入的名称，系统不区分大小写，而是自动地转化为大写方式。

“单位”主要用来设置图样的尺寸单位，取默认值“毫米”。“投影”方式包括“第一角投影”和“第三角投影”（美国多采用）两种，按照我国的制图标准一般应选择“第一角投影”，单击“确定”按钮，如图 7-2 中⑤~⑧所示。

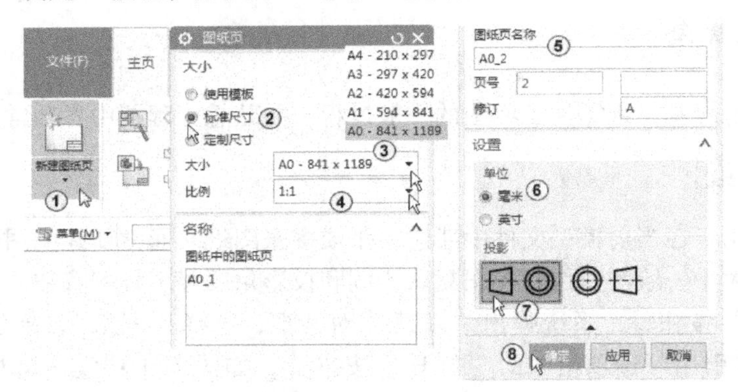

图 7-2 新建图纸页

7.1.2 打开图纸

“打开图纸”命令用于打开已有的工程图，使其成为当前工作图纸，以方便用户进一步编辑。可以通过在“部件导航器”中的“图纸”目录树中双击需要打开的图纸名称，选中后，“部件导航器”中的图纸名称后面标注了“工作的”字样，如图 7-3 中①所示。

7.1.3 删除图纸

可以通过“部件导航器”中的“图纸”目录树选中要删除的图纸名称，直接按〈Delete〉键即可。或在要删除的图纸名称上右击，从弹出的快捷菜单中选择“删除”命令即可，如图 7-3 中②③所示。

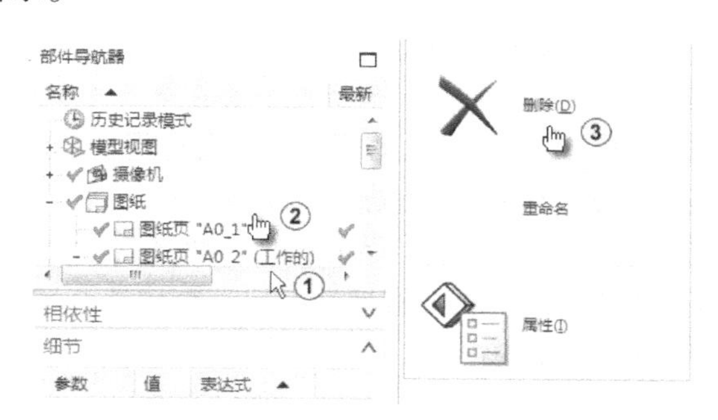

图 7-3　打开和删除图纸页

7.2　视图设置

7.2.1　常规和公共预设置

可以创建下列中心线：中心标记、完整螺栓圆、不完整螺栓圆、偏置中心点、圆柱中心线、长方体中心线、不完整圆形中心线、完整圆形中心线。

首先在默认设置对话框的“制图”模块中将中心线显示设为中国国家标准，一旦设置了用户默认选项，便可以通过选择现有中心线再单击应用来更新它。将基准特征符号显示用户默认设置为中国国家标准。这将会在“基准特征符号”对话框中显示“中国国家标准”基准符号。

进入工程图环境后，在“边框条”中选择“菜单”→“首选项”→“制图”，系统弹出“制图首选项”对话框，选择该对话框中的“常规/设置”选项，将“标准”选项组中的 3 项全部设置为 GB，如图 7-4 中①～⑧所示。单击“应用”按钮。

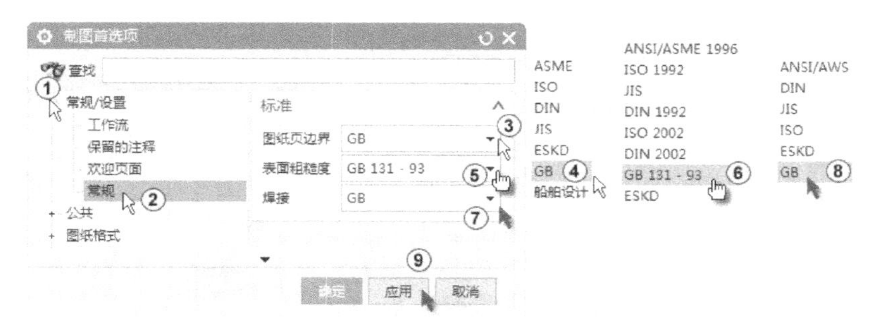

图 7-4　“常规/设置”选项卡

选择该对话框中的“公共”选项可以用来设置参数。单击“文字”选项，在“文本参数”选项组中，设置字体为 chinesef，“高度”为 3.5，“NX 字体间隙因子”（即字间系数）为 0.5，“文本高宽比”为 0.7，“行间距因子”（行宽系数）为 1，“文字角度”为 0，单击“应用于所有的文字”按钮，将其设置应用于“尺寸”“附加文本”“公差”中的字体，如图 7-5 中①～⑧所示。单击“应用”按钮。

图 7-5 “文字”选项卡

选择常用的“直线/箭头”选项，其右部的可变区域显示与直线和箭头设置相关的参数。这些选项可以设置直线箭头的类型和箭头的形状参数，还可以设置直线、延长线和箭头的显示颜色、线型和线宽。在设置参数时，根据要设置的直线和箭头形式，在对话框中选择箭头类型，并输入箭头的各个参数值。如果需要，还可以在选项中改变直线和箭头的颜色。对直线和箭头所做的各种设置可以在预览窗口中观察效果。选择“箭头”选项，在“第 1 侧指引线和尺寸”选项组中，选择“类型”为“填充箭头”；在“格式”选项组中，设置“长度”为 4，“角度”为 15，其余取默认值，如图 7-6 中①～⑤所示。单击“应用”按钮。

“原点”选项中主要包括 2 项内容。

- “第一偏置”文本框：指定在添加其他尺寸和标注时，坐标尺寸的坐标原点的初始距离或者模型几何体周围的初始边距。
- “间距”文本框：指定第一个偏置边距周围的每个连续边距的距离，如图 7-7 中①～③所示。单击“应用”按钮。

图 7-6 “直线/箭头”选项

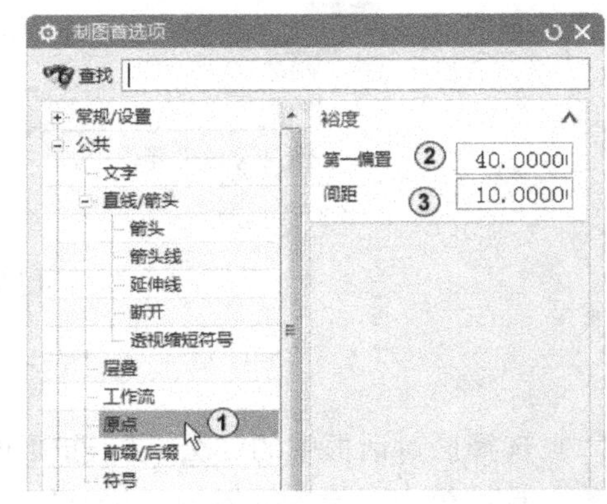

图 7-7 “原点”选项

7.2.2 视图预设置

视图预设置在创建视图之前进行，对于不同的设置，会得到不同的视图。

“制图首选项”对话框中的“视图”选项可以设置视图参数。选择“视图”→“公共”→“常规”选项，如图 7-8 中①~③所示，选项卡中各项含义如下。

1）“显示轮廓线”复选框：设置是否在视图中显示外形轮廓。

2）“显示 UV 栅格”复选框：设置是否在视图中显示 UV 网格线。

3）“显示为参考视图”复选框：将视图从活动视图设置为参考视图。活动制图视图是可以编辑且当模型变化时能随之更新的视图。已被设为参考视图的制图视图无法编辑，该视图几何体不可见，且参考标记出现在视图边界内。

4）“带中心线创建”复选框：只要模型中的圆柱或锥形面与视图的平面平行或垂直，均在视图中自动创建中心标记、圆形和三维中心线。

5）“带自动锚点创建”复选框：在视图中创建锚点，以在模型移动时仍然提示在制图视图的中心，自动锚点是附着到与视图中心尽可能接近的曲线的关联点。

6）“自动更新”复选框：设置系统是否自动更新视图。

7）“检查边界状态”复选框：确定视图的边界是否已经发生了改变，选中后，如果非实体几何体的更改会导致在更新时更改视图边界，视图边界将标记为过时。

选择“视图”→“公共”→“可见线”选项，设置可视轮廓线的显示方式，如图 7-8 中④所示。

选择“视图”→“公共”→“隐藏线”选项，设置隐藏线的显示方式，如图 7-8 中⑤所示。

选择“视图”→“公共”→“虚拟交线”选项，设置虚拟交线（两个平面用圆弧面过渡时的虚拟交线）的显示方式，如图 7-8 中⑥所示。

选择“视图”→“公共”→“光顺边”选项，设置光顺边的显示方式，通常在“光顺边”选项卡中取消选中“显示光顺边”复选框，视图中不必要的光顺边被隐藏，使图纸看起来整洁，如图 7-8 中⑦所示。

选择“视图”→“公共”→“视图标签”选项，主要用来设置生成视图时的视图比例和视图标签，如图 7-8 中⑧所示。

“字母”用于设置除字母 I、O 和 Q 外的视图标签字母。字母必须为大写字母，且自动递增；在字母 Z 之后，字母将根据次级索引选项递增。

“次级索引”指定使用所有可用字母时视图标签的显示方式。如果要将次要字母添加到标签，选择字母；如果要将副编号添加到标签，选择数字。

“次要对齐”指定视图标签中与主要字母相关的次要索引所在的位置。

选择“视图”→“基本/图纸”→“标签”选项，设置各项参数，如选择“位置”为“上面”，将“前缀”文本框设为空白，在“字母格式”下拉列表框中选择“A - A”，在“字符高度因子”文本框中输入 1.5，如图 7-9 中①~⑧所示。单击“应用”按钮。

选择“视图”→“公共”→“截面线”选项，设置“类型”为“粗端，箭头远离直线”，其他设置如图 7-10 中①~⑥所示，单击“应用”按钮。

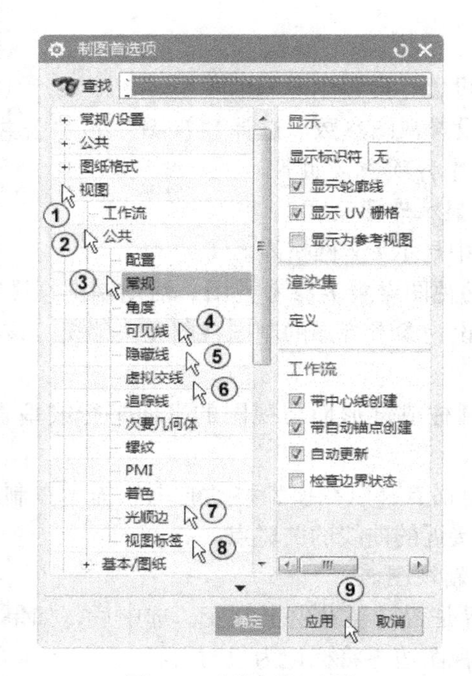

图 7-8 “常规”选项

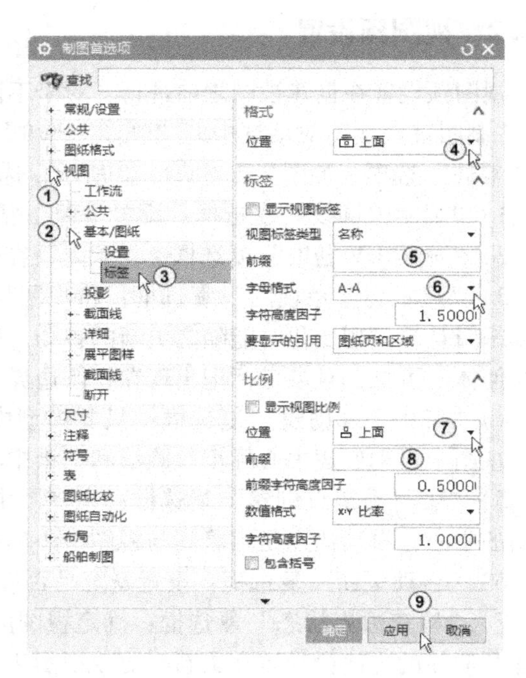

图 7-9 “标签”选项

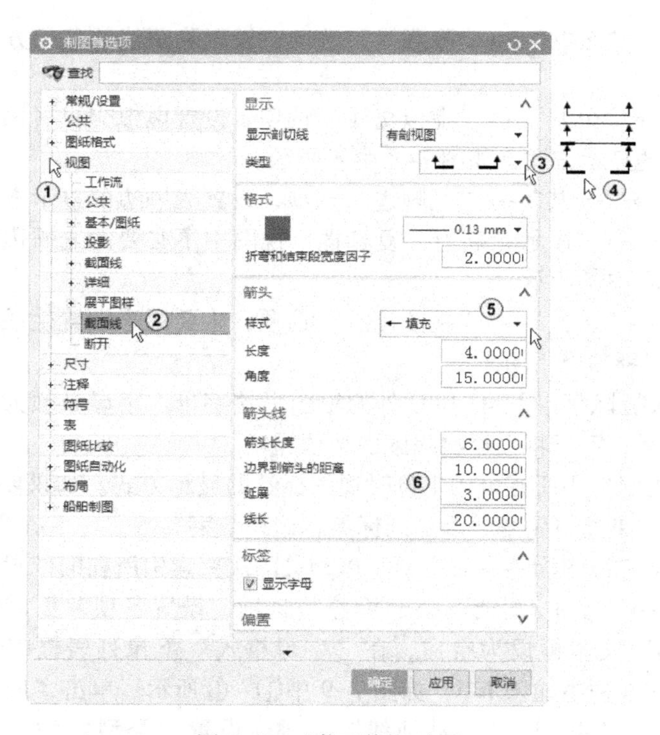

图 7-10 “截面线”选项

7.2.3 尺寸预设置

选择“尺寸”→“尺寸线”选项，分别选择“箭头之间有线”“修剪尺寸线”复选框，其他设置如图 7-11 中①~⑦所示，单击“确定”按钮。设置尺寸参数时，根据标注尺寸的需要，在尺寸线和箭头显示设置选项中单击左侧或右侧的尺寸线和箭头符号，以显示和隐藏尺寸线和箭头。利用中间的尺寸标注方式选项，可以在其下拉列表中设置尺寸标注的方式。同时还可以在下面的各个下拉列表中选择公差标注的方式、文本标注的方式和标注的精度要求以及设置标注的单位等。

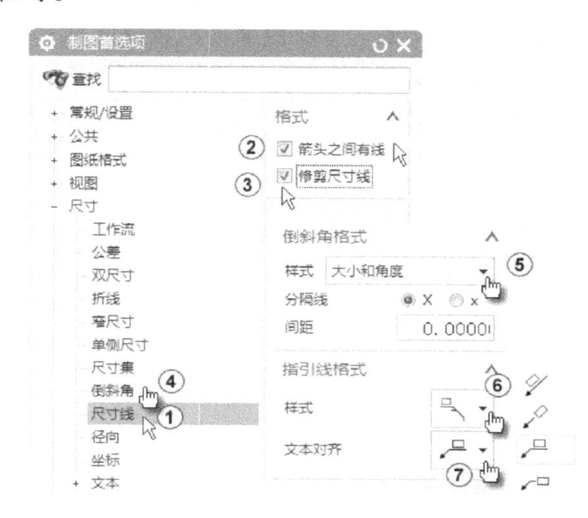

图 7-11 “尺寸”选项

“制图首选项”对话框中的“表”选项可以设置表的单元格、表区域、零件明细表、表格注释和折弯表格参数。

用模板文件保存设置有时并不理想，不能完全代替默认文件的作用，因为 UG NX 11.0 的功能对话框中的选项和参数不能随文件保存。另一方面，“首选项”菜单设置分为部件设置和作业设置，其中作业设置仅在当前作业中有效，不能随部件保存。

7.3 创建视图

视图包括基本视图、投影视图、剖视图等。本节将分别介绍它们的生成步骤。

7.3.1 基本视图

基本视图包括俯视图、前视图、右视图、后视图、仰视图、左视图、正等轴测图和正三轴测图。在基本视图对话框的“要使用的模型视图”下拉列表框中选择相应选项即可生成对应的基本视图。

在“功能区”中选择“主页”→“视图”→“基本视图”，系统弹出“基本视图”对话框，最上方的“部件”按钮可以在“已加载的部件”列表框中选择部件，并将其作为视图添加到图样中。最下方的“设置”按钮用于进行相关的视图参数设置。若已预先设置好，则无须定义修改。

在“模型视图”选项组的“要使用的模型视图”下拉列表中选择“前视图”；在“放置”选项组的“方法”下拉列表中选择系统默认的“自动判断”；在“比例”下拉列表中选择系统默认的1:1（此下拉列表框可以定制比例值，甚至还可以使用“表达式”选项来定制比例值），如图7-12中①~⑥所示。

在“基本视图”对话框中单击“定向视图工具”按钮，如图7-12中⑦所示。系统弹出“定向视图工具”对话框。在“法向”选项组中指定“-YC”矢量，在“X向”选项组中指定“XC”矢量后按住鼠标中键不放，可以拖动来旋转视图到合适的角度，当用户执行某个操作后，视图的操作效果图立刻显示在“定向视图工具”对话框中，方便用户不断调整视图的方向，直到调整到用户满意的视图方向，单击“确定”按钮，如图7-13中①~⑥所示。

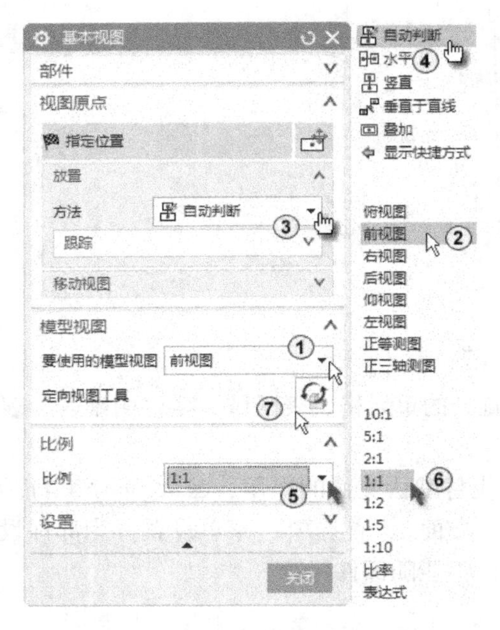

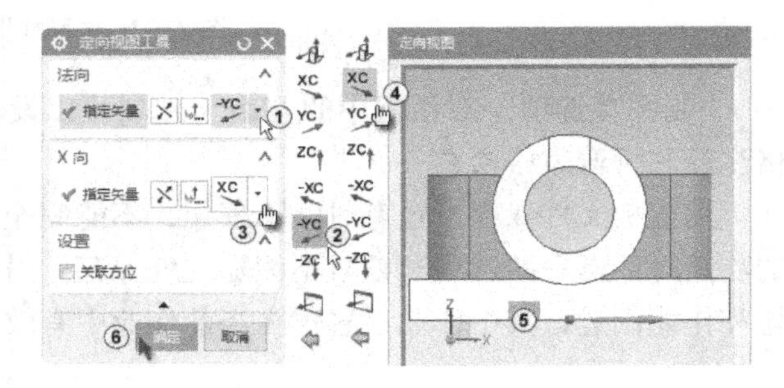

图7-12 “基本视图”对话框

图7-13 定向视图

在“工作区”左上角单击指定视图的放置位置生成基本视图，系统自动转换到添加“投影视图”。

7.3.2 投影视图

投影视图可以生成各种方位的部件视图，该命令一般在生成基本视图后使用。该命令以基本视图为基础，按照一定的方向投影生成各种方位的视图。一旦基本视图改变，投影视图也将随之改变。

向下移动鼠标到适当的位置单击以指定新视图的放置位置，添加一个俯视图。向右移动鼠标到适当的位置单击以指定新视图的放置位置，生成投影视图，如图7-14中①②所示。

单击“关闭”按钮。

“投影视图”对话框中各选项的含义如下。

单击“父视图”选项组中的“视图”按钮，系统提示用户“选择视图”。系统将以用户选择的父视图为基础，按照一定的矢量方向投影生成投影视图。

“铰链线”：铰链线是和投影方向垂直的参考线。可以在图纸页中选择一个几何对象，系统将自动判断矢量方向。也可以自己手动定义一个矢量作为投影方向。“已定义”选项用于定义固定方向的铰链线。

“矢量选项”：可以选择其中的一种方法来定义一个矢量作为铰链线方向。只有选择“已定义”选项后，该选项才会激活。

“反转投影方向”：当用户对投影矢量的方向不满意时，可以启用“反转投影方向”按钮，则投影矢量的方向变为原来矢量的相反方向。

单击一个生成的视图，拖拉到适当的位置松开鼠标，如图 7-15 所示。

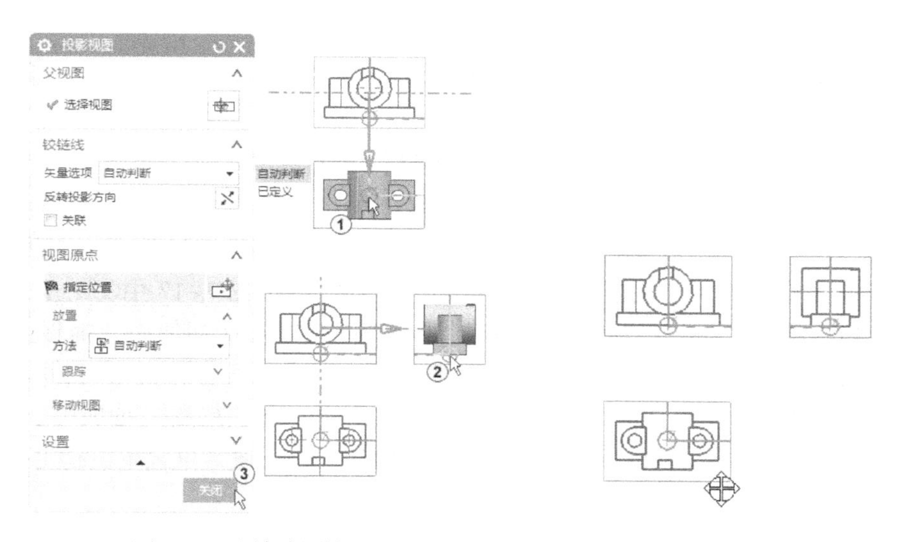

图 7-14 添加投影视图　　　　图 7-15 移动视图

7.3.3 剖视图

普通剖视图包括全剖视图、半剖视图、旋转剖视图、局部剖视及折叠、展开等其他剖视图。

用一个或者多个直的剖切平面通过整个部件实体而得到的剖视图称为全剖视图。简单剖视图是包含两个箭头段和一个剖切段的剖视图。

选择第 1 次生成的“前视图”为父视图，在“功能区”中选择“主页”→“视图”→“剖视图”。系统弹出“剖视图”对话框，在“截面线”选项组中将“方法”设置为“简单剖/阶梯剖”，此时“截面线段”自动激活。捕捉大圆弧圆心以定位剖切位置，如图 7-16 中①～③所示。在“放置”选项组中将“方法”设置为“水平”，向右移动鼠标，在适当位置单击指定新视图的放置位置。单击“关闭”按钮，如图 7-16 中④～⑦所示。

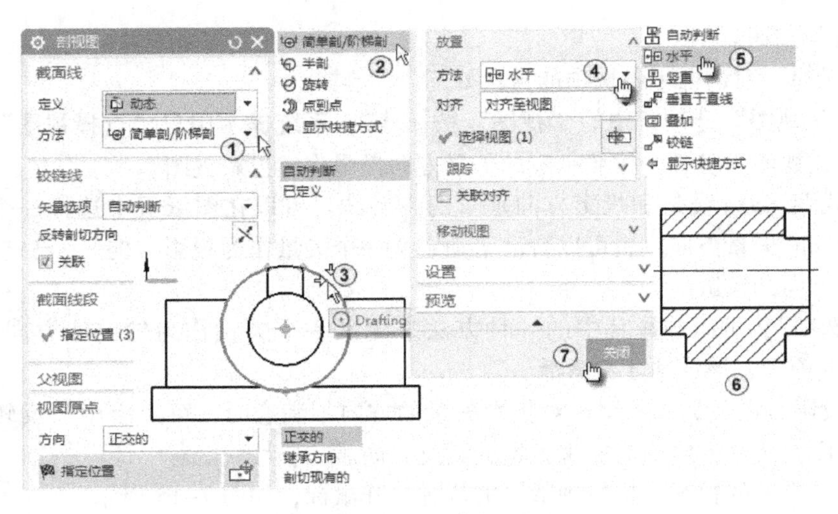

图 7-16　生成剖视图

半剖视图通常用来创建对称零件的剖视图。半剖视图由一个箭头段、一个剖切段和一个折弯段组成。

在“工作区”中选择第 2 次生成的“俯视图”为父视图，在“功能区”中选择“主页”→“布局”→“直线”，绘制 1 条水平线，右击“俯视图”的边界并选择“添加剖视图”（或者在“功能区”中选择“主页”→“视图”→“剖视图”）。系统弹出“剖视图”对话框并提示用户“指定点作为截面线段的位置”，如图 7-17 中①②所示。在“截面线”选项组中将“方法”设置为“半剖”，捕捉大圆弧圆心（即使用“捕捉点”→“圆弧中心”）以定位剖切位置（也可以使用自动判断的点指定剖切位置）。捕捉刚绘制的直线的中点以放置折弯的另一个点，如图 7-17 中③～⑤所示。在“放置”选项组中将“方法”设置为“竖直”，向上移动鼠标以确定截面线符号的方向，在适当位置单击指定新视图的放

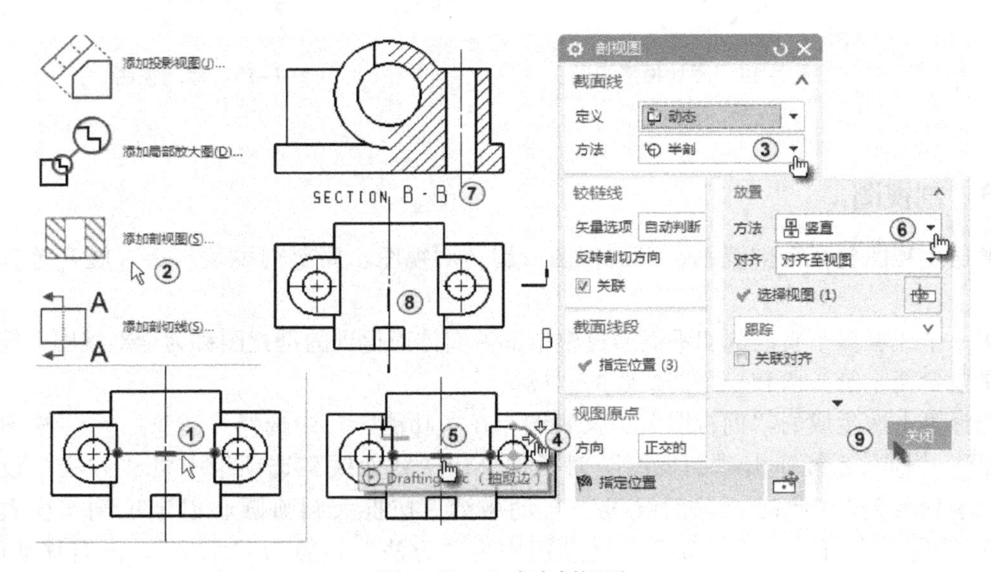

图 7-17　生成半剖视图

置位置。右击刚绘制的水平线，在弹出的快捷菜单中选择“删除”，单击“关闭”按钮（或者按〈Esc〉键），如图7-17中⑥～⑨所示。

注意： 不能通过选择轮廓线来指定剖切位置。

7.3.4 工程图样图

为了使图纸符合国家标准，要做大量的设置工作，如果每建立一个新零件都要重复设置，将浪费许多时间和精力，影响设计速度。而且由于各人的习惯不同，设置的参数将不同，必然会影响工程图的规范性。

样图资料存放于样图主零件文档中，它可以是点、线、圆弧、圆锥曲线、样条曲线、贝尔曲线、尺寸、制图符号、曲面和实体。样图可增加标准信息，可以大大地加快制图和制作工艺卡片的时间，节省文档占用的空间资源。

工程图样图文件的创建与存储有模式方式和普通的part文件格式两种方式，一般采用模式方式建立模板文件。

样图作为模式方式保存是UG NX 11.0中建立图框的传统方法，它将样图作为一个整体调入，占用的空间小，但调入过程不方便。

样图作为普通的part文件格式保存，调入简单，使用方便，但占用的空间较大。

先以A3图纸为例讲述用模式方式创建工程图样文件的过程。

用普通的part文件格式方式创建工程图样图文件的过程如下。

1）建立一个新的部件文件。

2）在“首选项”中将所有需要调整的参数设置好，调整好工具条，保存。

3）在“边框条”中选择“菜单”→“插入”→“草图曲线”→“直线”，绘制标准图框、标题栏，如图7-18所示。

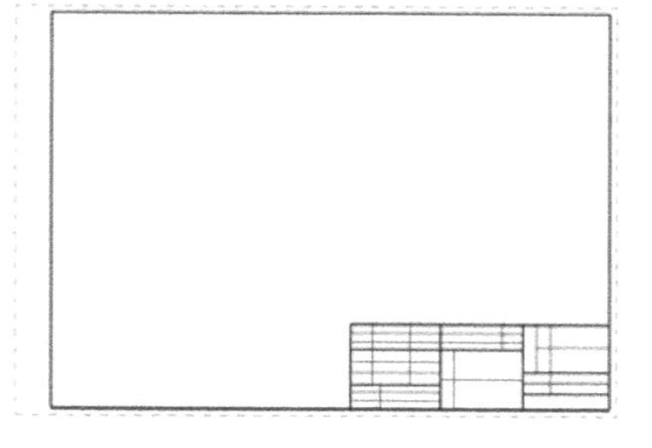

图7-18 绘制标准图框

4）如要对线型和线的粗细进行修改，可右击要修改的线，在弹出的快捷菜单中选择“编辑显示”，弹出“编辑对象显示”对话框，在“线型”下拉列表中选择线型，在“宽度”下拉列表中选择线的粗细，单击“确定”按钮，如图7-19中①～⑤所示。

5）在“边框条”中选择“菜单”→“插入”→“注释→“注释” A，系统弹出“注释”对话框，单击其中的“格式设置”，选择“chinesef”样式，在文本框中输入所需的文字，如“设计”，如图7-20中①～④所示。在标题栏中适当位置单击以确定插入点，按此方法输入其他的文字，单击“关闭”按钮，结果如图7-21所示。

6）单击快速访问工具栏中的“保存”按钮或者按组合键〈Ctrl+S〉保存文件。

7）选择“文件”→“保存”→“保存选项”，如图7-22中①～③所示，系统弹出“保存选项”对话框。在“保存图样数据”选项组中选择“仅图样数据”单选按钮，单击“确定”按钮，如图7-22中④⑤所示。

8）将文件类型设为只读，以防止被修改。

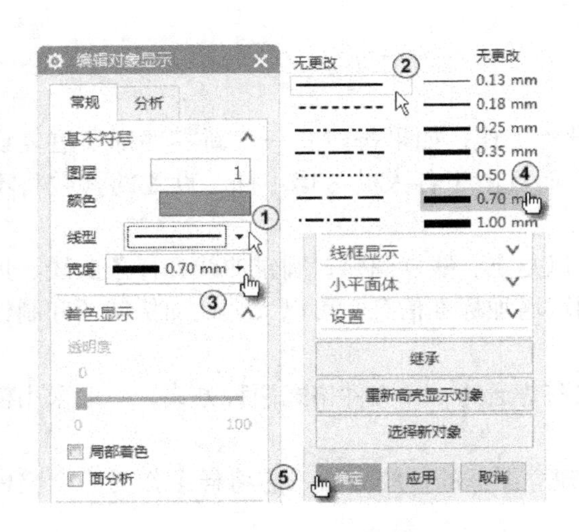

图 7-19　设定线型和线宽

图 7-20　输入文字

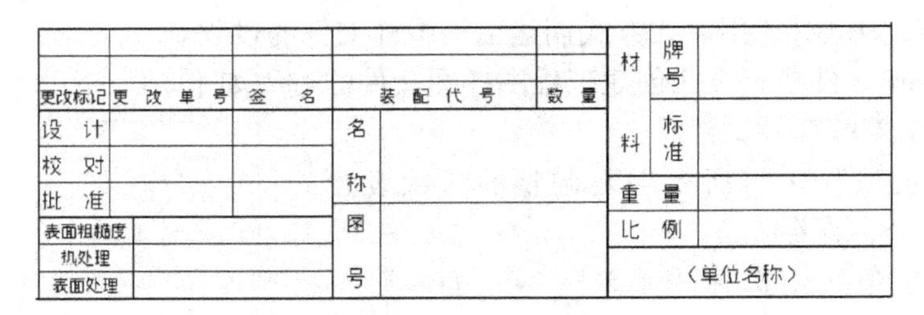

					材料	牌号	
更改标记	更改单号	签名	装配代号	数量			
设计			名称			标准	
校对					重量		
批准					比例		
表面粗糙度			图号		（单位名称）		
热处理							
表面处理							

图 7-21　绘制标题栏

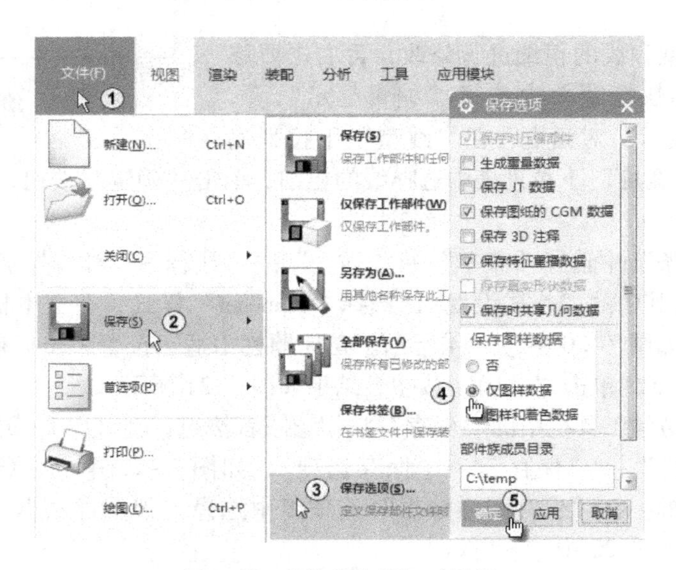

图 7-22　“保存选项”对话框

9）以后建立新文件时，在“功能区”中选择“文件”→“打开”命令，打开模板，然后选择“文件”→“保存”→“另存为”命令，用新的文件名保存。

7.4 图样标注

生成视图后，还需要标注视图对象的尺寸，并给视图对象注释。这可用“尺寸”和“注释”工具栏来完成。图样标注包括尺寸标注、文字标注和几何公差标注等，是工程制图的收尾工作，此操作较烦琐，需耐心细致地完成。UG NX 11.0 提供了多种尺寸类型，如自动判断、水平、竖直、角度、直径、半径、圆弧长、水平链和竖直链。

本节将介绍尺寸标注、文字标注、几何公差标注和 ID 符号标准的功能、调用命令及其操作方法。

选择需要隐藏的图线等并右击，在弹出的快捷菜单中选择“隐藏”。

在“边框条”中选择“菜单”→“插入”→“中心线”→“2D 中心线”按钮，系统弹出“2D 中心线”对话框。分别选择模型视图中的左右两条边线作为第一、第二定义对象，如图 7-23 中①②所示。设置中心线样式，单击“确定”按钮，如图 7-23 中③~⑤所示。

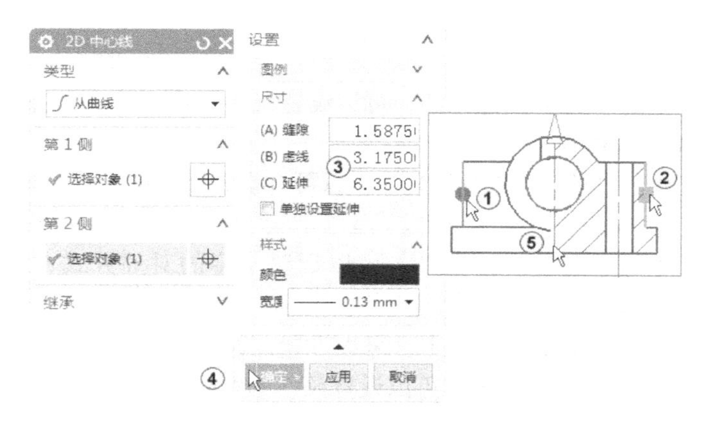

图 7-23　添加中心线

图样上的尺寸标注由尺寸界线、尺寸线、尺寸起止符号和尺寸数字组成。尺寸界线与尺寸线垂直，必要时才允许倾斜。在光滑过渡处标注尺寸时，必须用细实线将轮廓线断开，从它们的交点处引出尺寸界线。

尺寸的标注一般包括选择尺寸类型、设置尺寸样式、选择名义精度、指定公差类型和注释文本等。

在“边框条”中选择“菜单”→“插入”→“尺寸”→“快速”，或者在“功能区”中选择“主页”→“尺寸”→“快速”按钮，系统弹出“快速尺寸”对话框。单击“设置”按钮，系统弹出“设置”对话框，选择“文本”→“单位”，设置“小数位数”设为“0”，单击“关闭”按钮，如图 7-24 中①~⑤所示。在“工作区”选择俯视图的上、下两条边线，向右移动鼠标拉出尺寸，在适当的位置单击确定尺寸的位置，如图 7-24 中⑥~⑧所示，单击“关闭”按钮。

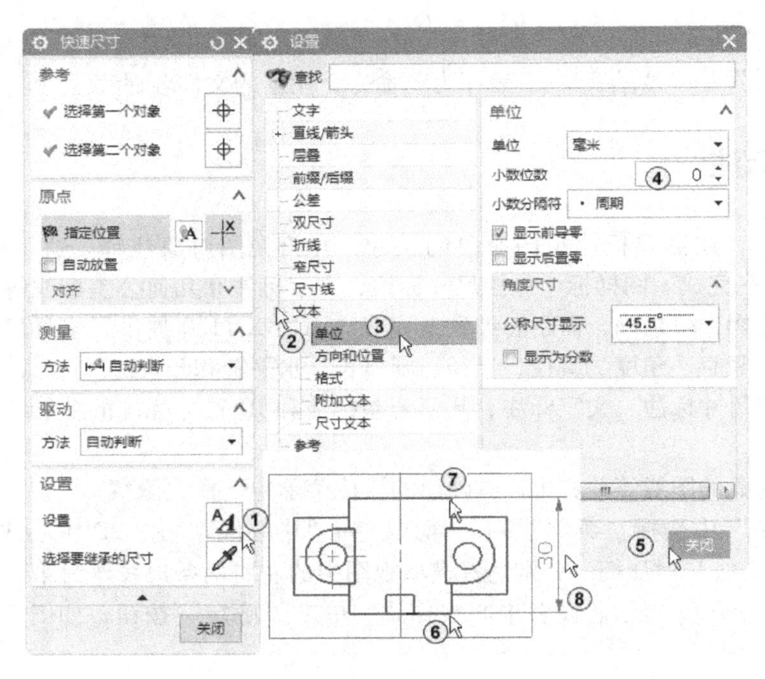

图 7-24　标注竖直尺寸

“设置”对话框中的“文字”选项卡，可以设置尺寸标注的精度和公差、倒斜角的标注方式、文本偏置和指引线的角度等。

“设置”对话框中的“直线/箭头”选项卡，可以设置箭头的样式、箭头的大小和角度、箭头和直线的颜色、直线的线宽和线形等。

“设置”对话框中的“层叠”选项卡，可以设置文字的对齐方式、对齐位置、文字类型、字符大小、间隙因子、宽高比和行间距等。

“设置”对话框中的“文本”选项卡，可以设置线性尺寸格式及其单位、角度格式、双尺寸格式和单位、转化到第二量纲等；可以设置尺寸的符号、小数位等参数；可以设置尺寸中文本的位置和间距等的参数。

在“边框条”中选择“菜单”→“插入”→“尺寸”→“快速”，系统弹出“快速尺寸”对话框。在“测量”选项组的“方法”中选择“圆柱式”，如图 7-25 中①②所示。单击“设置”按钮，系统弹出“设置”对话框，选择“公差”选项，并设置“类型”为“双向公差”，在“公差上限”文本框中输入上偏差值 0.2，在“公差下限”文本框中输入下偏差值 -0.1，单击“关闭”按钮，如图 7-25 中③~⑦所示。在“工作区”中的“B-B”剖视图中选择圆孔的两条边，向左移动鼠标拉出尺寸，在适当的位置单击，确定尺寸的位置，如图 7-25 中⑧⑨所示，单击“关闭”按钮。

在“边框条”中选择“菜单”→“插入”→“注释”→“特征控制框”，系统弹出“特征控制框”对话框。在“特性”下拉列表中选择“平行度”，如图 7-26 中①②所示，输入公差值“0.1”，设定“第一基准参考”为 A，如图 7-26 中③④所示。单击如图 7-26 中⑤所示的“选择终止对象”，在“工作区”选择水平线，按住鼠标左键拖出导引线，在适当的位置放置几何公差符号，如图 7-26 中⑥⑦所示。单击“关闭”按钮。

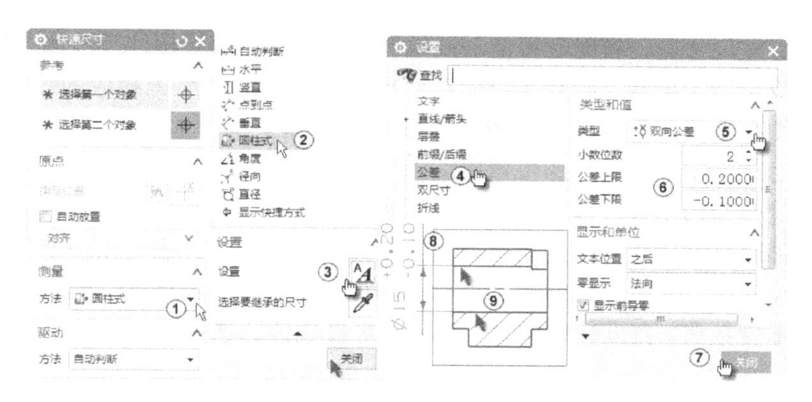

图 7-25　标注公差的尺寸

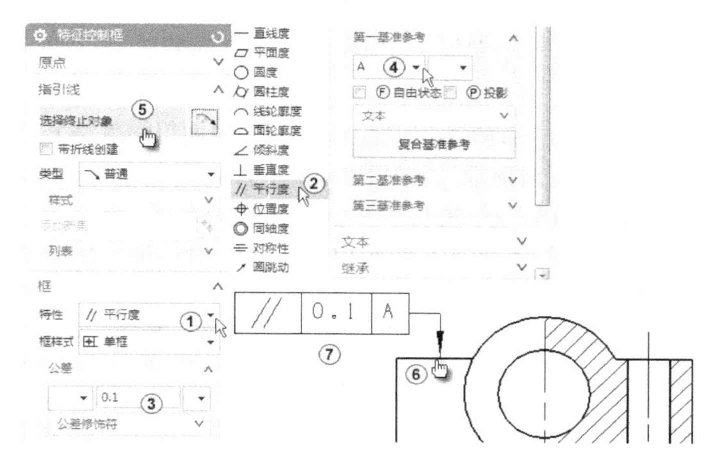

图 7-26　标注形位公差

在“边框条”中选择“菜单”→“插入”→“注释”→“基准特征符号”，系统弹出“基准特征符号”对话框，选择“类型”为“基准”，在“基准标识符”选项组的“字母”文本框中输入字母 A，单击鼠标中键。选择要标注的基准线，按住鼠标左键向下拖动到适当的位置放置基准符号，单击“关闭”按钮，如图 7-27 中①～⑤所示。

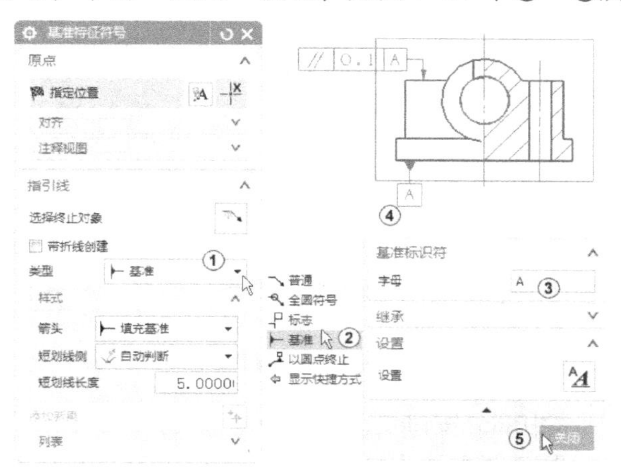

图 7-27　标注基准符号

在视图中标注尺寸后，有时有可能需要编辑标注尺寸。编辑标注尺寸的方法有2种。一种是在视图中双击一个尺寸，打开相应的对话框；在对话框中单击相应的按钮来编辑尺寸。另一种是在视图中选择一个尺寸后右击，在弹出的快捷菜单中选择“编辑”，打开相应的对话框；在对话框中单击相应的按钮来编辑尺寸。

表面粗糙度是指加工表面具有的较小间距和微小峰谷的不平度。表面粗糙度越小，则表面越光滑。表面粗糙度对零件使用情况有很大影响。一般说来，表面粗糙度数值小，会提高配合质量，减少磨损，延长零件使用寿命，但零件的加工费用会增加。因此，要正确、合理地选用表面粗糙度数值。在设计零件时，表面粗糙度数值的选择，是根据零件在机器中的作用决定的。

可以用以下3种方法来标注表面粗糙度符号。

1）在“功能区”中选择“主页”→“注释”→“表面粗糙度符号”按钮√。

2）在“边框条”中单击“菜单”→“插入”→“注释”→“表面粗糙度符号”按钮√。

3）在“功能区”中选择“布局”→“注释”→“表面粗糙度符号”按钮√。

系统弹出“表面粗糙度”对话框，在“除料”下拉列表中选择“修饰符，需要除料”，在该对话框中设置“切除（f1）”为 R_y10、“加工公差”为“1.00±0.5 等双向公差”；在“设置”选项组中单击“设置”按钮，系统弹出“设置”对话框，切换至“文字”选项卡，在“高度”右侧的文本框中输入3.5，单击“关闭”按钮，返回到“表面粗糙度”对话框；在“工作区”的合适位置处单击，然后单击“表面粗糙度”对话框中的“关闭”按钮，即可标注表面粗糙度符号，如图7-28中①~⑨所示。

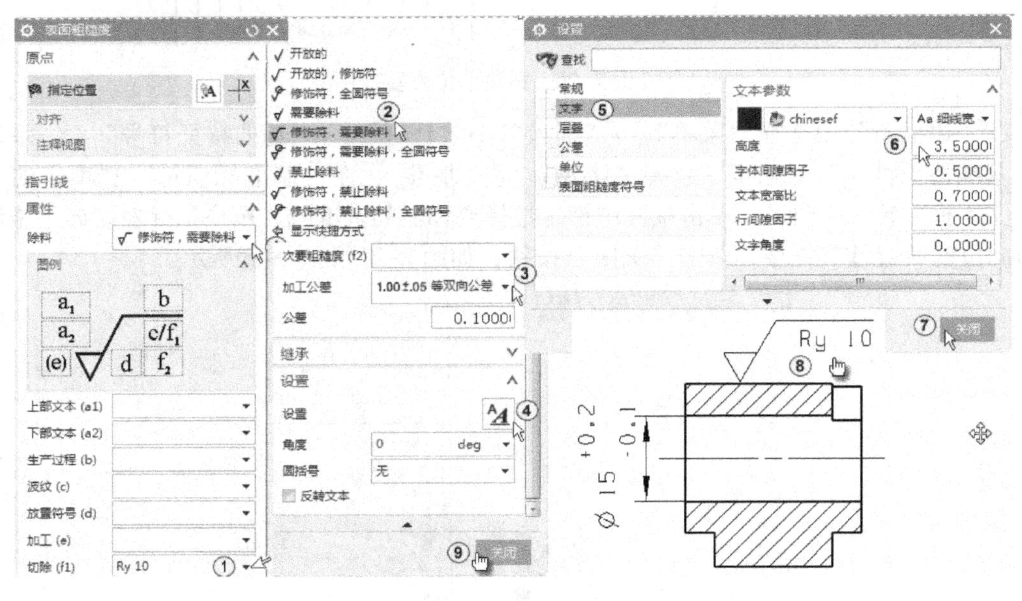

图7-28　表面粗糙度

“表面粗糙度”对话框中部分按钮及选项的功能说明如下，如图7-29中①~④所示。

1）“原点”选项组：用于设置原点位置和表面粗糙度符号的对齐方式。

2）“指引线”选项组：创建带指引线的表面粗糙度符号，单击该选项组中的“选择终止”按钮，可以选择指示位置。

3）“属性”选项组：设置表面粗糙度符号的类型和值属性。UG NX 11.0 提供了 9 种类型的表面粗糙度符号。如果需要创建表面粗糙度，则首先要选择相应的类型，选择的符号类型将显示在“图例”区域中。

4）“设置”选项组：设置表面粗糙度符号的文本样式、角度、圆括号及反转文本。

图 7-29　表面粗糙度部分按钮及选项的功能

单击快速访问工具栏中的“保存”按钮或者按组合键〈Ctrl + S〉保存文件。

7.5　装配工程图

本节主要讲解绘制二维装配工程图的一般过程，并熟悉装配工程图中特有的各项常用命令的用法。

7.5.1　基本视图

1）选择“功能区”中的“文件”→“打开”，系统弹出“打开”对话框，在“查找范围”下拉列表框中选择正确的文件存放路径，在“文件名”文本框找到文件 lian. prt，单击“OK”按钮，打开 lian. prt 文件。

2）在装配剖视图中，相邻零件的剖面线方向应相反。在“边框条”中选择“菜单”→“首选项”→“制图”，系统弹出“制图首选项”对话框，选择该对话框中的“视图”选项，在“截面线”的“设置”选项卡中勾选“显示装配剖面线”复选框，如图 7-30 中①~④所示。向下移动鼠标单击“截面线”，并在其选项卡中选择“显示剖切线”及其“类型”，如图 7-30 中⑤～⑦所示。单击“确定”按钮。

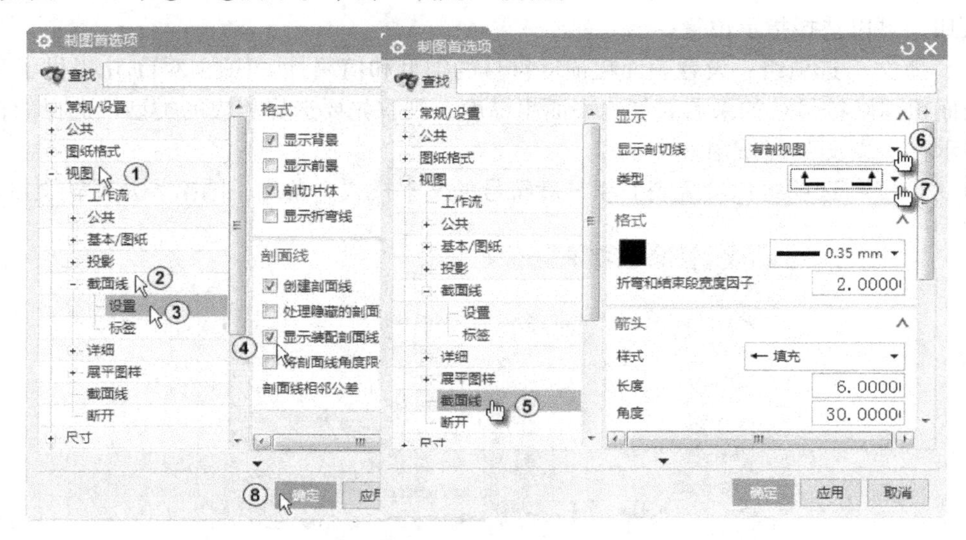

图 7-30　设置装配剖面线

3）在“功能区”中选择“主页”→“新建图纸页”，系统弹出“图纸页”对话框，选择“标准尺寸”单选按钮，在“大小”下拉列表中选择 A3－297×420，取系统默认的“比例”为1:1，在“图纸页名称”文本框中输入新建图纸的名称 SHT1，设置图纸的尺寸单位为默认值“毫米”，“投影”方式为“第一角投影”，其余按默认设定，单击“确定”按钮，如图 7-31 中①～⑦所示。

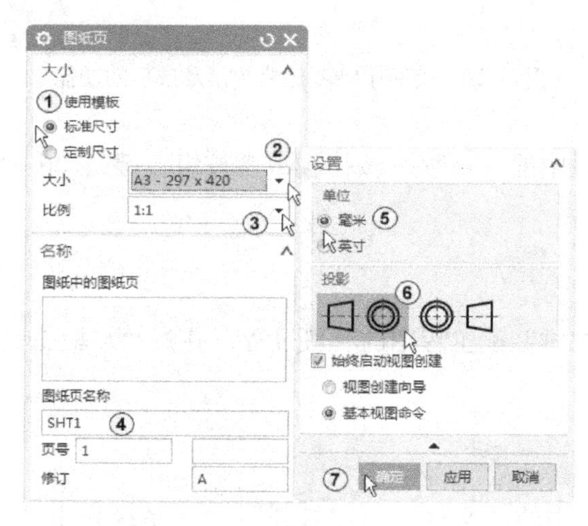

图 7-31　新建图纸页

4）系统弹出“基本视图”对话框，在“要使用的模型视图”下拉列表中选择“俯视图”，在“工作区”左下角单击指定视图的放置位置生成基本视图，如图 7-32 中①所示。系统自动转换到添加“投影视图”，单击“关闭”按钮。

5）选择刚生成的“俯视图”为父视图，在“功能区”中选择“主页”→“视图”→“剖视图”。系统弹出“剖视图”对话框，在“截面线”选项组中将“方法”设置为

“简单剖/阶梯剖”，此时“截面线段”自动激活。捕捉大圆弧圆心以定位剖切位置，在“放置”选项组中将“方法”设置为“竖直”，向上移动鼠标，在适当位置单击指定新视图的放置位置，生成剖视图，如图 7-32 中②～⑤所示。可以看到剖切到的螺栓等部件，不符合我国国家标准要求。

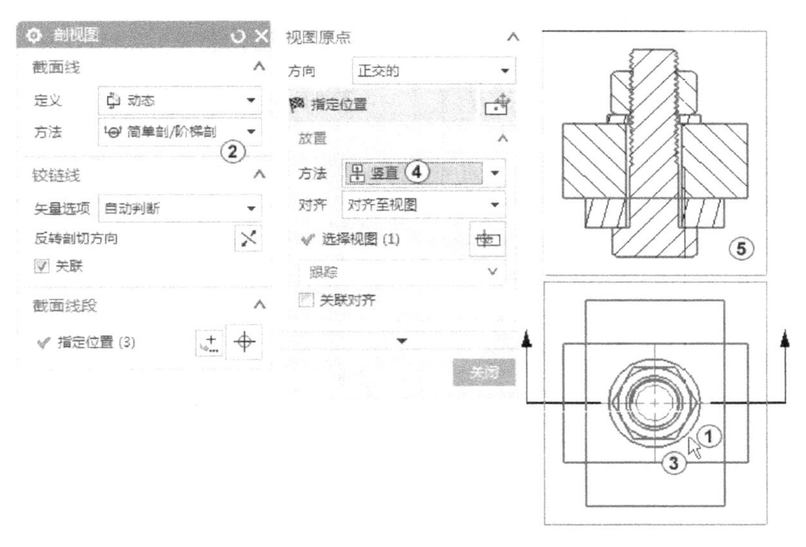

图 7-32　全剖视图

6）按〈Ctrl + Z〉组合键取消刚做的全剖视图。

7）选择“工具”→“定制”命令，或者在工具条或者工具条空白区右击并在弹出的快捷菜单中选择“定制”命令，或者按组合键〈Ctrl + 1〉，系统均弹出“定制”对话框；单击“命令”选项卡，在“搜索”文本框中输入“视图中剖切”，选择搜索的结果后按住鼠标不放将其拖拉到屏幕左上方的工具条中，如图 7-33 中①～⑤所示，这时工具条中将显示此项命令。

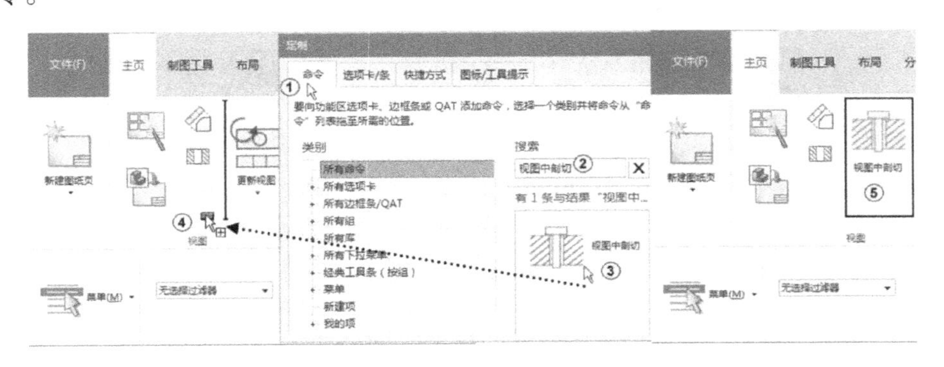

图 7-33　调出“视图中剖切”按钮

8）在装配图中，实心轴、螺纹紧固件、销钉等零件在剖切平面经过其轴线时，均按不剖绘制，设置某些零件在剖视图中不剖切时单击“视图中剖切”按钮，系统弹出“视图中的剖切”对话框，选择刚生成的“俯视图”，单击“选择对象”按钮，按住〈Ctrl〉键在设计树中选择零件“luoshan”“dianquan”和“luomu”，如图 7-34 中①～⑤所示。在

“操作”选项组中选择“变成非剖切”单选按钮，单击“确定”按钮，完成不剖切零件的设置，如图 7-34 中⑥⑦所示。

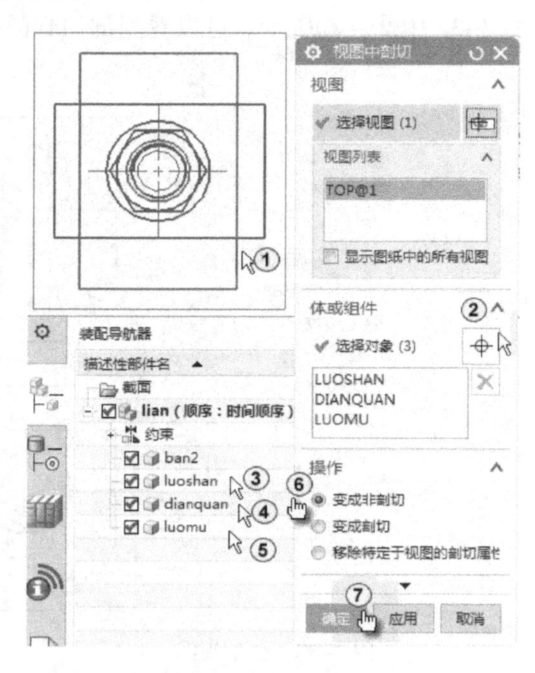

图 7-34　设置某些零件在剖视图中不剖切

9）选择刚生成的“俯视图”为父视图，在“功能区”中选择“主页”→“视图”→“剖视图”。系统弹出“剖视图”对话框，在“截面线”选项组中将“方法”设置为“简单剖/阶梯剖”，此时“截面线段”自动激活。捕捉大圆弧圆心以定位剖切位置，在“放置”选项组中将“方法”设置为“竖直”，向上移动鼠标，在适当位置单击指定新视图的放置位置，重新生成全剖视图，如图 7-35 中①～④所示，结果符合我国国家标准要求。

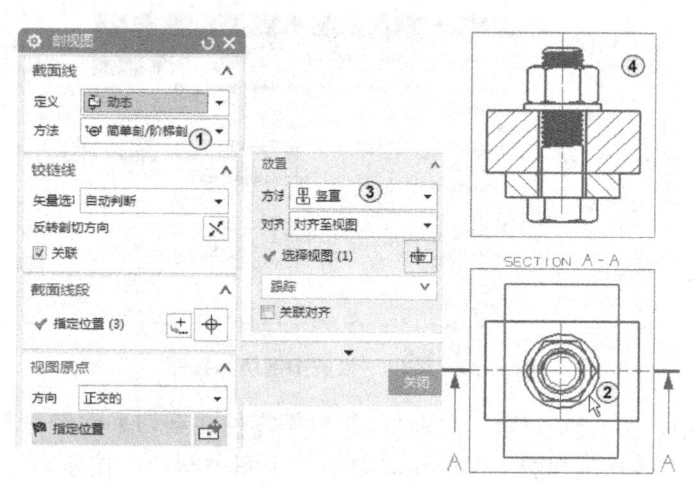

图 7-35　视图中的剖切

7.5.2 明细栏和标题栏

1）在“边框条”中选择“菜单”→“插入”→“表”→“零件明细表”，在“工作区”移动鼠标到指定明细栏的位置，生成部件明细栏，如图 7-36 所示。

4	LUOMU	1
3	DIANQUAN	1
2	LUOSHAN	1
1	BANZ	1
PC NO	PART NAME	QTY

图 7-36 生成明细栏

2）单击“PC NO”，再右击，在弹出的快捷菜单中选择“编辑文本”，系统弹出“文本”对话框。在“格式设置”下拉列表中选择“chinesef”字体，设置字体的大小，输入“序号”，如图 7-37 中①~③所示。单击“确定”按钮修改文字，如图 7-37 中④⑤所示。

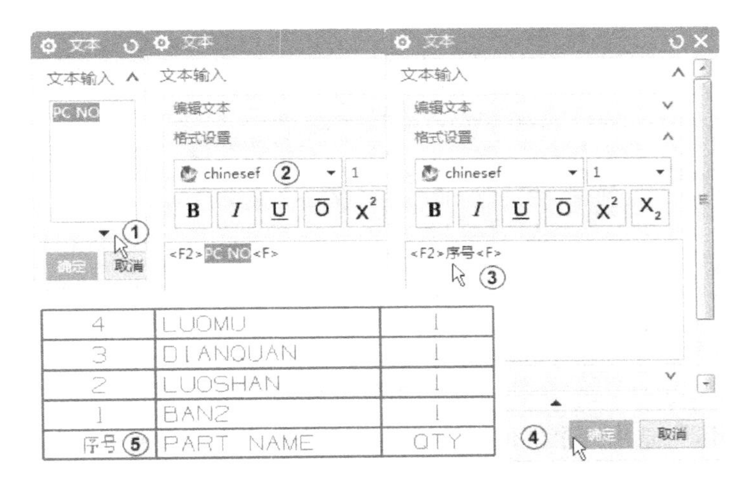

图 7-37 修改文字

3）继续修改其他标题栏项目名称，完成如图 7-38 中①所示的标题栏。选择“数量”列，右击并在弹出的快捷菜单中选择“插入”→“左边的插入列”命令，插入“图号”列，如图 7-38 中②~⑤所示。

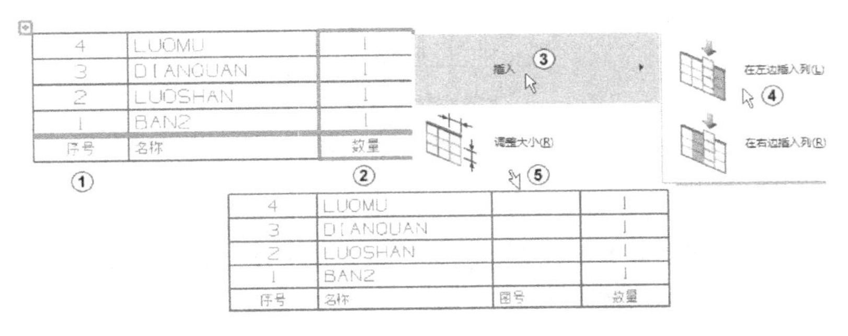

图 7-38 修改标题栏

4）单击“注释”工具条上的“符号标注”按钮，在弹出的“符号标注”对话框中选择“类型”为“圆”，如图 7-39 中①②所示。在“箭头”下拉列表中选择“填充圆点”，如图 7-39 中③④所示。在“文本”文本框中输入数字“1”，如图 7-39 中⑤所示。

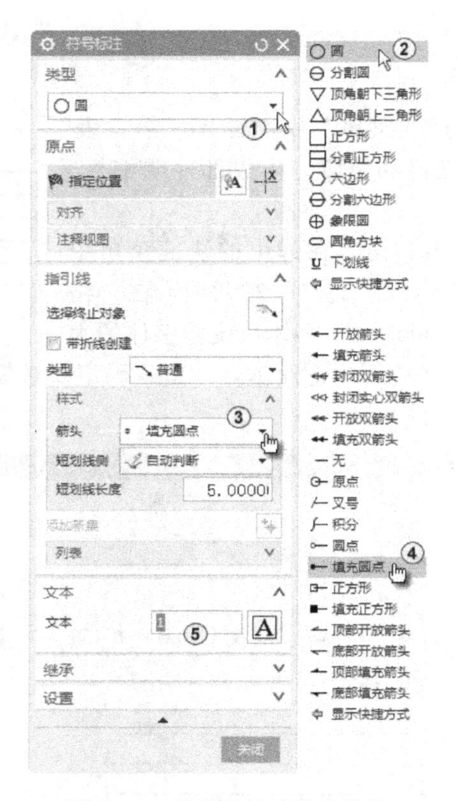

图 7-39　编辑标识符号的端部

5）在“工作区”选中一个部件，拖拉出标识符号，然后将数字改为“2”，另选中一个部件，拖拉出另一个标识符号。结果如图 7-40 所示，最后单击“关闭”按钮。

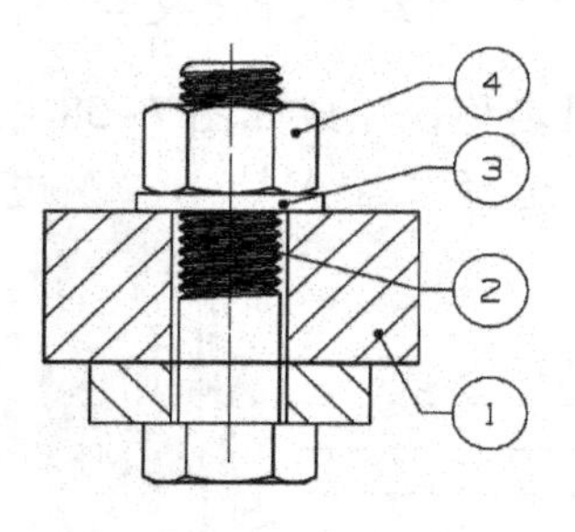

图 7-40　添加标识符号

6）单击快速访问工具栏中的“保存”按钮或者按组合键〈Ctrl + S〉保存文件。

本章首先介绍工程图的视图操作和各种视图的生成方法。随后讲解了各种剖视图，尺寸标注和表格等。通过范例加深读者领会一些基本概念，掌握工程图的分析方法、设计过程、制图的一般方法和技巧。

7.6　创建 DWG 格式的工程图

首先要选择一个清晰的视角，其中整体图的视角会影响到局部图，任何一个零件图的视角都要与整体图或装配图的视角相符。因此，选择整体图的视角时，要把图中重要的特征或零件的结构清晰地表达出来，这样才能把装置的机构和工作过程表达清楚。

其次，选择好视角以后需要将该视角进行固定，否则视角移动后可能再也不能恢复。保存视角的步骤如下：

在“边框条”中选择“菜单”→“视图”→“操作”→“另存为”命令，如图 7-41 中①～④所示。系统弹出“保存工作视图”对话框，在“名称”文本框中输入 a，单击“确定”按钮，如图 7-41 中⑤⑥所示。这个视角就已经被保存。也可通过以下步骤进行查找：选择“装配导航器”→“部件导航器”→“模型视图”，如图 7-41 中⑦⑧所示。

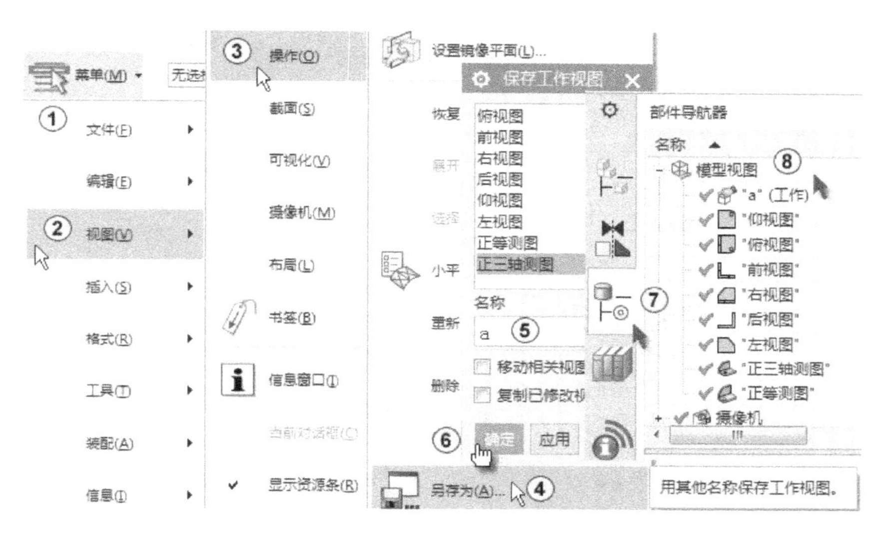

图 7-41　存视角

将 UG NX 11.0 中的三维模型图转换成 AutoCAD 的二维图纸，在“功能区”中选择“应用模块”→“设计”→“制图”按钮，如图 7-42 中①②所示，把装配界面转换到制图界面。在“功能区”中选择“主页”→“视图”→“新建图纸页”按钮（或者在“边框条”中选择“菜单”→“插入”→“图纸页”命令），如图 7-42 中③所示。

图 7-42　新建图纸页

系统弹出“图纸页”对话框，选择“标准尺寸”单选按钮，在“大小”下拉列表中选择“A0 - 841 × 1189”，默认的比例值为 1∶1，如图 7-43 中①②所示。“投影”方式选择“第一角投影”，单击“确定”按钮，如图 7-43 中③④所示。

系统弹出“视图创建向导”对话框，单击“方向”，并在“方向”选项组中找到之前保存的视角 a，单击“完成”按钮，如图 7-43 中⑤～⑦所示。

图 7-43　创建视图

此时可看到二维图，如果不满意此二维图，可以回到三维模型界面中重新调整视图，调整到满意的视角后重复上述的过程。右击“基准坐标系”，从弹出的快捷菜单中选择“隐藏”，如图 7-44 中①②所示。同样右击“3D 中心线”，从弹出的快捷菜单中选择“隐藏”，结果如图 7-44 中③所示。

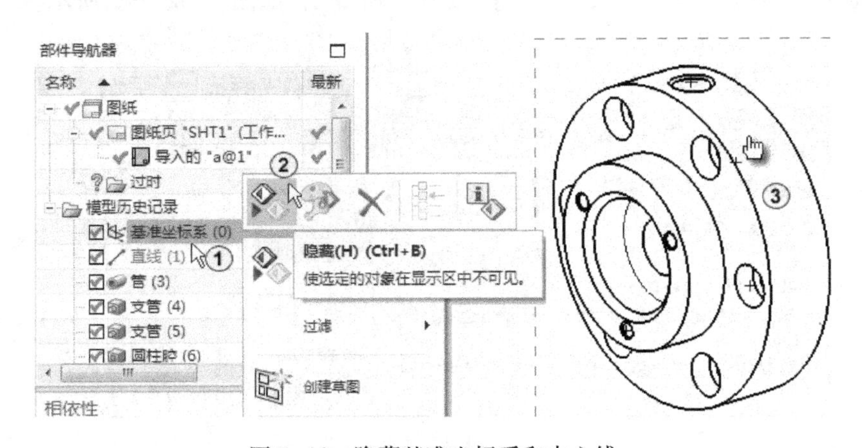

图 7-44　隐藏基准坐标系和中心线

最后一步就是将 UG NX 11.0 中的图纸导出到 AutoCAD 中进行进一步的修改，操作步骤为：选择“文件”→“导出”→“AutoCAD DXF/DWG”命令，如图 7-45 中①~③所示。此时，系统弹出“AutoCAD DXF/DWG 导出向导”对话框，选择 DWG 格式并且输入保存路径，如图 7-45 中④~⑥所示。单击“完成”按钮即可。

图 7-45　导出 DWG

7.7　习题

1. 填空题

（1）视图操作的基本命令是______________________________。

（2）工程图的其他视图有______________、______________、______________、______________。

（3）尺寸标注有______________、______________、______________、______________。

2. 问答题

（1）如何使二维图形不随相应的三维模型改变而立即更新？

（2）如何自定义视图？

（3）工程图中的尺寸标注与草图中的尺寸标注是否有差异？

（4）如何修改标识符号的大小？

（5）修改图纸页面参数时是否也可以修改投影角？

3. 操作题

（1）完成如图 7-46 所示的钳座零件的工程图。

（2）完成如图 7-47 所示的几何公差标注及工程图。

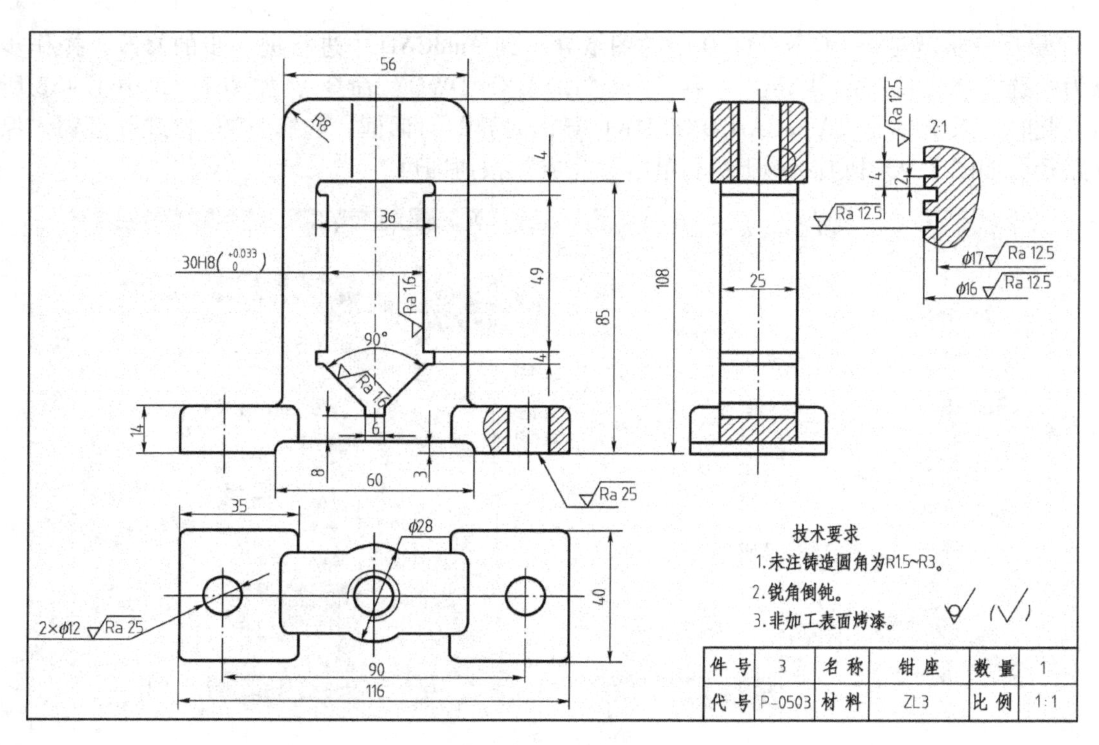

图 7-46　钳座零件的工程图

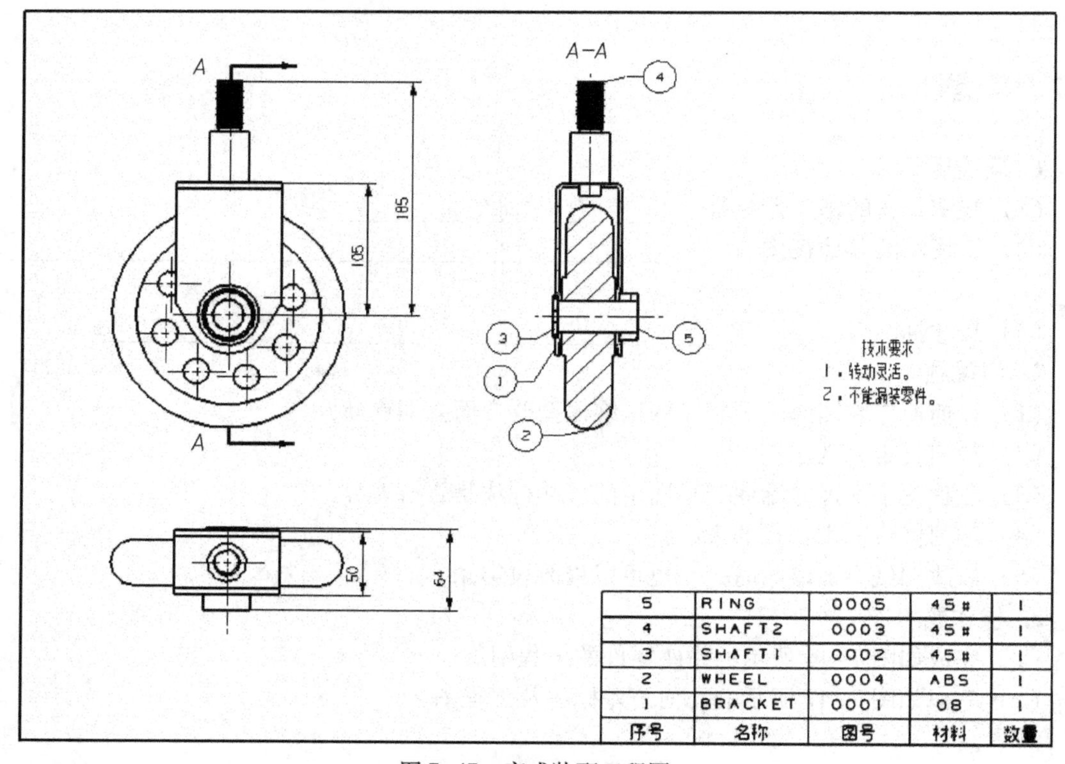

图 7-47　完成装配工程图

第 8 章　综合实例——创建调料盒模型

本章的主要内容是通过具体实例综合运用前述章节各种特征的操作和编辑方法。

本章的重点是曲面的创建及编辑。

本章的难点是建模前对曲面特征的分析和构建。

如图 8-1 所示的调料盒，由左右两个盖子和中间可放置调料罐的筒型共 3 部分组成。内容涉及 UG 的拉伸、回转、分割面、面圆角、拔模、修剪体、镜像体、求和、文本和细节特征等方面的内容。

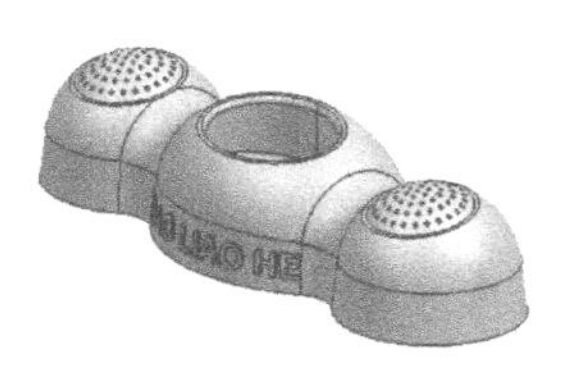

图 8-1　调料盒

创建调料盒模型的时候，可以考虑先创建调料盒的主体部分，然后创建调料盒的放置调料罐的筒型部分，接着是创建调料盒其中一个盖子部分并通过镜像生成另一半，最后添加文字标记部分。如表 8-1 所示是调料盒建模步骤。

表 8-1　调料盒建模步骤

步骤	说　明	模　型	步骤	说　明	模　型
1	拉伸		4	拉伸、拔模	
2	拉伸、分割面、面圆角		5	修剪体、镜像体、求和	
3	拉伸、回转		6	文本、拉伸	

8.1　创建主体部分

下面介绍调料盒的具体创建过程。

1）新建文件。单击“主页”选项卡中的“新建”按钮，系统弹出“新建”对话框，在“新建”对话框的“模型”列表框中选择模板类型为默认的“模型”，单位为默认的

“毫米”，在“新文件名”文本框中选择默认的文件名称“tiaoliaohe. prt”，指定文件路径“C:\”，单击“确定”按钮。

2）在“工作区”中选择基准坐标系并右击，在系统弹出快捷菜单中选择“编辑显示”，系统弹出“编辑对象显示”对话框，在“图层”文本框中输入“81”，将基准坐标系移动至81层，如图8-2中①~③所示。单击“确定”按钮完成基准坐标系图层的设定。

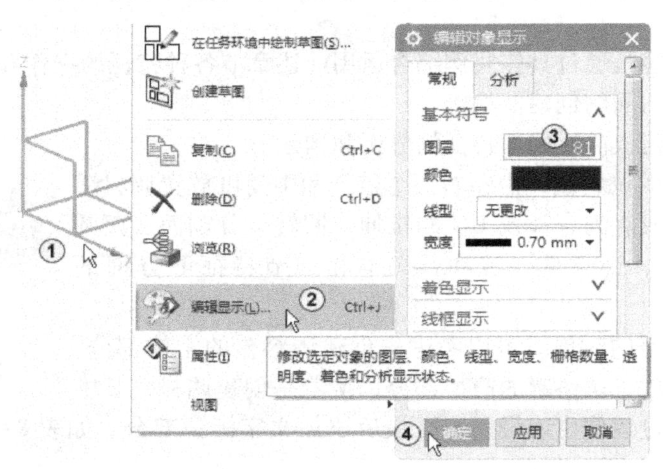

图8-2　设置基准坐标系的图层

3）在“边框条”中选择“菜单”→“格式”→“图层设置”（或者按组合键〈Ctrl + L〉），系统弹出“图层设置”对话框，在“工作图层”文本框中输入21，如图8-3中①~④所示，单击“关闭”按钮。

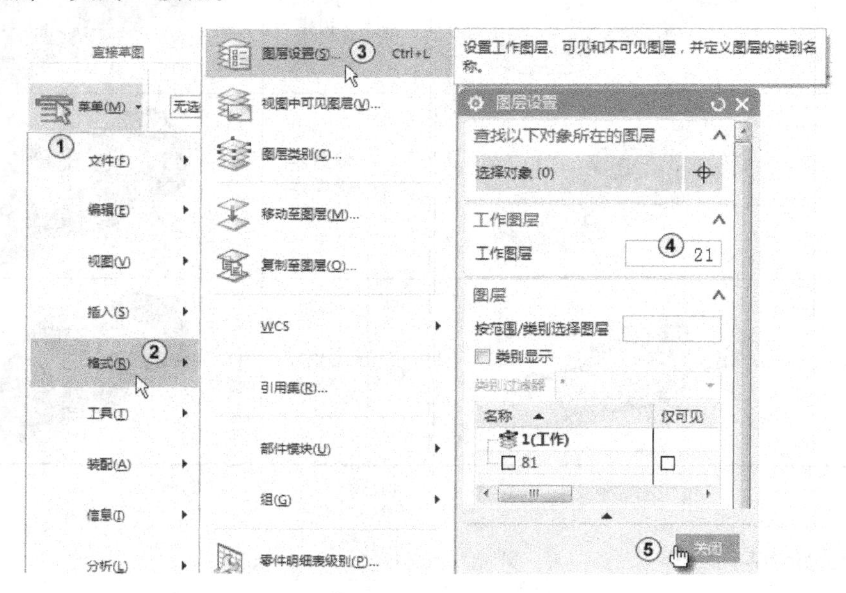

图8-3　设置工作图层

4）在“功能区”中选择“视图”→“静态线框”按钮，系统显示出静态线框的实体，如图8-4中①②所示；在“功能区”中选择“主页”→“直接草图”→“草图”按钮，系统弹出“创建草图”对话框，选择坐标平面 XY 作为草图绘制平面，如图 8-4 中③～⑥所示，单击“确定”按钮，进入草图绘制界面。

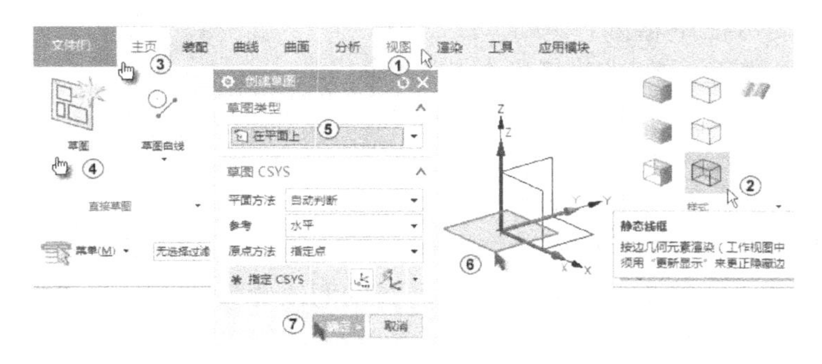

图 8-4　选择草图绘制平面

5）在“功能区”中选择“主页”→“直接草图”→“直线”按钮，在“工作区”中绘制出一条水平直线；选择水平直线和草图原点，作“中点”约束，如图 8-5 中①～⑤所示；再选择水平直线和草图原点，作“点在曲线上”约束，如图 8-5 中⑥所示。

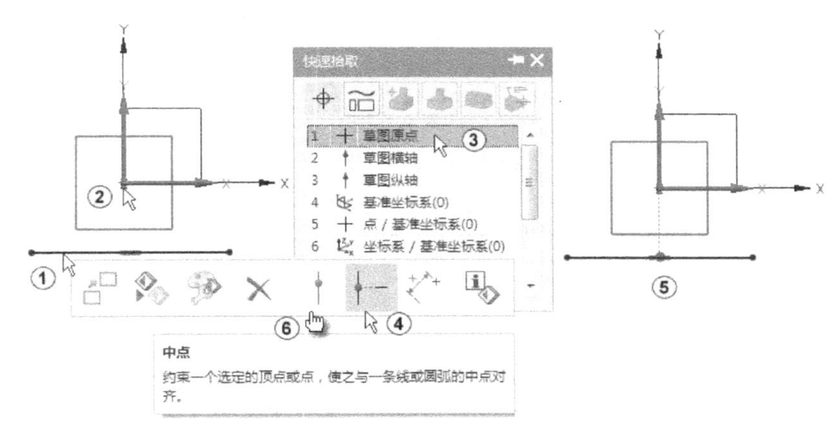

图 8-5　绘制几何轮廓作几何约束

6）在“边框条”中选择“菜单”→“插入”→“草图曲线”→“圆弧”，在“工作区”中捕捉箭头①所指的直线的右端点，绘制出箭头②③所指的两段圆弧；选择箭头③所指的一段圆弧的圆心和箭头④所指的坐标轴，作“点在曲线上”约束，选择箭头②所指的一段圆弧的圆心和箭头①所指的直线，作“点在曲线上”约束，如图 8-6 中①～⑤所示。

7）在“功能区”中选择“主页”→“约束”→“快速尺寸”按钮，标注出尺寸，如图 8-7 所示。

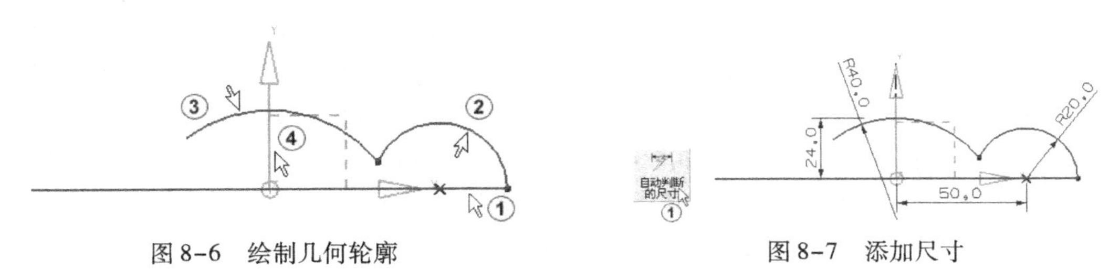

图 8-6　绘制几何轮廓

图 8-7　添加尺寸

8）在“功能区”中选择“主页”→“直接草图”→“圆角”，弹出输入“半径”对话框，在“半径”文本框中输入“10”，按〈Enter〉键绘制出一个圆角；在“功能区”中选择“主页”→“约束”→“快速尺寸”按钮，标注出尺寸，如图8-8中①②所示。

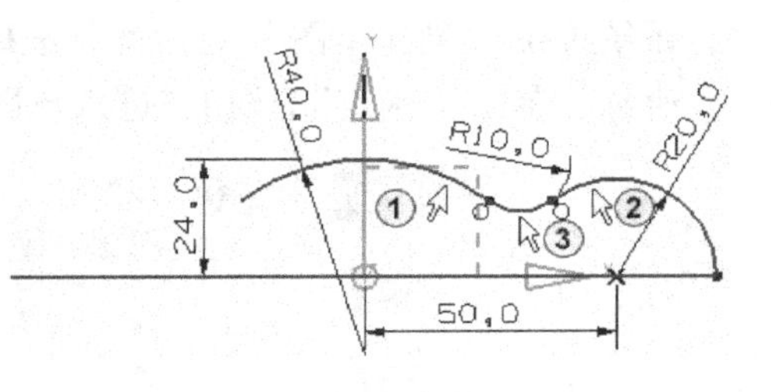

图8-8 圆角参数设置

9）在“边框条”中选择“菜单”→“插入”→“草图曲线”→“镜像曲线”按钮，在“工作区”中选择如图8-9中①所指的坐标轴作为镜像中心线，选择如图8-9中②③所指的两段圆弧作为要镜像的曲线，单击“确定”按钮生成另外两段圆弧。

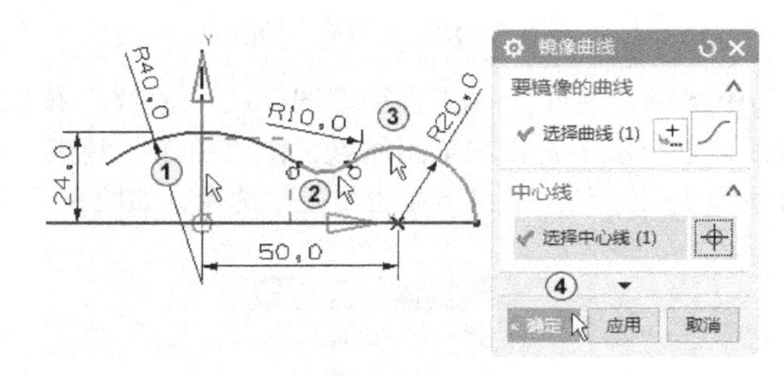

图8-9 镜像曲线

10）选择如图8-10中箭头①②所指的两个端点，作“重合”约束，单击“完成”按钮退出草图绘制。

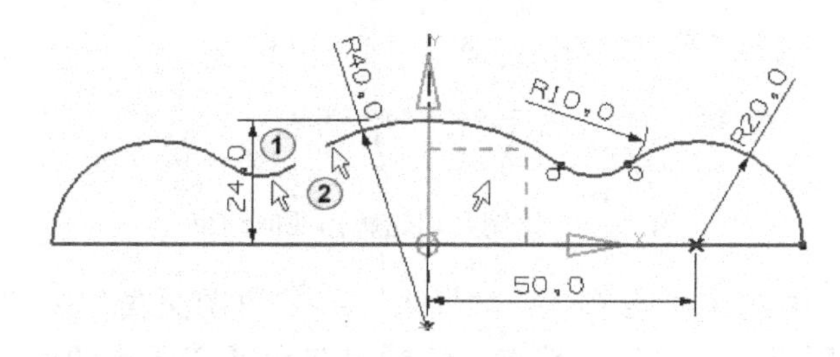

图8-10 添加约束

11）按组合键〈Ctrl+L〉，系统弹出“图层设置”对话框，在“工作图层”中输入1，单击“关闭”按钮。在“功能区”中选择“主页”→“直接草图”→“特征”→“旋转”按钮，系统弹出“旋转”对话框，选择刚绘制的草图，单击“矢量对话框”按钮旁的下拉列表框，从弹出的“矢量构成”列表中选择XC；单击“点对话框”按钮，在“点”对话框中设置坐标为默认的坐标原点，单击“确定”按钮。设置“旋转”对话框“开始”下的“角度”为0，“结束”下的“角度”为180，调整回转的方向，其他采用默认设置，单击“确定”按钮，生成回转体，如图8-11中①~⑥所示。

12）按组合键〈Ctrl+L〉，系统弹出“图层设置”对话框，设置层22为工作层，关闭层21。在“功能区”中选择“主页”→“直接草图”→“草图”按钮，系统弹出“创

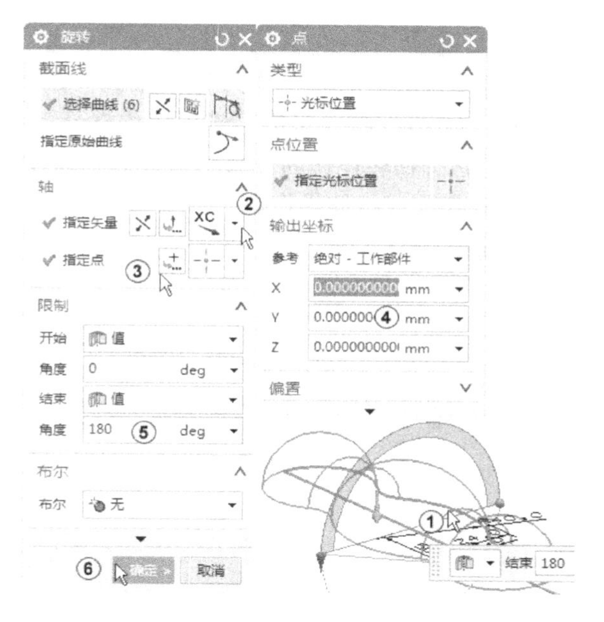

图 8-11　创建回转

建草图”对话框，选择如图 8-12 中①所示的坐标平面 YZ 作为绘制草图平面，单击“确定”按钮，如图 8-12 中②所示，进入草图绘制界面。

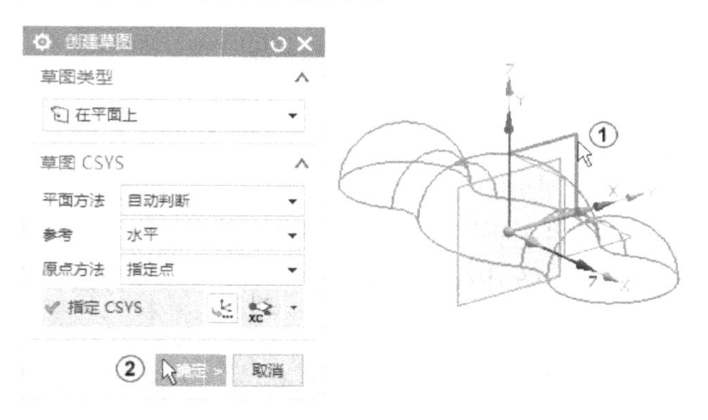

图 8-12　选择绘制草图平面

13）在“功能区”中选择“主页”→“直接草图”→“直线”按钮，在“工作区”中绘制出如图 8-13 中①所示的一个闭合草图轮廓。

14）在“功能区”中选择“主页”→“约束”→“快速尺寸”按钮，标注出尺寸，如图 8-14 所示。单击“完成”按钮退出草图绘制。

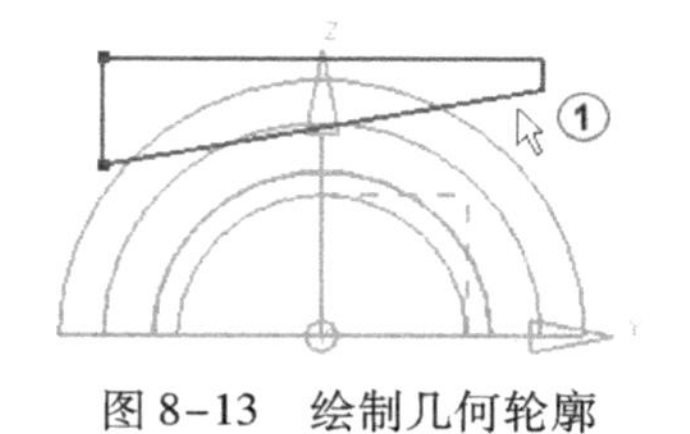

图 8-13　绘制几何轮廓

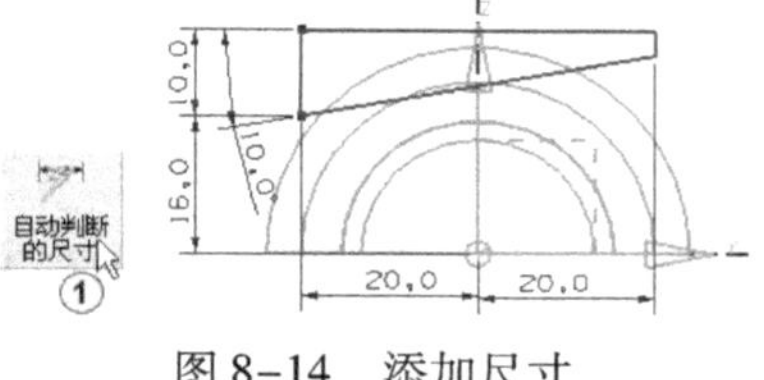

图 8-14　添加尺寸

15）在“功能区”中选择“主页”→“直接草图”→“特征”→“拉伸”按钮，系统弹出“拉伸”对话框，选择刚绘制的草图作为拉伸截面，在“限制”选项组中选择“结束”为“对称值”，“距离”为20；在“布尔”选项组中选择“布尔”为“减去”，单击“选择体”，在“工作区”选择回转体作为减去对象，如图8-15中①～⑤所示。其他采用默认设置，单击“确定”按钮完成拉伸操作。

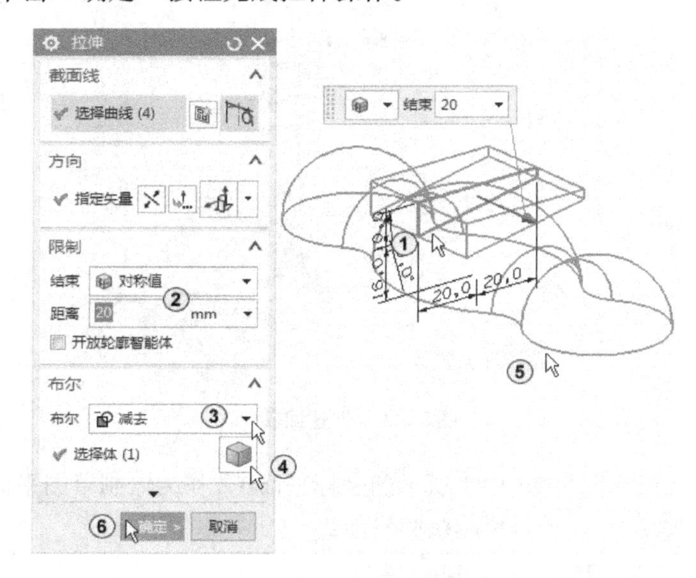

图8-15　创建拉伸

8.2　创建中间盒

1）在“功能区”中选择“主页”→“直接草图”→“草图”按钮，系统弹出“创建草图”对话框，选择如图8-16中①所示的坐标平面XY作为绘制草图平面，单击“确定”按钮，进入草图绘制界面。

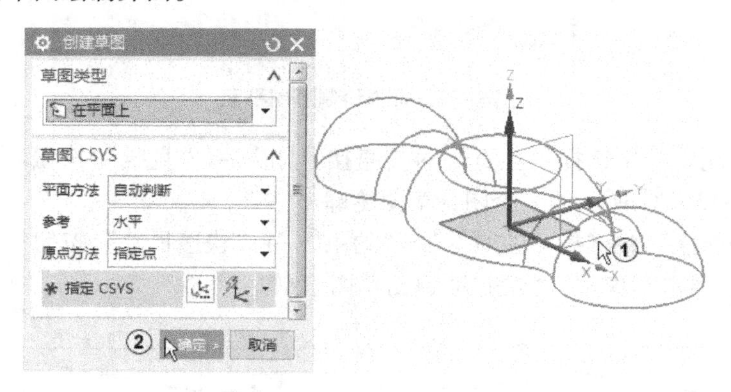

图8-16　选择绘制草图平面

2）选择“菜单”→“插入”→“草图曲线”→“投影曲线”，系统弹出“投影曲线”对话框。系统自动在“要投影的对象”选项组中激活了“选择曲线或点”，在“工作区”选择模型的一条边线作为要投影的对象，其他采用默认设置，如图 8-17 中①所示。单击“确定”按钮生成一条投影曲线。

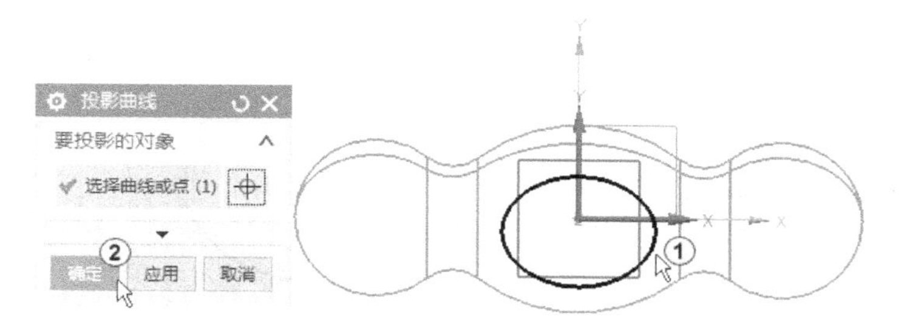

图 8-17　创建投影曲线

3）在“边框条”中选择“菜单”→“插入”→“派生曲线”→“偏置”，系统弹出“偏置曲线”对话框，在“偏置类型”下拉列表中选择“距离”，在“工作区”选择一条边线作为要偏置的曲线，在“偏置”选项组的“距离”文本框中输入“1”，单击“反向”按钮调整偏置曲线的方向向里，如图 8-18 中①～④所示。单击“应用”按钮生成一条偏置曲线。

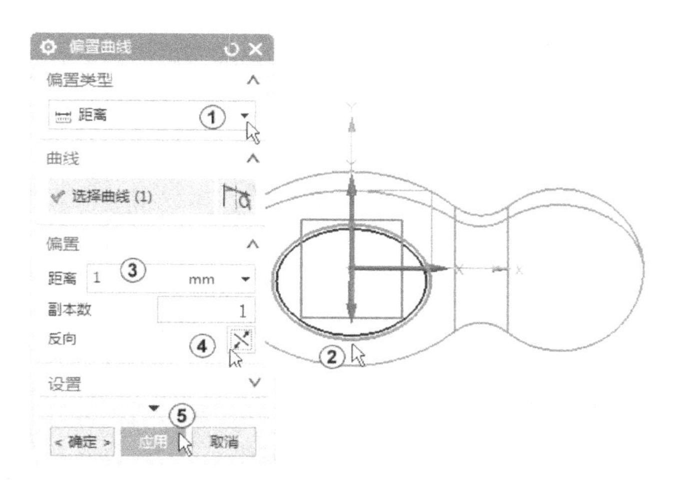

图 8-18　添加偏置曲线

4）在“工作区”选择里面的一条边线作为要偏置的曲线，在“偏置”选项组的“距离”文本框中输入“0.8”，单击“反向”按钮调整偏置曲线的方向向里，如图 8-19 中①～③所示。单击“确定”按钮创建出另外一条偏置曲线，单击“完成”按钮退出草图绘制。

5）单击“特征”工具条中的“拉伸”按钮，系统弹出“拉伸”对话框，选择刚绘制的草图作为拉伸截面，在“工作区”选择如图 8-20 中①所示的最里面的一条曲线作为截面，在“限制”选项组中选择“开始”为“值”，在“距离”文本框中输入“5”，在“结束”中选择“贯通”；在“布尔”下拉列表中选择“减去”，单击“选择体”，在“工作区”选择旋转体作为减去对象，如图 8-20 中②～⑥所示。其他采用默认设置，单击“确定”按钮完成操作。

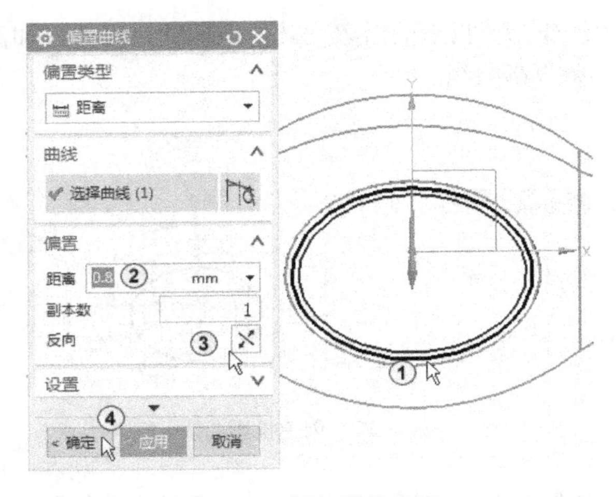

图 8-19　添加偏置曲线

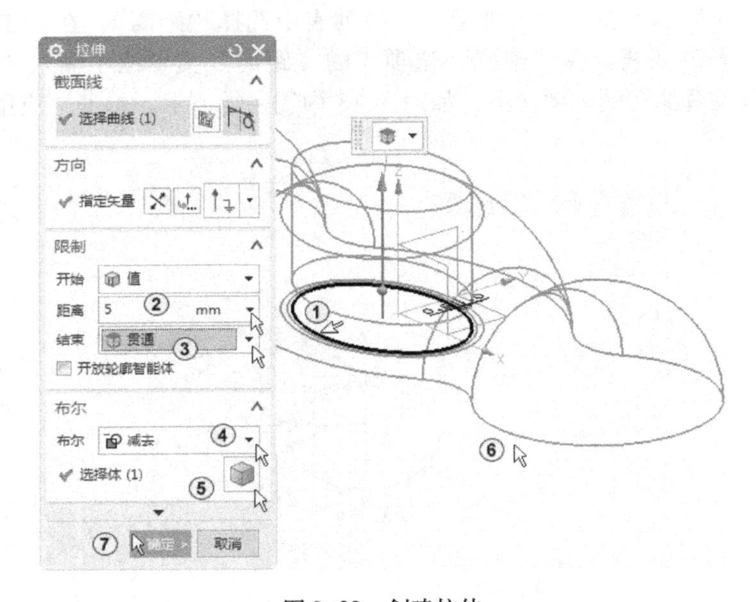

图 8-20　创建拉伸

6）在“功能区”中选择“曲面”→“曲面操作”→“分割面”按钮，系统弹出“分割面”对话框，在“工作区”中选择如图 8-21 中①所示的一个顶面作为分割面，单击“选择对象”，选择刚才绘制的草图轮廓中 3 条曲线中的中间的曲线作为分割对象，如图 8-21 中②所示，其他采用默认设置，单击“确定”按钮完成分割面操作。

7）按组合键〈Ctrl + L〉，系统弹出“图层设置”对话框，设置层 1 为工作层，关闭层 22；在“边框条”中选择“菜单”→“插入”→“细节特征”→“边倒圆”按钮，系统弹出“边倒圆”对话框，并自动激活了“边”选项组中的“选择边”，在“工作区”选择如图 8-22 中①所示的 1 条边线；在“半径 1”文本框中输入 3，在“溢出”选项组的“显式”中选择“选择要强制执行滚边的”，如图 8-22 中②～⑤所示。然后在“工作区”中选择如图 8-22 中⑥所指的一个分割线，单击“确定”按钮完成边倒圆操作。

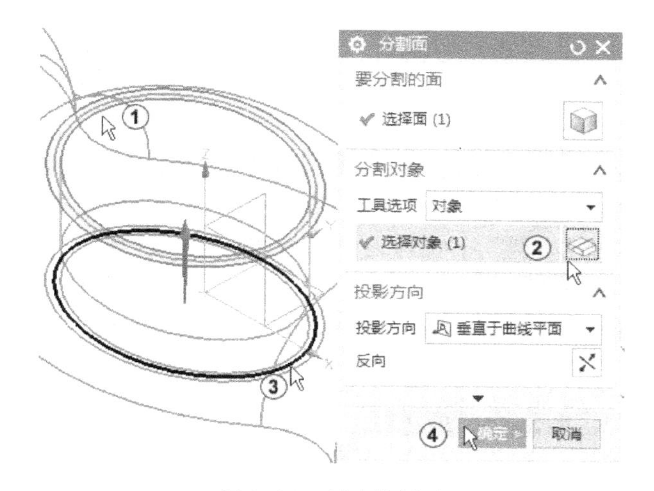

图 8-21　创建分割面

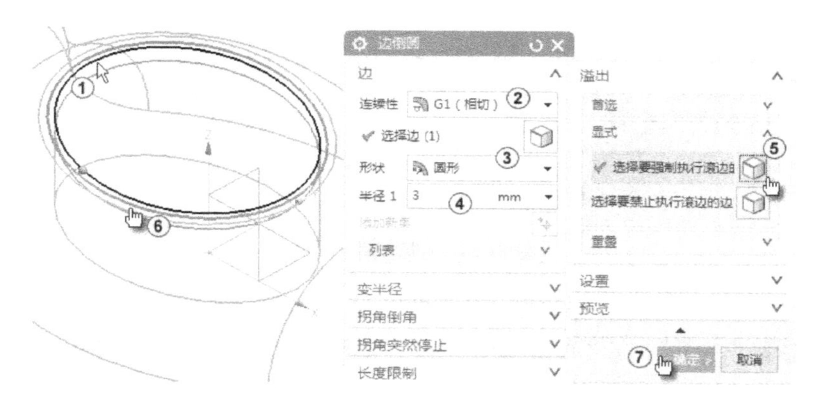

图 8-22　创建边倒圆

8）在“边框条”中选择“菜单”→“插入”→“细节特征”→“边倒圆”按钮，系统弹出“边倒圆”对话框，并自动激活了“边”选项组中的“选择边”，在“工作区”选择如图 8-23 中①所示的 1 条边线，在“半径 1”文本框中输入 2，单击“确定”按钮完成边倒圆操作。

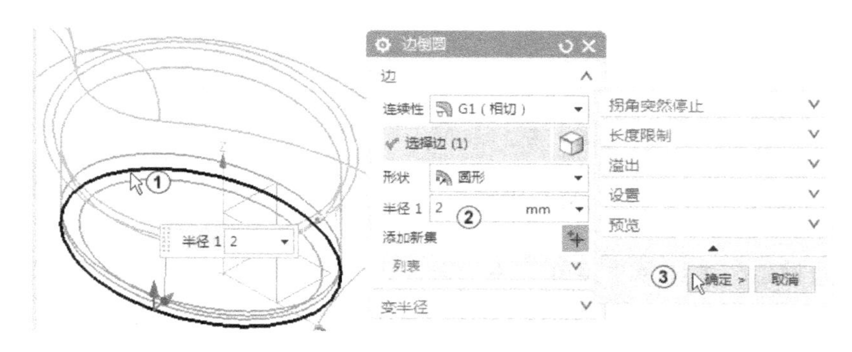

图 8-23　创建边倒圆

8.3 创建边盒

1）按组合键〈Ctrl + L〉，系统弹出“图层设置”对话框，设置层 82 为工作层，在“边框条”中选择“菜单”→“插入”→“基准/点”→“基准平面”命令，系统弹出“基准平面”对话框，在“类型”下拉列表中选择“按某一距离”，选择 YZ 平面，在“偏置”选项组的“距离”文本框中输入“50”，如果方向不对则可单击“反向”按钮，调整基准平面的方向，其他采用默认设置，单击“确定”按钮完成创建基准平面操作，如图 8-24 中①～⑤所示。

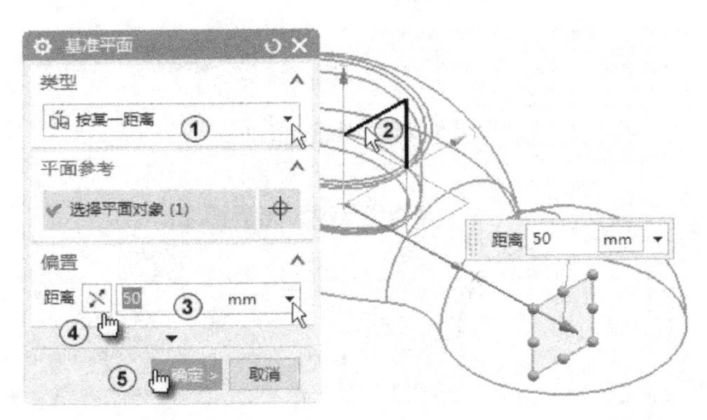

图 8-24 创建基准平面

2）按组合键〈Ctrl + L〉，系统弹出“图层设置”对话框，设置层 23 为工作层，在“功能区”中选择“主页”→“直接草图”→“草图”按钮，系统弹出“创建草图”对话框，选择如图 8-25 中①所示的基准平面作为绘制草图平面，单击“确定”按钮，进入草图绘制界面。

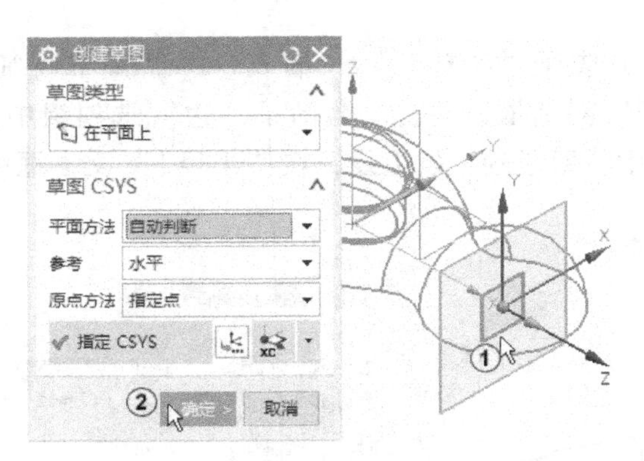

图 8-25 选择绘制草图平面

3）在“边框条”中选择“菜单”→“插入”→“草图曲线”→“直线”，在“工作区”中绘制出如图 8-26 中①所示的一个闭合草图轮廓。

4）在“功能区”中选择“主页”→“约束”→“快速尺寸”按钮，标注出尺寸，如图 8-27 所示。单击“完成”按钮退出草图绘制。

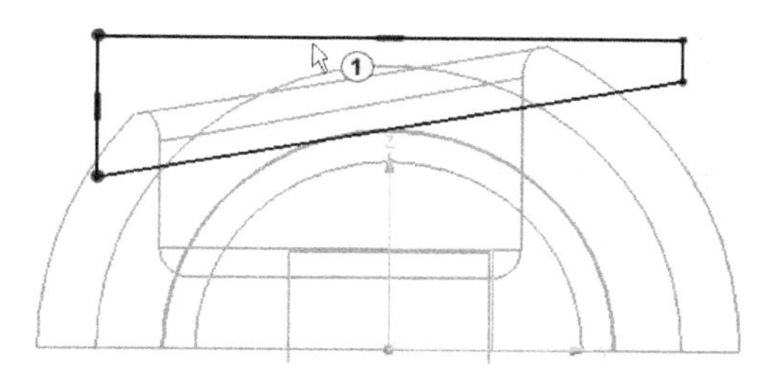

图 8-26　绘制几何轮廓

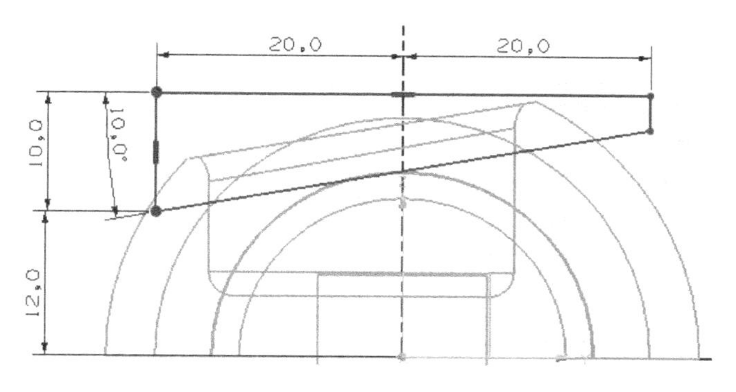

图 8-27　添加尺寸

5）单击“特征”工具条中的“拉伸”按钮，系统弹出“拉伸”对话框，选择刚绘制的草图作为拉伸截面，在“工作区”中选择如图 8-28 中①所示的刚才绘制的草图轮廓作为截面，在“指定矢量”中选择“面/平面法线”；在“限制”选项组中选择“结束”为“对称值”，在“距离”中输入“20”；在“布尔”下拉列表中选择“减去”，单击“选择体”，在“工作区”选择旋转体作为减去对象，如图 8-28 中②～⑦所示。其他采用默认设置，单击“确定”按钮完成操作，结果如图 8-28 中⑦⑧所示。

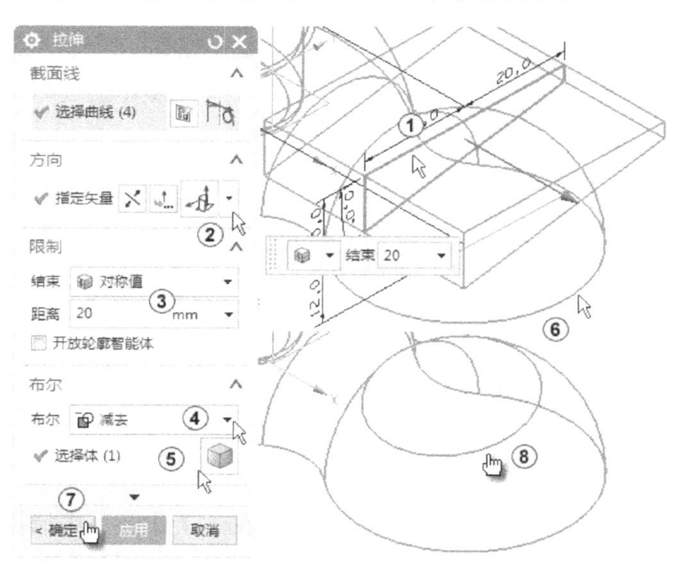

图 8-28　创建拉伸

6）在“功能区”中选择“视图”→“可见性”→“隐藏”按钮，如图8-29中①②所示。系统弹出“类选择”对话框，在“工作区”中选择如图8-29中③所示的一个草图轮廓作为对象，单击“确定”按钮完成隐藏草图轮廓操作。

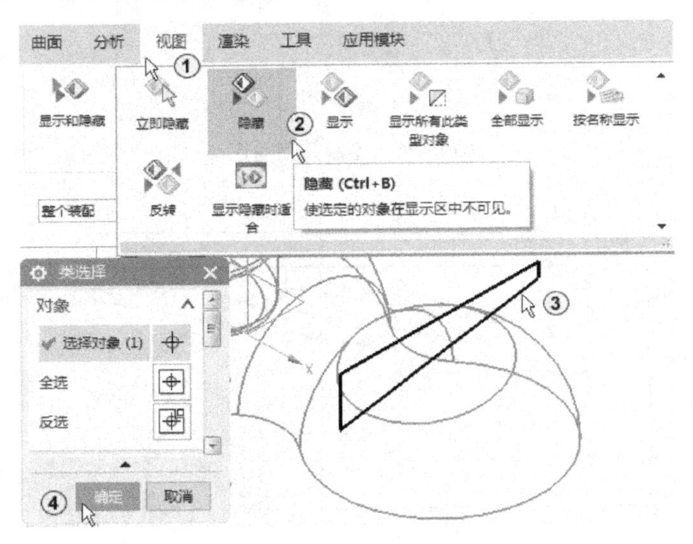

图8-29　隐藏草图轮廓

7）在“功能区”中选择“曲线”→“派生曲线”→“相交曲线”按钮，如图8-30中①②所示。在“工作区”中选择如图8-30中③所指的面作为第一组，单击“选择对象”，选择图8-30中⑤所指的平面作为第二组，其他采用默认设置，单击“确定”按钮生成一条相交曲线，如图8-30箭头⑦所示。

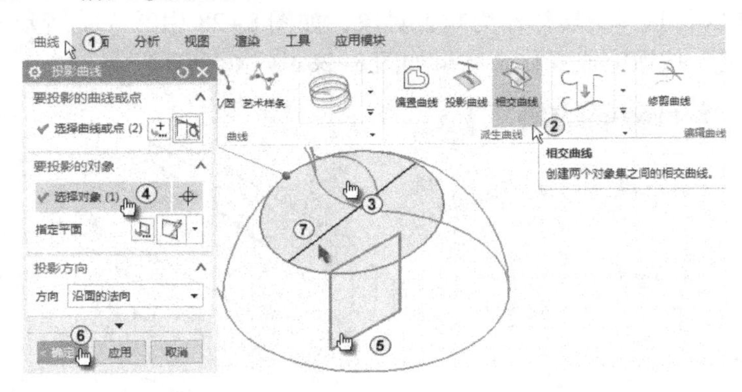

图8-30　创建相交曲线

8）在“功能区”中选择“主页”→“直接草图”→“草图”按钮，系统弹出“创建草图”对话框，选择如图8-31中①所指的平面，单击“确定”按钮，进入草图绘制界面。

9）单击“主页”选项卡中的“直线”按钮，在“工作区”中捕捉图8-32中①所指的直线的中点，绘制出一条此直线的“垂直”线，如图8-32中②所示。

10）单击“主页”选项卡中的“直线”按钮，在“工作区”中捕捉图8-33中①所指的直线的中点作为起点，设置直线的终点在相交曲线上，绘制出另一条直线，如图 8-33②所示。

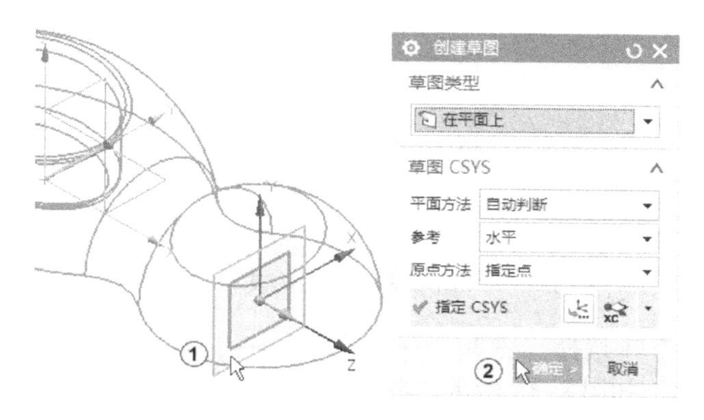

图 8-31　选择绘制草图平面

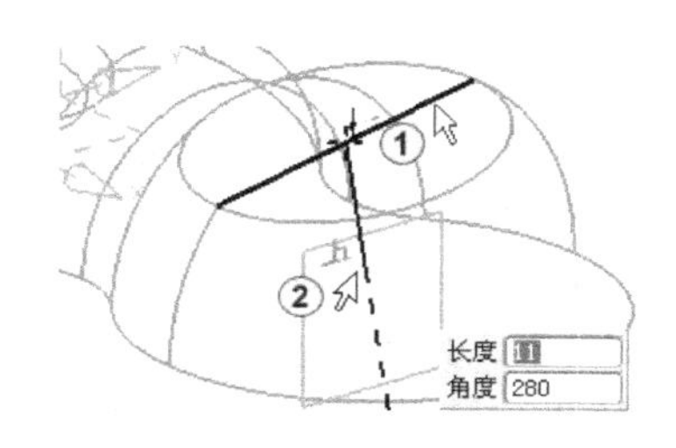

图 8-32　绘制几何轮廓 1

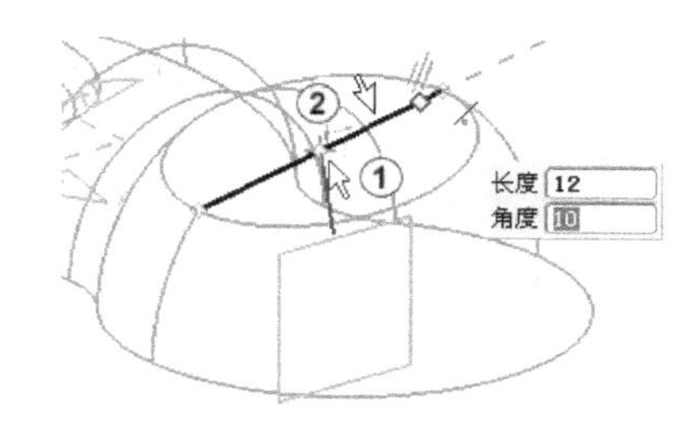

图 8-33　绘制几何轮廓 2

11）在“功能区”中选择“主页”→“曲线”→“圆弧”按钮，选择“圆心和端点定圆弧”，在“工作区”中捕捉图 8-34 中③所指的直线的端点作为圆心，绘制出一段圆弧，如图 8-34④所示；然后捕捉图 8-34 中⑤所指的直线的端点和图 8-34 中④所指的圆弧的一个端点，绘制出另一段圆弧，如图 8-34⑥所示。

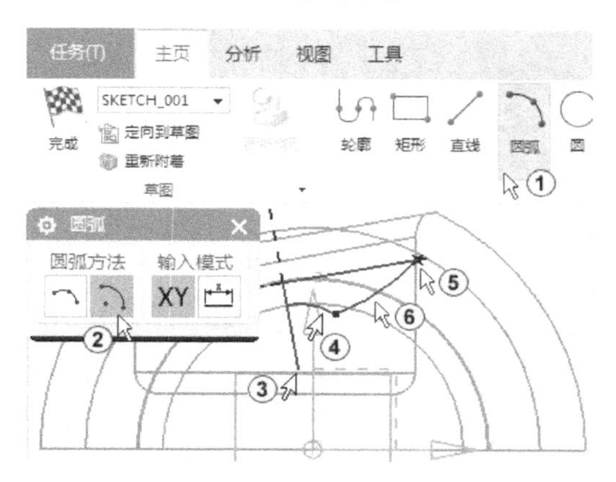

图 8-34　绘制几何轮廓 3

12）在“功能区”中选择“主页”→“约束”→“几何约束”按钮，选择如图 8-35 中①所示的一段圆弧和如图 8-35 中②所示的一条直线，作“点在曲线上”约束，单击“关闭”按钮，如图 8-35 中③④所示。

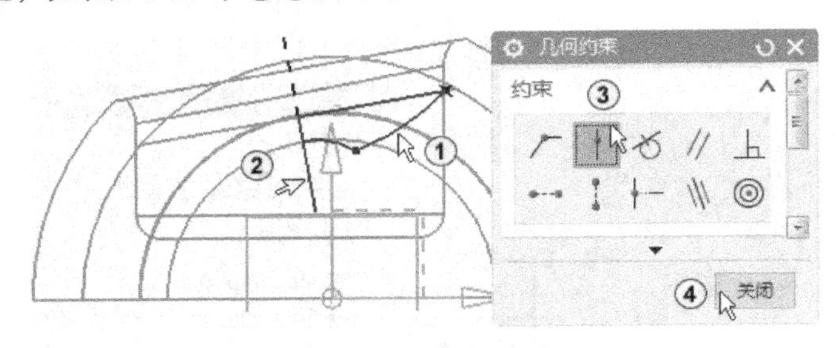

图 8-35　添加约束

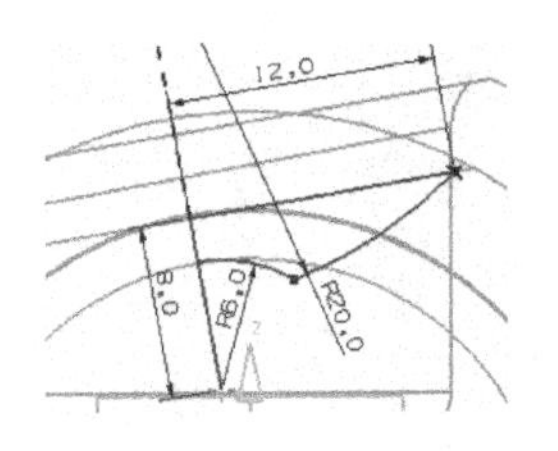

图 8-36　添加尺寸

13）在“功能区”中选择“主页”→“约束”→“快速尺寸”按钮，标注出尺寸，如图 8-36 所示。单击“完成”按钮退出草图绘制。

14）在“功能区”中选择“主页”→“直接草图”→“特征”→“旋转”按钮，系统弹出“旋转”对话框，在“工作区”中选择如图 8-37 中①~③所示的两段圆弧和一条直线作为截面，单击“指定矢量”，选择如图 8-37 中④所示的一条直线作为轴；设置“限制”选项组“结束”下的“角度”为 360；在“布尔”下拉列表中选择“减去”，单击“选择体”，在“工作区”选择旋转体作为减去对象，如图 8-37 中⑤~⑧所示。其他采用默认设置，单击“确定”按钮完成操作。按〈Home〉键后显示为正三轴测图，如图 8-37 中⑨所示。

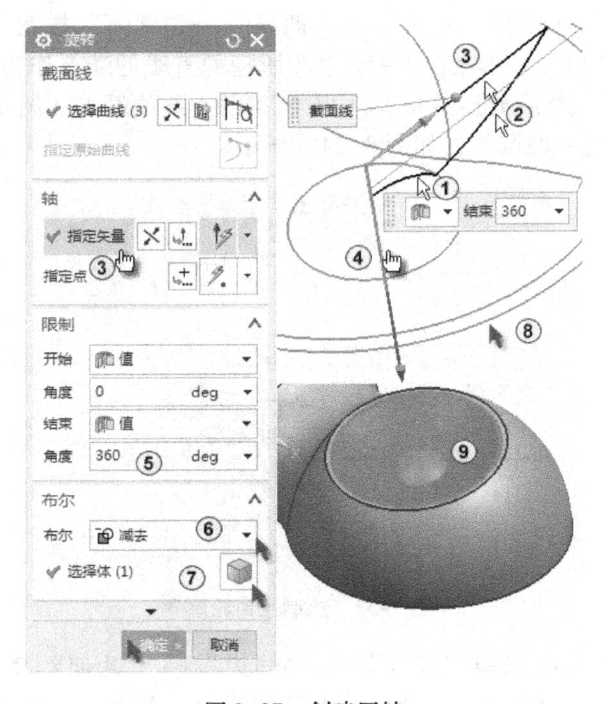

图 8-37　创建回转

15）在“功能区”中选择“主页”→“直接草图”→“草图”按钮，系统弹出“创建草图”对话框，选择如图 8-38 中①所示的一个平面，单击“确定”按钮，进入草图绘制界面。

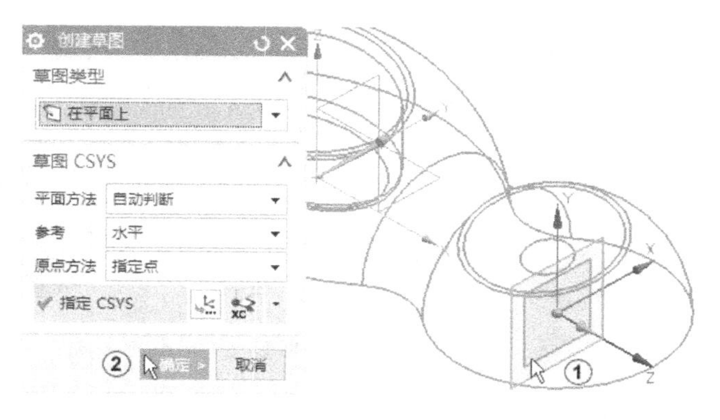

图 8-38　选择绘制草图平面

16）在“功能区”中选择“主页”→“曲线”→“圆弧”按钮，在“工作区”中捕捉如图 8-39 中②所指的一个直线的端点，绘制出一段圆弧，如图 8-39 中②所示。

17）在“工作区”中选择如图 8-40 中①所示的圆弧的一个端点和如图 8-40 中②所示的一条直线，作“点在曲线上”约束；选择如图 8-40 中②所示的一条直线和如图 8-40 中②所指的圆弧的圆心，作“点在曲线上”约束；在“功能区”中选择“主页”→“约束”→“快速尺寸”按钮，标注出尺寸，如图 8-40 所示。单击“完成”按钮退出草图绘制。

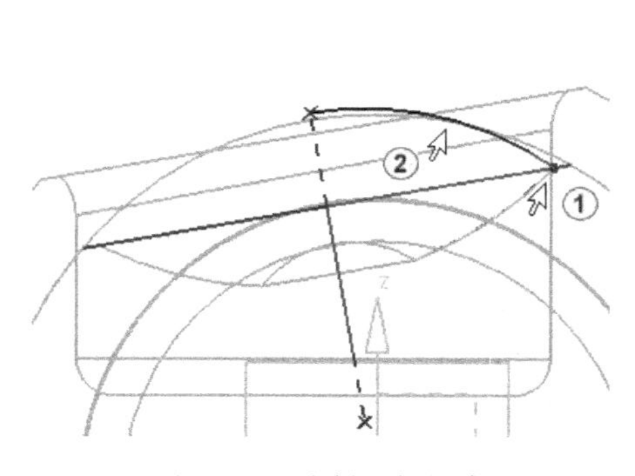

图 8-39　绘制几何轮廓

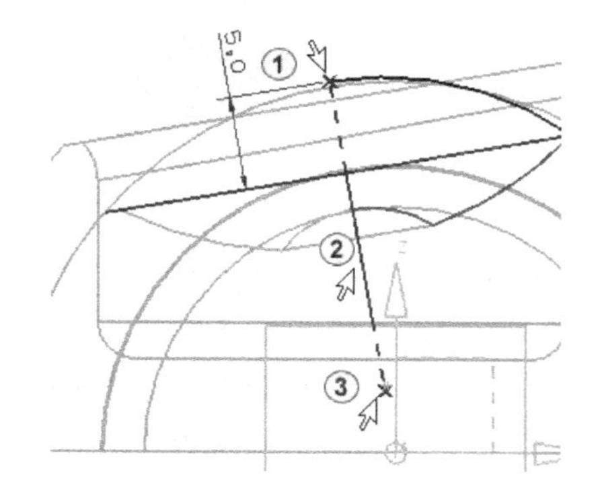

图 8-40　添加约束和尺寸

18）按组合键〈Ctrl + L〉，系统弹出“图层设置”对话框，设置层 1 为工作层，在“功能区”中选择“主页”→“直接草图”→“特征”→“旋转”按钮，系统弹出“旋转”对话框，在“工作区”中选择如图 8-41 中①所示的草图轮廓作为截面，单击“指定矢量”，选择如图 8-41 中③所示的一条直线作为轴；设置“限制”选项组的“结束”下的“角度”为 360，在“布尔”下拉列表中选择“无”；在“偏置”选项组中，在“偏置”下拉列表中选择“两侧”，“结束”为“0. 5”，其他采用默认设置，单击“确定”按钮完成操作。按〈Home〉键后显示为正三轴测图，如图 8-41 中⑨所示。

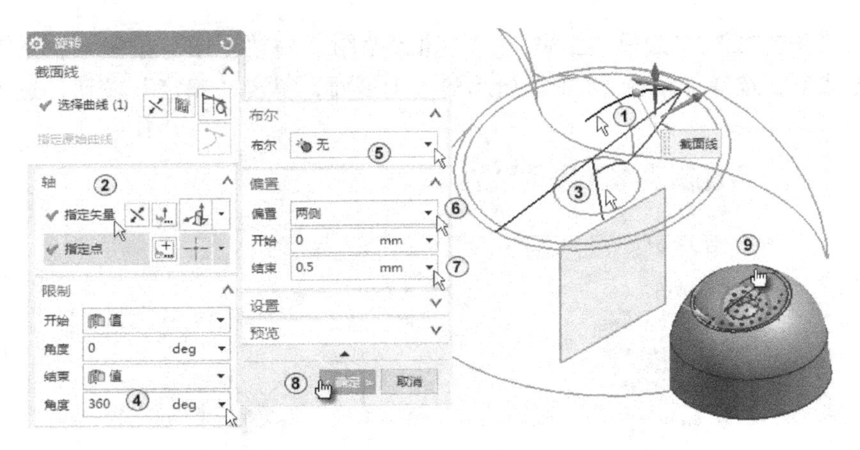

图 8-41　创建回转

19）在“功能区”中选择“主页”→“直接草图”→“草图”按钮，系统弹出“创建草图”对话框，选择如图 8-42 中①所示的一个平面，单击“确定”按钮，进入草图绘制界面。

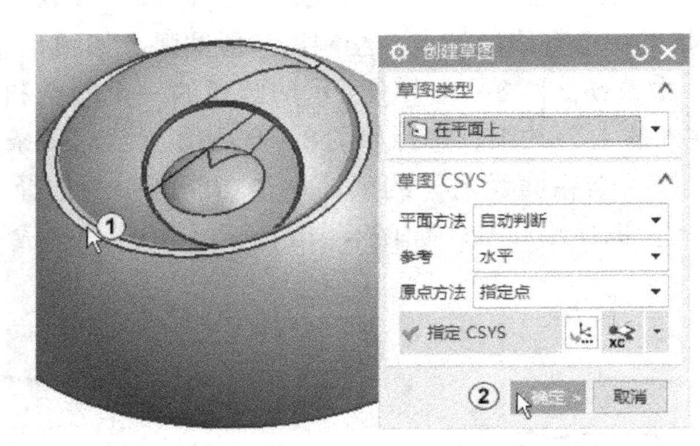

图 8-42　选择绘制草图平面

20）单击“主页”选项卡中的“直线”按钮，在“工作区”中捕捉如图 8-43 中①所示的直线的中点，绘制出一条“水平”的直线，如图 8-43 中②所示。

21）在“工作区”中选择如图 8-44 中①所示的一条直线作为要转换的对象，右击，在弹出的快捷菜单中选择“转换为参考”，如图 8-44 中②所示。

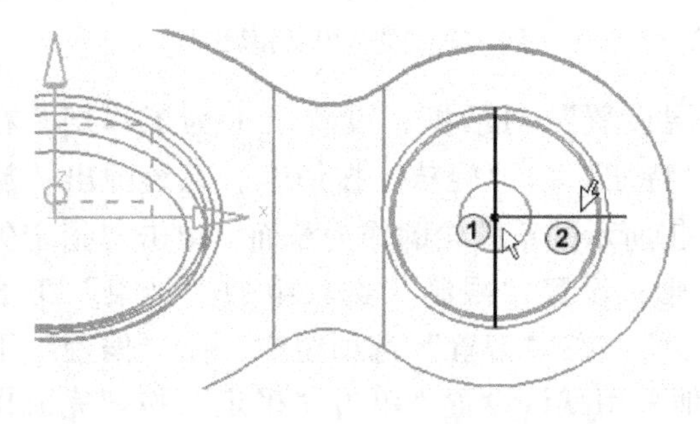

图 8-43　绘制一条直线

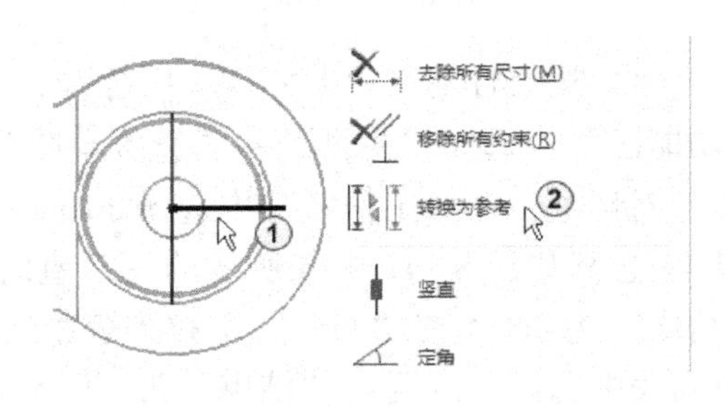

图 8-44　创建转换至/自参考对象

22）在“功能区”中选择“主页”→“曲线”→“圆”按钮○，在“工作区”中捕捉如图8-45中①所示的一个端点作为中心，在“直径”中输入“1”，按〈Enter〉键生成一个圆，如图8-45中②所示；然后继续捕捉水平的参考线，绘制出另外4个圆，如图8-45中③~⑥所示；在“功能区”中选择“主页”→“约束”→“快速尺寸”按钮，标注出尺寸，如图8-45所示。

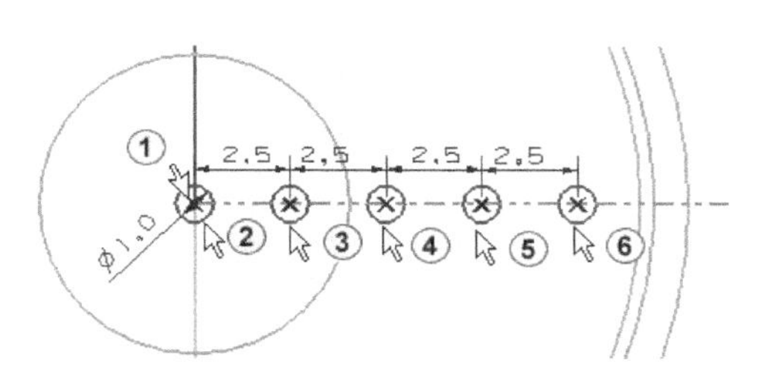

图8-45　绘制圆

23）选择“工具”→“定制”命令，或者在工具条或者工具条空白区右击，并在弹出的快捷菜单中选择“定制”命令，或者按组合键〈Ctrl+1〉，系统均弹出“定制”对话框；单击“命令”选项卡，在“搜索”文本框中输入“变换”，选择如图8-46中①所示的搜索结果后按住鼠标不放将其拖拉到屏幕左上方的工具条中，这时工具条中将显示此项命令。单击“变换”按钮，系统弹出“变换”对话框，在“工作区”中选择如图8-46中②所示的圆作为对象，单击“确定”按钮。

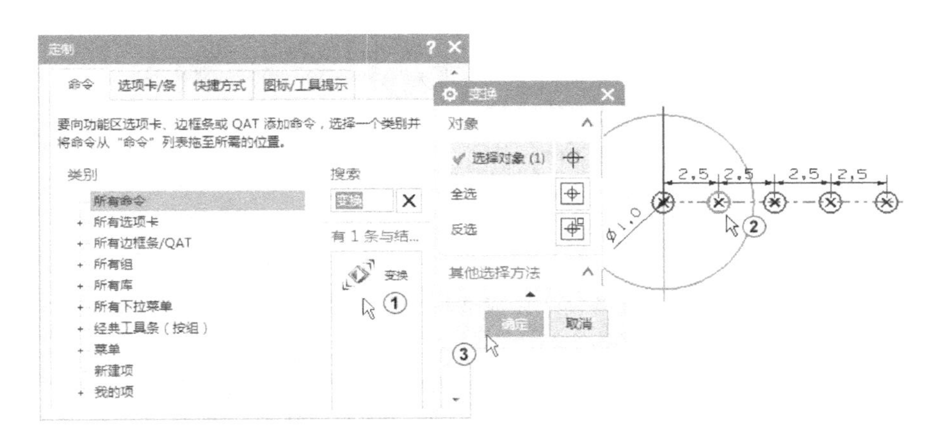

图8-46　选择变换对象

24）系统弹出“变换”对话框，单击“圆形阵列”按钮，如图8-47中①所示。系统弹出“点”对话框，在“工作区”中选择要阵列的圆的圆心（如图8-47中②所示）作为圆形阵列的参考点，单击“确定”按钮。系统弹出“点”对话框，在“工作区”中选择如图8-47中④所示的第一个圆的圆心作为阵列原点，单击“确定”按钮。

25）系统弹出“变换”对话框，设置阵列参数，在“半径”中输入“2.5”，在“起始角”中输入“60”，在“角度增量”中输入“60”，在“数量”中输入“5”，如图8-48中①所示，单击“确定”按钮。系统弹出另一个“变换”对话框，单击“复制”按钮，单击“确定”按钮，生成第一个圆周阵列，如图8-48中③~⑤所示。

26）继续使用圆周阵列的操作，选择外边的一个圆作为阵列对象，选择其圆心作为圆形阵列的参考点，选择第一个圆的圆心作为阵列原点，参数设置如图8-49中①所示，单击“确定”按钮。创建出第2个圆周阵列，如图8-49中③所示。

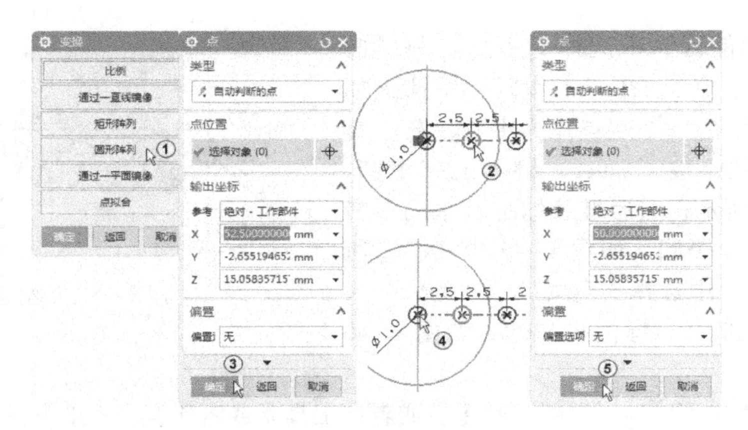

图 8-47　选择阵列原点

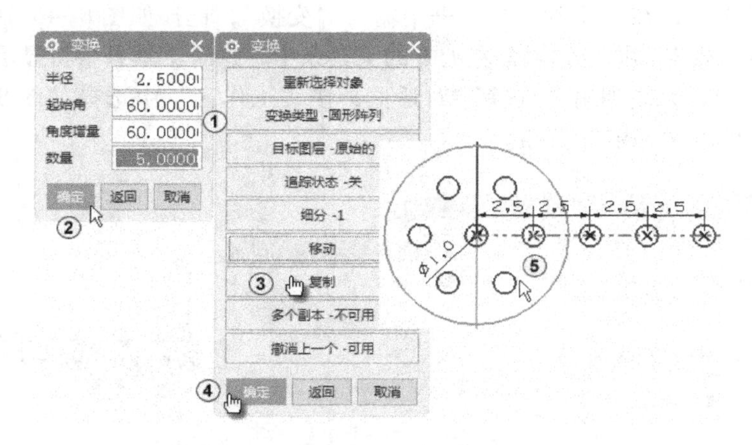

图 8-48　生成第 1 个圆周阵列

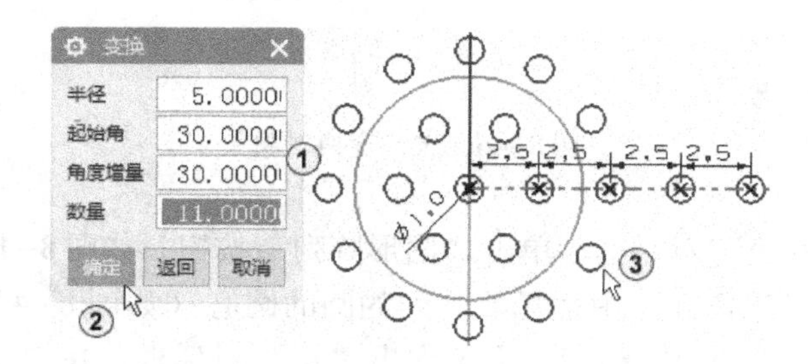

图 8-49　设置圆周阵列和生成的第 2 个圆周阵列

27）继续使用圆周阵列的操作，选择外边的一个圆作为阵列对象，选择其圆心作为圆形阵列的参考点，选择第 1 个圆的圆心作为阵列原点，参数设置如图 8-50 中①所示，单击“确定”按钮。创建出第 3 个圆周阵列，如图 8-50 中③所示。

28）继续使用圆周阵列的操作，选择剩下的一个圆作为阵列对象，选择其圆心作为圆形阵列的参考点，选择第 1 个圆的圆心作为阵列原点，参数设置如图 8-51 中①所示，单击“确定”按钮。创建出第 4 个圆周阵列，如图 8-51 中③所示。单击“完成”按钮退出草图绘制。

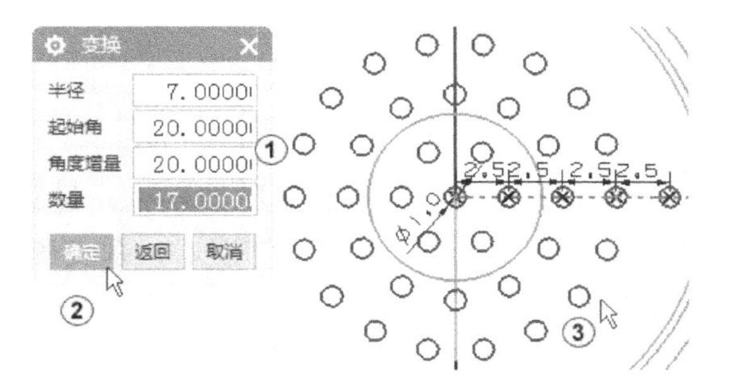

图 8-50　设置圆周阵列和生成的第 3 个圆周阵列

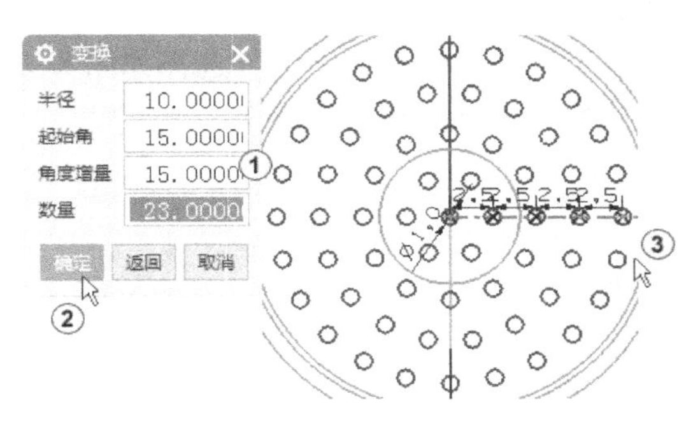

图 8-51　设置圆周阵列和生成的第 4 个圆周阵列

29）单击“特征”工具条中的“拉伸”按钮，系统弹出“拉伸”对话框，在“工作区”中选择如图 8-52 中①所示的草图轮廓作为截面，单击“指定矢量”旁的下拉列表框，从弹出的“矢量构成”列表中选择“面/平面法线”；在“限制”选项组中设置“结束”为“贯通”；在“布尔”下拉列表中选择“减去”，单击“选择体”，如图 8-52 中②～⑤所示。在“工作区”选择如图 8-52 中⑥所示的一个实体，其他采用默认设置，单击“确定”按钮完成拉伸操作。

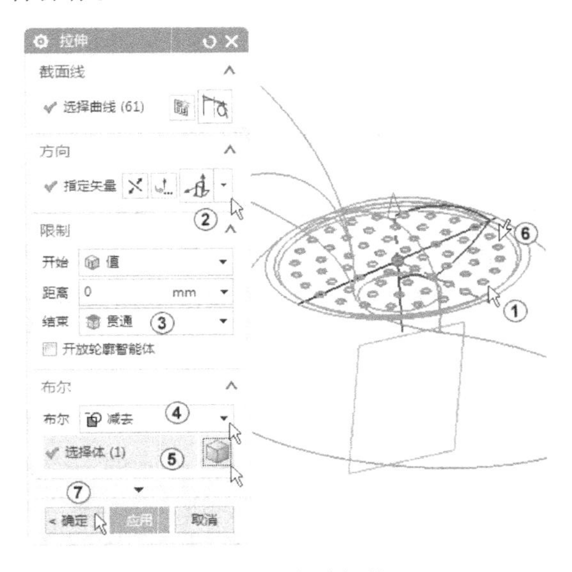

图 8-52　创建拉伸

8.4　创建标号

1）按组合键〈Ctrl + L〉，系统弹出“图层设置”对话框，设置层 1 为工作层，关闭层 23、24、82；单击“特征”工具条中的“拉伸”按钮，系统弹出“拉伸”对话框，在“曲线规则”中选择“相切曲线”，在“工作区”中选择如图 8-53 中①所示的一条边线和与它相切的边线作为截面，单击“指定矢量”旁的下拉列表框，从弹出的“矢量构成”列表中选择“面/平面法线”；在“限制”选项组中设置“结束”下的“距离”为 10；单击“反向”按钮调整拉伸的方向向下；在“布尔”下拉列表中选择“合并”，单击“选择体”，如图 8-53 中②～⑥所示。在“工作区”选择如图 8-53 中⑦所示的一个实体，其他采用默认设置，单击“确定”按钮完成拉伸操作。

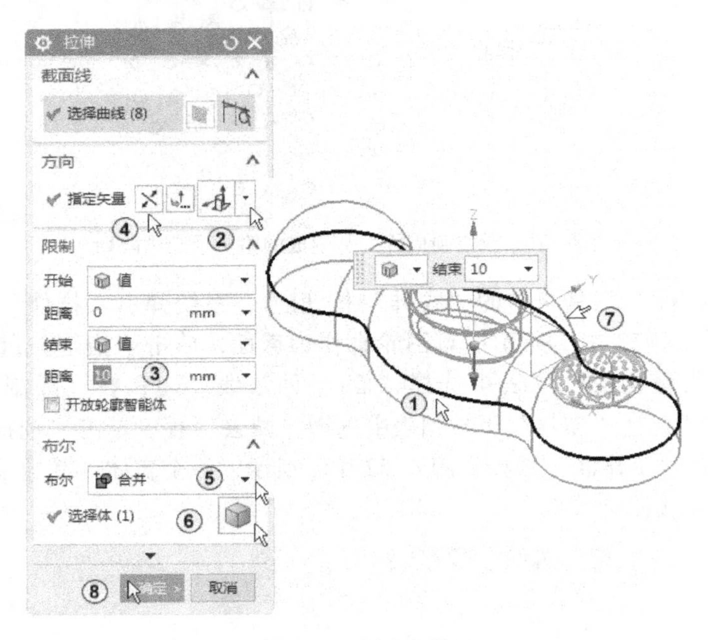

图 8-53　创建拉伸

2）在“功能区”中选择“主页”→“特征”→“拔模”按钮，系统弹出“拔模”对话框，在“类型”下拉列表中选择“与面相切”，单击“选择面”，在“面规则”中选择“相切面”，如图 8-54 中①～③所示。在“工作区”中选择如图 8-54 中④所示的一个面和与它相切的面作目标，设置“角度 1”为 5，其他采用默认设置，单击“确定”按钮完成拔模操作。

3）在“功能区”中选择“主页”→“特征”→“修剪体”按钮，系统弹出“修剪体”对话框，在“工作区”中选择如图 8-55 中①所示的一个实体作目标，在“工具选项”中选择“面或平面”，单击“选择面或平面”，在“工作区”中 YZ 平面作为工具，单击“反向”按钮调整修剪区域的方向，如图 8-55 中②～⑤所示，单击“确定”按钮完成修剪体操作。

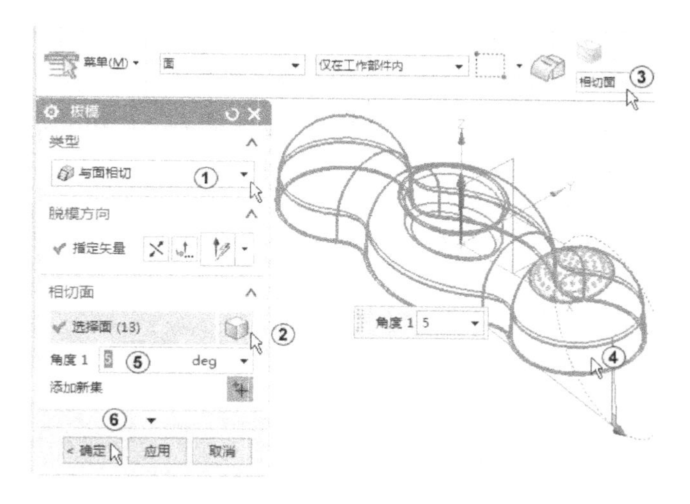

图 8-54　创建拔模

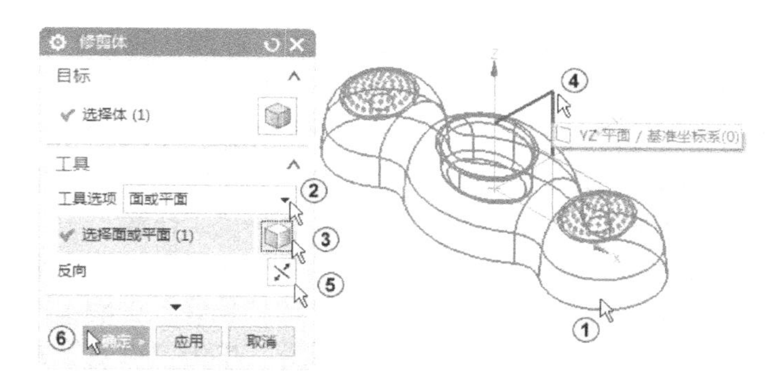

图 8-55　创建修剪体

4）在“功能区”中选择“主页”→“特征”→“镜像特征”按钮，系统弹出“镜像体”对话框，在“工作区”中选择如图 8-56 中①②所示的两个实体作为目标。单击“选择平面”，选择 YZ 平面作为镜像平面，如图 8-56 中③④所示，其他采用默认设置，单击“确定”按钮完成镜像体操作。

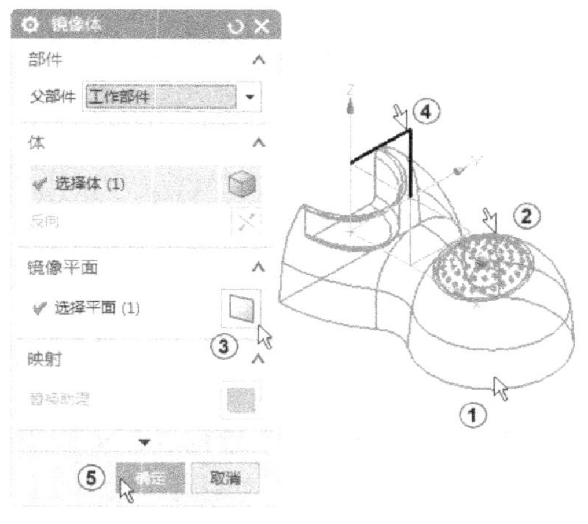

图 8-56　创建镜像体

5）在“功能区”中选择“主页”→“特征”→“合并”按钮，系统弹出“合并”对话框，系统自动激活了“目标”选项组中的“选择体”，在“工作区”中选择如图8-57中①所示的一个实体作为目标，单击“选择体”，选择图8-57中③所指的实体作为工具，其他采用默认设置，单击“确定”按钮完成合并操作。

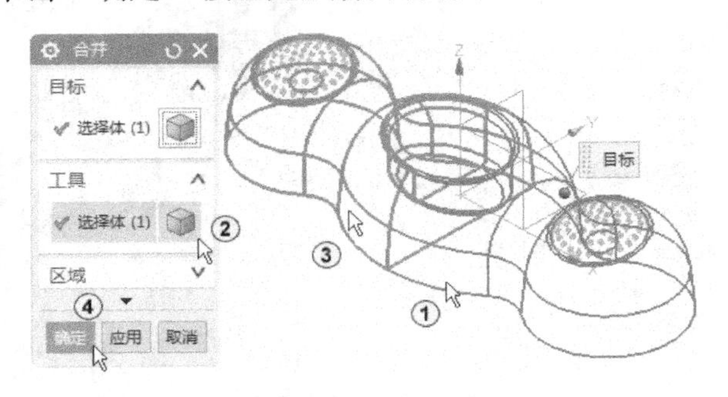

图8-57 创建合并

6）按组合键〈Ctrl + L〉，系统弹出“图层设置”对话框，设置层25为工作层，在“边框条”中选择“菜单”→“插入”→“曲线”→“文本”按钮**A**，系统弹出“文本”对话框，在“类型”下拉列表中选择“面上”，在“工作区”中选择如图8-58中②所示的一个面和与它相连的左右两个面（如图8-58中③④所示）共3个面；在“面上的位置”选项组的“放置方法”下拉列表中选择“面上的曲线”，在“工作区”中选择如图8-58中⑥所指的一条边线和与它相切的左右两条边线共3条曲线；在“文本属性”中输入文字“TIAO LIAO HE”；在“文本框”选项组的“尺寸”的“偏置”中输入3.5，在“高度”中输入6，在“W比例”中输入100，其他采用默认设置，单击“确定”按钮完成文字操作，如图8-58中⑦～⑩所示。

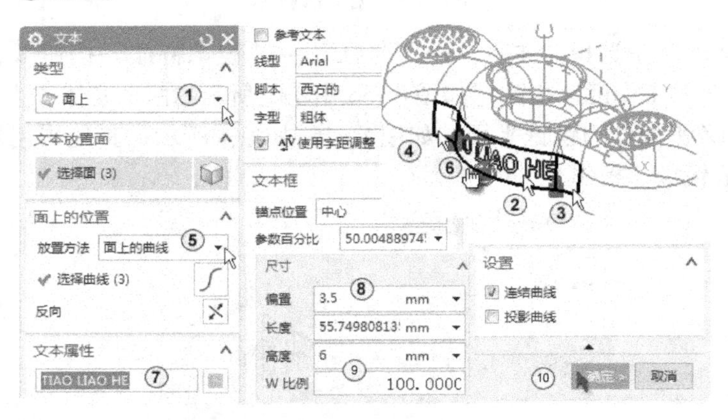

图8-58 创建文本

7）在“功能区”中选择“主页”→“直接草图”→“特征”→“拉伸”按钮，系统弹出“拉伸”对话框，在“工作区”中选择如图8-59中①所示所指的文本作为截面，单击“指定矢量”旁的下拉列表框，从弹出的“矢量构成”列表中选择“面/平面法线”；设置“限制”选项组的“结束”为“对称值”，“距离”为0.2；在“布尔”下拉列表中选择“合并”，单击“选择体”，在“工作区”选择一个实体，如图8-59中⑦所示，其他采用默认设置，单击“确定”按钮完成拉伸操作。

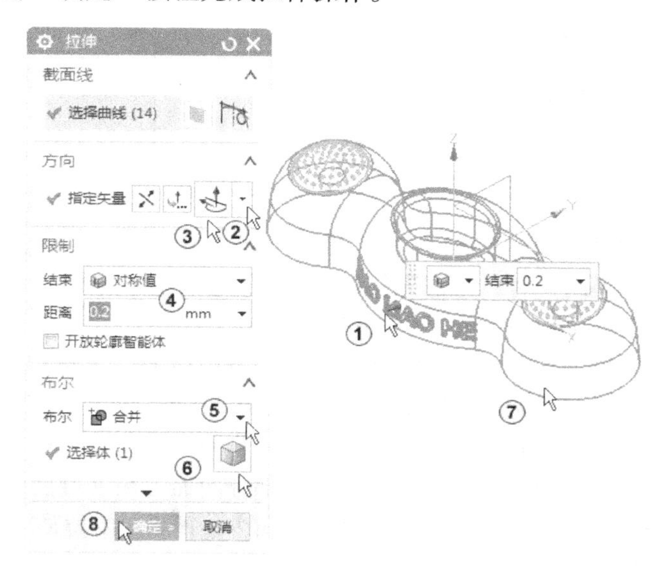

图 8-59　创建拉伸

8）按组合键〈Ctrl + L〉，系统弹出“图层设置”对话框，设置层 1 为工作层，关闭层 25；单击“标准”工具栏中的“保存”按钮，保存文件。

8.5　习题

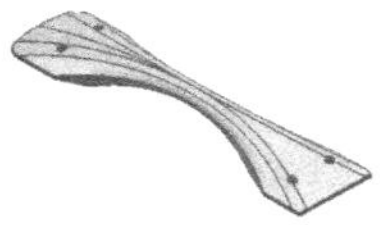

（1）建立提手模型，如图 8-60 所示。提手由手柄和固定提手的 4 个螺纹孔位组成。

图 8-60　提手

创建提手模型的时候，可以考虑先创建提手的大概轮廓，再创建细节轮廓，然后顺滑提手的表面，最后是创建螺纹孔位和镜像提手另一半。如表 8-2 所示是创建提手的步骤。

表 8-2　提手建模步骤

步骤	说　明	模　型	步骤	说　明	模　型
1	拉伸、扫掠、补片体	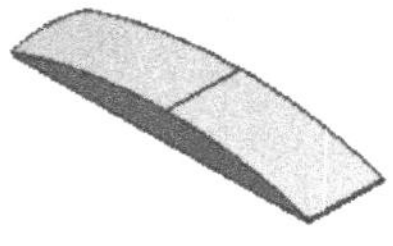	4	边倒圆、扫掠、补片体	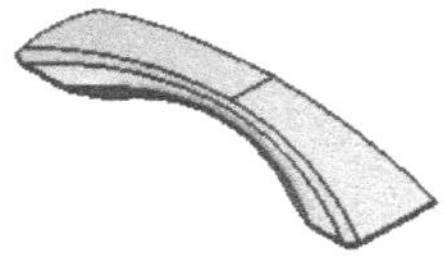
2	拉伸	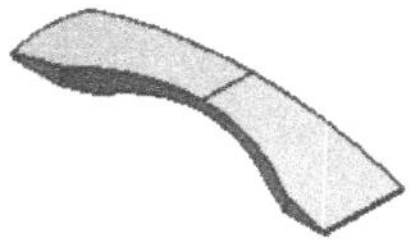	5	调整圆角大小、修剪体	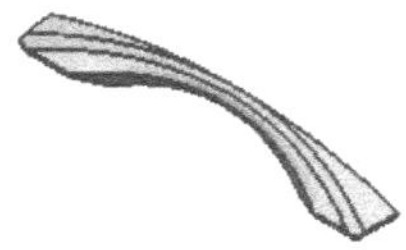
3	扫掠、补片体	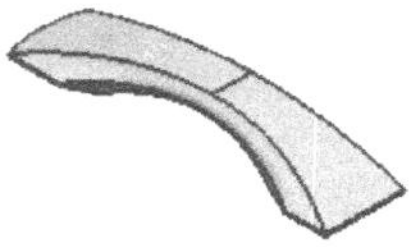	6	拉伸、偏置面	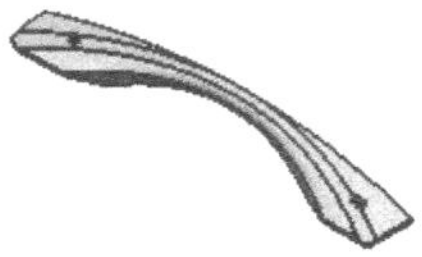

（续）

步骤	说　明	模　型	步骤	说　明	模　型
7	抽壳、镜像体、缝合		8		

（2）建立按摩器模型，如图 8-61 所示。该按摩器由按摩器的主体、主体上的按摩凸位和手柄 3 部分组成。建模时，可以考虑先创建按摩器的主体轮廓，然后创建手柄轮廓，再创建主体前部轮廓，最后是创建按摩器主体的按摩凸位。

（3）建立电吹风模型，如图 8-62 所示。该电吹风由机身、出风口、手持 3 部分组成。机身部分是回转体，出风口呈椭圆喇叭形，手持部分由手柄、开关、挂钩组成。手持部分与机身部分圆角过渡连接。建模思路：插入电吹风的一张图片，以图片描绘出电吹风的外形轮廓。用回转做出机身部分曲面，用扫掠做出出风口部分曲面，用通过曲线网格创建面功能做出手持部分，然后修剪片体，缝合成一个曲面，再向内加厚 2。用拉伸 + 圆角做出开关部分和挂钩部分，用求差拉伸和圆周阵列做出尾部进风口，最后将电吹风模型拆分成几个部分，在拆分部分的边线上进行倒圆操作。

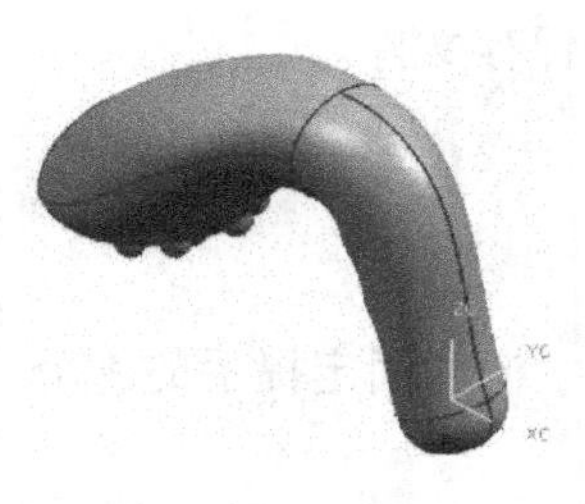

图 8-61　按摩器

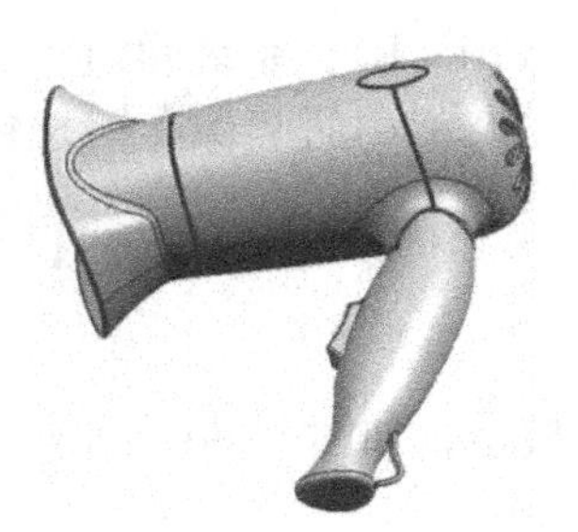

图 8-62　电吹风